스파이 스쿨
SPY SCHOOLS

석재왕 · 송경석 역
Daniel Golden 저

박영사

FOREWORD
머리말

정보활동은 통상적으로 수집, 분석, 공작, 방첩활동으로 유형화되고 있으나, 실제 이들 정보활동은 중첩되거나 상호 침투하는 가운데 이루어지고 있다. 이 가운데 외국의 정보활동에 대응하기 위해 비밀리에 수행되는 방첩활동은 여타 정보활동이 효과적으로 작동하는 데 매우 중요한 역할을 하면서도 가장 알려지지 않고 연구가 미진한 분야로 남아 있다.

비밀리에 작동하는 정보기관의 특성을 가장 잘 반영하고 있는 방첩의 특성으로 인해 이론의 빈곤에서 벗어나지 못하고 있을 뿐 아니라 사례 비교연구도 미흡한 실정이다. 이와 같은 현실을 고려해볼 때 본서 번역의 의미는 정보학 발전에 기여한 바가 크다 할 수 있다. 국가간의 비밀의 탐지와 방어라는 기존 프레임에서 벗어나 중국 정부와 연계하에 중국 유학생들의 미국 대학 내 첨단 기술의 절취를 사례로 다루었기 때문이다.

이 책은 세계화의 진전과 과학기술의 발전에 따라 방첩활동의 범위가 단순히 외국 정부와 정보기관의 활동뿐 아니라 대학과 민간연구소까지도 확장되어야 할 필요성을 말해주고 있다. 따라서 정보를 전공한 전문가뿐 아니라 기업, 연구소 및 대학에 있는 일반인들도 일독할 만한 가치가 있는 책이라고 확신한다.

이 책이 나오기까지 많은 분의 도움을 받았다. 바쁜 일정 가운데서도 전문 용어와 문장을 감수해준 오랜 친구 손재락, 황원진, 장지훈, 심철 박사에게 감사를 드린다. 그리고 판권 허가에서부터 편집과 출판에 이르기까지 노고를 아끼지 않은 박영사 관계자들, 특히 손준호, 정연환, 김상윤 선생에게도 감사를 표한다.

아무쪼록 이 책자가 방첩활동의 중요성을 이해하고 나아가 국가정보의 학문적 발전과 정보현장에도 실질적인 도움이 되기를 기대해본다.

2018년 12월 19일

석재왕 · 송경석

CONTENTS
차례

도입

대학을 방문한 FBI

2009년 4월 아침, 펑따진(Peng Dajin)은 평상시처럼 강의를 하기 위해 면도를 하고 옷을 입었다. 당시 南플로리다대학교(USF)의 국제연구학과 교수는 자신의 침실에 있는 데스크톱 컴퓨터에 앞에 앉아 자살하기 가장 좋은 방법을 찾기 위하여 인터넷 서핑을 시작했다.

펑은 학계 위상(academic ladder)이 갑작스럽게 추락하면서 신체적인 균형이 흔들거림을 느꼈다. USF는 그에게 어떤 경고나 설명도 없이 중국자금으로 중국어와 중국문화를 알리는 프로그램인 공자학원의 원장 자리를 떠나도록 조치했다. 펑은 남의 시선을 끌지 않으면서 고통 없이 자살할 수 있는 독약을 찾고 있었다. 그때 다른 방에 있는 아버지가 그를 부르는 소리를 들었다. 누군가 현관문을 두드렸다.

방문객들은 길가에 있는 단조롭고 적갈색의 단지에 있는 펑의 2층 아파트로 가는 외부계단을 거의 올라가지 않았다. 그는 탄탄한 몸매에 어깨까지 늘어진 갈색 머리칼을 가진 키 큰 여성에게 문을 열어 주었다. 그녀는 40세 나이답지 않게 젊어 보였다. 햇살이 비추고 있었지만 플로리다의 봄 날씨는 서늘했다. 그녀는 황백색 블라우스 위에 코트를 입고 있었다.

그녀는 불안감을 없애주려는 듯이 미소를 지으며 펑에게 명함을 건넸다. 그리고 자신을 FBI의 다이앤 머큐리오(Dianne Mercurio) 특별수사관(special agent)이라고 소개했다. 그녀는 南캐롤라이나주에 있는 고등학교에서 육상선수로 지내며 자랐지만, 목소리에 남부 악센트의 흔적은 없었다. 펑은 FBI가 자신을 체포할 것이라는 생각에 잠시 두려웠지만, 그녀의 부드러운 태도는 뭔가 목적이 다르다는 것을 암시했다.[1]

그녀는 악수를 하며 "닉 아바이드(Nick Abaid)의 안부를 전합니다."라고 말했다.

깜짝 놀란 펑은 공공 및 국제문제에 관한 프린스턴대학 우드로우윌슨학교(PWWS)의 대학원생 시절에 그 이름을 생각해 냈다. FBI 특별수사관 아바이드는 프린스턴에서 유용한 정보원이 될 수 있는 중국 학생들과 친분을 쌓았다. 아바이드는 중국의 스파이 기관이 운영하는 대학을 졸업했고 중국 정부의 최고위직에 근무하는 동창생을 둔 펑을 잠재적인 상품으로 인식했다. 아바이드는 보통 펑이 중국 고향으로 출국하거나 귀국한 직후 여러 차례 점심 식사를 함께 했다. 아바이드는 펑에게 미국 기술의 절도를 걱정한다고 설명하면서 의심스러운 행동을 하는 중국 학생들을 본적이 있는지 물어 보았는데, 펑은 본 적이 없다고 대답했다.

머큐리오가 아바이드의 안부를 전한 것은 그녀가 실제로 FBI에 근무한다는 사실을 확신시켰다. 그것은 또한 그에게 경계심을 유발했다. 아바이드와의 마지막 대화는 펑이 남플로리다대학교(USF)의 교수진에 합류했던 1994년이었다. 아바이드는 그에게 FBI 탬파(Tampa)지부(field office: FBI는 미 전역에 워싱턴 D.C., 뉴욕, LA 등 3개 광역지부를 포함하여 56개 지부를 운용 – 역자 주)와 연락을 취하라고 요청했다. 그러나 펑은 두 번 다시 미국 정보기관과 접촉하지 않기를 바라면서 그 제의를 정중하게 거절했다. 그 후 15년 동안 펑과 FBI는 각자의 길을 걸었다. 이제 FBI는 그를 다시 붙잡고 있었다.

머큐리오가 대화할 시간이 있는지 물었을 때, 펑은 밖에서 산책을 하자고 제안했다. 그는 허약한 홀아버지와 함께 살고 있었는데, 그런 아버지를 괴롭히고 싶지 않았다. 그들이 호텔의 주차장 구석을 위아래로 산책 할 때, 머큐리오는 대학에서 그가 처한 곤경을 알고 있다고 말했다.

특히 동정하는 사람이 매력적인 여성이라는 사실에 안도하면서, 펑은 유창하면서도 강한 억양의 영어로 자신의 고민을 이야기했다. 중국 교육부의 후원으로 설립된 공자학원은 지난 5년간 전 세계 캠퍼스에 우후죽순처럼 설립되었다. 그는 남플로리다 지부 창립자 겸 원장으로서 광범위한 강좌들, 지역사회 봉사활동 및 새로운 문화센터 등을 확장했고 인정을 받을 만했다. 그는 모든 공자학원장들이 USF를 방문하도록 일정을 조정했다. 그리고 그는 그녀가 자신이 명사 대우를 하고 USF 공자학원이 세계적 모델이라고 선언해 주기를 기대했다.

그런데, 그는 그녀가 방문하기 몇 주 전에 쫓겨났다. 펑의 남플로리다대학교의 상관은 "공자학원의 부적절한 관리 혐의를 조사하는 중"[2]에는 학원으로 돌아가거나 직원들과 접촉할 수 없다는 간단한 통고서를 그에게 건네주었다. 그는 국제정치경제 및 비즈니스 분야에서 정규과목을 여전히 가르칠 수 있지만, 그런 것을 위안으로 삼기에는 부족했다. 학장은 그에 대한 고발내용을 자세하게 밝히지 않았고, 고발인의 이름도 알려주지 않았다. 그는 중국에서 젊은 시절에는 이런 부당함을 예상할 수 있을지 몰라도, 미국에서는 예상할 수 없는 일이었다.

펑이 그녀의 방문을 그의 몰락과 연관지을까봐 걱정하는 것처럼, 머큐리오는 대학에 아무런 영향을 미치지 않았고, 그의 어려움과 아무런 관련이 없다고 자진해서 말했다. 그는 그녀의 진술을 액면 그대로 받아 들였다. 나중에, 그는 자신의 문제를 그녀가 어떻게 알고 있었는지 궁금해 할 것이고, FBI가 영향력을 행사하기 위해 조사에 착수했는가에 의구심을 가질 것이다.

머큐리오의 다음 발언은 그에게 불안감을 가중했다. 그녀는 중국인 스파이를 숨겨주고 있는 공자학원에 대해 더 많은 것을 알고 싶다고 말했다. 그녀는 중국정부가 공자학원에 자금을 지원하고, 중국대학이 대부분의 직원을 지원한 이후부터 공자학원은 이상적인 비밀정보 수집 장소(listening posts)와 포섭 거점(recruiting stations)이 되었다고 설명했다. 말은 하지 않았지만 타블로이드 신문의 헤드라인처럼 틀림없이 펑 자신을 중국첩보원이라고 비난하는 것처럼 들렸다.

"사실과 다르다." 펑은 머큐리오에게 말했다. 그녀는 자신의 의견을 사실이라고 주장했지만 증거가 어디 있는가? "중국은 결코 공자학원을 스파이 활동에 사용하지 않을 것"이라고 펑은 말했다. "공자학원은 정말 중요하다. 중국정부는 미국이 공자학원을 폐쇄할 정도로 위험을 감수하고 싶지 않을 것이다."

그녀는 그와 논쟁하지 않았다. 최근 방첩팀의 중국 업무를 인수한 머큐리오의 입장에서 보면, 그녀가 펑의 명성과 인맥에 대해 정보를 제공할 경우, 이는 그녀의 성공에 도움을 줄 수도 있는 것이다. 훗날 그들의 관계가 원만하게 발전했을 때 그녀는 남플로리다에 있는 탬파의 중국인 공동체와 중국인 동료들과 마찬가지로 공자학원과 중국정부 후원자들에 대해 첩보를 수집하도록 펑에게 요청할 것이다. CIA 담당관도 그에 관한 계획을 갖고 있을 것이다. 그 대가로 그녀는 펑의 교수직을 보호하려고 준비할 것이다. 필요할 경우 그가 감옥에 가는 것을 피하도록 해 줄 것이다. FBI는 조직폭력배, 마약 밀매업자, 고리대금업자들에게 협력하도록 압력을 가해왔다. 프린스턴대학에서 교육받은 교수라 해도 마찬가지다.

　　하지만 그녀는 먼저 간첩행위에 대한 그의 열정을 평가할 필요가 있었다. 그녀는 펑이 지금 미국 시민이라는 것을 상기시켰다. 펑은 그녀의 말뜻을 이해했다. 아바이드의 연락유지 요청을 거절했을 때 그는 중국 국민이었다. 지금은 모국이 아닌 입양된 국가에 애국적인 충성을 해야 한다. 그녀는 국가에 봉사할 것인지 직접 그에게 물었다. 내면의 불안감에도 불구하고 그는 선택의 여지가 거의 없었다. 그는 동의했다.

　　그들은 거의 한 시간 동안 산책을 했다.

　　그녀는 작별 인사를 하면서 그와의 점심을 약속하고, 자기에게 연락할 수 있는 이메일 계정을 개설할 것이라고 말했다. 그녀는 남플로리다의 어떤 사람한테도 자신의 방문사실을 언급하지 말 것을 당부했다.

　　그 후, 인근 주민이 펑의 아파트에 들렀다. 그녀와 그녀의 남편은 중국인이며 가장 친한 친구였다. 펑은 자신의 대학직위를 이용하여 그들 부부가 미국 대학에서 공부할 수 있도록 비자를 발급 받는 데 도움을 주었다. 그들은 펑이 공작학원에서 축출된 사실에 함께 분노하였고, 그의 낙망한 마음에 초조함을 감추지 못했다.

　　그녀는 머큐리오와 함께 있는 펑을 보았다. 그녀의 호기심이 발동했다. 펑의 여자친구는 통상 중국인이었다.

　　"당신을 찾아온 사람이 누구죠?" 그녀가 물었다.

　　"FBI 수사관" 그는 무심코 내뱉었다. 자살 생각으로 정신이 산만해진 시점에, FBI 지부가 왜 그의 인생에 다시 끼어들어 왔고, 이런 것들이 미래를 위해 무슨 의미가 있는지 이해하려고 노력했지만 그의 마음은 어지럽고 뒤숭숭할 뿐이었다.

　　청소년기에 경험한 세계는 마음속에 영원히 자리 잡는 경향이 있다. 내가 성장했던 시기와 장소에서 FBI 국장 에드거 후버(Edgar Hoover)는 FBI '10대 지명수배자' 명단에 있는 갱들보다 더 큰 악당이었다. 암허스트와 매사추세츠의 1960년대와 1970년대 초 나의 부모와 친구 부모들 대부분은 매사추세츠대학, 암허스트대학, 또는 햄프셔대학에서 공부했다. FBI의 시민권 침해 및 베트남 반전운동에 대한 스파이활동으로 FBI의 명성은 많이 퇴색되었다.

　　많은 지식인들에게 인기가 있는 마르크스주의 정권들을 파괴했던 CIA는 학계에서 한참 낮은 평가를 받았다. 1986년 말 CIA 채용에 반대하는 시위대가 매사추세츠주립대학(UMass) 캠퍼스에 있는 한 건물을 점거했다. 에이미 카터(Amy Carter: 지미 카터 전 대통령의 딸)[3]를 포함한 15명과 전 이피족(Yippie: 히피와 신좌파의 중간을 자처하는 젊은이 – 역자 주) 아비 호프만(Abbie Hoffman)은 침입과 무질서한 행동을 한 혐의로 체포되어 기소되었다. 그들은 코네티컷강 건너편에 있는 매사추세츠주 노샘프턴(Northampton)의 배심원 재판에서 법을 위반한 사실은 인정했지만, CIA가 라틴 아메리카와 다른 곳에서 저지른 범죄를 알릴 필요가 있다고 주장했다. "CIA를 재판에 회부"라는 슬로건이 티셔츠에 새겨져 있었다. 좌익의 아이콘이며 펜타곤 문서를 유출했던 다니엘 엘스버그(Daniel Ellsberg), 전 법무장관 램지 클라크(Ramsey Clark)는 암살과 역정보 작전에서 CIA의 공모에 대해 증언했다. 피고인들은 무혐의로 풀려났다.

나는 유년시절 학계와 미국 정보기관 간의 갈등이 역사적 일탈, 또는 적어도 사이클의 최저점이었고 더 긴밀한 협력 시대가 선행되고 뒤따랐다는 것을 이해하는 데 시간이 걸렸다. 2001년 9월 11일 테러공격 이후, 해빙기는 너무나 분명해서 무시할 수 없었다. 2002년 나는 CIA와 로체스터(Rochester)공과대학[4] 사이의 화해를 월스트리트저널(*Wall Street Journal*)에 발표했다. 10년 전 CIA가 연구 및 커리큘럼에 대하여 영향력을 행사했다는 스캔들은 총장의 사임을 촉발시켰다. 그는 CIA를 위해 자신이 협조한 일을 은폐했었다. 이제 CIA는 과거와 같이 우수한 학생을 모집하고 졸업논문 주제를 제안했다.

나중에 나는 미국 대학사회에서 점증하는 외국스파이의 위협[5]을 블룸버그 뉴스(*Bloomberg News*)에 기고했다. 2014년 5월 당시 남플로리다대학교의 부교수이며 중국 태생인 펑따진은 FBI가 입맛 떨어지게 하는 선택을 자신에게 강요했다는 것을 토로하기 위해 나를 접촉했다. 그는 일자리를 잃어 버렸고, 사기 또는 중국스파이 혐의로 감옥에 갈 처지에 놓여 있었다. 나는 그의 처지가 기괴하다고 생각되었지만, 조사 결과 사실이라는 생각이 들었다.

나는 세계화 – 중국과 다른 나라의 학생과 교수의 유입; 해외 대학으로 미국 대학생의 유출; 중국이 자금을 지원한 공자학원과 광범위하게 퍼진 미국대학의 해외 분교 – 가 학계에 대한 해외 및 국내 정보기관의 관심을 촉발시켰다고 인식했다. 그들은 종종 은밀한 방법으로 과거보다 더 깊숙이 대학교육에 침투했다. 나의 유년시절 저항적이었던 학계는 개방적이고 세계적인 가치와 민족주의적이고 비밀스런 스파이문화 사이의 긴장에도 불구하고 묵인하고 있었다.

이 책에 대한 전제(premise)는 미국 전직관료와 함께 교외 레스토랑의 한쪽 조용한 구석에서 점심을 먹을 때 구체화되었다. 나는 약간의 두려움을 느끼면서 정보기관의 학계 침투에 우려를 표명했다. 그는 잠깐 고민을 하다가 고개를 끄덕이며 동의했다.

"양쪽 모두 대학을 이용하고 있다."고 그는 말했다. 초창기 CIA와 학계의 긴밀한 협조관계, 1960년대와 1970년대 그들 사이의 관계단절은 기록이 잘 되어있다. 그러나 어떤 사람도 미국 정보기관이 미국대학에서 비밀활동을 부활했다는 것을 지금까지 기록으로 남기지는 않았다.

CIA 전직관료들이 쓴 여러 회고록은 나의 호기심에 불을 지폈다. 회고록에서 그들은 대학이나 학술회의에서 포섭 대상자를 물색하거나, 또는 정보요원 채용에 교수들의 추천을 받았다. 특히 미국 기업 및 정부를 목표로 한 외국정보기관의 사이버 간첩활동은 미국 대학교에서 동포 학생과 교수진이 획득하려는 첩보, 접선, 그리고 민감한 연구물 의 유용성에 그림자를 드리웠다.

나는 정보기관이 어떻게, 그리고 왜 미국대학을 타깃으로 삼고, 국가안보와 학문의 자유에 무슨 함의가 있는지를 탐구하기 시작했다. 내가 펑 교수의 주장을 조사했을 때 FBI 요원인 다이앤 머큐리오와의 의사소통을 하기 위해 남플로리다대학교(USF)에 공개 기록을 요청한 것은 유익했던 것으로 판명되었다. 힐러리 클린턴(Hillary Clinton)의 이메일을 훌륭하게 조사한 FBI가 자체적·전자적으로 무분별할 수도 있었다는 점을 인식하면서, 나는 전국적으로 똑같은 전술을 전개하여, 12개 공립대학에 CIA, FBI와 의사소통을 한 사실이 있었는지를 질문했다. CIA는 신경 쓰지 않았지만, FBI는 달랐다. FBI는 내 질문에 후버식 적대감을 표명하면서, 대학에 이메일을 보내는 것은 아직도 수취인이 아닌 FBI의 소관사항이라면서 직관에 반대되는 법적 입장을 취했다.

2015년 4월 뉴저지공과대학(NJIT)은 "FBI와 의사소통이 방대했다."[6]고 나에게 통보한 후, FBI 직원 8명[7]은 이틀간 그 자료들을 검토했다. FBI의 뜻대로, 대학 측은 다양한 면제조건을 들어 3,949쪽을 주지 않았다. 다른 500쪽은 공개되었지만, 대부분 심하게 검게 지워졌다. 후에 FBI는 약 6,000쪽을 추가하여 1,500쪽을 발견했다. 나는 언론자유기자위원회(RCFP)의 변호인단 도움을 받아 뉴저지주 법원에 항소했다. 이 사건은 연방법원에서 끝났고, 미국 법무부와 상의 하에 NJIT는 법무부와의 합의 하에 대부분의 서류를 제출했다. 여러 이메일에서 개정판 옆의 'Per CIA'라는 표시는 CIA도 검토를 했다는 표시였다.

FBI 학술연락 담당관인 그레고리 밀로노비치(Gregory M. Milonovich)는 2015년 5월 캘리포니아대학 사무처장 데이비스(Davis)에게 보낸 이메일에서 나의 프로젝트(대학은 공공기록 요청서에 따라 제공)를 비난했다. "다니엘 골든(Daniel Golden)은 학계와 정보기관 간의 관계에 대한 책을 쓰려고 한다." 밀로노비치는 "나는 골든이 글 쓰는 일에 뭔가 가치를 두고자 하는 것을 그다지 염려하지 않는다."[8]고 썼다. 그는 FBI 동료 4명에게 캘리포니아대학교의 데이비스를 어떻게 다루어야 할지 협조를 요청하면서 복사본을 보냈다.

내 접근법은 다른 방면에서도 저항에 부딪혔다. 일부 자유주의자들은 내가 외국간첩을 조사하고 있다는 사실에 불만을 표명했다. 보수주의자들도 미국인을 조사하는 나의 행동에 불만을 나타냈다. 그럼에도 불구하고, 학계 및 국가안보 분야에서 일하는 많은 전문가들은 매우 솔직했고 도움이 되었다. 그리고 그들에게 감사를 드린다.

나는 이 책을 두 파트로 나누었고, 캠퍼스에 있는 외국간첩과 미국간첩을 차례차례 조사했다. 제1부에서 밝힌 에피소드 중에서 어떤 중국 대학원생은 듀크대학교 연구소에서 미 국방부가 자금을 댄 투명물질(invisibility) 연구 기술을 가로챘다. 중국 정부는 그가 선전(深圳)에서 경쟁적 벤처사업을 시작하도록 지원했고, 그는 억만 장자가 되었다. 카스트로 정권을 찬양한 푸에르토리코인은 쿠바를 위해 스파이활동을 하는 한편, 미국정부 내에서 가장 해로운 스파이(mole)로 암약할 대학원생을 포섭했다. 현재 그녀는 미국 당국의 손길이 미치지 않는 스웨덴에서 고등학생을 가르치고 있다. 오하이오대학은 중국계 학생을 유치하기 위해 중국정보기관이 운영하는 베이징대학과 제휴한 후, 교수들을 그곳에 파견하여 미래 스파이들에게 미국 문화를 가르치고 있다.

제2부에서 CIA는 이란의 핵무기프로그램에 가담한 과학자들의 망명을 유인하기 위해 학술대회를 개최한다. 하버드 중견 및 경영자 교육 프로그램에 비밀리 등록한 CIA 요원들은 아무것도 모르는 외국관료들과 관계를 구축한다. 그리고 사면초가에 몰린 USF 펑따진 교수는 FBI 방첩관인 다이앤 머큐리오와 지혜를 겨룬다.

최근 몇 년 동안 미국 대학들은 스파이 vs 스파이가 비밀스런 마상 창시합(jouting)을 벌이는 선호지역이 되었다. 대학들이 학문적 배움과 운동경기 기량의 고립된 소수집단으로서, 또는 성인의 정점에서 신나게 뛰어다니는 십대들의 유아용 놀이틀(playpens)로 가끔 묘사되는 반면, 대학들은 불안한 현실세계 관점을 스파이용 전선으로 받아들였다. 학계에서 지력(brainpower)으로 언급되던 '정보(intelligence)'는 적대세력(adversary)에 관한 정보(information)와 지식(knowledge)을 점차 의미하고 있다.[9]

중국, 러시아 및 쿠바의 간첩기관은 실험실, 강의실, 그리고 강당에서 미국정책의 통찰력을 모색하고, 비밀작전을 위해 포섭을 하며, 민감한 군사 및 민간 연구물에 접근한다. FBI와 CIA는 유학생들과 교수진 중에서 정보원을 개발하고 보상을 한다. 지식기반 경제사회에서 경쟁하는 데 요구되는 기술적 전문지식에 더하여, 정부, 사업, 기술과 긴밀한 연관성을 가진 교수, 학생, 대학원생, 심지어 학부생들은 모든 면에서 자신들이 정보제공자(informants)로서 매력적이라는 사실을 알고 있다.

미국 국방부 정보 분야인 국방정보국(DIA)의 전 방첩관료인 크리스 시몬스(Chris Simmons)는 "모두는 아닐지라도 대부분의 스파이 기관은 대학을 가장 적합한 포섭장소로 생각한다,"고 말한다. "젊고 경험 없는 10대 후반과 20대 초반의 학생들이 가장 유연하다. 조작 기술에 익숙한 사람은 이미 편향된 학생들을 조종하거나, 그들이 줄곧 의도했던 것을 확신하도록 돕는 것은 쉽다." 외국정보기관은 이미 정부의 민감한 직위에서 일하는 구성원을 유혹하는 것 보다 나중에 연방기관에 자리 잡을 수 있는 학생이나 교수를 포섭하는 것이 값도 싸고 눈에 잘 띄지도 않는다.

공개된 캠퍼스는 외국인 또는 미국인의 정보 수집을 용이하게 해준다. 대부분의 교실, 학생 센터, 그리고 심지어 실험실(비밀로 분류된 정부연구를 수행하는 숫자가 증가하고 있는 것을 제외하고)은 플로리다에 외부인 출입을 통제하는 지역공동체보다 더 쉽게 출입을 할 수 있다. 어떤 학계에도 가입이 안 된 스파이들은 눈에 띄지 않게 강의실이나 카페로 슬그머니 들어간 후 컴퓨터 과학자 또는 펜타곤 자문위원 옆에 앉아 친구가 될 수 있다.

비밀과 기만을 전개하는 스파이기관은 전통적인 학계 투명성과 독립적인 장학금을 악용하고 오염시킨다. 그런데 대학들은 해외 분교를 개설하여 수익과 국제적 명성을 추구하기 때문에, 중국에게 대학 캠퍼스 내 학원 설립을 위한 기금과 직원 파견을 허용하면서, 수업료 전액을 납부하는 유학생들의 등록을 증가시켰다. 즉, 대학 당국은 스파이 활동을 무시했거나 심지어 묵인을 했다. 예를 들어, 콜롬비아대학 경영대학원(CBS)은 뉴저지주 교외에 거주하는 신시아 머피(Cynthia Murphy)의 석사학위를 무효화하지 않았다. 당시 그녀의 이름은 리디아 구리예바(Lydia Guryeva)였고, 나중에 러시아 스파이로 밝혀졌다. 그녀는 모스크바로부터 "비밀정보 접근 권한을 취득할 수 있거나(또는 이미 취득한) 또는 구직을 도울 수 있는 교수들을 포함하여 급우들과 매일 유대관계를 강화하라."[10]는 임무를 띠고 있었다.

　두 가지 추세는 학계 스파이활동의 급증을 불러일으킨 것으로 수렴되었다. 첫째, 2001년 9월 11일 테러공격의 결과로서, 일부 애국적 열정과 테러리즘의 두려움 때문에 정보기관과 학계 간의 친밀도가 증가했다. 베트남 전쟁기간 중 학생들의 항의와 교수진들의 적대감으로 인해 친밀감이 방해를 받았지만, 스파이와 학자의 동맹이 미약하게 형성되면서, CIA, FBI 및 다른 안보기관은 학계와의 친밀도를 단번에 회복했다.

　"9·11은 수많은 아카데미와 국가안보기관의 조용한 협력관계를 다시 이끌어냈다."고 콜롬비아대학의 오스틴 롱(Austin Long) 안보정책학 교수가 말했다.

　둘째, 보다 더 중요한 것은 대학교육의 세계화이다. 세계화는 적대적 국가 간의 우정과 이해를 증진시켰고, 교육 및 연구의 질을 향상시켰다. 또한 세계화는 유학생과 교수를 포섭하려는 미국의 노력이 급증한 만큼, 미국 대학과 해외 분교에서 외국정보기관의 스파이활동을 조장했다. 미국에서 또는 미국으로의 학문적 이동은 간첩활동에 대한 기회를 제공하면서 양방향으로 급증했다. 더 많은 미국 학생과 교수진이 해외로 가고 있다.[11] 해외에서 공부하는 미국인의 수는 2014년 – 15년 사이에 304,467명으로 증가하여 2011년 이래 2배에 이른다. 미국 대학은 절대로 해가 지지 않는다. 이탈리아에서 쿠르디스탄까지 80개국에 160개가 넘는 미국식 대학이 있다.[12] 대부분은 미국 대학의 분교 또는 미국승인을 요청하는 외국운영학교이다. 그들 중 절반 이상이 2000년 이후 개설되었다.

　중동 또는 중국과 같은 정치적으로 민감한 지역에 위치한 분교들은 종종 외국정보기관의 타깃이 되었다. 외국정보기관. 특히 중국정보기관은 해외에서 젊은 미국인을 포섭하여 미국정부의 주요 직책에 보직되도록 은밀하게 지원한다. 그들이 올바른 언어에 유창하다면 미국 정보기관 역시 그들을 도청할 것이다.

　CIA와 FBI는 "언어적으로 적합한 젊은 미국인을 물색하는 데 고려 조건은 없다. 양대 정보기관은 방랑벽(wanderlust)이 있거나 해외에서 2~3학기 동안 공부하기로 결심한 사람들을 찾아서 정보 수집을 요구한다."고 전 연방관료가 나에게 말했다. 심지어 FBI는 펑의 스파이활동을 위한 위장신분으로 지정할 수 있도록 남플로리다대학이 중국 분교를 개설하도록 강력히 권고했다.

　미국은 도날드 트럼프(Donald Trump) 대통령이 서명한 반이민법의 결과로 성장이 균형을 이루기 시작했지만, 동시에 외국 학생과 교수들이 미국으로 쏟아져 들어 왔다. 미국대학의 유학생은 처음으로 2015 – 16년에 100만 명을 돌파했다. 이는 1974 – 75년의 거의 7배, 1999 – 2000년 대비 2배 이상에 달하는 규모이다.

미국 대학과 대학교에서 일하는 외국계 과학자 및 엔지니어의 숫자는 2003년 36만 명이었는데, 2013년에는 51만7천 명으로 44% 증가했다.[13] 유학생 대부분, 연구원 및 교수는 합법적인 이유로 미국에 왔지만, 2011년 FBI는 "대학은 외국정보기관이 포섭대상자를 찾고, 아이디어를 제안하고 키우며, 학문을 배우고, 심지어 연구 자료를 훔치고, 또는 연수생을 배치하는 데 이상적인 장소"[14]라고 발표했다.

FBI와 CIA는 미국에 있는 유학생, 교수 및 객원연구원들을 잠재적인 위협세력 또는 정보원(assets), 즉 CIA 요원이 첩보 수집을 위해 관리하는 스파이로 평가하면서 그들의 목표로 정했다. 2012년도 유학생과 함께 미국 대학에서 근무하는 직원을 대상으로 한 설문조사에서[15] 거의 1/3에 해당하는 31%는 지난해 FBI가 학생들을 방문했다고 발표했다(여론 조사는 CIA에 대해 묻지 않았다). FBI는 대학 직원들 모르게 더 많은 학생들에게 접근했을 가능성이 높다.

2014년 5월 FBI의 학계 연락관인 밀로노비치는 "방첩업무에 관한 한, FBI는 ① 해외 학생과 국내 학생, ② 해외 교수진과 국내 교수진, ③ 연구와 개발 등 3개 주요 영역에 관심이 있다."[16]고 한 대학총장 단체에 편지를 보냈다.

캠퍼스에는 매우 많은 외국인이 있지만, 미국 정보기관은 출생지, 연구 분야, 민감한 연구물에 대한 접근, 가족 배경, 그리고 정부 장학생 등과 같은 요인에 근거하여 우선순위를 둔다. 교수가 적대적이고 침투하기 어려운 국가에 접근할 수 있다면, 미국 정보기관은 매우 집요할 수 있다. 출생지로 자주 여행하는 이란 태생의 과학자를 예로 들어보자. "FBI는 처음에 이란에서 일어난 일에 대한 그의 견해를 알고 싶다는 핑계를 대며 과학자에게 접근했다."고 과학자의 친구가 말했다.[17] 과학자는 FBI 요원을 만난 다음 몇 건의 이메일을 교환한 후, FBI 요원으로부터 "CIA가 자신(과학자)을 포섭하는 데 관심이 있다."는 말을 들었다. 그는 거절했다.

"얼마 후 FBI 요원은 과학자에게 결정을 재고해 달라고 요청했다. 그러나 그는 CIA 제안을 다시 거부했다. 몇 달 후 과학자는 보안회의에 초청을 받았다. 그 회의는 CIA 요원들이 거주하는 곳으로 알려졌다." 그 회의는 "이란과 젊은 이란인, 특히 젊은 과학자가 어떻게 이란 강경파들의 보병(foot soldiers: 그룹·조직의 가장 낮은 수준에서 중요하지만 실권 없이 일하는 사람 – 역자 주)이 되고, 이란의 핵 프로그램을 포함한 모든 종류의 일로 그들을 돕고 있는가에 관한 것"이었다. 과학자는 "초청장을 거절했다. 몇 달 후, 그는 영국 회사의 대표자를 만나 샌프란시스코에 있는 영국 영사관이 미팅을 제안했다고 들었다. 그러나 회사는 유령회사로 밝혀졌다. 아마도 포섭을 위한 또 다른 시도였을 것이다. 미팅은 열리지 않았다.

FBI는 연줄 좋은 또 다른 이란 학자와의 지렛대를[18] 더 많이 갖고 있었다. 컬럼비아 대학 박사학위가 있고 미국 귀화시민인 아마드 쉐이크자데(Ahmad Sheikhzadeh)는 미국의 이란제재 조치를 위반했고, 뉴욕시에 있는 이란유엔사절단(IUNM)의 컨설턴트로 일하면서 연방세금 환급에 관한 소득을 보고하지 않았다. FBI 요원은 그에게 정보제공자가 되지 않는다면, 수십 년 동안 투옥될 수 있다고 위협했다. 그는 누군가를 염탐하는 것보다 투옥되어 남은 인생을 보내고 싶다고 대답했다.

2018년 2월 연방 판사는 과도하게 조치한 정부를 비난하고 쉐이크자데에게 단지 징역 3개월을 선고했다. "나는 자유보다 명예가 더 중요했기 때문에 비밀스런 스파이활동을 거부했다."고 그는 증언했다.

CIA는 해외에서 업적과 실패로 지명도가 높기는 하지만, CIA 국가자원국(National Resources Division: 미국 30여 개 도시에서 운영되며, 해외방문 과학자 등으로부터 디브리핑을 받거나, 미국체류 외국학생 등을 포섭하여 본국 귀국 시 정보원으로 활용 – 역자 주)은 미국 내에서 일차적으로 외국인 포섭활동을 비밀리에 수행한다. 2003년부터 2005년까지 NRD를 이끌었던 헨리 크럼톤(Henry Crumpton)은 장래성을 규명하는 데 백 수십 개의 캠퍼스 네트워크를 신뢰했다고 말했다.

"우리는 캠퍼스에 협조자들을 관리하고 있다."고 크럼톤이 나에게 말했다. "나는 때때로 그들과 만날 것이고, 그들 대부분은 미국 시민이고, 합법적인 사람들이다. 그들은 올바른 일이라고 생각하기 때문에 협력하고 있다."

CIA 관료는 외국인이 아닌 미국 시민과 영주권자를 포섭할 때 정보적 제휴를 그들에게 고지해야 한다. 이스마엘 존스(Ishmael Jones)라는 필명으로 회고록을 쓴 CIA 전 관료에 따르면, "미국 대학에서 공부하는 유학생 명부를 작성하면서 그들과 약속을 잡기 위해 상업적 가명을[19] 과도하게 사용했다. 나는 관심 있는 비밀에 그들이 접근할 수 있는지를 알아보기 위해 만났고, 가능성을 발견할 경우 관계를 발전시킨 다음, 그들을 포섭했다. 일반적으로 나는 불량 국가의 대학원생을 찾고자 했다. 그들은 자국에서 지원하는 학비로 공부하면서 핵과학과 같은 것을 연구하고 있었다."고 말했다.

비밀임무를 수행하는 일부 CIA 요원은 교수 신분으로 가장한다. 그들은 자신을 미국 특정 대학의 직원이라고 거짓말을 하지 않지만, 이 정책은 더 위험한 속임수를 위한 여지를 남겨둔다. "내가 오스틴에 있는 텍사스대학교의 중동연구 부교수라는 사실은 금지되어 있지만, 내가 중동 정치에 관한 책을 연구 중인 교수라는 것은 허락된다. 그런 구별은 현장에서 흐려질 수 있다. 나는 지식인이라고 뻐기는 대학 교수에게[20] 어떠한 제약이 있는지 알지 못한다. 그리고 나는 그렇게 했다."고 존스가 내게 말했다.

선거공약과 취임 1개월에 근거한, 트럼프 대통령의 정책은 학계에서 더 많은 국내외 스파이활동을 촉진할 것이다. 비록 트럼프의 반 무슬림 발언이 중동 학생들을 끌어들여 귀국할 때 정보원으로 활용하려는 노력을 훼손할 가능성은 있지만, 시민의 자유와 사생활 제한에 제약이 덜한 CIA와 NSA는 외국 학생과 교수들을 포섭하고 감시하는 활동을 강화할 것으로 예상된다. 트럼프의 위협적인 중국과의 무역전쟁은 트럼프 정부가 미국 대학에서 개발한 더 많은 기술을 흡수하도록 용기를 줄 수 있다. 반면 러시아에 대한 유화정책은 블라디미르 푸틴이 아이비리그에 더 많은 스파이를 침투하도록 촉진할 것이다. 트럼프가 2016년 12월 트위터로 "미국은 핵 능력을 크게 강화하고 확대해야한다."고 주장한 군비증강에 대비하여 중국, 러시아, 그리고 이란은 캠퍼스 정보제공자를 모색할 수도 있다. 심지어 우리 동맹국들은 트럼프 대통령의 낮은 신뢰도와 적대적 태도에 어리둥절하면서, 그의 정책과 의도에 대한 학문적 통찰력을 은밀하게 수집하려고 한다.

미국 지방법원은 이란과 대표적인 무슬림 5개국에서 미국으로 입국하는 것을 제한하는 트럼프의 反이민 행정명령을 중지하라고 결정했고, 2017년 6월 연방대법원은 여행금지 조치의 일부를 회복시켰다. 그러나 그것은 미국 내에서 "사람 또는 단체와 선의의 관계"를 맺은 외국인을 면제했다. 이곳에 오는 것이 여전히 자유로운 사람들은 미국 대학의 입학이 허가된 학생들과 미국 관중들에게 연설하기 위해 초청된 강사들을 포함한다고 법원은 말했다. 외국정보기관은 미국 입국금지 조치로 간첩행위가 좌절되어 다른 수단을 동원한다면, 그들은 자국 학생들과 연설가 상당수를 동원할 것이다.

많은 대학교수들은 열심히 일하는 반면 공적 의무는 특별히 연장되지 않는다. 그들은 일주일에 10시간에서 15시간을 가르치고, 일주일에 두 번 근무하며 여름에는 쉰다. 글쓰기, 연구, 강의 준비, 논문 채점, 대학위원회 활동, 컨설팅, 국제 학술회의 참석, 그리고 미국 정보기관을 위한 부업 등 비 구조화된 분야에 많은 시간을 할애한다.

그들의 도움은 수많은 계약의 형태와 수준에 따라 시행된다. 그들은 관심지역으로부터 귀환했을 때 CIA에 결과보고를 하거나 자원 봉사자로 봉사할 수 있다. "때때로, 나는 고위 공무원과 특히 흥미로운 대화를 나눴다면 자신의 의지를 보고할 것이다."고 전 국가정보위원회(NIC) 의장이며 하버드대학교 정치학자인 조셉 나이(Joseph Nye)는 말한다. "내가 외무장관을 만났다. 외교부의 공식 입장은 이것이다. 술을 마시면서 그는 반대 입장을 말했다고 나는 말할 수 있다."

CIA 정책이 특별한 상황을 제외하고 언론인, 성직자 및 평화봉사단의 자원봉사자를 활용하는 것을 금지할지라도, 학생과 교수는 공정한 게임이다. 이스마엘 존스(Ishmael Jones)에 따르면, 최근 CIA의 '가장 활기차고 무능한[21]' 공작원 중에 세계를 무대로 활동하는 두 명의 교수가 있었다. '초기단계 핵 프로그램을[22] 가진 나라'의 젊은 과학자를 미국에 초청하여 매사추세츠공과대학의 최첨단 연구소의 개인 투어에 안내했다. 그들은 과학자를 포섭하려는 다른 CIA 요원의 노력을 무심코 방해했다.

서로 다른 경우, 교수진은 적대 국가의 핵 과학자를 유인할 목적으로 특별히 설계된 과학 회의를[23] 만들기 위해 CIA의 자금을 사용했고, 미국 대학에서 장학금을 받을 수 있도록 주선했다. 그는 CIA를 돕는다는 것 보다 오히려 과학자의 핵 프로그램에 대한 추가적인 과학정보를 수집하기 위해 대학 연관성과 장학금을 사용했다.

일류 동부대학교의 어떤 교수는24 800달러짜리 스위스 빅토리녹스 군용 시계를 차고 저녁 파티를 즐겼다. 그것은 러시아 스파이로부터 받은 뇌물이며 결국 화젯거리이다.

그는 학창시절 CIA 근무를 고려했는데, CIA는 그를 채용하지 않았다. 그 대신 그는 학계에 들어가 외교정책 전문가로서의 명성을 얻었지만, 아직도 때때로 스파이활동에 대한 재능을 가지고 있는지 궁금해 하고 있다.

2010년 그는 예상치 못한 기회를 얻었다. 그때 군축협상에 대한 캠퍼스 토론회의에서 사회를 보고 있었다. 이후 한 러시아 외교관은 그와 패널리스트 중 한 사람에게 접근하여 카드를 주고 점심에 초대했다.

교수와 그의 동료는 비밀취급인가를 받았기 때문에 이 제안을 FBI에 보고할 의무가 있었다. FBI 방첩부의 담당관은 곧 교수에게 전화를 했다. 그리고 그 외교관은 외국 정보요원으로 생각된다고 말했다.

"나는 점심식사를 하기 위해 그를 만나지 않겠다."고 교수가 말했다. 그러자 FBI 방첩관은 "그것은 선택의 문제이다. 우리는 당신이 그와 만나기를 원한다."고 말했다. FBI는 러시아의 정보수집 우선순위, 정보기법, 그와 같은 것을 알기 위해 교수를 이중스파이로 활용하고 싶어 했다. "상대방이 무엇에 관심을 갖고 있는지를 안다는 것은 매우 가치 있는 일이다."라고 방첩관은 나에게 말했다.

그 후 2년 동안 러시아인과 FBI는 각각 그 교수와 10차례 점심식사를 했다. 교수는 러시아 스파이와 함께 멕시코 레스토랑, 프랑스 식당, 비프스테이크 전문점에서 식사를 했지만, 절대로 똑같은 장소를 두 번 이용하지 않았다. 왜냐하면 러시아인은 대 감시(counter surveillance)를 걱정했기 때문이다. 러시아인은 항상 현금을 사용했다. 공작금으로 직송된 100달러짜리 지폐였다. 그 후 교수는 FBI 요원에게 전화를 걸었고, 며칠 후 FBI 요원을 만나 점심을 먹으면서 접촉결과를 보고했을 것이다.

스파이는 30대 후반으로 근육질의 몸매에 피부가 거무스름했고, 넓은 이마와 움푹 파인 눈매를 가진 전 KGB 의장인 블라디미르 푸틴(Vladimir Putin) 러시아 대통령을 연상시켰다. 그는 교수의 학술 논문과 저서를 번역할 러시아 출판사를 물색해 달라고 교수에게 부탁했다. 그는 자신의 부친이 소련통신사(Soviet news service) — KGB 요원이 자주 사용하는 위장신분 — 에서 근무해 왔기 때문에 모스크바 출판계에 연고가 있다고 말했다. 또한 그 스파이는 교수에게 점차 가치 있는 선물을 제공했다. 처음에는 고급 포솔스카야(Posolskaya) 보드카 한 병을 — 포솔스카야는 러시아 '외교관'을 의미하기 때문에 유달리 외교관 신분을 위장한 스파이에 어울렸다 — 그런 다음 스위스 시계를 주었다.

"시계를 원합니까?"교수는 FBI 요원들에게 물었다. "혹시 시계 속에 도청장치가 있는지 확인하고 싶지 않습니까?"

FBI 요원들은 도청장비가 심어져 있을 것 같지 않았기 때문에 그럴 필요가 없다고 말했다. 그는 계속해서 그 일을 유지할 수 있었다.

처음 그 스파이는 교수 라운지에서 자주 논의되는 주제에 관해 또는 아프가니스탄에 대한 미국정책과 같은 시사문제 세미나에 관한 교수의 견해를 이끌어 냈다. 그의 질문은 점심을 먹으면서 점점 더 노골화하였다. 어떻게 교수가 특정 미국 장군을 알고 있는지, 그들이 무엇에 대해 이야기 했는가? 구체적인 것을 피하면서 교수는 자신이 최선을 다해 신중을 기하면서 호기심을 자극했다.

교수는 "똑똑하고 바보같이 행동하기를 원한다. 당신 자신보다 조금 더 멍청한 것처럼 보이고 싶다. 그것이 환심을 사는 길이다. 당신의 조국을 배반할 것으로 보이지 않는다."고 나중에 나에게 설명했다.

마침내, 러시아인은 정보제공에 대한 대가로 현금을 지급하겠다는 정보거래(trade)

를 제의했다. 지불 액수는 정보의 질에 달릴 것이다. 교수는 노출을 막기 위해 인터넷에 연결하지 않고 노트북컴퓨터를 구입하여 글을 써야했다. 그리고 휴대용 저장장치(flash drive)로 러시아인에게 파일을 제공했을 것이다. 스파이는 가장 가까운 러시아 외교 시설의 보안 컴퓨터에 드라이브를 넣고 모스크바에 전송했을 것이다.

FBI는 교수에게 기밀 정보를 제공하지 않고 거래를 하라고 지시했다. 그는 자신의 노트북컴퓨터에 아프가니스탄 전쟁에 대한 권위 있는 토론내용을 기록했고, 러시아인에게 휴대용 저장장치를 제공했다.

다음 점심 식사에서 스파이는 100달러짜리 지폐로 2,000달러를 건네받았다. 그는 또한 자신의 채용에 공개적으로 사용 가능한 정보가 아무리 잘 분석 되더라도 충분하지 않다고 분명히 했다.

"우리는 고맙게 생각하지만, 그것이 그렇게 민감하지 않다고 생각했다. 우리에게 더 많은 정보를 제공하면 더 많은 돈을 지불할 수 있다."고 그는 교수에게 말했다.

미국에서는 학계와 정부 간의 회전문 인사가 익숙하다는 점을 고려하여, 그는 교수가 국무부 또는 국방부에서 일자리를 찾도록 부추겼다. 두 사람은 말은 안했지만, 러시아가 내부 정보원에게 상당한 대가를 지불하리란 것을 알고 있었다.

교수는 그 돈을 FBI에 넘겼다. 그 후 곧바로 그 러시아인은 모스크바로 돌아갔다. 그는 교수에게 후임자가 연락할 것이라고 확약했다. 그러나 어떠한 메시지도 오지 않았다. 아마도 러시아 정보기관은 교수의 진부한 분석을 보고 그가 가치 있는 정보를 알지 못하고 있다고 확신했을 것이다. 아니면 FBI가 그를 조종하고 있다고 추측했을 것이다. 어느 쪽이든, 스파이활동을 하려는 그의 시도는 끝났다. 그 교수는 "세상이 깜짝 놀랄만한" 어떤 것도 발견하지 못한 반면, 국가안보에 도움을 주었다고 결론을 내리고, 자신의 정보활동 욕구를 지워버렸다.

제1편

미국 대학에서의 외국의 스파이활동

01
투명 망토[1]

'제다이 마스터'(Jedi Master)인 오비완 케노비(Obi-Wan Kenobi)는 2016년 1월 30일 저녁, 광선검(light saber)을 휘두르면서,[2] 눈을 가린 복면에 검은 망토를 입고, 입가에 가벼운 미소를 띤 모습의 중국 선전의 세계모형물단지인 '세계의 창'(Window of the World)에 있는 시저 궁전의 무대를 활보했다. 제국의 특수부대인 제다이 전사들, 여타 스타워즈 인물들이 그랬던 것처럼 자극적인 조명과 제트 연기가 번갈아가며 밝게 비추었다가 어두워지자 700명의 청중들은 황색, 녹색, 주홍색 사브르(sabers)를 흔들면서 환호했다.

"미래의 전쟁-새로운 동녘"이라는 제목의 스타워즈 풍자극은 생음악, 관능적인 춤, 꼭두각시 몸통 위에 스크린에서 튀어나오는 사람들의 얼굴, 중국군에 대한 헌정 등을 주요내용으로 했다. 이제 화려한 무대는 최고조에 이르렀다. 이 행사는 광치고등기술연구소(IAT)와 광치과학회사(光啓科學技術革新公司)의 6주년 기념식이었다. 두 기관의 목표는 급성장하는 메타물질(metamaterials) 분야에서 돌파구를 구상하고 상업화하는 것이다. 오비완 캐노비로 분장한 류뤄펑(Liu Ruopeng)은 다른 제다이로 분장한 중역들, 연기자들, 관객, 그리고 직원들로 구성된 이 모험적인 회사의 창설자이자 대표이다. 관객 중 상당수는 류가 설파한 두려움이 없는 혁신 정신의 전형을 보여줌으로써 북극, 남극, 가까운 우주를 여행할 수 있는 상품을 받았다.

이제 사브르는 없지만 아직 무대의상을 입고 있는 류는 왼손에 큰 꽃다발을 움켜지고 오른손에 마이크를 잡고 노래로 자신의 업적을 찬양했다. "외부 세계가 아무리 전율을 일으킬지라도[3] 나는 완벽하고 냉정하게 행동했다. 이 여정은 말로 표현하기 어려울 정도로 힘들었고, 우리가 냉철한 머리를 갖고 있었다는 것은 행운이다." 라고 중국어로 흥얼거렸다. 그리고 비틀즈의 "Hey Jude"라는 노래의 코러스로 자연스럽게 넘어갔다.

32세의 나이에 통통한 뺨과 놀라울 정도로 소년 같은 감성을 보인 류는 축하할 일이 많았다. 그는 홍콩 주식시장에서 거래되는 광치과학회사의 대주주로서 미국, 노르웨이, 캐나다 그리고 뉴질랜드로 확장되고 있는 기업 제국을 거느린 억만장자가 되었다. 중국 언론은 그를 '중국의 엘론 머스크'(Elon Musk)[4]라고 칭송했고, 전기자동차회사 Tesla의 상징적인 창시자와 같은 미래비전 인물로 동일시했다. 2015년 말까지 이 풋내기 고등기술연구소(IAT)는 놀랄 정도로 3,289개의 특허를 신청했고[5] 1,783개의 특허를 획득했다. 중국정부는 과학정책을 위한 명예와 책임을 그에게 부여했다. 다수의 저명한 장관과 당 간부뿐 아니라 시진핑(習近平) 주석도 선전에 있는 류뤄펑의 기업들을 시찰하였다.

류의 부와 명성은 기념일 축제행사의 의상과 같은 가면이거나, 혹은 저명한 데이비드 스미스(David R. Smith) 교수 휘하에서 듀크 대학원의 전자공학과 학생으로서 설계를 거들었던 투명망토와 같았다. 불안한 실체들은 그의 부와 명성에 가려져 아직 드러나지 않고 있다. 그가 이룩한 성공의 대부분은 경제스파이의 대학교육 기법으로 얻은 것이다. 류는 조심성 없는 교수, 느슨한 합동연구 지침, 듀크 대학원의 개방적이고 범세계적인 문화 등을 이용하여 미 국방부가 재정을 지원한 연구물을 중국으로 빼돌렸다. 그는 중국 연구원들이 스미스박사 실험실을 방문할 수 있도록 주선하여 장비를 재생산할 수 있도록 했고, 듀크 대학원의 부주의한 동료들이 개발한 실험 자료와 아이디어를 넘겨주었다. 또한 비밀리에 듀크 대학원의 연구에 기초를 둔 중국웹사이트를 시작했고, 스미스 교수를 속여 중국에서 파트타임으로 일하게 했다. 그의 행위는 향후 전쟁 또는 비밀공작에 영향을 미칠 수 있는 전투기, 탱크, 드론을 숨길 수 있는 신흥기술(emerging technology) 분야에서 미국의 우위를 위태롭게 하였다. 류가 중국으로 일단 돌아갔을 때 중국정부는 감사의 표시로 그의 신생 벤처기업에 수백 만 달러를 투자했다.

돌이켜 보건데, 듀크 대학원 실험실의 옛 동료 중 몇 명은 류가 자신들의 신뢰를 깨버렸다고 생각한다. 실험실 멤버 중 한 명인 요나 골럽(Jonah Gollup)은 "당신이 학계에서 피땀 흘려 일할 때 약 10여 명만 그것이 당신의 아이디어라는 것을 안다. 아이디어는 중국으로 흘러 들어갔다. 회고하건데 사람들은 전모를 몰랐다고 생각한다."고 나에게 말했다.

　류 사건은 학계연구가 외국인 침입자에게 얼마나 취약한가, 또한 대학들이 그것을 보호하기 위해 얼마나 보잘 것 없는 노력을 하는지 설명해 준다. 유학생 유치와 해외 분교 개설을 원하는 대학들은 연구물 절도행위를 엄중 단속하는 것이 중국과 다른 국가들의 감정을 상하게 할까봐 주저한다. 그러나 다른 측면에서 보면 그들은 정부기관을 배신하고, 결국 연구를 후원하는 미국인 납세자를 배신하는 셈이 된다. 우리는 우리를 방어할 군대를 위해 세금을 내는데, 대학들은 부수적 피해를 인정하거나 해결하지 않고 세계적인 명성만을 추구함으로써 안보를 위태롭게 하고 있다.

　류가 범죄행위로 기소되지 않았음에도 불구하고, FBI는 그의 행위들을 조사하고 대학총장들과 법집행 관료들에게 브리핑을 했다. 2012년 10월 FBI 본부에서 '국가안보고등교육자문위원회(National Security Higher Education Advisory Board)'의 비밀회의가 개최되었다. 공개기록 요청을 통해 입수된 내용에 따르면,[6] 스미스 박사는 "그의 제보 없이 어떻게 한 중국인이 그의 연구실과 똑같은 연구소를 중국에서 차릴 수 있단 말인가?"라고 자세히 말했다. 그 사건은 듀크대학이 허가를 받고, 특허권과 로열티를 받는 데 상당한 비용을 치르게 하였고, 스미스 박사가 신기원을 이룬 연구결과를 최초라고 공표할 수 없도록 했다. 이 사건에 대하여 FBI가 스미스 박사와 인터뷰한 비디오는 2015년 9월 "위대한 아이디어 도둑질"이라는 제목으로 초청받은 사람들에게만 공개되었다.[7]

　스미스 박사는 "류는 분명한 의도를 가지고 있었고, 그의 행동은 미래에 엄청난 경제적 충격을 가져올 것이다."고 우려하면서, "만약 사람들이 어떻게 이런 일이 발생하고, 잠재적으로 악의를 가진 사람들이 미국 아카데미 환경에서 발생하는 자연적인 혼란을 어떻게 이용할 수 있는가를 이해한다면, 그들은 보다 더 경계심을 가질 것이고, 미래에 유사 사건을 피할 수 있을 것으로 생각한다."고 2015년 7월 나에게 편지를 썼다.

　학문 연구는 외국스파이에게 유용하면서 노출될 위험성이 낮은 취약한 분야이다. 대학 연구실들은 미 국방부와 정보공동체를 위하여 획기적인 기술을 시도함에도 불구하고, 공동작업과 공개발표를 중시하는 문화로 인해 기업만큼 보호받지 못한다. 일반적으로 대학 연구자들은 비공개 약정서에 서명할 것을 요구받지 않는다. 그것은 개방적 윤리에 역행하는 일이다. "보잉사와 같은 회사보다 보안통제가 더 느슨한 곳이 있다. 대학은 지적재산에 대한 접근이 가능한 사람을 물색하기에 적합한 곳이다."라고 LA 소재 캘리포니아대학교 전기공학과의 존 빌라세노르(John Villasenor) 교수는 말했다.

지적재산 보호 장치에 대한 무지, 또는 그것에 대한 적대감은 과학도나 교수진 사이에 널리 퍼져있다. 로스쿨 이외 그 문제에 대한 교육은 '제로상태'라고 빌라세노르 교수는 나에게 말했다. 그가 조사했던[8] UCLA 공과대학원생 중 상당수는 특허(21%), 저작권(32%), 상표권(51%), 영업비밀(68%) 등에 대한 정의를 내리지 못했다. 미국 교수들은 스파이 가능성을 전혀 고려하지 않고, 해외 지인 또는 외국인들이 연구조언, 연구사본 검토, 또는 비공개 자료를 종종 요구하는 경우 이에 응하고 있다. 펜실베이니아주립대학교 토목공학과의 교수 한분은 어떤 외국인이 메가톤급 폭발에 견딜 수 있는 지하 콘크리트 구조물을 어떻게 건설할 수 있는지를 묻는 이메일을 자신에게 보내왔다고 당시 대학총장이던 그라함 스파니어(Graham Spanier)에게 전화를 했다.

"나는 발신 버튼을 누르려고 했다. 그런데 (총장님께) 물어 보는 게 낫겠다는 생각이 들었다. 나는 이 사람을 모른다."고 교수는 말했다. 스파니어 총장은 FBI에 신고했고, FBI는 흔적이 사라지기 전에 7개의 중간단계를 통해 발원지를 추적했다. 정교하게 위장된 출처는 결코 밝혀지지 않았다.

평상시 대학의 태도는 점증하는 위협과 모순된다. 미국 기술을 보호하는 국방보안국(DSS)에 따르면, 민감 정보 또는 비밀 정보의 수집을 위해 학문적으로 청탁하거나, '수집수단으로서 학생,[9] 교수, 과학자, 또는 연구원들을 이용한 비율'은 2010년 8%에서 2014년 24%로 3배로 증가했다.

공학이나 컴퓨터에 재능을 가진 미국 대학 졸업자들은 일반적으로 학업을 계속하는 것보다 하이테크 회사에 입사하거나 창업을 한다. 그 결과, 유학생들은 첨단 연구 인력의 중추를 형성하고[10] 이들 분야에서 미국대학의 대학원 운영에 중요한 영향을 미친다. 2012~13년 외국 학생들은 미국 대학이 수여하는 박사학위 56.9%를 공학 분야에서 받았고, 그들 중 52.5%는 컴퓨터와 정보학 분야였다. 그들은 스미스 박사의 전공인 전기공학 분야에서 전국 대학원생의 70% 이상을 차지한다.

"외국정보기관들,[11] 외국기업들, 그리고 외국정부들은 종종 대학생들을 대상으로 정보활동을 수행한다. 그들에게 연구결과의 제공을 요청하거나, 연구자금을 후원하고 있는 미국정부나 미국 회사에 속하는 기술소유권(proprietary) 또는 지적재산권을 제공하도록 시도한다. 외국 군대들은 미 국방부가 후원하는 전문대학이나 종합대학의 연구결과를 훔침으로써 최신 첨단무기 시스템을 개발할 수 있다."고 데이비드 스자디(David

W. Szady) 전 FBI 방첩담당관은 2014년 7월 뉴스레터에 기고했다.

　　미국 납세자들은 엄청난 액수의 연구개발비를 학계에 지원하고 있다.[12] 미국 정부는 연구개발비로 1990년 91억 달러와 2000년 169억 달러에 이어 2014년에는 274억 달러를 후원했다. 이 비용에는 미 국방부와 정보기관(CIA는 지출을 보고하지 않기 때문에 계산하지 않음)의 1990년 12억 달러, 2000년 17억 달러에 이어 2014년 24억 달러가 포함된다.

　　일부 연구는 외국학생들에게 접근이 제한된다. 연구기술이 비밀인 경우, 비밀취급 인가를 받은 사람만이 보안이 유지되는 교외 시설에서 연구할 수 있다. 만약 연구기술이 비밀보다 한 단계 낮은 수준에서 수출 통제에 해당된다면, 정부는 외국이 참여할 수 있도록 정부의 허가를 받아야 한다. 그런 허가는 일반적으로 중국이나 이란 같은 국가에서 온 학생들에게 거부된다.

　　하지만, 연방정부의 기금으로 운영되는 대학 연구의 대부분은 기본적인 것이고, 모든 학생들에게 개방되어 있다. 제한 없이 공표될 수 있기 때문에 '왜 훔치려고 고민하느냐?'고 사람들은 반문할지 모른다. 그 대답은 시간을 절약하고 실수를 피하는 데 있다. 연구에 대한 접근은 학술잡지에서 공개된 결과만을 획득하는 것을 넘어 통찰력을 제공한다. "해결방법을 안다는 것은 아주 좋은 일이지만, 그 과정은 중요한 만큼 논쟁의 여지가 있다."고 워싱턴 D.C. 소재 국제스파이박물관의 해설자이자 역사학자인 빈스 휴튼(Vince Houghton)은 말한다. "당신은 '택하지 않은 길', 즉 실패와 곤경을 볼 수 있다." 해외 연구원들은 대학 실험실 내부의 스파이(mole)를 활용하여 진정한 개척자보다 앞서서 아이디어를 최초로 발표하고 특허를 받을 수 있다. 그리고 그 결과에 따른 찬사, 자금제공, 그리고 우등생과 교수진의 관심 급증을 즐길 수 있다.

　　외국 정부는 기초적이고 획기적인(breakthrough) 기술이 비밀로 규제되기 전에 입수하고 싶어 한다. 기술의 유용성이 매우 중대하여 비밀로 규제될 경우 외국 학생들은 접근하지 못하기 때문이다. FBI 탬파지부의 코에너(J. A. Koerner) 전 방첩책임자는 "전도유망한 과학기술에는 '사전 비밀분류(pre-classified)'라는 용어를 사용한다. 일단 과학기술은 군사시스템으로 통합되면 접근하기가 더 어려운 비밀로 분류될 것이다."라고 말했다.

　　미국 대학의 개방성은 바로 해외에서 미국의 아이디어를 수집하려는 외국인에게 유리한 환경을 제공한다. 코카콜라가 제조법 누출을 막기 위해 소문나게 경계조치를 취하는 것처럼, 경제스파이법은 도난당한 영업비밀의 소유자들에게 비밀 보호를 위해 합리적인 조치를 취할 것을 요구한다. 지적재산권 보호를 위한 비공개와 협업협정의 부족으로 대학들은 보안 수준을 충족시킬 수 없다.

듀크 대학의 스미스(David Smith) 교수는 그의 유명세에 걸맞게 잘 다듬어진 잔디밭을 가로질러 서로 마주보며 서있는 다른 건물에 2개의 사무실을 가지고 있다.

전면이 돌로 되어 있고, '스마트 브리지(smart bridge)' 같은 현대식 편의시설을 갖춘 피츠패트릭(Fitzpatrick)센터에서, 그는 학제 간 공학, 의학, 응용과학을 위한 자신의 연구그룹을 운영하고 있고, 붉은 벽돌의 허드슨 홀(Hudson Hall)에서 전기 및 컴퓨터공학과를 운영하고 있다.

우리는 2016년 4월 허드슨 홀 사무실에서 대화를 나누었는데, 그곳은 개보수 공사로 인해 벽과 선반이 텅 빈 채로 남아있었다. 스미스 박사는 학과장이나 노벨상 후보로 종종 추천되는 수상 경력이 있는 과학자로부터 찾아볼 수 있는 어떤 거만함도 보이지 않았다. 그는 평상복 차림에 부드러운 말투와 가식 없는 태도라는 인상을 주었다.

스미스 박사는 그의 옛 제자인 류뤄펑이 중국의 억만장자로 변한 사건은 과학적 협동에 기초를 둔 신뢰관계가 얼마나 쉽게 변질될 수 있는가를 깨닫게 해 주었다고 나에게 말했다. "어느 누구도 지적재산권에 대한 훈련을 받지 못했고, 어디에 선을 그을 것인지 고민하고 있다."고 말했다.

스미스 박사는 1964년 일본 오키나와에서 태어났다. 아버지는 미군부대에 근무했다. 그가 어렸을 때 부모는 이혼했고, 이후 아버지와 접촉은 없었다. 그의 어머니는 허드렛일을 했고, 그는 어머니를 따라 캘리포니아 이곳저곳에서 살았다.리버사이드, 샌디에고, 칼스배드, 샌프란시스코, 팜 스프링스, 그리고 마지막으로 고등학교 3년을 에스콘디도에서 보냈다.

그는 1988년에 학사학위, 1994년에 박사학위를 받았다. 모두 샌디에고의 캘리포니아대학교(UCSD)에서 받았다. 그의 대학원 시절 취미는 블랙잭이었다. 그는 카드 계산법, 즉 카드 팩에 남아있는 카드의 가치를 예측함으로써 게임자의 승률을 높이는 전략을 배웠다. "나는 잠시 동안 라스베이거스에서 블랙잭 게임 그룹을 조직하는 것을 중단했다."[13] 그는 샌디에고 근처 인디언 보호구역에 있는 카지노에서 표시된 카드 팩을 사용하는 딜러들에게 속아 손실을 입었고, 손실을 회복하기 위해 고소했다. 그는 5년간 소송을 진행하면서[14] 인디언의 게임법칙을 꽤 많이 배웠다. 그러나 캘리포니아 항소법원은 그에게 불리한 판결을 내렸다.

스미스는 학계 스타로 오르는 데 시간이 많이 걸린 대기만성 형이었다. 캘리포니아 대학교에서 그는 "그 수준에서 전혀 기대가 안 되는 평범한 대학원생이었다."고 데이비드 슈리그(David Schurig)가 말했다. 슈리그는 스미스와 함께 수업을 받기도 했고, 후에 듀크 대학의 스미스 연구실의 연구원이 되었다. "그건 대단한 성공입니다."

UCSD에서 박사후과정생이었던 스미스는 그의 지도교수가 시작한 생명공학 회사에 참여했지만, 연구결과는 거의 발표하지 않았다. 그는 산업계로 가기 위해 학계를 떠나기로 결정했는데, 몇 개의 논문들이 그의 경력에 도움을 줄 것으로 생각했다. 예상대로 그의 논문들은 메타물질(metamaterials) - 자연 상태에서는 발견되지 않는 속성을 가진 인공물질 - 분야를 시작하는 데 도움을 주었다. "나는 모든 것을 바꿀 수 있을 만큼 충분히 운이 좋았다."[15]

1998년경 그는 런던 임페리얼대학(Imperial College) 교수이자 영국 물리학자인 존 펜드리(John Pendry) 경과 공동연구를 시작했다. 펜드리는 메타물질이 우주를 움직일 때 빛의 길을 휘게 할 수 있다는 것을 이론화한 인물이다. 2005년 샌 안토니오에서 개최된 과학회의에서 펜드리는 그것을 재미있는(amusing) 응용으로 인정해줄 것을 제안했다. "그런데 우리는 보이지 않는 것을 만들 수 있다고 말했다.[16] 나는 그저 제조방법을 그린 스케치와 슬라이드 하나를 보여주고 앉았다. 그리고 모두가 웃기를 기대했는데, 무표정한 얼굴을 했다."고 그는 나중에 회상했다.

2004년 듀크대 교수진에 합류했던 스미스는 그 회의를 놓쳤다. 그러나 그의 연구실 멤버 두 명이 펜드리의 발표에 참석했다. "곧 전화선이 불통 났다. 스미스는 '우리가' 이 물질을 만들어야 한다고 말했다."고 펜드리는 회상했다.

"나와 나의 그룹은[17] 그것이 재미있는 도전이 될 것이라고 생각했고 즉각 실험과 계획을 실현했다."면서 "나는 결코 이 주제에 대한 관심이 큰 성공을 거두리라고 예상하지 못했다."고 스미스 박사는 나에게 말했다.

보이지 않는다는 것은 항상 인류를 환상에 빠뜨려 왔다. 페르세우스(Perseus)는 메두사(Medusa)를 죽이고 난후 고르곤을 속이기 위해 투명 헬멧을 썼다. 해리포터(Harry Potter)와 프로도 바긴스(Frodo Baggins)가 등장하기 오래전, 아더 왕(King Arther)과 톰 썸(Tom Thumb)은 투명 망토를 입었는 데 반해, 플라톤의 저서 「국가(Republic)」에서 목동인 기게스(Gyges)는 마법반지(invisibility ring)를 이용하여 왕비를 간통하고 왕을 죽였다.

언론인들은 직업상 이득을 위해 눈에 보이지 않기를 갈망한다. 비록 노트, 펜, 카메라, 그리고 녹음기를 가진 파리들일지라도, 벽 위에 붙어있는 파리처럼 눈에 띄지 않는 관찰자가 되기를 원한다. 마찬가지로, 전쟁과 스파이활동에서 '타인의 눈에 보이지 않는 것(invisivility)'의 명백한 장점은 오랫동안 전략가들에게 흥밋거리였다. 영국군은 제2차 세계대전 당시 무대 마술사와 영화 제작자를 투명 상담역으로 고용했다.[18] 나는 2002년 '로체스터(Rochester)공과대학에서 CIA 부활'이라는 제목으로 Wall Street Journal 의 기사를 쓰기 위해, CIA의 수석 과학자인 존 필립스(John Pillips)가 대학 졸업반을 위한 프로젝트를 제안했던 어떤 회의에 참석했다. 그의 리스트에서 최우선 순위는 스파이를 그림자 속에 머물게 하기 위해 광선을 굴절시키는 것이었다.

"나를 안 보이게 해주시오."라며 신장 6피트 3인치에 몸무게 250파운드의 필립스가 서둘러 말했다.

2006년 6월 펜드리(Pendry), 슈리그(Schurig), 스미스(Smith)는 투명망토를 만드는 방법을 설명하는 기사를 권위 있는 〈과학(Science)〉 잡지에 공동으로 기고했다.[19] 그해 10월 〈과학〉 잡지의 온라인 판에 과학자들은 스미스 연구실의 다른 연구원들과 함께 첫 번째 성공적인 투명망토를 공개했다.[20] 수천 개의 구리회로로 구성된 "그것은 광선을 물체 주위에서 구부리고,[21] 그 다음 직선을 통과한 것처럼 다시 나타난다. 물이 개울의 돌을 지나 흐르는 것처럼 광선을 생각해 보라."고 스미스는 설명했다.

주목해야할 주의사항이 있었다. 그 망토는 단지 인간의 눈이 아닌 마이크로웨이브로부터 물체를 숨기는 것이었다. 가시광선의 파동은 마이크로웨이브보다 10,000배 더 짧기 때문에, 메타물질은 그에 부응하여 작아야만 했다. 축적에서 그러한 차이는 아직도 해결되지 않은 상태로 남은 실질적 장애를 야기했다. 그 보다 더 작은 메타물질에서 사용된 물질은 대부분 빛의 방향을 전환시키기보다는 오히려 흡수했다. 이제 그 발견은 빌딩이나 장애물 주위에서 파장을 구부려 핸드폰 수신 상태를 개선시키는 것으로부터 군사 신호에서 안테나에 의한 전파 방해를 감소시키는 것까지 잠재적 응용성을 갖고 있다.

〈과학(Science)〉지에 발표한 두 개의 논문은 미디어 블리츠(media blitz: 매스컴을 총동원하여 집중적으로 하는 대선전을 말한다. 역자 주)에 박차를 가했다. 소심한 전기공학 교수는 일부 사람들이 탐내는 자신의 연구결과가 세계적으로 존경받으면서 유명해졌다는 사실을 알았다.

"나는 누군가 우리 그룹이 매우 중요하다고 믿으리라는 것을 결코 상상하지 못했다."[22]고 그는 내게 말하면서 "나는 학생들이 우리 그룹에 합류하는 것을 거의 볼 수 없었고 자금마련도 결코 확실치 않은 끊임없는 투쟁이었다. 누군가 우리의 지적재산권을 노리는 자가 있을 거라는 가능성을 꿈에도 생각하지 못했다."

갑작스럽게 유명세를 타고 있던 2006년 8월, 스미스는 류뤄펑(Liu Ruopeng)이라는 중국출신 대학원생을 연구원으로 받아들였다. 그리고 그에게 큰 기대를 걸었다. "전기공학과 지원자의 80% 이상을 차지하는 중국출신 지원자는 '평가하기가 매우 어려운'[23] 반면, 류는 '뛰어나고 전도유망한 학생'으로 눈에 띄었다."고 스미스는 회상했다.

교수와 새로운 제자는 성격이 서로 달랐다. 스미스는 내성적이고 사려심이 있고 정확한 성격이었는 데 반해, 류는 사교적이고 적극적이며 자신감이 강하고 과장하는 경향이었다. 실험실의 가장 어린 회원으로서 "사랑스럽고, 우왕좌왕하고, 열성적인 학생이라는 인상을 주었다."고 스미스는 말했다.

류는 "아주 에너지가 넘쳤고, 만화에나 나올 법한 그런 인물"이었다. 고 다른 교수는 회상했다. "아주 외향적이고 친화적이며 밥(bop: 모던 재즈의 한 음악 — 역자 주)에 맞춰 춤을 추었다. 가끔은 어색했지만 귀엽기도 했다. 그는 자신을 소개할 때 방으로 뛰어 들어오곤 했고, 어렵지 않게 함께 할 수 있었다. 그는 특별하고 새로운 아이디어에 놀라울 정도로 개방적인 모습을 보여 주었다. 독특한 아이디어를 수집했고 그것의 진행 정도를 알고 싶어 했다."

스미스가 대기만성 형임에 반해 류는 타고난 천재 형이었다. 중국 북서부 산시성에서 태어나 9살에 남쪽의 선전으로 이사했다. 홍콩으로 강과 만을 가로질러 급성장하는 제조업과 금융업의 중심인 선전은 통신 거대기업 ZTE 그룹의 본사가 있고, 그곳에서 류의 부모는 일했다. 류는 저장(浙江)대학 2학년 때 메타물질이라는 새롭고 흥미로운 소재를 우연히 접했다. 1년 후 중국에서 이 분야 최고 과학자인 추이티에쥔(Cui TieJun)은 저장대학의 초빙교수가 되었고, 류의 멘토가 되었다. 류는 주말마다 기차를 타고 난징에 있는 남동대학 내 추이의 연구실에 와서 일하기 시작했다.[24] "그는 2년 동안 나의 그룹에서 연구를 했다."[25]라고 추이는 말했다. 류는 수학적 모델링을 분석하기 위해 저장대학생 그룹을 결성했다.

"그는 매우 활동적이고 야심찼고, 사람을 조직하는 방법을 알고 있었다. 또한, 신속하게 사업을 구상한다."라고 류의 친구이며 나중에 스미스 연구실에 합류했던 저장대학생 그룹의 황다(Huang Da)가 말했다.류는 듀크 대학에서 여가시간에 팟럭(potluck) 디

너를 할 때 고기 굽는 것을 좋아했고, 중국 텔레비전 드라마나 몽골 징기스칸 황제를 다
룬 드라마를 시청했다.

　류는 천개의 아이디어를 가지고 듀크대학에 왔고, 그것을 공유하는 데 부끄러워하
지 않았다고 스미스 연구실의 다른 멤버인 요나 골럽(Jonah Gollup)은 회상했다. 일주일
이내에 류는 중국에서 연구했던 내용을 토론하기 위한 한 시간짜리 세미나를 조직했
다. "그는 거대하고 통합된 메타물질에 대한 이론을 갖고 왔다."고 골럽은 말했다. "그
것은 일반적으로 통용되는 과학적인 방법이 아니었지만 그가 총명하다는 느낌을 주었
다. 그는 잠을 자지 않았고 과학에 100% 집중했다. 그리고 자신이 하고 있는 일에 100%
의 열정을 가지고 있었다."

　"류뤄펑은 굉장히 특이한 대학원생이었죠. 그는 의욕적으로 일을 했다. 첫날부터
스미스 박사와 박사후연구원들과 함께 토론을 했다. 그런 모습은 보통 1학기 또는 2학
기 말에 볼 수 있는 일이다."라고 다른 연구소의 멤버는 회상했다.

　류가 스미스 연구진에 합류했을 때, 그는 단 5명의 학생 중 한 명이었다. 2010년까
지 6명의 대학원생과 3~4명의 박사후연구원으로 증가했다. 그들은 주로 기초연구를
했는데, 가끔 프로젝트가 수출 통제를 받았다. 그들은 매주 개최되는 미팅에서 아이디
어를 교환했다. 연구실 재원은 연방정부, 특히 미군의 연구부서에 의존했다.

　총지휘자로서 스미스는 지원은 했지만 참견하지는 않았다. 그는 연구원들이 독립
적으로 활동하고 스스로 문제를 해결하기를 기대했다. "당시 스미스 박사의 접근 방식
은 좌절감을 안겨 주었고 전혀 간섭하지 않았다(hands-off)."고 골럽은 말했다. "어떤
방향에서든 강하게 지도받는다고 생각할 필요가 없었고, 만약 노력한다면 굳이 그의 관
심을 받을 필요가 없었을 것이다."

　류는 그 빈 공간을 파고들었다. 그는 단순히 대학원생이라기보다 교수 이상으로 행
동하면서 스미스 연구실 내 모든 프로젝트에 정통했다. 그리고 다른 듀크공대 그룹들
의 많은 연구원들과 아이디어를 나누고 격려하면서 공동연구를 주도했다.

　"그는 정말 과학자라기보다 조직가이자 관리자였다."[26]고 스미스 박사는 말했다.
"그의 가장 뛰어난 솜씨는 과학에 있는 것이 아니라, 다른 사람들로 하여금 어떤 일을
하도록 하는 비범한 능력이었다."

　드물게, 류는 그의 창의적인 개념들을 분석하고 실험할 때는 근거 있는 과제를 본
격적으로 시작했다. "그는 말이 많은 사람이었다. 모든 시간을 사람과 말하는 데 사용했

다. 그는 훌륭한 대화자였다. 그가 컴퓨터에 집중하여 오랜 시간을 소비하는 것을 결코 보지 못했다. 나는 항상 그런 부류의 사람들을 약간씩 의심한다. 그들은 다른 사람들한 테 아이디어를 얻는다."고 슈리그(Schurig)가 말했다.

류는 2006년 크리스마스 무렵 가족을 방문하려고 중국으로 돌아왔다. 그는 남동대학(Southeast University)에 들렀다. 거기서 그는 연구물에 관한 이야기를 하고 추이 그룹이 스미스 그룹과 협력할 것을 권장했다. "스미스 교수의 그룹은 이 분야에서 세계 최고다. 나를 비롯하여 추이 교수와 학생들은 굉장히 흥분했다."고 그들 중 한 명이 회상했다. 더럼(Durham)에 돌아온 류는 듀크대학 연구실의 연구와 꼭 맞는 프로젝트를 수행할 규모 있고 재능 있는 과학자 집단을 추이 교수가 갖고 있다고 스미스 박사에게 말했다.

스미스는 그 아이디어를 좋아했다. 펜드리(Pendry)와의 국제적인 연계는 유익한 것으로 증명이 되었고, 추이 교수는 존경받는 과학자였다. 샌디에고에서, 스미스는 "조언자는 극도로 피해 망상적이고 외국공포증이 있었다. 그것은 하나의 그룹으로서 우리를 정말 해롭게 했다. 그때 나는 좀 더 독립적이었고, 나의 감정은 가능한 한 개방적이고 협력적으로 되었다."[27]고 나에게 말했다.

학생 또는 교수진의 상호작용에서 거품이 발생하는 대부분의 공동연구와 같이, 스미스 그룹과 추이 그룹 간의 공동연구는 문서로 작성되지 않았다. 지적재산권을 공유하는 한계를 규정할 수 있는 어떤 공식적인 합의서도 작성되지 않았다. "공동연구의 대부분은 그냥 비공식적이고, 사람들은 미팅과 브레인스토밍을 위해 만난다. 그것은 명료성을 필요로 하는 시스템에서 모호한 영역이다."[28]고 스미스는 말했다.

류는 듀크대학과 중국팀 간의 연락관이 되었다. "그는 우리 그룹과 중국 그룹을 세계적인 그룹으로 전환시킬 수 있는 장점을 갖고 있었다."고 골럽은 말했다.

그리고 류는 또 다른 제안, 즉 스미스 박사가 추이 팀을 듀크대학에 초청하여 공동연구를 향상시켜야 한다는 의견을 내 놓았다. 스미스가 그럴만한 예산이 없다고 반대했을 때, 류는 중국 측이 지불할 것이라면서 긴장을 풀어 주었다. 그래서 그 연구원들은 스미스 연구소를 방문하였다. 그들은 그곳의 장비들, 주로 기계 선반위에 있는 1cm 간격으로 분리되어 있는 두 개의 커다란 알루미늄 판의 사진을 찍었다. 그리고 판들의 길이, 금속판의 두께, 그리고 다른 규격 등을 측정했다.

다른 팀의 연구소를 사진 촬영하는 것은 학계에서 논쟁의 여지가 있다. 경쟁우위를 유지하기 위해 미국대학의 상당수 연구 그룹은 그런 관행을 금지한다. 비록 깜짝 놀라운 일이 벌어졌지만, 스미스 박사는 공동연구자들이 그 장비를 연구할 자격이 있다고 판단했다. FBI에 의하면 그 연구실은 중국에서 그대로 복제되었다.

스미스 그룹의 멤버로서, 그리고 2006년 10월 〈과학〉 잡지 기사의 공동 저자로서 브라이언 저스티스(Bryan Justice)는 그 장치를 고안했다. 그는 나중에 추이 그룹의 출판물을 통해서 "그들은 그 장치를 공들여 복제했고, 우리의 논문을 읽고 만들 수 있는 것보다 좀 더 유사하게… 볼트와 나사에 이르기까지 모든 것을 갖고 있었다."고 그는 나에게 말했다.

저스티스는 "류는 골든타임을 준비하기 전에 그 시스템을 개발하고, 문제점을 제거하고, 오류를 검출하여 제거하는 데 1.5학기를 보냈다. 우리가 이미 힘든 공정(heavy lifting)을 완성했기 때문에, 추이 그룹은 그 시스템을 2~3주내에 복제할 수 있었다."고 말했다. 그러나 스미스 박사에 의하면, 그들은 망토를 복제하는 데 실패했다. 그들의 능력으로는 망토 복제 장치 관련 데이터를 수집하는 이상의 일을 진행할 수 없었다.

추이는 나에게 "그의 팀이 그 장비를 사진 찍고 복제한 것은 부정하지 않았지만 그 혜택은 경시했다. 그리고 누군가가 그 사실을 학계 윤리의 위반행위라고 볼 수 있다는 사실에 놀랐다. 스미스 그룹은 이미 그 장비의 설명서와 그림을 공개했다. 그 장비는 개념과 디자인이 단순하고 구축하기 쉬웠다."고 이메일을 보냈다. "그런데, 나는 중국, 영국, 싱가포르, 홍콩에서 적어도 5개의 유사 장비를 보았다."[29]

추이 그룹과 스미스 그룹의 공동연구는 매우 과학적이었다."[30]고 그는 덧붙였다.

듀크 대학에서 추이의 발언은 그와 류의 의도에 의구심을 불러 일으켰다. 당시, 류는 변환광학(transformation optics)의 새로운 응용, 또는 광선을 휘게 하는 메타물질의 사용을 고안해 왔던 스미스 그룹에서 어떤 박사후연구생과 함께 연구하고 있었다. 그 박사후연구생은 이 책에서 익명을 요구하며, 자신의 시뮬레이션에서 나온 파일과 자료를 류에게 제공했다고 말했다. 그런데 류는 "이행 가능한 디자인을 찾아내고 부합하는 구조를 설계하기로 되어 있었다."[31]고 나에게 말했다.

그 대신, 그 연구생은 마치 중국 팀이 그것들을 발견한 것처럼, 추이가 시뮬레이션 결과를 발표했다는 소식을 듣고 깜짝 놀랐다. "내게 보기에, 류는 내 결과물을 추이에게 보고하고 파일을 전송한 것이 분명했다. 정말 속상했고, '추이 발언' 다음날 스미스 박사에게 그 일을 보고했던 것으로 기억한다."고 그 연구생은 말했다.

　　다시 스미스는 그 우려를 과소평가했다. "나는 우리가 공동연구를 한다고 믿고 있지만, 문제를 약간 조율할 필요성이 있다고 생각한다."[32]고 그는 나에게 말했다.스미는 그 연구생에게 "만약 그 상황이 불편하다고 느낀다면 프로젝트의 상세내용을 공유할 의무가 없다고 말했다." 그 연구생은 류와 공동연구를 종료하고 사실상 그와의 대화를 중단했다. 회고하건데, 스미스는 "그가 연구소 여기저기에 있는 자신의 연구물에 주의를 기울인 것은 훌륭한 선택이었다."고 말했다.

　　인터넷을 검색하면서, 그 연구생은 류가 추이 팀과 과학논문을 공동집필한다는 것을 알아챘다. 그가 스미스에게 신고를 했는데, 스미스는 그 사실을 모르고 있었다. "나는 이 모든 것을 몰랐기 때문에 최선의 방책을 상정했다. 그들이 금기사항을 이해하지 못했다고 생각했다."[33]고 스미스는 말했다. 그는 류와 대화를 나누었다. 류는 오해라고 말하면서 다시 발생하지 않을 거라고 말했다. 그러나 다시금 발생했다.

　　중국팀이 듀크대학을 방문한 이후, 류는 답례 차원에서 스미스 그룹의 동료들을 초청하기 시작했다. 박사후연구생은 추이가 자신의 데이터를 도용한 사실에 아직도 화가 덜 풀려 그 제안을 거부했다. 그러나 스미스와 몇몇 멤버들은 중국 방문에 동의했다. 그 제안은 거절하기 어려웠다. 왜냐하면 중국 정부가 비용을 부담한 공짜 여행이었기 때문이다.

　　2008년 초 요나 골럽(Jonah Gollup)은 류와 함께 중국으로 건너가 5개 대학에서 자신의 연구결과를 발표했다. "류가 왜 그런 곳으로 나를 데려갔는지 혼돈스러웠다."고 골럽은 말했다. "우리는 다른 그룹들을 많이 보았다. 약간 이상한 생각이 들었다. 그때 나는 '왜 우리가 이 짓을 하고 있지?'라는 생각과 함께, 그들은 이런 종류의 행사에 필요한 재정을 갖고 것이 확실했다."고 골럽은 덧붙였다.

　　2008년 11월에 스미스, 류, 슈리그, 그리고 다른 듀크대학의 연구원들은 난징의 진링(金陵) 리버사이드 컨퍼런스 호텔에서 추이가 준비한 국제 메타물질 워크숍에 참석했다. 추이와 함께 스미스와 펜드리는 공동의장 명단에 올라 있었다. "내가 동의했다고 단언할 수 없다. 회고하건데 그들은 우리를 중국의 적극적인 공동연구자로 팔아넘기려 했다고 생각한다."[34]고 스미스는 나에게 말했다.

　　"우리 모두가 중국을 방문했다."고 슈리그는 회상했다. 그는 현재 유타대학교의 교수이다. "그 당시 우리는 꽤 흥분되어 있었다. 우리는 중국에 가본 적이 없었다. 그들은 접대를 잘했고 무척 재미있는 여행이었다. 중국인과 방문자들은 많은 연구물을 제출했다. 중국 측에서 모든 비용을 지불했다."

스미스는 거의 회의에 빠졌다. 그는 관광을 위해 하루를 비워달라고 희망했지만, 류는 거절했다. 추이와 중국이 듀크대학 그룹의 비용을 부담했기 때문에, 스미스는 모든 시간을 할애하여 추이 그룹에 기술적 조언을 제공하고 토론에 전념해야 한다는 것이 그 이유였다. 두 사람은 중국으로 출국하기 전에 시카고 오헤어(O'Hare) 국제공항에서 언쟁을 벌였다. "그는 초청연사 모두에게 제한사항을 부가하기 시작했다. 나는 그에게 이것은 회의이고, 우리는 초청 연사이며, 추이 교수를 위해 그곳에 가는 것이 아니라고 말했다. 류는 화를 내면서 우리가 추이의 프로그램에 기술적 지원을 제공하는 것이 중요하다고 언급했다."[35]고 스미스는 회상했다.

마침내 스미스 교수는 회항해서 노스캐롤라이나로 돌아가겠다고 위협했다. 류는 "분명히 중국정부로부터 우리의 방문이 가치 있도록 하라는 압력을 받고 있었다."고 스미스는 말했다.

류가 스미스에게 프로젝트111로 불리는 프로그램[36]에 합류하도록 설득했기 때문에 중국 관리들은 스미스의 완전한 협조를 기대하고 있는 듯이 보였다. 추이는 프로젝트111과 연계되어 있었고, 주최 측 후원 하에 메타물질 워크숍을 개최했다.

류는 "프로젝트111이 추이와의 공동연구를 강화하고 연구용 자금을 지원할 것"이라고 스미스에게 설명했다. 그러나 류는 그 진정한 의도 또는 스미스의 책무를 알려주지 않았다. 중국 교육부와 국가외국전가국(SAFEA)은 '해외학계 거물'로 알려진 과학자들을 모집하여 중국대학들의 '과학개선'에 박차를 가하려고 2006년 프로젝트111을 수립했다. 중국여행비, 용돈, 주택, 의료 서비스 등에 대한 반대급부로, 각각의 전문가는 중국 캠퍼스에 설립된 "혁신 센터"에서 적어도 1개월간 근무하도록 되어 있었다.

류는 프로젝트111에 스미스 이외 다른 서구 메타물질 전문가들을 영입시키려고 노력했다. 그들 중 중국 태생의 캘리포니아대 교수가 있었다. 그 교수는 의심을 품었다. 그 교수는 계약서를 영어로 번역했다. 그리고 그것은 중국내 근무를 요구하는 것이라고 스미스에게 경고했다. 스미스는 류에게 돌아갔다. 류는 모든 것이 괜찮으니 걱정하지 말라고 스미스를 안심시켰다.

"나는 이 모든 것에 대해 믿을 수 없을 정도로 순진했다."고 스미스는 말했다.

세간의 이목을 많이 끄는 사건에서, 미국 정부는 중국계미국인 과학자를 경제스파이 혐의로 잘못 기소했다. 가장 유명한 사건으로 템플대학 물리학과장인 시샤오싱

(Xi Xiaoxing)[37] 사건이 있다. 그는 포켓히터로 알려진 초전도체 장비의 비밀 디자인을 중국에 보냈다는 혐의를 2015년에 벗었다. 그때 설계도는 완전히 다른 장비임이 밝혀졌다. 경제스파이 사건을 전문으로 하는 캘리포니아 피고 변호사인 토마스 놀란(Thomas Nolan)의 보고서[38]에 의하면, 영업비밀(trade secrets)을 훔친 혐의로 일반인들은 평균 15개월 형을 받는 데 비해 중국 성을 가진 사람들은 평균 32개월 형을 받는 것으로 나타난다.

무고와 불공정한 판결은 용납될 수 없는 일이다. 그럼에도 불구하고 그것들은 혼란스런 현실에 기반을 두고 있다. 미국 과학과 기술에 대한 외국의 절도행위는 만연하고 있다. 그리고 중국이 주범이다. 전 중국주재 미국대사인 존 헌츠맨(Jon Huntsman Jr.)이 공동의장으로 있는 미국지적재산침해방지위원회(CTAIP)에서 2013년 발표한 보고서는 미국이 매년 잃어버리는 3,000억 달러 이상의 지적재산권 중 50~80%를 중국이 차지한다고 결론지었다.[39]

도난당한 영업비밀의 외국 목적지로 추정되는 경제스파이 사건의 2/3는 거의 중국을 포함한다. 1997년부터 2016년까지 20년 동안 중국과 관련된 사건 중에서, 24건은 유죄판결(convictions) 또는 유죄답변(guilty pleas)을 받았다. 3건은 형량을 낮춰 기소되었고, 8건은 취하되거나 기각되었고, 13건은 계류 중이었다.

프로젝트 111은 다양한 중국인 '인재유치 프로그램' 중 하나다. 이것은 고의든 아니든, 미국대학의 지적재산권을 절도하도록 장려한다. 특히 중국에서 출생하여 해외에 체류하는 과학자를 유혹하고 있는 이 구상들은 넉넉한 봉급, 연구시설, 그리고 다른 인센티브를 제공한다. 경계선상에 있는 후보자는 타인의 데이터 또는 아이디어를 제공받아 수상 기회를 높일 수 있는 유혹을 받을 수 있다.

2015년 9월 FBI 보고서는 "중국인 채용 프로그램은 경제스파이와 지적재산권 절도를 통하여 미국 사업체와 대학들에 심각한 위협을 제기한다."고 밝혔다. FBI 탬파지부의 전 방첩책임자였던 코에너(Koerner)는 미국체류 중국인 연구원들에게 암묵의 메시지를 요약해서 말한다. "빈손으로 귀국하지 말라."

2013년 3월 위스콘신 의과대학의 연구조교인 자오후아쥔(Zhao Huajun)은 그의 교수인 마샬 앤더슨(Marshall Anderson)이 특허를 갖고 있는 암 퇴치 화합물 3병을 훔친 혐의로 체포되어 기소되었다. 자오는 자신이 그 화합물을 발명했고 추가 연구를 위해 중국에 갖고 가려했다고 주장했다. 그는 연구와 해외채용을 후원하는 중국 기관의 자금지원을 신청했었다. 2015년 FBI 보고에 의하면,[40] 어떤 신청서는 앤더슨 교수의 과거 보조금 제안서를 '정확하게 번역한 것'이었다. 그 제안서는 국내보안동맹협의회(DSAC)의 법집행관 및 기업보안 요원들에게만 배포되었던 자료이다. 자오는 연구 자료를 불법적으로 다운로드한 혐의를 인정하여 나중에 감형되었다. 그는 이미 복역한 4.5개월 징역형에 집행유예 2년을 선고받았다.

1949년 건국 이래, 중화인민공화국은 기술 진보를 가속화하는 데에 있어서, 해외에서 훈련받은 과학자의 중요성을 인식했다. 같은 해 창설된 중국과학원(CAS)은 해외에서 습득한 높은 수준의 전문기술을 CAS에 제공하려는 과학자 200여 명의 귀환을 즉각 환영했다[41]고 CAS 웹사이트에 올렸다. 불충분한 증거로 공산주의자 혐의를 받아 미국에서 추방된 캘리포니아공과대학(CIT)의 로켓 과학자인 첸쉐썬(Qian Xuesen)은 1955년 중국에 돌아와 중국의 우주와 미사일 프로그램을 수립했다.

문화혁명 이후 중국지도자 덩샤오핑은 미국에 학생들을 떼로 보내기로 결정했고, 90% 정도가 귀국하여 중국의 기술력을 발전시켜 줄 것을 희망했다.[42] 그는 1989년 천안문광장 대학살 이후 절정에 달했던 두뇌유출에 박차를 가했다. 강경탄압에 반대했던 학생들은 중국의 기소를 두려워했고, 미국 정부는 그들의 잔류를 허락했다.[43]

반대로, 중국 중앙정부, 성, 그리고 지방 정부는 가장 성공한 국외거주자들을 유치하기 위하여 귀환 노력을 대대적으로 추진했다. 많은 구상 중에서 가장 잘 알려진 것은 '해외인재유치 프로그램'인 '100인 계획'과 '1,000인 계획'[44]이다. 전자는 40세 미만의 전도유망한 학자들이다. 후자는 2008년 강력한 공산당 조직부가 수립했는데, 55세 미만의 중국 핏줄(Chinese ethnicity)의 저명한 교수를 초청한다. 봉급, 실험실, 연구자금, 주택, 의료보험, 배우자 직업, 자녀를 위한 우수학교를 포함한다. 정부는 또한 뛰어난 외국전문가를 초빙한 중국대학에도 보상한다.

홍콩소재 과학기술대학교의 데이비드 츠바이크(David Zweig) 교수와 베이징 소재 중국국제화센터(CCG)의 왕휘야오(Wang Huiyao) 총국장은 2012년 "사실상, 중국 정부는 두뇌유출을 반전시키는 데 목표를 두고 정책을 도입하는 데 세계에서 가장 긍정적인 정부가 되었다."[45]고 글을 썼다.

그러한 구상은 많은 외국 과학자를 유인했다. 중국 과학기술부(MST)는 2006년부터 2011년까지 296건의 국가연구프로그램을 승인했다.[46] 주요 과학자의 47%가 해외에서 박사학위를 취득했고, 32%는 '1,000인 계획'에 따라 중국에 귀국했다. 1996년 미국에서 공학박사 학위를 받은 중국학생 중[47] 98%는 미국에 남았다. 중국의 유인책에 기인한 듯, 상응하는 표본 중 10년 후 15%가 미국을 떠났다.

딩홍(Ding Hong)[48]은 '1,000인 계획'의 최대 수혜자 중 한 명이다. 보스턴대학의 종신 물리학 교수인 딩은 중국과학원(CAS)의 2개 프로젝트를 주도하고, 147,000달러의 이주비를 포함하는 '매우 매력적인' 일괄 계약을 수락했다.

보스턴대학 교수진은 충격을 받았다. 딩은 *China Daily*에서 "사람들은 미국에 머무는 것이 나의 경력에 좋다고 생각했다. 그러나 나는 중국이 추진하는 기초연구에 기여하고 싶다."고 말했다. "중국은 딩에게 믿기 어려운 월급과 장비를 제공했다. 그는 떠오르는 스타였다."고 보스턴대학의 한 물리학 교수가 말했다.

아직, 중국은 미국 대학에서 딩의 지위를 가진 비교적 소수의 과학자만 유혹했다. 대부분은 가족의 근거지를 옮겨야 하고 미국 학계의 창조적 무질서 속에서 정년이 보장되는 한직을 버리고 독재주의 사회로 일하러 가는 것을 싫어했다. 그 결과, '1,000인 계획'과 유사한 프로그램들은 신입회원들이 해외직장을 유지하고, 프로젝트111과 계약한 스미트 연구소처럼, 1년에 2~3개월 중국에 체류하도록 규정을 수정했다. 산타바바라 소재 캘리포니아대학교의 장이탕(Zhang Yitang) 수학교수는 맥아더 천재상을 수상한 사람인데, 2013년 중국과학원(CAS)에서 제의한 정규직을 거부했다.[49] 대신 중국 반체제 인사였던 장은 여름에 2달간 베이징에 있는 CAS 분교에서 대학원생들을 가르친다. 중국인들은 그렇게 여름마다 돌아오는 교수들을 '철새(migratory birds)'[50]라고 부른다.

조지아주립대학과 브룩하벤(Brookhaven) 국립연구소의 핵물리학자인 허샤오춘(He Xiaochun)에게는 파트타임에 참여하는 것조차 부담이었다. 그는 가족과 경력을 이유로, 고액의 봉급과 큰 실험실을 겸비한 중국대학에서 1년에 3개월을 보내는 조건의 '1,000인 계획' 제의를 거절했다.

"중국에 있는 내 친구들은 실험실 공간의 한 층을 갖고 있다."고 허(He)는 나에게 말했다. 나의 가장 큰 관심은 연구 환경이다. 그리고 자유의지 대신 정부 정책에 지배되는가의 여부다. 나는 과학자이고, 관심사항을 연구한다. 엘리트 과학자들은 경멸했지만, '해외인재유치 프로그램'은 주로 미국학계의 비주류, 즉 비종신 교수, 조교수, 전망이 불확실한 박사후과정생들에게 매력적이었다. 그들은 중국이 서구보다 낙후된 분야에서 신속한 발전을 원한다는 것을 알고 있다. 그들은 미국의 연구결과를 약탈해서 자신들의 신인도를 향상시키고 싶은 생각이 들 수도 있다.

"특히 '100인 계획'의 구조는 과학자들이 어떤 직책을 얻고자 원한다면 중국에서 입수할 수 없는 기술을 가져오도록 부추겼다."고 츠바이크는 말했다. "사람들은 현재 없는 뭔가를 찾아서 외부로 나갈 계획을 꾸민다. 그들은 그것이 자신들의 비교우위라고 인식한다."

2008년 말, 류와 듀크대학의 통계학 대학원생인 지춘린(Ji Chunlin)은 새로운 투명망토를 개발했다. 지는 디자인에 필요한 컴퓨터 코드를 기록했고, 류는 알고리즘을 투명망토를 만드는 데 필요한 배치도로 해석했다. 그것은 인간의 눈에 보이지 않는 물체를 만드는 꿈을 좀 가깝게 완성단계로 감질나게 끌고 오면서, 파장 주파수의 광대한 스펙트럼으로부터 평편한 표면위의 돌출부분을 감출 수 있었다.

스미스는 기뻤다. 그는 그 논문이 〈과학〉 잡지에 제출된 후에도 여전히 주요 저자인 류에게 그 돌파구의 더 확실한 설명을 물었다. "나는 류가 교육 차원에서 그의 언어로 세부 사항 모두를 설명할 수 있기를 원했다."[51]고스미스는 말했다. 류는 그를 피했다. 스미스는 그 이유가 의아했다. "이것이 내가 그를 매우 의심하게 된 점이다.[52] 왜냐하면 류는 망토 설계에 필요한 기술을 결코 만들 수 없었기 때문이었다. 나는 아마 50번 가량 물었다. 그는 해보겠다는 말만 했다. 우리는 논문을 마무리해 가고 있었고 투명망토가 잘 작동했기 때문에 당분간은 문제가 되지 않았다. 그러나 그는 말로 발뺌을 계속했다."

몹시 화가 난 스미스는 마지막으로 방법을 알아내기 위해 팀 멤버인 나단쿤드츠(Nathan Kundtz)에게 물었다. 2주 후, "나는 도구를 갖고 있었다. 그룹에 그것을 제시했다."고 쿤드츠는 회상했다. "나는 류에게 보여줄 거라고 생각도 못했다.그리고 나는 누군가 신경을 쓰리라는 것을 속편하게 모르고 있었다."

청취자 한 명이 신경을 썼다. 쿤드츠가 말을 할 때, 의자 속에 몸을 파묻은 류는 믿기 어려울 정도로 화난 듯이 보였고 침묵을 지켰다."고 스미스는 말했다. 류는 동료가 자신의 기술을 복제할 수 있었다는 사실이 원통하고, 스스로 지켜내지 못한 사실에 좌절했을 뿐 아니라, 그룹 서열의 변동에 대해서도 곰곰이 생각했다. 쿤드츠는 2008년 1월 실험실에 합류했고 물리학을 전공한 대학원생이었다. 그는 류를 능가하는 스타 학생이었다.

쿤드츠가 연구소에 왔을 때, "류는 가장 카리스마 있는 멤버였고, 논문을 가장 많이 발표했다. 류는 사실상 자기 자신의 하부 그룹을 갖고 있었고, 교수처럼 미팅을 진행했다. 초기에 자신과 류는 매우 친했다."고 쿤드츠는 말했다. 그러나 긴장관계가 발생했다. 쿤드츠는 야망 있고, 고집 세고, 그리고 류만큼 공격적이었다. 더 많은 고통을 감수하는 실험가였다.

류는 삐지기 시작했다. 연구 기부금도 감소했다. "확실히 (류)뤄펑은 데이비드(스미스)가 (나단) 쿤드츠를 좋아하게 된 것에 불만이었다."고 골럽은 말했다.

사실상, 스미스는 점차 류의 거창하기만한 과학 접근법에 환멸을 느꼈다. 류는 소위 메타물질 이론을 발전시켰고 그것을 발표할 작정이었다. 그러나 스미스는 허락하지 않았다. 왜냐하면 그의 분석에 오류가 있었기 때문이었다. "시간이 흐를수록 그의 이론은 무너졌다."[53] 스미스는 류가 그것을 수정할 능력이 없었다고 말했다. 마침내 스미스는 직접 공개 논문에서 오류를 수정했다.

"뤄펑은 종종 흥미로운 것들을 발견했다."고 스미스는 말했다. "그 이론은 옳지 않았다. 그는 그것을 제시했고 너무 자신감을 보여 많은 사람들은 그가 똑똑하다고 생각했다. 그것이 모두 허튼소리라는 것을 30분 내에 구별하기는 어렵다."

쿤드츠가 류와 지(Ji)의 투명망토 기술을 밝힌 직후, 상당수의 박사후과정생들은 스미스 박사와 비밀 오찬을 마련했다. 그들은 쿤드츠가 아이디어를 훔쳤다고 불평했고 그를 그룹으로부터 추방하라고 스미스에게 촉구했다.

그들 중 한 명인 알로이세 디지론(Aloyse Degiron)은 그들의 요구는 쿤드츠가 투명망토 기술을 재구성한 것과 아무런 관계가 없다고 말했다. 쿤드츠의 까칠한 태도가 동료들의 반감을 샀다고 말했다. "쿤드츠와 연구하는 것은 정말 어려웠다. 그는 개성이 매우 강했고 자기 자신을 매우 높이 평가하고 있었다. 만약 어떤 사람이 약간 멍청한 발언을 하면, 그것이 멍청하다고 말하는 데 주저하지 않을 것이다."

그러나 박사후과정생들은 류에 대해 "어떤 동정심"을 느꼈다고 골럽은 말했다. "사람들은 원래 (류)뤄펑이 추진했던 이 프로젝트의 일부가 쿤드츠에게 불공정하게 이전되고 있음을 느꼈다."

스미스는 류가 이 반란을 선동했다고 믿는다. "류는 쿤드츠가 자신의 이론을 털어놓은데 대해 너무 화가 났었다." 스미스가 테이블 주위를 돌아가면서 박사후과정생들에게 쿤드츠가 무슨 아이디어를 훔쳤느냐고 묻자, "그들은 차례로 직접 알게 된 것이 아니고 누군가로부터 들었다고 말했다."고 회상했다. 스미스는 그들에게 쿤드츠 대신 자신(스미스)을 비난해야 한다고 말했다. 왜냐하면 자신이 쿤드츠에게 그 프로젝트를 파악할 책임을 맡겼기 때문이다.

"다수의 영리한 사람들이 조종당하고 있었고, 나는 몹시 짜증났다."[54]라고 스미스는 말했다.

2009년 1월 16일 "광역밴드 기준평면 망토"라는 제목의 논문이 〈과학(Science)〉 잡지에 발표되었다. 류와 지는 주요 저자로, 스미스와 추이는 공동 저자였다. 그 발표는 스미스 그룹의 승리가 되었어야 했었다. 그 논문은 제이 레노(Jay Leno)의 Tonight Show 독백에서 "과학자들은 광선을 휘게 해서 당신이 보이지 않도록 하는 투명망토를 개발하고 있는데, 마치 할리우드에서 40세 이상의 여배우가 주목을 받는 것처럼 큰 관심을 끌었다."고 바다(Bada)는 굵은 목소리로 말했다.

스미스는 듀크대학 출판에서 장점을 발표했다.[55] "원형장비와 최신 모델의 차이는 밤과 낮의 차이와 같다. 새로운 장비는 파장의 스펙트럼을 훨씬 더 넓게 – 거의 무한대로 – 은폐할 수 있고, 적외선과 가시광선까지 훨씬 더 쉽게 조정할 것이다."

류에게 그 논문은 명예와 수입을 가져다주었다. 기술적 업적에 대한 또 하나의 인센티브로서, 중국 정부는 중국과학자가 최고 학술지에 이름을 올리면 보상한다. 스미스에 의하면, 중국 정부는 류에게 10,000달러 이상의 포상금을 주었다.

그러나 축제는 오래가지 못했다. 모든 이유는 각주(footnote) 때문이었다. 각주는 연구 출처들, 즉 미 공군과학연구소(AFOSR)와 방산업체인 레이시온(Raytheon)과 같은 스미스의 후원자뿐 아니라, 중국 기초과학재단(NBSF), 국가기초연구프로그램(NBRP)와 프로젝트111 등을 포함한 연구기금 제공자들이 인용되었다. 1월 말 공군에 있는 스미스의 프로젝트 매니저는 "미 국방부는 당신이 왜 중국으로부터 돈을 받는지 알기를 원한다."는 '매우 가혹한 이메일'을 보냈다. 추정컨대, 미 국방부는 전투기와 다른 무기들을 적의 레이더로부터 감출 수 있기를 희망했기 때문에 스미스의 연구에 투자했었다. 그리고 잠재적 적국인 중국이 미국과 동일한 능력을 갖게 되는 것을 원치 않았다.

깜짝 놀란 스미스는 추이 그룹과 프로젝트111과의 공동연구에서 빠져 나왔다. "모든 것은 후원자들이 크게 우려한 이후 결렬되었다."[56]고 스미스는 말했다. 그는 류가 추이 그룹과 함께 더 이상 일하지 말라고 얘기했다. 그리고 류 자신의 연구, 듀크대학 및 중국에 있는 공동연구자들의 연구, 박사학위논문을 분명히 구별되도록 지시했다.

류는 2009년 '극초단파 메타물질의 설계와 구축'에 대한 자신의 박사논문을 꾸준히 준비해 왔을 때, 듀크대학 이후의 직업을 준비하기 시작했다. 그는 학계와 창업이라는 두 갈래 길에서 갈피를 잡지 못했다.

그는 기업가 기질이 있었다. 어느 날 저녁 실험실에서, 그는 아프리카에서 기술 기회, 예를 들면 저가 핸드폰 제조에 대해 동료와 이야기를 나누었다. 그러나 그는 역시 자신의 그룹 연구를 지도하는 교수로서의 자기 자신을 상상할 수 있었다. "류는 혁신적이고 실질적인 것을 하고자 했고, 사업상 성공하기를 원했다."고 저장대학 및 스미스 그룹의 친구인 황다(Huang Da)가 나에게 말했다.

류는 펜드리와 스미스의 추천장을 받아 최상위 미국대학에 지원했다. "류는 실증(positive) 과학에 기여했고, 그의 아이디어 1~2개는 창의적으로 평가한다."[57]고 펜드리는 말했다. "나는 그에게 긍정적인 추천서를 써 주었다. 스파이 행위와 관련된 소문을 분명히 들었지만, 과학 분야만 전적으로 교류가 제한되었다."[58]

조교수 자리를 공모한 매사추세츠공과대학(MIT)은 류에게 프레젠테이션을 요청했다. 스미스는 사전에 그것을 대강 검토해 주기로 했다. 류는 2009년 4월 만우절 때 듀크대학 캠퍼스에 있는 한 식당에서 점심을 하면서, 노트북컴퓨터에 있는 직무대화(job talk) 용 슬라이드를 대충 훑어보았다. 그 중 하나가 스미스의 눈길을 끌었다. 그것은 정교한 웹사이트를 묘사한 것으로, 연락전화번호, 이메일 주소, 류의 상세한 경험, 그리고 듀크대학에서 발표한 과학논문 등을 포함했다.

스미스는 류가 듀크대학의 논문을 다시 인쇄하려면 허가가 필요했다고 지적했다. 사이트는 실재가 아니고 MIT 인터뷰용으로 만들었다고 류는 답변했다.

사무실로 돌아온 후, 스미스는 몇 가지 체크를 했고, 류의 웹사이트는 중국에 있는 서버가 관리한다는 것을 발견했다. "나는 그의 잘못에 대해 알았다."고 스미스는 말했다.

류는 듀크대학의 스미스 연구소에서, 전자기 강좌에서 책임을 소홀히 했다. 그는 교육조교를 가르치기로 되어 있었는데, 거의 빼먹었다. "당신은 그룹을 위해 아무 일도 하지 않고 있다. 누구도 당신을 찾을 수 없다. 그런데 웹사이트에는 많은 노력을 들이고 있느냐?"고 스미스는 점심 먹은 다음날 그에게 물었다.

류는 울먹이면서, 갑작스럽게 그 사이트를 꿰맞추었다고 주장했다. "나는 22살에 여기에 왔고, 순진합니다."고 말했다.

"우리 둘 모두 그 말이 진실이 아니라는 걸 알고 있다." 고 스미스는 대답했다.

"당신이 뭘 하는지 당신은 안다." 그것은 벤처사업이다. 류는 벤처사업에 필요한 은폐 기술을 모으는 것이라고 스미스는 결론을 내렸다.

류의 항의에도 불구하고, 익명을 원하는 다른 중국 연구원에 의하면, 웹사이트는 단지 즉흥적인 것이 아니라 오랫동안 숨겨진 야망의 결실이었다. 추이(Cui)를 지도교수로 둔 난징의 남동대학의 한 여자 대학원생은 2008년 3월 스미스 그룹에 객원연구원으로 합류했다. 그녀는 남동대학 시절의 류를 알고 있었다. 류가 듀크대학으로 돌아간 후, 그들은 스카이프를 통해 의사소통을 하면서 함께 일했다.

　　류는 듀크대학에 도착한 지 2주일 후, 메타물질을 상용화하기 위해 중국정부의 자금을 신청하고 싶다고 그녀에게 털어놓았다. 그는 그녀를 꼬드기고 압박했지만, 그녀는 참여를 거부하면서, 스미스에게 그 계획을 말하도록 권유했다. 그러나 류는 반대했다. "그는 스미스에게 말하고 싶지 않았다."고 그녀는 말했다. "나는 '네가 정말 그 일을 추진하고 싶다면 지도교수와 이야기해야 한다'고 지적했다. 그는 '나도 그렇게 하고 싶다. 그러나 지금 그에게 말하면 동의하지 않을 것이다. 나중에, 그가 이점을 알아볼 때 말할 것이다'고 말했다." 그녀는 듀크대학에서 남은 6개월 동안 할 수 있는 모든 수단을 동원하여 류를 피했다.

　　"그는 나에게 결코 진실을 말하지 않은 것 같았다. 그는 당신에게 모든 것을 말하지 않는다. 나는 항상 그가 뭔가 나를 속이려 한다고 느꼈다."고 그녀는 말했다.

　　류가 중국에서 이루고자 하는 상업적 야망은 왜 류가 때때로 듀크대학 연구논문의 발표를 늦추려 했는지를 설명하는 것처럼 보였다. "발표에 앞서 류는 추이에게 그 물질을 보여주려고 했고, 그래서 발표를 늦추었다."고 쿤드츠는 나에게 말했다. "그것은 타이밍 게임이었다."

　　그러한 서행에도 불구하고, 류는 놀랍게도 다작을 했다. 류와 점심을 한 며칠 후, 스미스는 인터넷을 샅샅이 뒤져 류의 발표논문을 자세히 살펴보았다. 바로 2008년 박사후과정생이 경고했던 논문들이었다. 그는 류가 듀크대학과 공동저작한 적어도 43편의 논문을 발견했다. 보통 대학원생은 0(zero)에서 5개의 논문을 발표한다. 뛰어난 학생은 아마 12개 정도를 발표한다. 그는 주로 비현실적인 수다(babble)로 다른 학생들을 고무시킨 다음, 그들이 말한 아이디어와 데이터를 수집하여 놀랄만한 결과를 만들었다. 그는 스미스에게 추이 그룹과 함께 작성한 적어도 12편의 논문에 대해 말하지 않았다. 비록 몇 편은 스미스를 공동저자로 올려놓았지만, 그의 명성과 이름을 이용했을 뿐이었다. 류가 중국과 공동 연구했다고 발표한 논문 중 하나는 스미스가 류에게 듀크대 학생과 공동 연구하도록 배정한 제목을 서술한 것이었다. 그것은 학계 윤리 상 '명백한 위반'이었다고 스미스는 나에게 말했다.

스미스는 류를 자신의 사무실로 소환했다. 스미스는 류가 볼 수 없도록 그의 무릎에 문제가 있는 논문들을 무릎위에 쌓아놓고 책상 뒤에 앉았다. 그는 마치 한편의 논문이 리우와 관련된 것처럼 꺼내놓았다. 그리고 추이 그룹과 관계를 끊자고 서로 동의했던 사실을 류에게 상기시켰다. 류는 스미스에게 그 논문에 대해 얘기했다고 처음에는 항의했지만, 나중에는 단지 한 번만 잊어먹었다고 인정했다.

스미스는 다른 논문을 하나씩 하나씩 꺼냈다. 류는 침묵을 지켰다. 그는 마지막으로 중국 공동연구자들을 비난했고 "그들이 다시는 그런 짓을 하면 안 된다는 것을 모든 사람들에게 알리는 수치스런 짓을 했다."고 스미스는 말했다.

류는 유사하게 다른 종류의 공동연구에 대해 스미스를 오도했다. 2008년 난징 회의 후, 류는 논문진전 상황의 발표를 제안했다.[59] 이것은 학계의 관행이었다. 그는 스미스에게 서문을 작성해달라고 요청했다. 스미스는 자신이 너무 바빠 새로운 것을 쓰거나 편집할 수 없다고 말했는데, 실제로 필요 없는 일이었다. 류는 동의하고 스미스 그룹의 각 발표문에 초록을 달겠다고 말했다. "이것을 책자로 만들겠다는 언급을 하지 않았고, 나는 너무 바빠 모든 후속조치를 무시했다."[60]고 스미는 말했다. "나중에 류는 그것을 책이라고 부르기 시작했다. 나는 그의 행동을 중단시켰다. 이것은 회의 자료의 집합체일 뿐이다. 알겠어? 그는 고개를 끄덕이고 동의했다." 어느 날 한 박스의 책들이 스미스 연구실에 배달되었다. 스미스는 류가 작성한 6개 챕터에서 자신이 책자의 공동 편집자, 공동 저자로 포함된 사실을 보았다. "그것은 고급 영어가 아닌 엉터리 영어로 가득찼었다."고 스미스는 말했다. 류는 자신의 야망을 채우고 명예를 높이는 데 스미스의 명성을 계속 이용했다.

스미스의 인내심은 고갈되어갔다. 2009년 4월 21일 그는 류의 연구실 키를 회수했고 학위논문을 집에서 마무리하도록 통고했다. 그해 말 스미스는 오랜 친구에게 류가 추이 그룹과 사기성 공동연구를 했다고 알려줌으로써 류가 프린스턴대학의 박사후과정 연구원이 될 가능성을 무산시켰다.

당연히 류는 앞으로 받을 심한 충격, 다시 말해 듀크대학이 그의 박사학위를 취소할 가능성을 우려했다. 듀크 대학원의 학칙은 "다른 사람의 연구를 자기 것이라고 주장하는"[61] 학구적 부정행위를 금지한다. 절차를 잘 아는 사람에 의하면, "공식적인 제소가 이루어지면 통상 그 증거를 평가하기 위해 위원회가 설립된다. 그 위원회는 수주에 걸쳐 사건을 처리하는데, 아마 졸업은 연기되었을 것이다."

그 대신, 류는 2009년 11월 30일 분쟁 없이 그의 논문을 방어했다. 그 토론은 순전히 기술적이었다. 스미스는 류의 위원회에서 중국 정보루트(pipeline)에 대해 다른 교수들에게 말을 꺼내지 않았다. "그가 명백하게 잘못했다는 것을 그때 보여주는 것은 매우 어려웠을 것이다."[62]고 스미스는 말했다. 예를 들면, 중국내 웹사이트는 "학칙을 잘 모르는 중국학생에게 변명할 수 있는 여지가 있었고" 또는 창업적인 열정으로 칭찬받을 수도 있었다. 스미스는 그의 의구심을 몇 명의 듀크대학행정관 및 교수들과 논의했으나 어떤 지침도 얻지 못했다고 말했다.

듀크대학은 중국에 분교를 설립하는 계획이 빠르게 진전했기 때문에 난리법석을 피하고 싶었을 것이다. 류의 논문방어 일주일 후, 듀크대학 이사들은 무료로 부지와 설비를 제공하겠다는 중국 쿤산(Kunshan)시에 캠퍼스를 설립하기 위해 중국 관리들과의 지속적인 협상을 승인했다. "세계적인 수준으로 성장하기를 원하는 미국의 다른 대학들처럼, 듀크대학 역시 최상의 학생, 최상의 자원, 최상의 교수진을 확보하려면[63] 중국 내에 입지 구축이 필요하다는 것을 인식했다."고 듀크대학 이사회 의장인 단 블루(Dan Blue)는 말했다. 권위 있는 〈과학〉 잡지에 실린 그의 논문으로 고국에서 이미 유명해진 중국 연구원을 처벌하는 것은 시기상 불편했을 수 있었다.

류는 2009년 12월 30일 박사학위를 받았다. 프린스턴대학처럼 MIT도 그를 거부했다. 그러나 중국은 유혹의 손짓을 보냈다.

그의 멘토인 추이는 '해외인재유치 프로그램'과 관계를 맺고 있었다. 류는 듀크대학의 메타물질 연구결과와 중국 태생의 가장 전도유망한 과학자 몇 명을 데리고 갈 수 있었다. 그는 자신의 몸값을 제시할 수 있었을 것이다. 그는 저녁식사를 하면서 한 친구에게 중국정부가 해외인재를 유치하는 벤처사업 중 하나로 자신에게 메타물질 센터를 개설하는 데 1억 달러를 제안했다고 말했다. 그 친구는 "그들은 장비 값을 지불하고 필요한 많은 엔지니어들을 고용할 수 있을 것이다. 류가 발명하려는 기술을 상품화하기 위해 중국에서 사업을 한창 진행 중인 회사들이 있었다. 그는 미국을 떠나기 전에 자신이 지휘할 연구소를 알고 있었다."고 말했다.

류는 2010년 1월 그의 아내 황웨이즈(Huang Weizi)와 함께 중국으로 돌아갔다. 그녀는 듀크대학에서 '난소암의 유전적 위험을 규명하는 통계학적 모델'로 박사학위 논문을 작성하고 있었다. 다음해 컴퓨터생명공학에서 박사학위를 취득할 계획이었다. 어느 날 그녀는 지도교수인 에드윈 아이버센(Edwin Iversen)에게 남편과 함께 중국으로 돌아가야 한다고 말했다. 그녀는 석사학위에 만족해야 했다.

"그녀는 떠나는 것이 즐겁지 않았다. 박사과정을 마치고 싶어 했다."고 아이버전은 말했다. 그녀에게 위안이 되는 보상은 광치과학회사(光啓科學技術革新公司)의 창설멤버가 되는 것이었다.

나의 요청에 따라, 내가 준비했던 일련의 질문을 가지고 선전에서 활동하는 프리랜서 기자가 2016년 6월 류를 인터뷰했다. 그들은 광치 선전 본부의 2층에 있는 억만장자의 사무실에서 만났다. 근처 호수를 내려다볼 수 있는 사무실은 여유가 있고 기능적이었다. 하얀 벽, 화이트보드, 서류 캐비닛, 지구본과 자신의 사진이 놓인 책상, 소파, 플라스틱 그릇 속에 오렌지가 있는 회의용 테이블, 몇 개의 상패와 모형 헬리콥터가 있는 커피 테이블 등이 비치되어 있었다.

류를 궁지에 몰아넣기란 쉽지 않았다. 그는 2시간을 기다리게 한 후 약속을 취소했다. 그리고 싱가포르와 베이징으로 떠났다. 선전으로 돌아와서 재조정된 인터뷰 시간에 한 시간이나 늦었지만, 마침내 성사되었다. 그는 미소와 상냥함을 유지했고, 연회색 콤비 상의와 흰 셔츠 차림이었다.

90분간 대담을 하면서, 류는 스미스가 '연구자료 도용(stealing stuff)' 혐의로 자신을 윤리위에 제소하고 연구소 키를 회수했던 사실, 대학 측이 박사학위를 정지할까봐 걱정했던 점, 자신이 미국을 떠난 후 FBI가 모든 자료를 조사하려고 듀크대학을 방문한 사실을 모두 인정했다. 그런데도, 그는 아무런 잘못이 없었다고 말한다. "어떤 것도 도용되지 않았다." 왜냐하면 모든 연구는 기초적이었고 개방되었으며, 아이디어 공유는 학계 공동연구에서 필수적이기 때문이다.

"나는 일종의 비밀 연구소에서 일한 것이 아니다. 기초 연구를 하여 논문을 발표했고 세계 모든 사람이 그것을 볼 수 있었다. 사람들은 논문을 당장 다운로드 받을 수 있고 내가 했던 것을 볼 수 있다. 모든 것은 투명했다."고 류는 말했다.

그는 모친으로부터 5만 달러를 빌려 광치과학회사를 시작했다고 주장했다. 중국 정부가 미국기술을 강탈하도록 그를 미국으로 유학을 보낸 것도 아니고 그가 귀국하도록 돈을 준 것도 아니었다. 듀크대학의 연구는 "그다지 가치 있는 것은 아니었다. 우리는 실제로 어떤 문제를 풀 수 없었고, 모든 것이 학문적 환경 속에 있었으며, 모든 것은 투명했다. 우리가 연구했던 모든 것을 누구나 볼 수 있고, 그것은 발표되었다. 그래서 만약 중국과 선전이 보상금으로 이런 종류의 기초 연구에 자금을 지원했다면 나는 그 돈을 모두 사용했을 것이라고 생각한다.”

과학적 기량에 대한 듀크대학 과거 동료들의 비판에 대한 질문을 받자, 류는 두 번 박수를 치고 나서 웃었다. “우리는 물건이 작동하게 만든다. 코멘트는 세상을 바꿀 수 없다. 기계를 만들고, 날게 하라.”고 그는 말했다.

그는 스미스가 미 국방부의 반발 이후 연구 후원금을 잃을지도 모른다는 두려움 때문에 그에게 등을 돌렸다고 넌지시 말했다. “아마도 사람들이 할 수 있는 것은 미래 재정지원을 막는 것이다. 나는 스미스가 그 부분을 우려했다는 것을 이해한다. 그는 당연히 그것을 걱정해야만 했다. 그렇지 않으면 팀 전체의 연구자금에 영향을 미칠 것이기 때문이다.”고 류는 말했다.

류는 시카고 공항에서 있었던 스미스와의 언쟁을 회상했다. “몇 사람은 여행하기를 원했다. 그러면 누구도 세미나를 주관할 수 없었을 것이다. 그래서 내가 안 된다고 말했다. 우리는 그냥 글로벌학술회의를 주재할 사람이 필요했다.” 그는 통계학과의 공동저자 지춘린(Ji Chunlin)을 비난했다. 지는 듀크대학의 연구논문, 류와 때때로 스미스를 공동저자로 올린(스미스에게는 알리지 않고) 추이 팀의 발표 논문을 중국을 근거지로 한 웹사이트에 게재한 것을 비난했다. “그들은 다른 상대방, 즉 듀크대학 팀을 넣기를 원했는데, 그 이유는 그들이 스미스 박사와 함께 많은 것을 연구했다고 생각했기 때문이었다.”

류는 스미스 연구소의 멤버들을 놀라게 했던 에피소드를 기꺼이 말하는 법이 없었다. 그의 대응에는 버릇이 있다. “참 흥미롭네요.”라고 말한 다음 얼버무렸다. 예를 들면, 추이 연구소에서 온 방문자들이 장비의 사진을 찍어서 중국에서 다시 그것을 재생할 수 있었습니까? “참 흥미롭네요. 그래서 사람들이 어떻게 연구소에 갈 수 있었죠? 듀크대학은 사람들을 초청해야하고, 그래야 사람들은 비자를 얻을 수 있고, 그래서 그들은 연구소에 왔다. 그것은 학술 교류이다.”

그가 프로젝트111에 대해 스미스 박사를 오해하게 했을까? “만약 내가 그에게 말하지 않고 그를 프로젝트111에 끌어 들였다고 그가 말한다면, 어떻게 그가 중국에서 시간을 보낼 수 있습니까? 내가 그를 납치할 권리가 없습니다. 그렇지요?”

“그가 중국에서 사업에 필요한 방법을 축적해왔기 때문에 투명망토를 어떻게 작동하는가를 설명하라는 스미스 박사의 요청을 회피했습니까?”

“증거가 무엇입니까? 우리가 모든 알고리즘과 관련 자료들을 외부에 공개하지 않는다면, 어떻게 우리가 논문을 발표할 수 있습니까?”

"류는 쿤드츠가 그 기술을 알아내어 화가 났습니까? 류는 쿤드츠에게 항의를 했나요? 참 흥미롭네요. 실제로 쿤드츠가 왔을 때 나는 막 졸업하려던 참이었습니다. 그는 나와 함께 몇몇 프로젝트들을 하기를 원했어요. 그 당시 나는 졸업하려던 시기였기 때문에 스타 학생으로서 사실상 누가 나를 대신할지에 관심이 없었지요. 왜냐하면 나는 스타학생으로서 출국 예정이었죠." 사실상, 쿤드츠는 류가 졸업하기 23개월 전에 스미스의 그룹에 합류했다.

그가 메타물질 책자의 장(chapters)을 쓰고, 그것이 회의 자료의 모음이라고 확인한 후에 스미스를 공동저자로 올렸습니까? "참 흥미롭네요. 당시 나는 그의 학생으로서 회의 자료를 작성했고 지도교수의 이름을 넣었지요. 그것은 기본적으로 회의 자료에서 나왔지만 약간 새로운 유형의 자료들이었죠."

광치의 회색 전함, 이 회사의 최신 기술을 전시하는 1층 전시 홀을 보지 않고는12층 건물 본사의 견학을 마쳤다고 할 수 없다. 가이드는 메타 와이파이를 극구 칭찬했다. 그것은 전파방해를 제거하고, 전통적 와이파이에 과부하가 걸렸던 쇼핑몰이나 콘서트 공연장 같이 사람들이 붐비는 지역에서 서비스하기 위하여 메타물질을 사용한다. 방문객들은 광전자 시스템을 시연할 수 있다. 지문을 스캐닝한 후 수신기에 빔을 쏘는 광전자 시스템은 키 카드로 하는 것 보다 더 안전하게 빌딩 접근을 제공한다. "그것을 해독할 장비는 없다."고 안내인은 말한다.

다음 섹션은 관광 포드(우주선 본체에서 분리 가능한 부분)인 트레블러(Traveler)와 클라우드(Cloud)라고 불리는 소형비행선 등 광치의 우주 기구들을 묘사했다. 광케이블로 연결된 클라우드는 "위성보다 훨씬 저렴하고," 항상 하늘 높이 떠서 자동차나 배를 추적한다고 안내인은 설명했다.

어떤 스크린 프레젠테이션은 광치그룹을 소개한다. 첫 번째 슬라이드에서는 설립자, 즉 류와 그의 부인, 지춘린, 그리고 두 명의 다른 듀크대학 동창생을 보여준다. 다른 슬라이드는 광치가 세계적으로 메타물질의 전체 특허 출원의 86%를 차지한다고 자랑한다. 세 번째 슬라이드는 듀크대학 시절 이래 류의 상징이 되어왔던 약간 거창한 수식어와 함께 회사 미션을 묘사했다. "기계에 혼을 불어넣고 행복과 인간관계를 가져오자."였다.

중국으로 돌아온 이후, 류와 그의 기업은 공식적인 도움을 받고 급성장했다. 광치는 '선전 공작새 프로그램'[64]의 재정지원을 받은 회사 중 세 번째로 규모가 컸다. 그 프로그램은 2010년 해외 전문가들을 유치하기 위해 착수되었다. 전체적으로 시 당국의 기록을 보면[65] 선전과 광둥성이 광치에 1,370만 달러를 지원해 왔다는 것을 알 수 있다.

"우리는 선전 정부로부터 큰 후원을 받고 있다. 2010년 이래 광둥과 선전은 인재를 유인하기 위해 많은 계획을 발표했다. 우리는 우연히 이런 기회를 잡았다." 고 류는 홍콩에 있는 피닉스 텔레비전 방송국과의 인터뷰에서 말했다.[66]

2012년 류는 과학연구와 투자를 감독하는 중앙정부위원회의 메타물질 전문가로 선정되었다.[67] 그런 직위를 갖게 된 역대 가장 젊은 사람이었다. 그해 12월 류는 메타 와이파이 고농축 커버리지, 광자 보안시스템, 그리고 다른 기술을 자랑하면서, 광치전시홀을 시찰하게 된 시진핑 주석을 안내했다. 공산당 주석은 감명을 받았다.

보도 자료에 의하면, 시진핑[68]은 광치 중역들에게 "방금 시찰한 여러분의 연구결과와 류뤄펑 박사의 소개를 듣고 난 후, 나는 이렇게 열정과 패기로 가득 찬 젊은 창업가 팀을 보게 되어 기쁩니다."고 칭찬한 후, "첸쉐썬(Qian Xuesen)같은 구세대 과학자들은 미국에서 거대한 장애물을 극복하고 애국적 집념을 가지고 중국으로 귀국했습니다. 개혁과 개방 시대에, 여러분도 중국몽을 실현하기 위하여 중국으로 귀국했습니다."고 격려했다.

류는 2014년 11월 뉴질랜드를 방문한 시진핑을 수행했다. 그리고 '제트 팩' 비행기를 발명한 글렌 마틴(Glenn Martin)을 만났다. 그 잠재적 이용범위는 긴급의료 및 구조대원들의 수송으로부터 군대의 보급 및 감시까지 넓다. 곧이어 광치과학회사는 마틴 항공사의 대주주가 되었다.[69] 광치 전시홀 방문객은 연습비행용 제트 팩 시뮬레이터에 갇혀 꼼짝달싹 하지 못한다. 광치과학회사는 솔라 쉽(Solar Ship), 지와이프(Zwipe) 같은 다른 회사의 주식도 사들였다. 솔라 쉽은 장거리 화물을 나르는 태양연료 비행선으로 제조국은 캐나다이다. 지와이프는 미 일리노이와 덴버에 지사를 운영하는 노르웨이 벤처기업으로 지문을 신용카드에 심어 거래를 인증한다.

2018년, 류는 중국 입법기관인 전국인민대표대회(NPC)에서 처음으로 광둥성 대표로 선출되었다. 그는 권위 있는 역량으로, 연구기관의 발전을 지원하기 위한 제안서를 제출했다. 아이러니하게도 보안시스템을 강화하는 내용이었다.

광치는 지적재산권을 하나씩 신청하면서 비축하였다. 특허의 대부분은 중국에 있는데, 그들 중 많은 것들이 어떻게 듀크대학 연구소에 바탕을 두고 있는지, 또는 얼마나 중요하게 될지를 말하는 것은 어렵다. "나는 그가 듀크대학에서 개발했던 많은 자료들의 특허를 얻었다고 들었다."고 슈리히가 말했다. "아무도 진행하지 않는 연구소 주변의 떠도는 많은 아이디어들이 있을 수 있다. 그것이 중요한 가치를 대표할 수 있다."

광치가 특허를 얻은 아이디어들은 듀크대학에서 키웠던 것인가 라는 질문을 받은 류는 비웃었다. "우리는 3,000건의 특허를 갖고 있다. 내가 듀크에서 3년 동안 3,000건의 특허를 낼 수 있는 인재인가? 그렇다면 나를 슈퍼맨이라고 부르시라."고 말한 후, "우리는 더 위대한 무언가를 만들기 위하여 실제로 그 분야에서 아주 다른 방향으로 가고 있고, 기초연구에서 우리가 했던 작업과는 관련이 없다. 왜냐하면 그것은 산업하고 많이 떨어져 있기 때문이다."고 나중에 부언했다.

광치는 26개의 미국 특허권을 가지고 있는데, 주로 메타물질의 발전사항들이다.라우는 그것 모두의 공동발명자로 명명되었다. 광치와 류는 또한 미국에서 출원 중인 30건 이상의 특허를 갖고 있다. 여러 개의 기록물에서, 특허 심사관은 스미스 연구소의 예전 연구에서 예견되었다는 이유를 들어 류의 독창성을 의심했다.

예를 들면, 류와 듀크대학에서 역시 박사학위를 받은 린롼(Lin Luan) 공동 설립자를 포함한 두 명의 다른 광치 과학자들은[70] 2012년 9월 소형 안테나용 메타물질 구조의 특허를 출원했다. 2015년 4월 미국 특허심사관은 그들이 청구한 20건 중 19건을 인정하지 않았다. 심사관은 이들이 주장한 개선점 중 2건은 스미스에 의해 이미 예견되었고, 다른 건은 스미스의 작품과 친숙한 일반기술 중 하나가 확실한 것이었다. 비록 거부는 "최종심"이라고 명명했지만, 발명가들은 그들의 주장을 개정해서 2015년 12월 1건의 특허가 승인되었다.

광치 웹사이트는 류가 듀크대학 시절에 메타물질 분야에서 결정적인 기여를 했다고 강조했다. 또한 "근면과 현명함으로 류 박사는 박사학위를 4년도 안 걸려서 취득했다."고 알렸다.

"류 박사는 선지자이며 동시에 행동가이다. 또한 카리스마 있는 팀의 리더였다. 그는 대학원 과정에서 다른 광치 설립자들과 함께 최첨단 기술을 개발했다. 2010년 초에 투명망토의 키를 쥐고서 그들은 중국으로 돌아왔다."

스미스 박사는 "자신의 팀은 류가 합류하기 전에 첫 번째 투명망토를 상상했고 만들어냈다."고 언급했다. "그 웹사이트의 찬양을 정당화할 만큼, 류는 어떤 능력을 보여주지 못했다."[71]고 덧붙여 나에게 말했다.

스미스는 일시적으로 불가시성 연구를 그만 두었다. "진정한 불가시성과 투명망토에 대한 전망은 아주 불확실했다."고 나에게 이메일을 보냈다. "완전한 투명망토로 가는 길은 거대한 도전으로 가득 찼다. 이 시점에서 그다지 실질적이지 못하다. 우리는 조만간 전환될 수 있는 연구에 더 흥미를 갖고 있다."[72]

류는 포기하지 않았다. 광치 메타물질 센터는 전시홀로부터 15마일 정도 떨어져 있다. 그 센터는 얇은 막을 만들어 무늬를 새겨 넣은 후 화학물질과 물로 헹구어 극도로 얇은 구리판을 생산한다. "그 구조는 너무 작고, 특별한 파장밴드를 가진 파장에 아주 민감해서 투명 기능을 수행할 수 있다. 그래서 레이더에 추적당하지 않는다. 군사적 응용성도 갖고 있다."고 한 기술자가 덧붙였다. 통제실에서 3명의 근로자가 메타물질의 무늬를 측정하기위해 현미경을 사용했다.

멀리서, 스미스와 그의 연구소의 멤버들은 류의 출세를 놀라움과 회의적으로 지켜보았다. 광치 주식을 추적하는 약간의 분석가들과 투자자들처럼, 그들은 모든 특허와 홍보들이 진짜 과학적 또는 상업적 성공으로 이어질지 의아하게 생각한다. 듀크대학의 발견이 결과적으로 미국 대신 중국에 이익을 가져다 줄 것인가? 혹은 류가 한때 그들을 바보로 만들었던 것처럼 중국정부를 기만하고 있는가?

"그는 큰 아이디어와 큰 야망으로 사람들에게 영감을 주는 데 능숙하지만, 그가 어떤 것을 성취할 수 있다고 생각하지 않는다. 순조롭게 출발하려면 계약과 지적재산권 양도 그 이상을 필요로 한다. 분명히 그는 광고를 하고 판매하는 데는 감각이 탁월하다. 그러나 과학적으로는 확신이 가지 않는다."고 골럽은 말했다.

스미스는 그 손실을 최소화했다. 광치의 특허권 축적이 류에 대한 의구심을 확인해준데 반해, "류는 우리가 진행하는 연구의 실제 가치를 이해할 만큼 능력이 충분하지 못하다.[73] 그래서 그가 신청한 특허권들은 위반은 했지만 실제로는 명백하게 해로운 것은 아니었고, 가치가 큰 것도 아니었다."고 스미스는 말했다.

"류에게 잠재적 발명에 관련된 것들을 듀크대학에 통지하도록 압력을 넣었기 때문에, 우리는 지적재산권을 보존할 수 있었다. 그렇게 하지 않았다면 류는 틀림없이 중국에서 모든 것에 대한 특허를 냈을 것이고, 우리는 대단히 중요한 기술을 잃어버렸을 것이다."[74]고 스미스는 말했다.

류의 한때 경쟁자였던 나탄쿤드츠(Nathan Kundtz)는 2009년 듀크대학에서 박사학위를 받았고 메타물질의 혁신을 통해 광치에 근접할 만큼 이익을 창출하는 회사를 운영하고 있다. 워싱턴 레드몬드에 기반을 둔 키메타(Kymeta) 주식회사는 위성접시를 대체하고, 광역밴드 서비스를 향상시킨 소형 평면 안테나를 만들고 있다. 스미스 박사는 키메타의 전략적 고문이다. 이 회사는 2016년 1월 빌 게이츠(Bill Gates)가 주도하는 투자그룹으로부터 6,200만 달러의 자금을 조달했다.[75] 어떤 의미에서, 쿤드츠와 류는 소리 없이 경쟁하고 있다. 왜냐하면 광치 메타물질 센터가 휴대용 소형 안테나를 실험중이기 때문이다.

2015년 9월 '중국 해외인재유치 프로그램'에 대한 FBI 보고서는 류 사건과 프로젝트111의 역할을 조사했다. '스미스'를 거명하지는 않았지만, 그 보고서는 류에게 속아 넘어간 그의 책임을 비난했다.

스미스와 추이가 아이디어를 공유하기로 했다고 하지만, "미국 연구원은 스미스연구소에서 대부분의 아이디어들이 나왔다는 것을 인식했다."고 보고서는 밝혔다. "류는 미국 연구원에게 추이와 공동연구를 한다는 확신을 줌으로써, 자유롭게 정보를 공유했고, 그 연구소에 방문객을 초청할 수 있었다. 메타물질 연구는 연구로 끝나지 않고, 군사분야와 민간분야에 응용이 가능하다. 미국 연구원은 방문객들의 배경을 개별적으로 점검하지 않았고, 류와의 과학적 관계를 너무 신뢰함으로써, 방문객들에게 실험실 견학을 허락하여 자신의 연구를 위험에 빠뜨렸다."

스미스는 이 결론에 반박했다. "이 과정의 모든 시점에서, 나는 옳다고 판단하는 모든 단계를 거쳤고 듀크대학의 다른 사람들도 그랬다, 나와 듀크대학은 어떤 것도 위험에 빠뜨렸다고 생각하지 않는다. 왜냐하면 우리는 우리가 할 수 있는 만큼 진지하게 그것을 처리했기 때문이다."[76]고 그는 나에게 말했다.

스미스는 아직도 정부 장학금으로 중국 학생들을 받아들이고 있지만, 중국으로부터 직접 자금을 수용한 적이 없고, 중국이 후원하는 공동연구에도 참여하지 않는다. 그는 그룹의 지원자를 판단하는 데 더욱 조심한다. "나는 지금 그런 징조의 행동, 즉 과도한 열성, 그럴듯한 의제 등을 주로 살펴보고 있다."[77]

듀크대학을 떠난 이후 미국을 방문한 사실이 있는지 묻자, 류는 질문을 피했다. "어, 나의 팀은 미국을 많이 방문했다."고 답변했다. 재차 질문을 받자 "방문한 적이 없다."고 그는 말했다. 지와이프(Zwipe) 사무소를 운영하고 있다는 사실을 분명히 잊어버린 듯, "우리는 미국에 사업이 없다."고 류는 설명했다. 류에 대한 FBI의 관심을 감안한다면, 그는 비자를 얻기가 어려웠을 것으로 보인다.

그는 스미스 박사를 단 한 번 접촉했다. 2011년 류는 그의 예전 교수에게 합동연구를 요청하면서 편지를 썼다. 스미스는 그에게 또 다른 기회를 줄 의사는 없었다. "나는 그에게 말했다. 당신이 여기 있을 때 일을 적절하게 처리하지 않았다. 앞으로는 윤리학에 보다 더 관심을 가져라."고 그에게 충고했다.

SPY SCHOOLS
02
중국인들이 오고 있다

새벽 3시, 지미 카터(Jimmy Carter) 대통령과 로잘린 여사가 자고 있는 백악관 침실에 전화벨이 울렸다.[1] 위기상황이 아니면 깨우지 말라고 지시를 했던 카터는 '아 이런, 미국 어디에선가 비극적 사건이 발생 했나'라는 불길한 생각이 들었다.

국가과학보좌관이며 지리학자인 프랭크 프레스(Frank Press)의 전화였다. "프랭크 무슨 일이지? 에트나 산(Mount Etna: 이탈리아 시칠리아 섬에 있는 활화산 – 역자 주)이 또 폭발한 건가, 아니면 그 같은 화산이 폭발한 거야?"라고 카터는 물었다.

"아닙니다. 덩샤오핑(鄧小平)과 함께 중국에 있습니다."라고 프레스가 대답했다.

"덩샤오핑한테 무슨 일이 일어났나? 뭐가 잘못되었나?"

"중국학생 5,000명이 미국대학에서 공부하도록 입국을 허용할 것인지 여부를 대통령께 당장 여쭤보라고 덩샤오핑이 고집을 부려서 전화했습니다."

잠을 깬 것에 화가 난 대통령은 "10만 명쯤 보내라고 말하게"라고 소리치고 나서 전화기를 탁 내려놓았다.

1978년 7월 그날 아침 대통령은 안정을 되찾았고, 덩샤오핑의 제안을 환영했다. 미국은 1949년 중국의 공산주의 혁명을 반대했고 타이완 섬의 국민당 정부를 중국의 진정한 정부라고 인정했다. 학계 교류는 시들해졌다. 그런 후에 1971년 미국 탁구팀과 1972년 리처드 닉슨(Richard Nixon) 대통령의 중국 방문을 계기로 두 강대국은 화해를 모색하기 시작했다.

교육적 교류나 다른 협력 프로그램을 통하여 외교관계 정상화를 열망해온 카터 행정부는 중국이 미국대학에 소수의 학생만 보낼 것으로 생각했다. 그런데 2년 전 마오쩌둥(毛澤東)의 사망 후, 지도자로 떠오르고 있던 덩(Deng)은 중국을 현대화하기로 결정했다. 문화혁명 당시 학자나 지식인에 대한 공격의 일환으로 폐쇄되었던 대학을 다시 열고 경쟁적인 입학시험을 재도입했다.

동시에, 그는 미국대학들이 과학이나 기술에서 중국대학들보다 훨씬 앞서 있다는 것을 인식했다. 태평양 너머로 수천 명의 학생들을 파견하여, 그들이 미국의 최신 과학이나 혁신기술을 가지고 귀국한다면 그 차이를 줄일 수 있을 것이다.

폐쇄적인 공산주의 국가가 수많은 젊은이를 미국 자본주의와 민주주의에 노출시키겠다는 중국의 열의에 의식 있는 미국인들조차 놀라워했다. "나는 중국 측이 어느 정도 규모의 학생 교환을 원하는지 몰랐다. 나의 국무부 고문들은 상당히 많은 수를, 아마 양측 모두 500명 정도를 요구해야 한다고 생각했다."[2]고 언론대표단 일원으로서 당시 베이징에서 협상을 주도했던 국립과학재단(NSF) 사무국장인 리처드 앳킨슨(Richard Atkinson)은 회상했다.

그 회담 중 중국 부총리 이팡(Yi Fang)은 앳킨슨에게 얼마나 많은 외국학생들이 미국대학에 입학되어 있느냐고 물었다. 앳킨슨은 이란 25,000명, 타이완 9,000명을 포함하여 6~7개국의 학생 숫자를 언급했다.

"중국 학생은 몇 명이나 받아들일 수 있소?"이팡 부총리가 물었다.

"아마 1,000명 정도."라고 앳킨슨은 미국이 희망하는 최대한의 숫자를 말했다.

"왜 다른 나라들처럼 우리에게 더 많이 허용할 수 없소?"라고 이팡이 따졌다.

미국인들은 어리둥절했지만 내심 기뻐했다고 앳킨슨은 나중에 기록했다.

중국학생이 미국에 올 수 있도록 한 파이프라인의 개방은 미국 고등교육의 세계화, 그리고 학계의 간첩행위 증가에 전환점으로 판명될 것이다. 다른 국가들이 이미 학계의 연구를 좀도둑질하고 미국정부나 기업에 침투하는데 학생과 객원연구원들을 활용하고 있는 가운데, 중국은 새로운 수준에서 미국 학계를 타깃으로 한 전략을 수립하였고, 미국의 대응을 촉발하였다. 20세기의 마지막 25년 간 "중국 정보기관은 미국의 정치·경제·과학 비밀을 수집하기 위해 각계각층의 학생, 과학자, 기업인, 그리고 망명자로 위장하여 미국에 쇄도했다."[3]고 전 CIA 공작국장인 마이클 슐릭(Michael Sulick)이 썼다.

2016~17년간 미국대학에 재학 중인 약 110만명의 외국학생 중 32.5%(350,755명)가

중국에서 왔고, 1995년 이래 거의 9배나 증가했다. 2013년 미국대학에 근무하는 50만 명 이상의 외국태생 과학자와 엔지니어 중 15%인 78,000명이 중국 태생으로, 어느 나라보다도 더 많고. 2003년 47,000명이었던 것과 비교할 때 2/3가 증가했다. 대다수는 다른 새로운 입학생들처럼 위협적이지 않았고, 미국 대학에 에너지와 신선한 시각을 불어넣었다. 류뤄펑 같은 사람들은 당장 가시적인 성과를 거두기 어려운 계획을 갖고 있었을 것이다.

객원 연구원을 받아들이는데 익숙한 다니엘 쉬어레스(Daniel Scheeres) 교수는 미시간 대학에서 그와 함께 연구하겠다는 위샤오홍(Yu Xiaohong)의 제안을 수락하는데 망설이지 않았다.[4] 그녀는 우주에서 천체의 움직임 같은 쉬어레스 교수의 연구 주제에 "매우 일반적인 관심"을 표명했다고 쉬어레스는 말했다.

그녀는 민간기관인 중국 과학아카데미(CAS)와의 연계를 언급했다. 그러나 미시간 대학의 온라인 주소록에 위(Yu)가 기재한 베이징 주소는 교관들이 중국 사관생도와 장교들을 훈련시키는 장비지휘기술아카데미(AECT)의 주소와 동일했다. 쉬어레스는 그 같은 커넥션을 몰랐고, 위(Yu)가 위성공격용 무기의 정밀성 개선에 대한 2004년 논문을 공동으로 작성했다는 사실도 몰랐다.

위(Yu)는 도착하자마자, 쉬어레스가 불편하게 느낄 수 있는 질문을 했고, 쉬어레스는 중국으로부터 객원연구원을 받아들이는 것을 중단했다. "그녀가 관심을 갖고 있는 것은 아마도 군사위성궤도의 응용기술이라는 것이 분명했으며, 나는 그 사실을 알았을 때 그녀에게 어떤 새로운 것도 말하지 않았다."고 그는 말했다.

학계 연구소의 직책은 미국이 수출을 통제하고 있는 중국이나 이란과 같은 국가 출신의 학생들이 미국의 첨단기술을 수집하여 자국으로 밀반출해 갈 수 있는 '그럴듯한 핑계(plausible excuse)'를 제공해 준다. "만약 미국 대학에서 왔다고 하면 아무도 당신의 이름이나 민족성에 주의를 기울이지 않는다."고 워싱턴 D.C.에 있는 국제스파이박물관(ISM)의 큐레이터인 빈스 휴톤(Vince Houghton)은 말한다. "만약 당신이 아이비 대학이나 MIT 같은 기술대학과 연계되어 있다면 아무도 의심하지 않는다."

차이원퉁(Cai Wentong)은 자신이 '의심받지 않는(beyond suspicion)'사람임을 확신했다.[5] 중국 내몽골에서 태어난 차이는 2009년 아이오아주립대학 수의학대학원의 미생물학과에 입학했다. 2012년과 2013년에 그는 대학의 이메일 주소를 이용하여, 뉴멕시코주 알부케르케에 있는 Applied Technology Associates사의 '각도 측정센서(ARS)'를 한 두 개를 구매하기 위한 협상을 했다. 그는 연구 목적상 ARS가 필요하다고 가장했다. 실제로 이 센서들은 군사용과 민간용 비행기, 그리고 지상차량에서 송수신자 간의 교신 안정성과 동작제어 시스템용으로 설계되었다. 그것은 '대장균이 요로질환에 미치는 영향 분석'에 대한 그의 연구와 관련이 없는 것이었다.

원퉁은 익명으로 센서를 구매하고 싶어 하는 중국인 사업가, 즉 자신의 사촌인 차이보(Cai Bo)를 대신하여 그 같은 행동을 했다. 군사적 응용을 우려한 미국정부는 그 물건들을 중국에 수출하는 것을 금지했다. 그래서 보는 원퉁을 활용했다.

"아이오아주립대학의 대학원생이라는 신분은 우리가 이와 같은 범행을 더 쉽게 저지르도록 해줄 수 있다. 제조회사는 ARS-14를 나 또는 중국에 있는 고객에게는 판매하지 않겠지만, 아이오아주립대학에는 판매할 것이며, 우리는 그것을 중국으로 밀수출할 수 있을 것으로 생각했다."고 나중에 원퉁은 해명했다.

"나와 사촌 보(Bo)는 형제처럼 자랐다.[6] 내가 받았던 도움과 지원 때문에 가족과 친구들이 도움을 요청하면 은혜를 갚아야 한다는 생각에 통상 거절하지 못했다."고 원퉁은 나중에 썼다.

원퉁은 센서를 흥정을 할 때, 2013년 10월 ATA사에 "우리가 끊임없이 협업을 하고 있는 중국회사로부터 마침내 지원을 얻어냈다. 나는 이 주문에 그들을 포함시킬 것을 고려하고 있다."고 이메일을 슬며시 보냈다. 중국에 군사장비 수출을 금지한다는 사실을 알고 있는 ATA사는 국토안보부(DHS)에 경고신호를 보냈다. 회사의 국제배급업자로 신분을 위장한 DHS 비밀요원이 원퉁을 접촉했다. 원퉁은 그 센서의 최종 목적지가 중국이라고 털어놓았다. 2013년 12월 사촌간인 보와 원퉁은 판매업자를 만나 상품을 확인하기 위해 뉴멕시코 주로 갔다. 또한 텔레비전 드라마 Breaking Bad 의 열렬한 팬인 원퉁은 드라마가 촬영된 알부케르케 현지를 방문하고자 했다. 얄궂게도, 드라마 주인공은 원퉁처럼 범죄자로 변한 과학자였다.

DHS 비밀요원은 그들에게 3개의 센서를 보여주었다. 보(Bo)는 그것을 구매하기로 했다. 보는 센서 하나를 화물에 은닉하여 중국행 비행기 탑승을 준비하다 체포되었다. 원퉁은 2014년 1월 아이오아주립대 연구소에서 체포되었다. 5개월 전 그는 연구소 동료 중 한 명과 결혼했고 대학으로부터 '탁월한 연구공적'으로 상을 받았다. 그리고 2주일 후 박사논문을 방어할 예정이었다. 그는 박사학위 대신 18개월 감옥살이를 하게 되었고 그 후 추방되었다.

원퉁은 "이 같은 상황에서 체포되어 너무 불행하다고 생각한다. 그러나 나는 여전히 나의 미래를 긍정적으로 본다. 내가 공동 저작한 논문이 투옥 중에도 발표되었다는 사실이 큰 격려가 되었다."라고 법정에서 진술했다.

원퉁과 달리, 다른 외국인들은 미국에서 먼저 학위를 받고 직장을 구한 다음, 기술을 훔친다. 나는 이 책을 저술하기 위한 연구과정에서 깜짝 놀랄만한 통계를 얻었다.[7] 2000년 이래 경제 스파이, 영업비밀 절도, 그리고 유사 범죄로 미국법정에 기소된 인원은 최소한 30명은 되었다. 이들은 중국에서 태어났거나 성장했으며, 하버드, 스탠포드, 컬럼비아, 코넬 등 대학 또는 대학원에서 공부한 경험이 있다. 외국정보요원은 미국 대학에서 경력을 개발할 수 있다. "믿을 수 있는 신분(bona fides)을 부여하고, 외국 억양을 없애고, 직장을 잡을 수 있다."고 휴튼(Houghton)은 나에게 말했다.

중국 개방 시기에, 이란인은 미국 대학에 재학 중인 외국학생 중 가장 큰 비중을 차지하고 있었다. CIA는 이란에 대해 강한 관심을 가졌다. 이란은 최대의 산유국일 뿐 아니라 CIA가 1953년 쿠데타를 통해 권좌에 앉힌 팔레비(Mohammad Pahlav)가 국왕으로 통치하고 있었다. CIA는 이란에 귀국해서 왕과 왕의 정적들에 대한 동태를 제보할 수 있는 이란인 정보원을 물색하기 위해 학계를 샅샅이 뒤졌다.

세인트루이스에 있는 워싱턴대학교의 경제학과 대학원생이었던 이란인 아마드 자바리(Ahmad Jabbari)는[8] 1974년 민박집 친구가 소개해 준 CIA 공작관과의 대화를 비밀리에 녹음했다. 공작관은 자바리를 호텔방으로 불러내어 즉시 750달러를 주고, 이란으로 귀국 후 적어도 2년간 정부기관에 취직할 경우 월급을 주겠다고 제안했다. 그런 다음 CIA는 그가 미국 영주권 혹은 시민권을 받을 수 있도록 도와줄 것이다.

"만약 당신이 반체제인사들에 대한 정보를 갖고 있다면, 그것은 흥미로울 것"이고, "어떤 것을 수집해도 흥미로울 것이다."라고 공작관은 그에게 말했다.

대안으로, 그는 자바리가 미국 내 다른 외국인 학생을 대상으로 스파이활동을 할 수 있다고 말했다. 왜냐하면 CIA는 그들이 그들의 정부에 대해 어떻게 느끼는지를 알고자 했기 때문이었다. 그렇지만, 자바리는 샤(shah: 과거 이란의 왕 – 역자 주)에 반대하는 캠퍼스 행동가였다. 그는 두 가지 옵션을 모두 거절했다.

현재 이란과 중앙아시아에 대한 학술논문 출판업을 하고 있는 자바리는 2015년 한 인터뷰에서 "당시 내가 유일한 사람은 아니었고, 캠퍼스 곳곳에 CIA가 있었다."고 말했다.

1979년 이란의 이슬람 혁명이 팔레비 국왕을 실각시킨 이후, 이란 학생들은 더 이상 미국으로 모여들지 않았다. 그러나 그 숫자는 1999~2000년간 1,885명에서 2016~17년간 12,643명으로 최근 들어 극적으로 반등했다. 이란은 미국과 정식 외교관계를 맺고 있지 않기 때문에, 다른 국가들처럼 외교관 신분으로 스파이를 보낼 수가 없다. 그 대신, "이란인들은 학생 네트워크를 통해 정보를 수집하고 있다."고 전 미국 관리는 나에게 말했다.

1970년대에는 냉전의 라이벌인 소련에서 1년에 단지 수십 명의 학생들만 미국으로 유학을 왔다. 그들의 직업은 카터 대통령이 또 다른 공산주의 초강대국인 중국의 대규모 유학생 파견을 환영하는 것을 경계하도록 경고했다. 1965~75년 간 미국대학에 재학했던 소련 교환학생 400명 중에서,[9] FBI는 100명 이상이 정보요원임을 확인했다. 소련은 또한 소련대학에 재학하는 미국학생 100명 이상을 포섭하려고 시도했다.

소련 정보기관은 영국대학 내 공산주의 동조자를 포섭하는데 오랫동안 악명을 떨쳐왔다. "주요대학 출신의 젊고 급진 성향의 인재들이 권력의 중심부로 들어가기 전에" 친분관계를 형성하여,[10] KGB는 소위 "케임브리지 5인방(Cambridge Five)" ― 필비(Kim Philby), 매클린(Donald Maclean), 버제스(Guy Buegess), 블런트(Anthony Blunt), 케른크로스(John Cairncross) ― 으로 알려진 영국 케임브리지대학 출신의 학생 및 연구원을 우수한 첩보원으로 포섭했다. "2차 대전 초기까지 5명 모두 외무부 또는 정보공동체 침투에 성공할 수 있었고, 모스크바는 그들이 제공해온 고급정보의 양이 너무 많아 가끔 처리하기 힘들 정도였다."[11]고 전 KGB 기록 관리자였던 바실리 미트로킨(Vasili Mitrokhin)이 논평했다.

1944년 18세에 하버드를 갓 졸업한 물리학자 테오도르 홀(Theodore Hall)은 원자폭탄을 개발하던 뉴멕시코주의 로스 알라모스 연구소에서 맨해튼 프로젝트에 참여했다. "20세기 가장 젊고 뛰어난 스파이"[12]는 원자폭탄 제조 비밀을 소련에 넘겼다. 그는 나중에 "중요한 것은 원자폭탄의 제조비밀이 독점되어서는 안 되며, 독점은 한 국가를 위협적인 존재로 만들 수 있기 때문이다."[13]고 주장했다.

KGB는 미국과의 학술교류를 위한 소련학생 선발을 도왔고, "그들 중 많은 학생을 재능 있는 물색요원[14]으로 훈련시켰다." KGB는 소련 외교공관과 접근이 가능한 대학들, 예를 들어 샌프란시스코의 스탠포드, 캘리포니아, 버클리, 워싱턴 D.C.의 조지타운, 조지 워싱턴, 뉴욕시의 컬럼비아, 코넬, 하버드, 프린스턴, MIT 등 대학에 그들을 보냈다.

세미온 세미오노프(Semyon M. Semyonov)는 1938년 MIT에 입학한 소련 최초의 스파이였다. "그가 접촉한 과학 정보원[15]은 전시에 미국 내에서 과학기술 수집 확대를 위한 기반을 마련에 큰 도움이 되었다."고 미트로킨은 기술했다.

KGB 장교 올레그 칼루긴(Oleg Kalugin)은 1958년 컬럼비아대학 언론대학원에 입학했다. 그는 졸업 후 UN의 '라디오 모스크바(Radio Moscow)'특파원으로 행세하며 컬럼비아대학 행사에 참석하고, 행사내용을 모스크바에 보고했다. 그가 즈비그뉴 브레진스키(Zbigniew Brzezinski)의 미·소 관계에 대한 연설내용을 수집하여 보고한 내용은 소련 공산당 중앙위원회의 칭찬을 받았다. 당시 브레진스키는 컬럼비아대학 교수였고 나중에 카터대통령의 국가안보보좌관이 되었다.

그 후 칼루긴은 "나는 하버드에서 컬럼비아, 서부해안까지 미국 전역을 돌아다니면서 사람들이 말하는 것을 듣고 흥미롭다고 생각되는 것을 보고했다."고 나에게 말했다. 칼루긴은 KGB 장군으로 승진했고 외국방첩 분야의 수장이 되었다.

미국 정보기관은 소련 학생을 감시했다. 데이비드 메이저(David Major) 전 FBI 선임특별수사관(supervisory special agent)은 "우리는 그들을 미국화 하는 프로그램을 갖고 있었다. 그 아이디어는 그들에게 미국의 좋은 점을 보여주는 것이었다. 당시 나는 볼티모어 지부의 선임특별수사관이었다. 우리는 그들을 보트에 태워 나가거나 크랩 케이크를 먹고 맥주를 함께 마셨다."고 회상했다. 방첩관들은 직업을 숨기고 보통 기업인으로 행세했다.

소련은 단지 학생스파이에만 의존하지 않았다. 소련과학원(SAS), 국가과학기술위원회(SCST), 그리고 유사한 정부산하 기관은 친선방문과 교환프로그램을 명분으로 미국으로 과학자를 파견했다. 그들은 1970년대 말, 20개 대학에서 1980년대 에는 60개 이상의 대학에서 항공통제, 무기시스템과 같은 공학 및 응용기술에 대한 민감 정보를 수집했다.[16] 다른 대학보다 3배나 많은 소련 과학자들이 MIT를 방문했고, 하버드는 두 번째였다. "그들은 또한 미국 과학자를 잠재적 협조자로 포섭하기 위해 물색과 평가에도 관여했다."[17]

1976년 FBI의 가장 큰 캠퍼스 공작 중 하나가 소련의 간첩활동을 좌절시켰다. KGB는 보리스 유진(Boris Yuzhin)을 캘리포니아대학교 버클리캠퍼스의 언론대학원에 저널리즘 전공으로 입학시켜 과학자 및 여론 형성자들과 친분을 맺도록 임무를 부여했다.[18] 하지만 유진은 미국의 번영과 정치적 자유에 매료되었고, FBI는 그를 포섭했다.

KGB가 1978년 유진을 관영뉴스통신사의 특파원으로 캘리포니아에 재 파견했을 때, 그는 이미 FBI의 소중한 정보원이 되어 있었고, 샌프란시스코 주재 소련 영사관에 있는 중요서류를 촬영하기 위해 담배 라이터에 은닉된 소형 카메라를 사용했다. 그는 "FBI의 신세대 직원들에게 KGB가 어떻게 조직되었고, 세계적으로 무엇을 하는지, 미국에서 무엇을 하는지 등을 주로 교육했다."[19]고 CIA · FBI에서 방첩을 담당했던 크리스토퍼 린치(Christopher Lynch)는 기록했다. KGB가 FBI와 CIA에 각각 심어놓은 스파이, 로버트 한센(Robert Hanssen)과 올드리치 에임스(Aldrich Ames)는 1985년 "유진이 이중 스파이"라고 KGB에 확인해 주었다. 유진은 시베리아 정치범 수용소에 감금되었다가 1992년 풀려났다. 그는 캘리포니아로 돌아와 지금까지 살고 있다.

1978년 12월, 첫 번째 중국학생 52명이 베이징을 떠나 파리를 거쳐 뉴욕에 입국했다. 그 당시에는 직항이 없었다. 1979~80년까지 미국에는 중국 학생 1,000명이 있었다. 1984~85년까지는 10,100명이었다. 그들은 대부분 대학원생들로서 대학 재학 중에 또는 졸업 후에 영어를 배웠다. 그 당시 중국의 고등학교는 영어교육을 거의 제공하지 않았기 때문에 대학 신입생들은 필요한 언어능력이 거의 없었다. 중국은 각 개인에게 단지 50달러를 주었지만, 미국 대학들은 넉넉하게 장학금을 주었고, 중국시장 진출을 희망하는 미국 기업들은 기부를 했다.

1982년 아이비리그 대학원에 입학했던 한 학생은 "정보 수집은 학생들 임무 중 일부였다. 미국행 학생들은 출국하기 전에 상하이에 있는 외국어 학원에서 2주간 훈련을 받았다."고 회상했다. 그들은 "여자의 나이를 묻지 마라."등 미국 에티켓을 꼼꼼하게 배웠다. 또한 일대일 미팅에서, 중국 외교부 관리는 미국에서 경험한 중요한 정보를 중국 정부에 제보하도록 가르쳤다. 만약 그들이 중국공산당 소속이라면, 미국비자 신청 시 제출서류에 공산당원이라는 사실을 제외하도록 교육받았다. 실제로 정보요원 신분인 한 훈련생은 미국대학을 속이기 위해 학력을 조작했다.

미국 내에서 중국 대사관은 그들을 감시했다. 중국방첩을 담당하는 FBI 스미스(I.C. Smith) 특별수사관도 그들을 감시했다. 스미스는 "덩샤오핑은 미국 방문을 허락받은 학생들 중 일부는 중국으로 귀국하지 않으리라는 것을 알고 있었다. 그러나 그는 기회를 잡고자 했다. 본질적으로 덩샤오핑은 수치상으로 우리를 압도했다. 그들 모두는 입수 가능한 모든 정보를 예외 없이 빼돌릴 것으로 예상되었다. 특별한 정보목표는 없는 것으로 보였고, 단지 진공청소기식 접근을 했다."고 말했다.

루이지애나주 시골에서 자란 스미스 특별수사관은 소년시절부터 중국에 매료되었다. 그는 동향이며, 제2차 세계대전 중 중국에서 'Flying Tigers'(중화민국 공군 제1미국인 의용대대의 애칭 – 역자 주)로 알려진 미 육군항공대를 지휘했던 클레어 셔놀트(Claire Chennault) 장군을 흠모했다. 스미스는 해군에 입대하여 태평양에서 복무하던 중 홍콩을 방문했다. "스타 페리(Star Ferry)를 타고 저렇게 다이내믹한 도시의 흥청거림을 경험하며, 어떻게 세상 저곳에 매혹되지 않을 수 있을까?"[20]

스미스는 대학 졸업 후 루이지애나주 몬로에서 잠시 경찰로 근무한 뒤, FBI에 입사했다. 1980년 '중국전담반'으로 보직을 이동하기 전, 워싱턴 D.C.에서 정치부패 조사 및 세인트루이스에서 형사범죄 업무를 담당했다. 유감스럽게도, 중국어를 배우지 못했지만, 중국문화와 정치에는 익숙해 있었다. 그는 CIA, 국방정보국(DIA), 국무부, 스미소니언 연구소 등에서 교육을 받고, 정부의 노련한 중국전문가들을 접촉했다. 그들은 독서를 권하고 경험을 나누면서, 조언을 해주었다. "그들은 긴장관계 때문에 얻기 어려웠던 중국에 대한 직접적인 통찰력을 갖는데 매우 귀중한 존재였다."[21]

1982년 중국전담반장으로 승진한 스미는 미국 역사상 가장 장기간 암약한 스파이, 래리 우타이 친(Larry Wu – Tai Chin)[22] 사건을 조사했다. 친(Chin)은 CIA의 해외방송정보국(FBIS)에서 통역 및 분석관으로 근무하면서 1952~85년간 중국을 위하여 미국 정세를 염탐했다. 그는 1급 비밀문서에 대한 접근권한을 이용하여 CIA가 중국에 심어놓은 수십 명의 정보제공자(informants) 명단을 중국에 넘겨 감옥에 가게하거나 처형당하도록 했다. 그리고 닉슨의 중국방문 계획과 외교적 동맹 구축과 같은 미국의 정책을 사전에 중국 측에 알려 주었다.

수년 동안, 중국은 친에게 100만 달러 이상을 지불하였다. 친은 볼티모어에 있는 공동주택을 구매하는 방식으로 돈세탁을 했고, 라스베이거스 카지노에서 도박을했다. 친의 영리함을 반영하듯이, 그는 1980년에는 CIA로부터, 1982년에는 중국국가안전부(MSS)로부터 상을 받았다. 마치 산아제한 측(Planned Parenthood)과 낙태반대 측(Operation Rescue), 양쪽 모두로부터 환대를 받는 것과 거의 동등한 꼴이었다. 스미스는 해군복무 시절 잠수함 부양 통제관이라는 뜻으로 사용된 용어 'Planesman'을 따서 암호명을 부여한 첩보원(source)으로부터 "중국이 미국정보기관에 침투해 있다."는 첩보를 입수하자 친을 지목했다. 친은 1986년 간첩혐의로 기소되었다. 그는 2주 후 감방에서 스스로 질식사했다.

슐릭은 "친 사건은 스파이들이 몰려올 것이라는 전조였다. 21세기 여명에 미국에 대한 중국의 첩보 수집은 러시아의 스파이활동을 능가할 것이다."고 썼다.

　　1984년 스미스는 FBI 본부로 영전했는데, 이는 중국학생 범람에 대한 대응책을 마련하기 위함이었다. KGB와 달리, 중국은 데드 드롭(무인 포스트), 비밀잉크 사용, 변장도구 사용 등 전통적인 공작기술(tradecraft)을 무시했다. 중국 학생들은 많은 양의 자료를 수집했다. 대부분 공개 자료이고 기밀이 아니었지만, 중국당국을 흡족하게 했다.

　　"실제로 초창기 모든 중국 유학생들은 소속 기관의 요구사항을 충족시키기 위해 주로 정보를 수집했다. 그들은 가능한 모든 정보를 수집하여 중국으로 보내도록 지시를 받았고, 그렇게 했다."고 스미스는 나에게 말했다.

　　대학에서 복사 용지의 사용량이 증가하자, FBI는 캠퍼스 스파이의 증가 조짐에 주목하기 시작했다. 1982~84년간 FBI 위스콘신주 메디슨 거점의 해리 브랜든(Harry 'Skip' Brandon) 선임수사관은 위스콘신대학에 중국 대학원생들이 급증하는 것을 주시했다.

　　브랜든은 2016년 1월 "가끔 매우 우스울 정도로 복사비가 굉장히 많이 나왔다. 그들이 어떻게 많은 양의 복사자료를 중국으로 보냈는지 의아스럽다."고 내게 말했다. 스미스와 달리 브랜든은 중국 학생들이 특정한 자료를 찾는다고 믿었다. '맹목적 수집'이라기보다, 짐작컨대 그들은 시카고 주재 중국영사관의 지시를 따랐다.

　　FBI 내부에서 스미스는 그 당시 중국 학생들을 포섭하자고 주장했다. "나는 중국 학생들이 미국 영토에 있기 때문에 우리에게 매우 실질적인 방첩문제를 일으키는 반면, 정보수집 및 방첩활동 기회를 상당히 제공한다는 입장을 취했다. 그것은 사건으로 판명되었다."[23]

　　많은 학생들은 문화혁명 기간에 그들과 그들 가족이 얼마나 학대당했는지에 대해 분개했기 때문에 협조하는데 동의했다. "문화혁명은 여전히 그들에게 아픈 상처였고, 가장 열렬한 중화인민공화국(PRC)의 지지자들도 지지하지 않는 사건이었다." 어느 날 저녁 스미스의 중국계미국인 친구가 스미스와 50대 중반의 나이든 중국학생과의 만남을 주선했다. "나는 두 사람과 함께 앉아서, 장시간 그가 눈물을 흘리면서 들려준 문화혁명 기간 중 학대받은 경험과 함께 무슨 이유로 중국으로 돌아갈 수 없는지, 왜 그와 같은 일이 다시 발생할 수 있다고 생각하는지를 경청했다."[24] 그는 유용한 FBI 첩보원이 되었다.

　　문화혁명은 많은 중국의 엘리트 정치가문을 희생양으로 삼았다. 부모가 모욕을 받는 그늘 속에서 자란 그들의 자녀들은 미국에 공부하러 왔고, 그들은 종종 FBI에게 최고의 선물이 되었다.

"미국으로 건너온 모든 학생 중 공산주의 위선을 본 것은 상류층 젊은이들이었다."[25]고 스미스는 말했다. "일부 학생들은 단순히 그들이 상류층이었거나, 지지하지 않았다는 이유로, 문화혁명 중 고난을 겪었다. 게다가, 상류층 젊은이들은 중국에 있는 특별상점에서 쇼핑을 했고, 큰 저택에서 살았으며, 운전수 있는 차를 탈수 있었다."이들은 이런 화려한 생활과 중국지도자들이 본받으라고 가르쳤던 검소한 생활이 상반된다는 것을 알고 있었다. FBI 입장에서는 그것이 기회였다.

보리스 유진(Boris Yuzhin)처럼, 미국에 대한 공산주의 선전(propaganda)에 익숙해 있던 중국학생들은 상품이 풍부한 자본주의 상점에 감명을 받았다. 스미스가 쇼핑을 시켜준 한 학생은 종류가 너무 많아 어떤 치약과 옷을 사야할지 결정하지 못했다.

"그는 마오(Mao) 치하의 중국이 미국을 황무지라고 선전한 것이 사실이 아님을 알게 되었다. 그는 그렇게 엄청나게 많은 종류의 상품을 본적이 없었다. 그래서 우리가 그를 대신하여 선택을 해줘야 했다. 그는 문화혁명 시기에 단지 그의 아버지가 주요 도시의 고위간부라는 이유로 양치기를 했고, 그의 여자 친구는 쥐약을 먹고 자살했다. 그는 중국의 '4대 근대화 운동'을 도울 의사가 없었다."[26]

권유는 신중했다. "우리는 학생들이 외국정보첩보(FII)를 갖고 있을지라도 중국을 배신하라고 요구하지 않았고, 대신 관계개선에 도움이 되는 토론으로 들어가도록 유도했다."[27]고 스미스는 말했다. "만약 그들 중 한 학생이 정보원이 될 가능성이 있다면, 관계를 공식화하지 말도록 주장했다." 왜냐하면 FBI가 국무부를 뛰어넘어 외국학생을 공식적으로 포섭해야 했기 때문이다. "정보가 들어오기만 한다면, 그들이 관계를 어떻게 정당화하든지 상관없었다."

방첩관이 신입생과 접촉하는 것은 어렵지 않았다. 직접 만나거나, 중국계미국인 공동체 멤버 또는 학급동료와 같은 중재자를 거쳐 접촉했다. 어떤 방첩관은 전형적으로 위장회사나 그룹에서 일하는 것으로 신분을 위장하고, 가령 운동경기처럼 느슨한 분위기에서 우연히 학생과 마주친다. 이런 행동을 스파이 용어로 "범프(bump)"라고 말한다.

"어떤 방첩관은 자기 집으로 초대하기도 했다. 그것을 꼭 지지하지는 않았지만, 중국문화에서는 중요하다는 것을 알고 있었다. 나는 노력이 더 필요한 부분에 한해 집에 초대할 의사가 있었다. 그것은 위험할 수도 있었다. 그러나 나는 기꺼이 모험을 하고 싶었다."[28]

처음, FBI는 중국학생들을 포섭하기 위해 중국계미국인 요원의 활용을 더 선호했다. 그러나 스미스는 곧 그 전략이 역효과를 낳는다는 것을 발견했다. "중국계미국인 요원이 진정한 성공을 하기 전까지는 잘 굴러갔다."[29] 중국계미국인 2세와의 동화에 익숙하지 못한 중국학생은 포섭담당관(recruiter)이 비밀리에 대만을 대표하는지, 또는 심지어 중국을 대표하는지 의구심을 표명했다. "어떻게 중국계미국인 요원이 중국인이면서 미국에 진정으로 충성할 수 있을까?"

실제로, FBI 방첩관의 가장 큰 도전은 때때로 타이완 국가안보국(TNSB)부터 CIA까지 우호적인 스파이 조직의 경쟁자들을 따돌리는 것이었다. 타이완은 1970년대 미국과 중국의 관계정상화 우려로 인해 핵무기를 개발하고 있었다. 우려가 현실화된 이후, "TNSB는 중공에서 온 학생들을 포섭하기 위해 미국 일류대학에 재학 중인 대만 학생들과 연구원들을 이용했다."고 자신의 친구들이 포섭대상이었던 한 학생이 말했다.

스미스는 "카터 대통령의 미중 관계정상화에 배신감을 느낀 타이완은 중국본토에서 온 학생들과의 접촉에 관심을 보였다."[30]면서, "외국정보기관은 미국에서 일방적으로 정보활동을 할 수 없는데, 그들이 때때로 이 같은 규정을 무시했다는 사실을 우리는 모두 알고 있었다."고 말했다.

중공처럼, 타이완도 역시 미국 기술 노하우를 탐냈다. 로버트 시몬스(Robert Simmons)는 1976~79년간 CIA 타이완 파견관으로 근무할 때 핵무기 개발에 대한 활동을 감시했다. 시몬스는 타이완이 MIT로 보낸 나이 든 다수의 학생들이 실제로는 핵폭탄 제조방법을 습득하기 위한 군 장교들이었다는 사실을 알았다. "그들은 학생으로 위장하고 있었다."고 시몬스는 말했다. 그는 후에 3선의 하원의원을 지냈다.

중국학생들의 유입은 FBI와 CIA 간의 영역다툼을 심화시켰다. "FBI 방첩관과 CIA 공작관 사이에 존재하는 거대한 긴장은 임무의 중복에 있었다. 양 기관 모두 미국 내에서 외국인을 포섭하려고 했다. CIA 공작관은 소련인, 이란인, 중국인 등 더 중요한 타깃을 포함하여 공작을 실행하기에 앞서 FBI의 검토를 받도록 되어 있었다."[31]고 전 CIA 요원이 썼다.

FBI와 CIA는 모두 아이비리그에 다니는 한 중국 대학원생을 탐냈다. 그는 중국 정부를 증오했다. 왜냐하면 중국정부가 문화혁명 기간 중 그의 아버지를 10년 동안 노동수용소에 수감했기 때문이었다. FBI 방첩관은 학교 내 첩보원으로부터 포섭 가능성을 들은 후 1983년 그 집 문을 두드렸다. 자신의 신분증을 보여주고 근처 식당에서 맥주를 마시자고 초청했다. 그들은 상당히 마셨다. 그 학생은 기꺼이 협력에 동의했다.

시간이 지나면서 그 학생은 중국정보기관을 위해 일하거나 민감한 과학연구에 접근했던 학생들과 객원연구원들에 관한 정보를 전달해 주었다. 특히 중국 정부가 컨트롤하는 학생그룹의 최근 정황을 잘 챙겨 FBI에 알려 주었다. 심지어, 흔한 중국어 이름에 대한 혼돈을 명쾌하게 설명해주었다. 예를 들면, 어떤 왕(Wang) 또는 천(Chen)이 유사한 이름의 공산당 정치국(Politburo) 멤버와 연계되어 있는지 여부를 설명해 주었다.

당시 CIA 지역 거점장은 그 대학원생과 대화하기위해 FBI의 승인을 요청했다. FBI는 CIA 공작관이 그에게 접근하는 데 동의했다. 공작관은 중국 분야 연구원의 채용을 희망하는 미국 싱크탱크의 대리인으로 신분을 위장했다. 그런데 FBI 방첩관은 CIA가 그 대학원생에게 중국으로 귀국할 것을 요청해서는 안 된다는 단서를 달았다. FBI 입장에서 그것은 너무 위험했고, 해외 스파이활동은 CIA의 관할이기 때문에 그 대학원생에 대한 (정보수집) 통제권을 상실할 수 있었다.

CIA 공작관은 FBI가 제시한 단서를 수락했지만 어쨌든 귀국 의사를 타진했다. 중국으로 돌아갈 의향이 없었던 정보제공자(대학원생)는 CIA 공작관의 가장 신분을 간파했다. 그리고 FBI와 CIA 양측에 화를 냈다. CIA 공작관은 FBI 방첩관의 항의를 받고 사과했다.

FBI 방첩관은 "정보제공자는 굉장히 화가 났고 얼마동안 우리와의 관계도 손상되었다."고 회상했다.

또한 중국학생에 대한 FBI의 접근은 대학 행정당국과의 긴장을 초래했다. 일부 대학의 학장과 교무과장, 그리고 직원들은 소리 없이 학생의 가족배경, 재정상태, 장래희망, 그리고 적응문제 등에 대한 정보를 제공해 주었다. 그러나 다른 대학의 학장들과 교무과장들은 반발했다.

1984년 FBI 볼티모어(Baltimore) 지부의 데이비드 메이저(David Major) 방첩팀장은 중국학생들을 포섭하기 위해 방첩관을 존스홉킨스대학으로 보냈다. 메이저에 따르면, 일부 학생들은 학장에게 FBI가 자신들에게 접근하는 데 대해 항의했다. 학장은 학생들에게 당신들은 미국과 존스홉킨스대학의 초청으로 미국에 왔으므로 FBI에 협조할 의무가 없다고 확신시켜 주었다. 그는 그들에게 앞으로도 FBI가 접근해 오면 보고하도록 요청했다.

메이저는 학장실로 뛰어 들어가 "방첩활동은 FBI의 책무이니 학장의 승낙이 있건

없건 계속 수행할 것이다."고 말한 후, "우리는 중단하지 않을 것이고, 당신은 나의 일에 간섭해서는 안 된다."고 학장에게 경고했다.

2차 대전 이래 미국의 가장 중요한 정보목표였던 소련이 1991년 붕괴되자, 정치인들과 언론사 논설위원들은 사회복지 사업과 시급한 국내문제에 대한 투자를 증대해야 한다고 주장했다. (군축이 초래한) "평화의 배당"(Peace dividend: 냉전종결에 따른 평화의 도래로 재정을 평화목적으로 사용 – 역자 주) 주장은 선전 구호가 되었고, 의회는 군대와 정보기관의 예산을 삭감했다.

방첩활동이 예산 삭감으로 약화되고 있을 때, 외국학생들은 1990년 386,850명에서 10년 후 514,723명으로 증가했다. 그 같은 외국학생의 증가(divergence)는 1990~95년 간 FBI 분석, 예산 및 교육 과장을 역임했던 중국전문가로서 국가해외정보위원회(NFIB)에서 FBI를 대표했던 스미스를 불안하게 했다. 스미스는 미국 유학을 허용하는 중국 및 중동권 학생의 숫자(number)와 이들 학생들이 공부할 수 있는 분야(fields) 모두 제한할 것을 제안했다.

"나의 제안서는 FBI가 엄청난 숫자의 외국학생에 압도당하고 있는 것과 함께, 소련 붕괴와 냉전종식 이후 방첩활동이 무엇인지도 모르는 FBI 내부의 일부 무분별한 인사들이 워싱턴 D.C.의 길거리 폭력배 소탕 등과 같은 업무에 더 비중을 두고 방첩부문의 인력과 예산을 삭감하려고 서두르는 현실 속에서 만들어졌다."[32]

그러나 스미스의 계획은 대학 및 기업의 이익과 충돌하는 것이었다. 대학과 기업은 모두 글로벌 인재풀과 중국 및 중동으로의 진출을 모색했다. 장학금 혜택 없이 등록금을 전액 내는 외국학생들은 대학의 수입원으로 비중이 증가하고 있었다. 또한 외국학생에 대한 숫자를 제한하자는 스미스의 계획은 가능한 한 많은 외국학생들을 미국 민주주의에 노출시켜 장기적으로 동맹국을 얻고 세계적으로 영향력도 강화하려는 전통적인 미국의 정책과도 맞지 않았다.

스미스는 "학생 수를 제한하는 어떤 제안도 실현되지 않았다."면서, "기업은 중국을 미래의 수익 원천으로 보았고, 또한 그 같은 측면에서 정보공동체보다 미국의회에 대해 훨씬 더 큰 영향력을 갖고 있었다. 언제나 중요한 것은 수익이다!"고 계속 말했다.

미국에 대한 테러공격에 외국 유학생들이 가담한 것은 스미스의 우려를 정당화시키는 듯했다. 요르단인 에야드 이스모일(Eyad Ismoil)은 1989년 학생비자로 미국에 입국했다. 4년 후 그는 뉴욕시에 있는 세계무역센터 주차장에 폭발물로 가득 찬 밴을 주차한 후 밴은 폭발시켰고, 이로 인해 6명이 사망했다. 2001년 9월 11일 미 국방부에 비행기를 충돌시켰던 하니 한주르(Hani Hanjour)도 학생비자로 입국한 경우이다.

미국은 9·11 테러 이후 외국학생의 대학 등록을 제한하는 대신, 대테러와 방첩 분야에 예산과 인력을 쏟아 부었다. 대학캠퍼스에 외국 학생과 교수들이 계속 급증했고, 이에 따라 스파이 활동도 역시 급증했다. 2013년 FBI 방첩부는 학생, 교수, 대학행정담당자들에게 점증하는 스파이활동 관련 위협을 경고하기 위해 '학계보안의식프로그램(ASAP)'³³ 개발을 고려했다.

FBI 방첩부에서 '전략적파트너십프로그램(SPP)'을 담당한 딘 차펠(Dean W. Chappell) 3세는 제안서에서, "학계(사람과 연구)에 대한 방첩 위협은 증가하고 진화하고 있지만, 여전히 일부 기관은 FBI에 '비협력적'이다. SPP가 국가적 충격 효과를 거두기 위해서는 최대한 많은 청중들에게 지속적으로 접근이 가능해야한다."고 주장했다.

프로그램의 학생 대상 메시지: "당신은 해외에서 언어를 공부하거나, 민감한 연구를 수행할 수 있을 것입니다. 이러한 활동은 외국정부로부터 주목을 받을 수 있습니다."

교수 대상 메시지: "당신은 해외에서 언어를 가르치거나, 외국학생을 모집하거나, 민감 기술에 대한 연구를 할 수 있을 것입니다. 이러한 활동은 외국정부로부터 주목을 받을 수 있습니다."

대학행정담당자 대상 메시지: "당신의 학교가 해외에 분교 등을 두고 있거나, 또는 당신의 학교가 수행한 민감하고 경제적으로 가치 있는 기술연구 때문에, 외국정부가 당신의 학교에 관심을 가질 수 있습니다."

나는 FBI 대변인 수잔 매키(Susan McKee)에게 FBI가 차펠의 제안서를 채택했는지 문의했다. ASAP는 FBI 방첩부에서 민간부문의 지원활동을 담당하는 민간부문사무소(OPS)로 이관되었고, 현시점에서 "유동적인 상황"이라고 그녀는 말했다.

인터넷 시대에 접어들어 중국, 러시아, 그리고 다른 국가들은 사이버 스파이활동을 통해 대학에서의 인간정보활동을 보완한다.

처음에, 그들은 미국 기업체를 해킹하는 플랫폼으로 학계 컴퓨터 네트워크를 주로 이용했다. 대학의 컴퓨터 네트워크는 캠퍼스 건물들처럼 접근하는데 어려움이 없었고, '.edu'주소의 이메일은 대학 정보보안담당자의 눈길을 끌 가능성이 낮았기 때문에 경제스파이 활동을 위한 완벽한 기반이었다.

그러나 점차, 과학연구와 교수진 이메일이라는 두 가지 취약점을 가진 대학들은 단지 디딤돌이 아니라 타깃이 되어 갔다. 2015년 펜실베이니아주립대학(PSU)과 버지니아대학은 중국 해커들이 그들의 네트워크를 손상시켰다고 발표했다. 버지니아대학에 대한 공격자들은 중국과 관련된 업무를 하고 있던 직원들의 이메일을 추적했다. PSU는 해군을 위한 무기개발 연구를 하고 있었는데, 미국대학 중 존스홉킨스대학, 조지아공대에 이어 3번째로 국가안보연구기금을 지원받고 있었다.[34] 그러나 사이버 방어는 불충분했던 것으로 판명되었다. PSU의 공과대학은 FBI가 경고할 때까지 2년 이상 컴퓨터가 침해당한 사실을 모르고 있었다. 조사관들은 두 그룹의 해커가 공격했음을 확인했다. 하나는 중국과 연결되어 있었고, 다른 하나의 출처는 찾을 수 없었다.

펜실베이니아주립대학교(PSU)는 대응책으로 정보보안실(OIS)을 설립했다. 니콜라스 존스(Nicholas Jones) 교무처장은 "최첨단 수법을 활용하여 우리가 익숙해 있던 수준보다 높은 단계로 활동하면서 끊임없이 위협해온 행위자들이 우리의 컴퓨터 네트워크를 침투해 오고 있다. 우리는 게임(정보보안)을 강화할 필요가 있었다. 대학들은 매력적이면서 손쉬운 타깃이다. 우리가 운영하는 방식은 매우 개방적인 경향이 있다. 대학은 중요한 연구가 이루어지고, 위대한 발견이 일어나는 곳이다. 정보의 많은 부분이 잠재적인 이익과 연계되어 있다."고 나에게 말했다.

2018년 3월 미국 법무부는 테헤란에 본사를 둔 마브나(Mabna)연구소와 연계된 이란인 9명을 기소했다. 그들은 이슬람혁명수비대(IRGC)를 대신하여 민감한 데이터와 지적재산을 훔치기 위해 2013년부터 144개의 미국대학을 해킹하였다. 그들은 스피어 피싱(spear-phishing: 특정인의 정보를 캐내기 위한 피싱 공격 - 역자 주)으로 알려진 기술을 사용하여, 다른 대학교의 동료 교수들이 발송한 것처럼 위장한 이메일발송을 통해서 전 세계 8,000명의 교수와 미국에서는 거의 3,800명에 이르는 교수의 계정을 위태롭게 한 것으로 알려졌다.

"기업들은 전형적으로 대학보다 강력한 사이버 보안 시스템을 가지고 있다."고 펜실베이니아주립대학과 버지니아대학의 해킹 사건을 조사했던 보안전문회사인 파이어아이(Fire-Eye)의 정보위협 담당이사인 로라 갈란테(Laura Galante)는 말한다. "대학들은 신입생의 이메일이 잘 작동하는지와 같은 기업과는 다른 정보기술의 우선순위에 초점을 둔다. 기업 또는 정부기관에 대한 침투는 평균적으로 220일 동안 발견되지 않은 반면, 대학에서는 발견되지 않는 기간이 훨씬 길었다."라고 그녀는 부언했다.

2015년 9월 오마마 대통령과 시진핑 주석은 영업비밀(trade secrets) 또는 상업적 이익을 위한 비밀기업정보를 포함한 지적재산에 대해 사이버를 활용한 절도를 하거나, 이를 고의로 지원하는 일이 없도록 악수를 하면서 합의했다. 그러나 이 같은 합의는 대학에 실제적으로 위험을 증가시킬 수 있었다. 중국과 체결한 합의는 미국 기업들에 대한 사이버 공격은 배제하고 있지만, 제조업자에게 아직 사업허가가 주어지지 않은 잠재적으로 경제적 응용성을 가지고 있는 학계 연구에 대해서는 허점을 남겨 두고 있다. "중국에서 개최된 회의에 참석하면 훨씬 더 강한 경우를 보게 되는데, '우리도 국가안보 목적을 위해, 또는 어떤 이슈의 미래를 이해하기 위해 관심을 가졌다'고 말하면서 항상 그랬던 것처럼 해킹사실을 부인하는 것을 보게 될 것이다."고 갈란테는 말했다.

러시아처럼, 중국도 종종 다른 나라와 군사 또는 전략 대화를 하기 전날 밤, 토론에서 우위를 점하기 위해 정치적 비밀을 피싱한다. 하버드의 케네디 행정대학원이 중국 핵무기를 담당하는 군 장교들을 컨퍼런스에 초청하기 수일 전, 워싱턴 D.C. 소재 싱크탱크의 한 핵 전문가가 케네디 행정대학원의 매튜 번(Matthew Bunn) 교수에게 파워포인트 파일이 첨부된 이메일을 보냈다. 그녀는 이메일에서 번 교수의 '협력적 위협감소'에 대한 자신의 발표내용을 번 교수에게 미리 보낸다면서, 그의 코멘트를 환영할 것이라고 썼다.

번 교수가 첨부물을 클릭했을 때, 그의 매킨토시 컴퓨터로부터 경고가 나타났다. 그의 친구는 이메일을 보내지 않은 것으로 판명되었다. 컨퍼런스에 초청받은 다른 참석자들도 동일한 주소에서 보낸 유사한 메시지의 이메일을 받았는데, 각각의 이메일은 참석자들의 전문분야에 맞춰져 있었다. 번 교수의 매킨토시와 달리, 그들의 개인 컴퓨터는 악성 소프트웨어가 작동하는 것을 방해하지 못했다. FBI는 나중에 그 공격이 중국과 연계된 것임을 추적하여 밝혀냈다.

SPY SCHOOLS
03
조국 없는 스파이[1]

    스톡홀름 시내를 빠져나와 차량 통행량이 많은 고속도로 옆에 토릴드스프란스 (Thorildsplans) 고등학교가 있다. 이 학교는 노란벽돌로 된 3층 빌딩이며 인접한 5개 블록으로 나뉘어져 있다. 미국 기준으로 볼 때 크기는 보통이지만, 재학생 수가 1,300명으로 스웨덴 수도에 있는 가장 규모가 큰 고등학교 중 하나다. 1940년에 개교한 이 학교는 주로 웹디자인, 전기공학, 건축, 컴퓨터 네트워킹을 전공하는 기술학교이며, 경제적 · 인종적 측면에서 다양한 학생그룹에게 매력이 있다. 이 학교의 로버트 바르달 (Robert Waardahl) 교감선생은 2016년 4월 "이 학교는 시리아와 전쟁의 참화를 입은 다른 국가들로부터 온 난민들의 유입을 준비하고 있다."면서, "우리 학교는 모든 사람들의 학교다. 그것이 우리의 모토다."라고 말했다. "토릴드스프란스는 농구와 다른 스포츠에서 다른 학교들과 경쟁을 하지만 보통 진다. 우리 학교에서는 컴퓨터 밖에 모르는 괴짜가 최고다."라고 부언했다.

    세계 수천 개의 다른 고등학교나 대학처럼, 토릴드스프란스는 캘리포니아 주 산호세에 있는 시스코 시스템 회사가 개발한 정보기술 커리큘럼을 사용한다. 이 학교는 정기적으로 견학여행을 할 학생과 교직원을 시스코 시스템 본사, 스탠포드 대학, 그리고 샌프란시스코의 금문교 공원 같은 명소로 보낸다.[2] 토릴드스프란스의 많은 교사들은 이 특전으로 인해 마음이 설렌다. 그러나 마르타 벨라스케스(Marta R. Velazquez)는 그렇지 않다. 스페인어와 영어로 인기를 모으고 있는 벨라스케스는 비록 미국인이지만 미국

방문에 별 흥미가 없다. 그녀는 푸에르토리코에서 출생하여 성장했고, 프린스턴대학, 조지타운대학 법학센터, 그리고 존스홉킨스대학에서 학위를 받았다.

"그녀는 학생들과 함께 캘리포니아로 갈 것을 요청 받았지만 거절했다. 우리는 그 이유를 절대 묻지 않았다."고 바르달 교감은 말했다.

벨라스케스는 다시는 고향에 갈수가 없었다. 2013년 4월 워싱턴 D.C.에 있는 연방지방법원에서 그녀에 대한 기소사실을 발표했다.[3] 미국국제개발국(USAID)의 변호사로 활동했던 그녀는 15년간 쿠바를 위해 스파이활동을 한 혐의로 기소되었다. 가장 중요한 것은 존스홉킨스대학 국제관계대학원(SAIS) 대학원생으로서, 전하는 바에 따르면, 쿠바 정보기관을 위해 급우인 아나 몬테스(Ana B. Montes)를 포섭했다. 그들은 미 국무부에 근무한 교수와 함께 SAIS에서 공부했다는 공통점이 있다. 그 교수도 역시 쿠바 스파이였다. 비록 그들이 고전적인 간첩조직(espionage cell)을 만들지는 않았지만, 미국의 외교 및 정보기관의 구성원을 공급하는 최고 프로그램 중 한 곳에 3명의 쿠바 공작원이 존재했다는 것은 카스트로 정권이 미국학계에 얼마나 깊숙하게 침투했는지를 보여준다.

몬테스는 미 국방부의 군사정보를 분석하는 국방정보국(DIA)의 쿠바 관련 최고 분석관이 되었고, 미국 연방기관에 침투한 가장 효과적인 쿠바 스파이(mole)가 되었다. 그녀는 카스트로 정권에 비밀 브리핑을 제공한 반면 쿠바에 대한 미국정책을 완화시켰다. 조지 부시(George W. Bush) 대통령 시절 미국 방첩업무를 이끌었던 미첼 클리브(Michelle V. Cleave)는 2012년 의회 증언에서 "몬테스는 미국 역사상 가장 위험한 스파이 중 한 명"[4]이라고 말했다.

SAIS의 미국－쿠바 관계 전문가인 피에로 글레이헤세스(Piero Gleijeses) 교수는 몬테스와 벨라스케스 두 사람 모두를 알았고 그들을 좋아했다. 몬테스는 그의 제자 중 최고였고, 벨라스케스는 그가 가장 좋아하는 연구조교였다. 글레이헤세스는 "이 두 사람은 자신의 신념을 지키기 위해 매우 심각한 위험을 감수했다."고 나에게 말했다.

몬테스는 결국 (스파이 행각이) 발각되어 감옥에 갔다. 그러나 벨라스케스는 미국 당국의 힘이 미치지 못하는 스웨덴으로 도망갔다. 나는 스톡홀름에서 활동하는 언론인의 도움으로 토릴드스프란스 까지 그녀를 추적했다. 그녀의 동료나 학생 중 아무도 그녀의 경력 또는 그녀가 기소당한 사실을 알지 못했다. 바르달은 "그녀에 관한 소문(rumor)을 들었지만, 고용과 관계가 없었기 때문에 확인해보지 않았다."면서, "그녀는 매우 친절하고, 매우 유능하고, 맡은 일을 잘 처리하는 훌륭한 동료"라고 말했다.

토릴드스프란스 고교의 다른 영어교사인 모르간 맘(Morgan Malm)은 "이건 스파이 소설에 나오는 이야기처럼 들리네요. 그녀는 친구이고, 동료이고, 사실 이것에 어떤 근거가 있는지 알 수 없네요."라고 말하면서 서둘러 수업에 들었다.

어떤 외국정부도 지난 반세기 동안 쿠바정부 이상으로 미국 여론을 분열시킨 정부는 없었다. 쿠바 망명자들과 비평가들이 주장하는 것처럼, 불신 받는 공산주의 이데올로기와 함께 쿠바는 반체제인사를 추방하고 자신의 경제를 파괴하는 것이 전체주의 정권인가? 아니면 미국 캠퍼스 내 많은 학생을 포함하여 지지자들이 주장하는 것처럼, 독재자를 무너뜨리고, 교육과 의료 체계를 개혁하고, 라틴아메리카나 아프리카에서 미국이 지지하는 독재자에 대항하는 대중 혁명을 도와주는 것이 진보의 상징인가?

어느 쪽이든, 대부분의 스파이 전문가들은 쿠바정보기관이 미국을 주적으로 내세우는 세계 최고 정보기관 중 하나임을 자랑하는데 동의한다. 쿠바가 소련의 위성국의 하나였을 때, 구소련의 국가보안위원회(KGB)로부터 교육을 받은 쿠바 정보기관은 미국대학에 초점을 맞추는 데 러시아 멘토를 모방한다. 미국 정책수립자들이 연방정부, 싱크탱크, 그리고 학계 사이에서 끊임없이 자리를 옮기는 것을 미국 시스템의 취약점으로 간주하는 러시아 정보기관처럼, 쿠바는 고위층과 연계된 교수와 장래 핵심 연방기관에서 일할지 모르는 학생들에게 구애를 하고 있다.

FBI는 2014년 9월 자문위원회에서 "쿠바 정보기관은 유용한 정보를 수집하고 영향력을 행사하고, 정보원을 포섭할 목적으로 미국 학계를 적극적 타깃으로 삼는 것으로 알려졌다."[5]면서, "미국을 목표로 한 쿠바정보부의 업무와 노력의 대부분은 미국인과 쿠바계 미국인 학계에 영향력을 행사하고, 가능할 경우 그들을 포섭하며, 쿠바정보부의 공작원으로 전향시키는 일에 전념한다. 유사하게, 이 같은 대학 출신의 학생들은 평가와 포섭의 대상이 되고 있다. 왜냐하면 그들 중 대다수는 공부를 마친 후 개인기업 또는 미국정부의 요직을 맡게 될 것이기 때문이다."고 경고했다.

세계화로 인해 중국, 러시아와 미국 간의 학술교류는 심화되었지만 쿠바는 그렇지 못했다. 각국이 다른 국가로 공부하러가는 것에 눈살을 찌푸리면서, 미국대학에 다니는 쿠바학생은 2004~05년 190명이었는데, 10년 후인 2014~15년에는 94명으로 감소했다. 쿠바 정보기관은 미국에서 정보를 수집하는데 자국 학생들에게 의존할 수 없게 되자, 카스트로 정권에 동정심을 보내는 미국학생과 교수진들을 활용했다. 금전적으로 어려운 공작원에게 돈을 거의 주지 못한 쿠바는 미국이 더 많은 돈을 지불할 수도 있는 용병

(mercenaries)보다 이념으로 단단히 무장한 자발적 지원자(volunteers)를 선호했다.

일단 공작원으로 포섭된 학생들은 체 게바라(Che Guevara) 셔츠 입기를 중단하고 미국정부에 취업을 시도한다. 엔리케 디아즈(Enrique Diaz)는 "당신이 19세 또는 20세 청소년을 포섭할 때, 그들에게 앞으로 사회주의에 대해 말할 수 없다."고 암시한 후, "당신의 정신을 바꿔라. 너는 좌익도 아니고 우익도 아니다. FBI, CIA, 다른 미국 정부기관에 취업하는 것이 좋다고 암시하라. 5년 후 당신도 몬테스처럼 미국정부 내부에 있을 것이다."고 말했다. 디아스는 1978부터 1988까지 남미 7개국에서 쿠바 비밀공작을 전개한 후 미국으로 망명했던 자이다.

망명한 전 쿠바 정보요원에 의하면, 쿠바 정보기관은 뉴욕과 워싱턴에 있는 외교단지 주변의 미국 대학에서 특히 활발하게 활동하고 있다. 뉴욕과 워싱턴은 스파이들의 금상첨화격인 요소를 갖고 있고, 남플로리다는 쿠바망명자 공동체의 중심지이다. 그러한 학교에는 하버드, 예일, 컬럼비아, 뉴욕대학, 헌트대학, 아메리카대학, 조지타운, 존스 홉킨스, 마이애미대학, 플로리다국제대학이 포함된다.[6] 쿠바 정보기관은 이들 대학 및 대학원의 프로그램에서부터 행정담당관 및 교수진의 견해와 논문들까지, 공개적으로 사용 가능한 이들 대학의 모든 정보를 추적한다.

FBI는 "쿠바 정보기관이 호의적인 교수를 발견하면, 동일한 분야에 쿠바 학자를 참가시켜 우정을 쌓도록 하고, 그 우정은 학술발표회에서 미팅과 식사를 통해 무르익는다. 그리고 쿠바로 초청까지 한다."[7]고 보고했다. 쿠바 정보기관의 어떤 부서는 쿠바 학술출장을 주선하고, 낯 뜨거운 비디오 촬영이나 음성녹음을 목적으로, 정부가 운영하는 호텔에서 해당 방문자의 룸을 모니터링 한다.

"나는 러시아 학교에서 협박(blackmail)을 배웠다."고 디아즈는 말했다. 그는 1980~85년간 모스크바 인근에 있는 'KGB학교'에서 공부했다. 나는 아바나(Havana)의 학술회의 기간 중 호텔방에서 한 여성과 함께 있다 발각된 기혼 교수를 그가 어떻게 포섭했는지 물어 보았을 때, 그는 다 알겠다는 표정을 지으며 교활하게 접근했을 거라고 말했다. "상황을 안다는 표현만 하며, 그녀와의 밤은 어땠어요? 우리가 도울 수 있고, 당신을 보호할 수 있다. 아무도 모를 것이다."

하버드 교수 호르헤 도밍게스(Jorge Dominguez)가 1985~1986년간 쿠바 외교정책에 대한 책을 연구하기 위해 아바나를 방문했을 때, 쿠바 정보부는 그를 떠볼 수 있는 기회를 잡았다. 그가 쿠바 관리들을 인터뷰한 후, 그들은 답례로 그와 인터뷰할 것을 요청했다고 도밍게스는 2016년 6월 회상했다. 그는 동의했다. 그들이 그에게 영향력 있는 플로리다주 거주 쿠바계 미국인들에 대한 이름과 개인정보를 요구했을 때, 그는 겉으로 정부산하 기관의 직책을 가지고 나온 쿠바 관리들이 정보기관 소속이라는 걸 알아차렸다. 그는 그들에게 사람 잘못 찾았다고 말했다. 그가 플로리다 현장에 대해 알고 있는 모든 것은 신문에서 읽은 것이라고 말했다.

미국대학 내 쿠바계 미국인 교수들은 스파이 전쟁의 중심에 서 있다. 양국의 정보기관은 그들을 목표로 겨냥하고 있다. 중국계미국인 펑따진(Peng Dajin)에게 조국을 위해 스파이행위를 하도록 압력을 가했던 만큼, FBI는 한 쿠바계 미국인 교수에게 쿠바정부에 있는 그의 친구가 미국으로 망명하도록 설득해 줄 것을 요청했다. 그 교수는 대학의 행정관과 상의했다. 그 행정관은 "당신은 정보요원이 아닌 학자로 쿠바에 가시오."라고 말했다. 그 교수는 FBI의 요구를 거절했다.

푸에르토리코 거의 모든 변호사들은[8] 미겔 벨라스케스 리베라(Miguel Velazquez Rivera)를 알고 있다. 그들은 존경의 표시로 그를 "돈(Don) 미구엘"이라고 불렀다. 그는 영향력 있는 견해로 유명한 판사였을 뿐 아니라, 후에 그의 이름을 따서 모의재판 경연대회가 열릴 정도로 푸에르토리코 대학 법대교수로 존경을 받았다. 또한 인기 있고 수익성 있는 부업, 즉 학생들의 푸에르토리코 변호사시험을 준비하는데 도움을 주고 있다. 학교에서 빌린 강당에서 이리저리 어슬렁거리며 제자들에게 질문을 퍼붓고, 법의 미세한 점을 들어 어떤 가상 속의 가족이 벌이는 분쟁과 불행을 설명하면서 학생들을 만족시킨다.

"그의 성격은 지방 법조계에서 전설적이었죠."라고 그 강좌 덕분에 변호사시험에 합격했다고 믿는 찰스 헤이-마에스터(Charles Hey-Maestre) 변호사가 말했다. "그들 부부는 항상 문제가 있었다고 말합니다. '후안 페레즈 로페즈'와 그의 부인은 이혼을 합니다. 자녀들은 대학에 진학할 예정입니다. 법에서는 양육비에 대해 뭐라고 말합니까? 가상의 예를 만들어 주면 더욱 재미있죠."라고 미구엘 교수의 강의기법을 설명했다. 그가 강좌와 함께 판매한 교재들은 실제 사건과 법령에 따라 똑 같은 인물을 묘사했다.

돈 미겔의 인생은 계층상향 이동, 즉 아메리칸드림을 구현했다. 그는 검은 피부와 푸른 눈을 가진 혼혈인종으로, 모카(Moca) 마을에서 가난한 어린 시절을 보냈고, 산후안(San Juan)에 도시의 혼잡함을 막아주는 한 무리의 나무, 관목, 그리고 꽃들로 둘러싼 '산후안 저택'을 갖게 되었다. 날씬하고 긴 머리를 한 그의 부인 도밍가 에르난데스

(Dominga Hernandez)는 저택의 뒤뜰에서 그림을 그렸다. 그녀의 다채로운 작품은 푸에르토리코 변호사협회 건물에서 전시된 적이 있었다. 그들은 여섯 아들과 두 딸을 산후 안에 있는 가톨릭 고등학교에 보냈고, 프린스턴(Princeton), 스탠포드(Stanford), 찰스턴(Carleton) 대학을 포함하여 미국에 있는 훌륭한 대학에 보냈다. 장녀인 테레사(Teresa)는 지금 버지니아주에서 소아과 의사로서 일하고 있고, 그녀의 의료 진료소의 웹사이트에 따르면, 그녀는 "한 어린이가 읽고, 배우고, 열심히 일하고, 인내하고, 건강하고 행복하게 보낼 때"[9] 힘을 얻는다고 했다.

성공과 풍요로움에도 불구하고, 돈 미겔은 현실에 만족하지 않았다. 그는 푸에르토리코의 독립에 대한 자신의 소신을 공공연하게 밝혔다. 미국은 1898년 푸에르토리코를 침공했다. 그는 뚜렷한 소수파에 속해 있었다.[10] 수년 간 국민투표에서 푸에르토리코 유권자 중 5%만 독립을 지지했다. 그들 중 많은 사람들은 민족주의 열망을 지지했지만, 한편으로는 독립국가로서 경제를 유지할 수 있을까 두려워했다.

돈 미겔의 독립지지 입장은 자신의 승진을 방해할 수도 있었다. 그러나 그는 푸에르토리코 대법원에서 근무할 꿈을 결코 달성하지 못한 이유가 다른 곳에 있었다고 생각했다. 그는 푸에르토리코의 백인과 학연주의가 혼혈이라는 이유로 자신을 승진대상에서 제외시켰다고 믿었다.

"그는 인종차별만 없었다면 자신이 대법원에 지명되었을 거라고 생각했다. 그는 그것에 항상 분개했다. 정말 그를 화나게 했다."라고 그의 학생이었고 법대 동료인 호세 훌리안 알바레즈(Jose Julian Alvarez) 교수가 말했다.

돈 미겔은 특별히 작은딸 마르타(Marta)와 가깝게 지냈다. 그녀는 1957년 7월에 태어났다. "그는 동기를 부여하는 사람이었다. 그는 딸이 남보다 뛰어나도록격려했다. 그녀는 그와 깊숙이 연계되어 있었다. 그는 훌륭한 아버지였고 딸은 우수한 학생이자 딸이었다."라고 법대학장(2007~2011)을 지낸 로베르토 아폰테 토로(Roberto Aponte Toro) 교수가 말했다. 마르타는 돈 미겔을 존경했고 독립과 인종평등에 대한 헌신을 물려받았다. 두 가지 요인 모두 그녀에게 다른 캐리비언 섬나라, 즉 쿠바에 대한 관심을 불러 일으켰다.

푸에르토리코와 쿠바는 역사적 · 문화적 유사점을 많이 갖고 있다. 두 나라는 서반구에서 두 개의 마지막 스페인 식민지였고, 그들의 경제는 사탕수수에 의존하고 있었다. 19세기 쿠바 애국자이자 혁명가인 호세 마르티(Jose Marti)는 두 나라가 독립연맹을 하는 것을 구상했다.[11] 많은 푸에르토리코 어린이들이 학교에서 읽는 시는 그들을 '똑같은 새의 두 날개'[12]로 묘사한다. 그 이미지는 쿠바 민요가수 파브로 밀라네스(Pablo Milanes)의 노래 〈쿠바에서 푸에르토리코까지〉에서 가져왔다.

카스트로가 정권을 잡았을 때 마르타는 아장아장 걷는 아이였다. 카스트로는 젊고 혼혈의 푸에르토리코 독립운동가에게 매력적으로 보일 수 있었을 것이다. 피델 카스트로(Fidel Castro)는 미국의 지속되는 차별과 대조적으로 보였던 인종관계의 경과과정을 과장해서 선전했다. 쿠바가 쿠바의 운명을 구현할 권리를 주장하면서, 그는 정치적으로 북쪽의 거인(behemoth)에 대항했다. 또한 푸에르토리코의 동등한 권리를 추구했다. 쿠바는 푸에르토리코의 독립운동을 재정적으로 지원했고, UN 비식민위원회에서 자기결정권을 주장하면서 푸에르토리코 독립운동을 하는 멤버들의 방문에 대비하여 아바나에 주택 – 카사 푸에르토리코 – 를 설치했다.

이슈의 장점을 별도문제로 하고, 카스트로가 푸에르토리코의 독립을 추진하는 데에는 두 가지 목적이 있었다. 하나는 미국을 화나게 하는 것이고, 다른 하나는 카스트로가 푸에르토리코인들을 유혹하는 것이었다. 그들은 출생과 함께 미국시민권을 획득하고 그들의 조국에서 쿠바를 위해 스파이 활동을 할 수 있었기 때문이었다. "쿠바는 미국에 대항하여 푸에르토리코의 독립이란 주제에 매우 집중해서 열심히 일했고, 그것은 세계 어느 나라에서든 푸에르토리코인들을 포섭하는 것이 목적이었다."[13]고 전 쿠바 정보기관 올란도 브리토 페스타나(Orlando Brito Pestana) 요원이 나에게 말했다.

가르시아(Garcia)는 "쿠바는 미국 내에 정보원을 침투시키기 위한 특별지원그룹으로 푸에르토리코를 이용했다. 그들은 미국인이고 미국 증명서를 가지고 있었기 때문이다."고 그 이유를 밝혔다.

테레사 벨라스케스(Teresa Velazquez)는 1972년 프린스턴대학에 입학했고, 그의 여동생 마르타는 3년 후 뒤를 이었다. 그들은 현재 미국 대법원 판사인 소니아 소토마요르(Sonia Sotomayor)을 포함한 푸에르토리코 출신 학생들의 조그만 행동집단에 가입했다. 소토마요르는 테레사의 친구이자 급우였고, 젊은 히스패닉 학생들에게 멘토였다. 그녀는 마르타도 역시 잘 알고 있었을 것이다.

교실 안과 밖에서, 테레사는 의학을 전공하기 전에 생물학을 전공했고, 마르타는 정치학을 전공했다. 마르타는 여성, 소수민족, 그리고 차별받는 자를 위한 학생시위에 거의 빠지지 않았다. 인종차별 정책을 펼치는 남아공에 대한 대학의 투자조치에 항의했다. "프린스턴, 다른 대학처럼 투자를 철회하라/만약 그렇지 않으면, 우리는 쉬지 않고 투쟁할 것이다/프린스턴, 투자를 철회하라."[14]그리고 이들 기관에서 프린스턴대학이 투자를 완전히 철회하겠다는 입장을 즉시 밝히라고 행정당국에 청원하였다.[15] 독립과 사회주의는 '푸에르토리코의 유일한 정치적 대안(OPAPR)'이라고 선언하면서 그녀는 라티노 축제를 조직했다.[16] 그리고 푸에르토리코의 시, 아프리카 춤, 중국 민요, 멕시코 민요 그룹, 인디안 전시회 등을 특징으로 하는 '제3세계 문화페스티벌(TWCF)'[17]을 조직했다.

벨라스케스는 "우리는 세계의 모든 억압받는 민족의 일부이다."라고 데일리 프린스토니안(*Daily Princetonian*)에서 말했다. "여기 대학에서, 매우 보수적이고 백인남성 중심적인 이곳에서, 이와 같이 성공적으로 공연을 준비할 수 있었다는 것이 믿기지 않는다."

그녀는 때때로 정치적 문제에서 벗어났다. 식당과 클럽을 순회하면서 춤, 영화,맨해튼에서 주말을 즐겼다. 아직도 그녀는 신념이 확고한 젊은 여성이었다. 그녀의 대학 친구이자 존제이(john Jay)형사행정 대학의 닐사 산티아고(Nilsa Santiago) 교수는 "일상 생활에서 조차 마르타는 집중력이 돋보였다."면서 "연설을 할 때는 온 몸에서 울려 퍼지는 소리 같았다. 그녀의 머리, 목, 몸통(torso)이 그녀의 진심어린 마음과 함께 동시에 움직였다."고 회상했다.

"그녀는 뭔가를 말할 때 아주 이상적이었고 굉장히 진지했다. 그녀는 그것을 진정으로 믿었고, 사람들이 그것을 믿어주기를 원했다. 만약 그녀가 말하는 뜻을 알면서도 친숙하게 받아들이지 않으면, 그녀의 얼굴에 의아스럽다는 불신의 표정이 확연히 드러났다."고 산티아고는 말했다.

어느 날 오후 학생회관으로 들어가고 있을 때, 벨라스케스는 산티아고에게 요구르트를 먹자고 말했다. 산티아고가 "요구르트를 먹어본 적이 없어"라고 대답하자, "그래? 믿기지 않는데."라고 벨라스케스는 말했다. 그녀는 산티아고를 데리고 카페테리어로 들어가 '다논 블루베리'요구르트를 주문했다. "그녀는 나의 무지를 치료해주었고, 그때 새롭게 좋아하는 간식을 먹었다."라고 산티에고는 회상했다.

졸업논문 제목으로 벨라스케스는 자신과 심정적으로 가까운 '아버지의 마음'을 선정했다. 그녀는 자신을 '푸에르토리코 자매 섬의 사탕수수 농장에서 살았던 아프리카 여성의 후손'[18]으로 묘사하고, "쿠바의 인종관계: 과거와 현재의 발전"을 분석했다.

논문은 공산주의자이자 카스트로 지지자인 쿠바 시인 니콜라스 기엔(Nicolas

Guillen)의 긴 인용구로 시작한다. 그녀는 쿠바의 노예역사와 인종차별을 이야기하면서 일반적으로 생각되는 것보다 그곳의 블랙 아프리카인들 사이에서 격렬한 저항운동이 발생했고, 매우 잔인했다는 것을 발견했다. "미국은 쿠바의 과두제 집권층과 전 독재자 풀헨시오 바티스타(Fulgencio Batista)와 연계하여 탄압을 지속했다."[19] 바티스타는 혼혈이었고, "강력한 인종차별주의 옹호자였다."[20]고 그녀는 분석했다.

그녀는 오직 바티스타 정권을 무너뜨린 혁명가 카스트로를 칭송했다. "카스트로정부는 일상적이면서 어떤 인종차별도 하지 않는 정책을 잘 이해했다."[21]고 그녀는 썼다. "그들은 독특한 형태의 정책을 시행했다. 즉, 유럽문화가 지배하는 사회에 흑인들을 동화시키려 하지 않았고, 모든 쿠바 인민들에게 일반 아프리카 유산을 제시했다. 새로운 쿠바는 정치적·사회적 정체성으로 볼 때 라틴 국가일 뿐 아니라 라티노-아프리카 국가이다."

그녀는 "이것은 아마도 쿠바 지도자들이 채택한 역대 가장 현명한 과정으로 판명되었다. 1959년 혁명 전 흑인과 혼혈인들이 느꼈던 절대적 거부와 무기력했던 상황과 비교할 때 새로운 국가의 출현은 사실상 축복이었다."고 부언했다.

카터 대통령은 쿠바로의 여행 제한조치를 해제하였다. 벨라스케스는 '프린스턴 라틴 아메리칸 연구(PLAS)'프로그램이 후원했던 여행에 참가했다. 그녀는 잠깐이나마 졸업 논문에 필요한 '현장 연구'[22]기회를 가질 수 있었다. 그녀의 대학친구는 "그녀의 방문에서 최고정점은 그녀가 서부 아프리카 노예들이 쿠바에 가져온 요루바(Yoruba) 문화를 예기치 않게 체험한 사실이다. 그녀는 아프로-쿠반 재즈 연주회에 참석해 공연 실황을 녹음했다."고 말했다.

"그녀는 쿠바에서 공인되지 않고 지하음악인 요루바 모임에 참석해야 했다."고 그 친구는 회상했다. "쿠바의 흑인들은 이 문화를 생생하게 지키고 있었다. 그녀는 스스로 그것을 볼 수 있었다. 프린스턴으로 돌아와 그녀는 친구들에게 그 테이프를 들려주었다. 그것이 가치가 있거나 흥미롭다고 여기는 것 같았다."고 그는 말했다.

벨라스케스가 어떻게 흑인 재즈 연주회에 접근할 수 있었는지는 명확하지 않다. 아마 쿠바 당국은 아프리카 영향을 받은 음악이 그녀의 논문제목과 연관이 있었기 때문에 허가를 해주었을 것이다. 그렇다면 그녀의 요청은 쿠바 정보기관의 주목을 끌었을 수도 있다. 어쨌든 그들은 그녀를 주목하고 있었을 것이다. 남달리 총명하고, 푸에르토리코 독립에 헌신적이며, 카스트로 정권에 동조하고, 미국 정부나 학계에 영향력 있는 자리로 가는 관문으로서 아이비리그(Ivy League: 미국 동부의 8개 명문대학을 지칭) 교육을 받고 있는 그녀는 이상적인 포섭대상자였다.

워싱턴 D.C.의 듀퐁 서클 인근에 있는 존스홉킨스대학의 국제관계대학원(SAIS) 은 전 재무장관 티모시 가이트너(Timothy Geithner), 전 국무장관 마델라인 올브라이트 (Madeleine Albright), 전 이라크주재 미 대사 아프릴 글라스피(April Glaspie) 등을 포함하여 인상적인 미국 외교관과 각료들을 배출해 왔다.[23] 권력으로 가는 통로는 쿠바를 포함한 외국정보기관이 관심을 갖는 대상이다.

"SAIS는 미국 정부로 가는 접근성 때문에 항상 가장 중요한 대학 중 하나였다. 워싱턴에 있는 쿠바외교 전초기지인 '쿠바이익연합(CIS)'의 관리들은 SAIS를 항상 우선순위로 생각했다."고 전 쿠바 정보요원인 페스타나(Pestana)가 말했다.

쿠바는 국제문제, 국제경제, 그리고 글로벌정책과 같은 분야에서 석사학위를 주는 대학교에 성공적으로 침투했다. 쿠바 정보기관은 1980년대 초 SAIS에 다니는 적어도 3 명의 학생들과 접촉했다. 법원기록에 의하면, 그들은 모두 미국정부에서 일하며 쿠바를 위해 스파이활동을 했다. 한 사람은 켄달 마이어스(Kendall Myers) 교수, 두 사람은 학생들이었는데 마르타 벨라스케스(Marta R. Velazquez)와 아나 몬테스(Ana B. Montes)였다.

벨라스케스와 몬테스는 비록 스파이활동을 위해 서로 포섭을 하지 않았다 하더라도 친구가 되는데 공통점이 너무 많았다. 1957년 벨라스케스 보다 4개월 먼저 태어난 몬테스는 서독에 있는 미군기지에서 태어났다. 미군 정신과 의사였던 부친은 그곳에서 근무했다. 푸에르토리코 독립을 지지하는 돈 미구엘 벨라스케스처럼, 알베르토 몬테스 (Alberto Montes)는 자신의 견해가 논쟁 중이었음에도 불구하고, 푸에르토리코의 정치적 미래에 대해 관심을 갖고 있었다. "그는 독립을 강력하게 후원했고, 편지와 기사에서 의견을 자유롭게 개진했다."[24]고 전 미국 국방정보국(DIA) 조사관 스코트 카르마이클 (Scott Carmichael)이 말했다.

"알베르토는 2000년 사망하기 직전, 푸에르토리코의 독립을 주장하는 논문을 UN 청문회와 결부시켜 작성했다."고 아나의 모친인 에밀리아 몬테스(Emilia Montes)가 전화로 나에게 말했다. 그럼에도 다른 친척은 알베르토가 건전한 견해를 갖고 있었고, 푸에르토리코의 최선은 '영연방 잔류'로 생각했다고 믿는다.

몬테스 가족은 마침내 볼티모어 교외에 있는 메릴랜드 토손(Towson)에 정착했다. 그 곳에서 몬테스는 고등학교를 다녔다. 벨라스케스와 몬테스는 명문대학에서 라틴아메리카 정치학을 공부했다. 1979년 몬테스는 버지니아대학을 졸업했다. 3년 후 두 사람은 국제관계대학원(SAIS)에 입학했고 그 동안 벨라스케스는 이민법에 대한 언론기사를 편집했던[25] 조지타운대학에서 법학사 학위를 땄다. SAIS에 다니는 동안 두 사람은 연방정부에서 근무했다. 몬테스는 공공기록요청을 취급하는 법무부에서 정규직으로 일했고, 벨라스케스는 국무부 국제개발기구(AID)에서 법률인턴[26]으로 일했다.

몬테스는 메릴랜드에 있는 부모 집에 벨라스케스를 여러 번 데려왔다. "그들은 최고의 친구처럼 보였다. 벨라스케스는 예쁘고, 따뜻하고, 친근해서 우리 모두 그녀를 좋아했다."고 익명을 요구하는 친척이 말했다.

"그들은 서로 좋은 친구였고, 마르타(벨라스케스)는 착하고, 매우 사교적이고, 똑똑하고 영리하게 보였다."고 몬테스의 모친은 말했다.

두 급우는 레이건 행정부의 라틴 아메리카 정책을 반대했다. 특히 니카라과(Nicaragua)에서 쿠바와 미국의 대리전쟁은 극렬했다. 두 사람은 쿠바의 지원 아래 독재자 아나스타시오 소모사(Anastasio Somoza)를 1979년에 축출한 산디니스타(Sandinista) 정부를 지지했다. 또한 콘트라(Contras)로 알려진 반군에 무기와 자금을 지원하여 산디니스타 정부를 전복시키려는 미국의 시도에 경악했다.

국제관계대학원(SAIS)은 미국정책에 대한 토론을 벌이는데 매력적인 곳이었다. 웨인 스미스(Wayne Smith)는 카스트로 정부와 관계회복을 지지했던 직업외교관이었는데 미국행정부의 강경입장과 의견이 충돌하자, 1982년 아바나에 있는 미국이익연합(U.S.IS)의 대표직을 사임했다. 1984년 봄 몬테스와 벨라스케스가 2학년일 때, 스미스는 SAIS에서 '1959년 혁명 이래 쿠바역사' 과목을 가르쳤다.[27]

"몬테스는 존스홉킨스 대학원 재학 중, 니카라과의 콘트라 반군을 지원한 미국 정부정책을 잔인하고 비인간적인 본질로 묘사하면서 현실적 통찰력을 최초로 얻었다.[28] 대부분의 존스홉킨스 대학원생과 교수들은 미국정책의 부당함에 대한 그녀의 견해를 공유했다."고 미 국방부 감찰실은 2005년 보고했다.

몬테스는 교수들 중에서 '라틴 아메리카 정책의 입문'을 가르친 리오르단 로엣(Riordan Roett)과 충돌했다. "그녀는 나와 나의 스태프를 지극히 싫어했다. 그녀는 우리를 파시스트로 생각했다. 내가 친 미국, 친 민주주의, 친 NATO적인 내용을 강의할 때마다 매번 항의했다."고 로엣은 나에게 말했다.

몬테스와 벨라스케스는 생각이 비슷한 삐에로 글레이헤세스(Piero Gleijeses) 교수에게 자연히 끌렸다. 그는 1982~83년 〈라틴 아메리카와 미국의 관계〉,[29] 1983년 가을 〈미국과 중앙아메리카〉를 가르쳤다. 이태리 태생의 글레이헤세스는 "나는 SAIS에서 극좌교수이다. 1983년 CIA의 제안을 거절했다. 한 여성이 내 사무실을 방문하여 짧게 권유를 했다. 그 당시 나는 중앙아메리카에 대하여 상당한 분량을 집필하고 있었다. 이것은 미국이 정책을 개발하는데 도움이 될 수 있었다. 나는 그들의 제안에 대해 관심이 없다고 말했다. 절대로 어떤 강요도 없었고, 어떤 압력도 없었다."고 나에게 말했다.

벨라스케스는 글레이헤세스의 '1944년 과테말라 혁명과 미국'에 대한 저술을 돕기 위해, 마이크로필름으로 된 과테말라 신문을 세밀히 조사했다. 글레이헤세스는 "우리는 정치를 논한 적이 없다. 우리는 함께하는 일을 토론했다. 내가 찾고 있는 것을 그녀에게 말했다. 일주일에 한 번 또는 그녀가 많은 시간을 일한 후에 만났다. 그녀는 인쇄물을 나에게 주었고, 그녀가 발견한 것을 토론했다. 그녀는 우수했다. 나는 마르타를 매우 상냥하고 훌륭한 연구조교였다고 기억한다. 나는 그녀를 무척 좋아한다."고 말했다.

켄달 마이어스(Kendall Myers) 교수는 국제관계대학원(SAIS)에서 〈영국 정치학과 유럽역사〉를 가르쳤다.[30] 그는 SAIS에서 1972년 박사학위를 받았고, 1977년부터 국무부 외교연구원(FSI)의 강사로 일하기 시작했다. 그곳에서 정부 공무원들에게 해외업무를 준비시켰다. 쿠바의 권고에 따라 1981년 CIA 분석관에 지원을 했으나 거절당했다.

마이어스는 키 6피트6의 장신에 콧수염을 기르고, 뛰어난 요트조종사이며, 전화를 발명한 알렉산더 벨(Alexander G. Bell)을 조상으로 두고 있는 WASP(앵글로색슨계 백인 신교도)의 명문가 출신이다. 그는 카스트로 정부에 반했다. 뉴욕에 있는 쿠바 정보기관의 초청으로 1978년 12월 쿠바를 방문했다. 그는 "들리는 모든 것은 피델(Fidel)이 영리하고 카리스마 넘치는 지도자임을 암시한다."[31]면서, "피델은 쿠바인들이 자신들의 영혼을 구하는 것을 도왔다. 우리 시대의 가장 위대한 정치 지도자중 한 사람임에 틀림없다."라고 일기장에 썼다. 그와 그의 부인 그웬돌린(Gwendolyn)은 6개월 후 합류했다.

마이어스 부부는 사람들이 붐비는 워싱턴 슈퍼마켓에서 쇼핑카트를 교환함으로써 공작관에게 정보를 건네주었다. 쿠바 정보기관과 트리니다드토바고, 멕시코, 브라질, 에콰도르, 아르헨티나, 이태리, 프랑스, 그리고 체코에서 접선했다. 1995년 아바나에서 4시간 동안 쿠바공산당 제1서기가 된 피델 카스트로를 정식으로 면담했을 때 마이어스는 가장 큰 전율을 느꼈다.

마이어스는 1985년 1급 비밀취급 인가를 받았고 2001년~2007년간 미 국무부 정보

조사국(INR)의 선임분석관이 되었다. 그는 미 국무부 회의와 연구 프로젝트를 조정했다.

"나는 2달에 한 번 마이어스를 보았을 것이다. 그는 다가오는 회의에 앞서, 필요사항을 논의하기 위해 CIA 본부를 방문했다. 나는 쿠바나 라틴아메리카에 대해 더 많은 회의를 갖도록 요청하기 위해 그에게 커피를 사주곤 했다. 그러나 그는 한 번도 쿠바와 관련된 부분에 대해 한 가닥의 관심도 드러내지 않았다. 아마도 마이어스는 카스트로에 대한 충성심을 숨기고 있었을 것이다."고 전 라틴아메리카 국가정보담당관인 풀톤 암스트롱(Fulton Armstrong)은 회상했다.

국방정보국(DIA)의 전 쿠바정보기관 전문가인크리스 시몬스(Chris Simmons)는 "마이어스가 쿠바에 넘긴 미국기밀보다 어떤 SAIS 학생들을 포섭할 지에 대한 평가가 더 가치 있었다."고 말했다.

마이어스가 벨라스케스나 몬테스를 쿠바 정보기관에 추천했는지 여부는 명확하지 않다. "내 생각으로는, 마이어스가 리타 벨라스케스를, 리타는 몬테스를 추천했다."고 전 쿠바 정보요원인 가르시아가 말했다.

그녀의 기소장에 의하면, 벨라스케스는 1983년 쿠바정보기관을 위해 스파이활동을 하기 시작했다. 그해 9월 그녀는 쿠바 공작관을 접선하기 위하여 멕시코시티로 여행했다. 예정된 랑데뷰는 멕시코가 두 명의 쿠바요원을 체포함에 따라 실패했다. 그녀는 미국의 니카라과 정책을 서로 경멸해 가면서 몬테스를 회유하기 시작했다. 1984년 여름 몬테스를 저녁식사에 데려갔고, "스페인어 뉴스기사를 영어로 통역할 사람을 찾고 있는 친구가 있다."[32]고 설명했다. 그리고 몬테스가 "니카라과 인민을 지원하기 위해 자발적 의사를 표명하도록 함으로써"[33] 임무를 완수했다.

그 당시, 그들은 SAIS의 학업과정을 마쳤다. 벨라스케스는 비밀취급 허가를 받고, 미 교통부의 변호사가 되었다. 그해 7월 그녀는 몬테스에게 편지를 썼다. "나는 학생으로 보냈던 시기에 친구와 동지로서 너를 알게 되어 매우 만족했다. 학교를 떠나도 우리의 관계가 지속되었으면 좋겠다."[34]는 내용이었다.

바라는 대로 그들은 다시 만났다. 1984년 12월, 다시 1985년 초에 그들은 쿠바 정보요원을 만나기 위해 뉴욕 행 열차를 탔다. 감사관 보고서에 따르면, 몬테스는 "주저 없이 쿠바인들을 통해 니카라과를 돕기로 동의했다."[35] 타자기를 공급한 벨라스케스의 지시대로, 몬테스는 법무부 업무를 묘사하는 자서전을 썼다. 그리고 1985년 봄, 그들은 위조여권으로 프라하와 마드리드를 경유하여 쿠바로 갔다. 그곳에서 암호화된 라디오 메시지를 수신하는 방법 그리고 미국정보기관에 취업 시 요구될 수 있는 거짓말 탐지기에 걸리지 않는 방법에 대한 정보훈련을 받았다(몬테스는 나중에 이는 괄약근을 긴장시켜야하는 기술이었다[36]고 설명했다). 몬테스는 해군정보실(ONI),[37] 군비통제군축국(ACDA), 국방정보국(DIA)에 지원했다. 벨라스케스는 그녀에게 추천서를 주었다. DIA는 몬테스를 연구원으로 채용했다. 그 자리는 쿠바를 포함한 미 군사계획과 정보활동을 자세히 살필 수 있는 관문이었다.

아마 보안상의 이유로, 몬테스는 일단 DIA에 자리를 잡자 벨라스케스와 함께 어울려 다니는 것을 중단했다. 그리고 모든 사람들이 그것을 알도록 했다. 글레이헤세스 교수는 "나는 마르타 (벨라스케스)가 말했던 것을 희미하게 기억한다. 그들은 과거에 친구였지만 더 이상은 아니고, 몬테스가 관계를 끊었다."라고 말했다.

"그들은 사이가 나빠졌다. 서로 대화를 중단했다. 그 이유를 모르겠다."라고 안나의 모친인 에밀리아 몬테스(Emilia Montes)가 말했다.

"그들의 사이가 틀어진 것은 이상한 일이었다. 나는 몬테스가 친구와 언쟁한 사실을 들어본 적이 없다. 나는 이제 그것이 거짓말이었다고 확신한다."고 익명을 요구한 친척이 말했다.

몬테스는 1984년 SAIS에서 교과과정을 마쳤지만, 존스홉킨스 대학원은 그녀의 라틴아메리카 연구 관련 석사학위 수여를 1989년까지 보류했다.[38] 왜냐하면 그녀가 학비를 내지 않았기 때문이었다. 몬테스를 스파이로 노출시키고 그녀를 체포한 후 결과를 브리핑했던 시몬스(Simmons)에 따르면, 그녀는 자신의 교육이 무료여야 한다고 대학측과 철학적 논쟁에 들어갔다. 졸업식 날 몬테스의 모친은 딸이 급우들과 행진하고 졸업장 케이스를 받았는데 그 안에는 졸업장이 없었다고 말했다. 그녀는 학비를 내지 못했기 때문이라고 모친에게 설명했다.

몬테스는 부친에게 부탁했지만, 그는 지불하기를 거절했다고 시몬스는 말했다. 마침내 쿠바 정보기관이 개입했다. 공작원의 스파이활동을 무보수로 운영해온 관례를 벗어나 그녀의 학비를 대신 갚아주었다.

"그녀는 공작관을 만났다. 그리고 학비를 납부해야 하는데 지불할 돈이 없다고 말했다. 공작관은 놀랐다. 공작적으로, 그것은 쿠바를 위험에 빠뜨릴 수 있었다. 신용문제(학비 연체)가 있는 스파이를 원하지 않는다. 그것은 보안문제이다. 쿠바 공작관들은 원해서가 아니고 필요했기 때문에 학비를 지불했다."고 시몬스는 말했다.

1994년 피델과 라울 카스트로(Raul Castro)의 개인적인 승인을 받아, 글레이헤세스 교수는 쿠바의 역사기록보관소에 예외적 접근을 허락받았다. 그의 대단한 성취는 제자인 몬테스의 방문에 박차를 가했다. 몬테스는 그때 DIA의 쿠바담당 수석분석관이었다. 그녀는 쿠바와 군사력에 대한 그의 생각을 물어보기 시작했다. 글레이헤세스는 그녀와 정보를 공유하지 않겠다고 말했다. 왜냐하면 그는 미국의 쿠바정책을 반대했기 때문이었다.

표면상으로, 몬테스는 미국 정부를 대신해서 그의 협조를 구했다. 그러나 글레이헤세스는 나중에 그녀가 쿠바 공작관에게 임무를 부여받은 것인지 궁금해 했다. 일부 쿠바 관리들은 그가 CIA 스파이고, 역사기록보관소 접근에 대한 자유권을 준 것은 실수였다고 생각했다. 이러한 구실 하에, 몬테스는 그의 학자적인 독립성을 시험하고 있었다.

글레이헤세스는 "나는 일단 그녀가 쿠바공작원이라는 것을 알았다, 쿠바정보기관은 내가 어떻게 행동하고 있는지 알아보기 위해 그녀를 보냈다. 그들은 내가 어떻게 반응하는지 알고자 했다. 나는 아주 잘 당당하게 통과했다."고 말했다.

그들의 만남에서 몬테스의 이중 역할—외견상으로는 미국 관리로서, 실제로는 쿠바공작원으로서—은 그녀의 전성기 때 이중생활을 설명하고 있다. "2013년 *Washing Post* 경력 논평에 의하면, 그녀는 주간에 국방정보국 사무실에서 공무원 티가 나는 (buttoned-down) GS-14등급(중간 관리직, 우리나라 과장급) 신분으로 근무를 했고,[39] 밤에는 피델 카스트로를 위해 일했다. 단파라디오를 통해 암호메시지를 청취한 후, 암호화된 파일을 번잡한 레스토랑에서 공작관에게 전달했고, 가발을 쓰고 위조 여권을 꼭 움켜쥔 채로 은밀히 쿠바로 잠입했다.

몬테스는 쿠바에 대한 연방정책을 수립하는 최고 서클에 진입했다. 눈부신 출세를 즐기면서 합동참모본부(JCS)나 국가안보회의(NSC)에서 브리핑했고, 쿠바 마약밀매 조사와 관련하여 미국 마약단속국(DEA)을 괴롭혔다. 그녀는 쿠바 영토에서 홍보물을 뿌리던 마이애미에 본부를 둔 단체 '형제구출단(Brothers to the Rescue: 쿠바 망명자들이 피난민을 구출하고, 자유를 찾는 쿠바 국민을 지원하기 위해 결성한 비영리 우익단체—역자 주)'이 조종하던 민간인 비행기 2대를 쿠바 전투기들이 1996년 격추시킨 사건에 대해 미국이 군사적으로 대응하려는 것을 저지하는데 성공했다.[40]

그녀는 동료들을 냉담하고 건방진 태도로 공격했을 뿐 아니라, 실증적인 증거에 대응하는 힘든 논쟁에서 영리하게 잘 준비하고 솜씨 좋게 처리했다. "그녀는 혼자 지냈고,

논쟁을 전개할 때는 인내심을 보였다. 그리고 강렬한 인상을 주었다.”고 풀톤 암스트롱(Fulton Armstrong)은 회상했다.그녀는 다른 분석관의 길고 지루한 프레젠테이션을 퉁명한 목소리로 “그래서 당신이 말하는 것을 당신도 모르죠?”라고 말하면서 상처를 주었다.

“모든 사람은 피델(Fidel)과 동생 라울(Raul)이 생각하는 것을 예언하려고 했다. ‘그것 봐!’ 우리는 몰랐잖아. 우리의 견해는 사실보다 더 많은 편견을 주장한다. 추측한다는 것은 무용지물이라고 그녀가 말하곤 했다.”고 암스트롱이 말했다. 카스트로 형제가 아니라면, 쿠바 정보기관 관리들의 생각을 알고 있다는 사실이 우연히 밝혀지는 것을 두려워하여 그런 추측을가능하면 피했다.

몬테스는 쿠바를 최소한의 전통적 전투능력을 가진 ‘무시해도 되는 위협’이라고 일축하는 논쟁적인 국방부 평가서를 작성하여[41] 가끔 신뢰를 받았다. 의회 비평가나 쿠바계 미국인 정치인들은 쿠바의 게릴라 폭동과 테러그룹의 지원을 무시하는 국방부 평가서를 공격했다. 암스트롱은 “그러나 몬테스의 첫 번째 초안은 쿠바의 위협을 과대 선전하여 미 공화당을 달래는데 목적을 두었다. 그녀와 또 다른 정보요원은 그때 경고적인 말투를 삭제하면서 평가서를 재 작성했다.”고 말했다.

암스트롱은 몬테스가 쿠바정부의 이익을 꾀할 수 있는 분석적 입장을 주장했는지 여부를 포함하여, 그녀의 반역행위에 대한 단서를 찾으려고 헛되이 기억을 더듬었다. 그러나 그가 그러한 주장을 함으로써 주목을 받게 되는 것을 원치 않았다는 개인적 결론에 도달했다. 만약 그녀가 변명성 보고서를 작성했다면, 사람들은 “그녀가 카스트로에게 동정적”이라고 말했을 것이다.

미국 CIA 부장은 그녀를 우수한 정보 분석관으로 명명했다.[42] 그리고 쿠바 군부를 연구하도록 유급으로 1년간 안식휴가를 주었다. 브라이안 라텔(Brian Latell) 전 CIA 분석관은 “쿠바 공작관이 지도했을 것으로 보이는 그녀의 보고서는 쿠바 최고 지휘부의 관심은 미국 군부와의 관계에 있는 것으로 과장했다.”고 말했다.

하버드 라틴아메리카 정치학 교수인 호르헤 도밍게즈(Jorge Dominguez)는 쿠바군부 능력에 대한 강의시간에 몬테스를 만났다. “나는 그녀에게 감명을 받았다.”고 말한 후, “그녀는 박식하고, 영리하며, 분명하고, 정확했다. 우회적인 접근보다 사실에 집중했다. 능력의 아우라가 존재했다.”라고 회상했다.

DIA에 있는 몬테스 사무실 벽에는 손으로 쓴 인용구가 핀으로 꽂혀 있었다.[43]

왕은 그들이 계획한 모든 것을 알아냈다.
그들이 생각지도 못한 스파이활동(interception)을 통해

그것은 사적인 여성의 사사로운 농담이었다. 비록 셰익스피어는 헨리 5세를 언급했을지라도, 쿠플레(couplet, 二行聯句)는 몬테스가 자신의 왕, 피델 카스트로를 위해 자행한 스파이활동에도 아주 잘 들어맞았다. 그녀는 사무실 책상에서 혼자 점심식사를 하면서[44] 쿠바 관련 비밀문서를 한 페이지씩 암기했다. 밤에는 아파트에서 노트북컴퓨터로 암기내용을 타이핑했을 것이다. 그런 다음, 워싱턴 지역에 있는 중국식당에서 저녁식사를 하면서, 캐리비안 휴가 기간 중, 쿠바에 직접 여행을 가서 공식적으로 또는 은밀하게 공작관들에게 플로피 디스크를 건넸을 것이다.

몬테스는 미국 정부 내 400명 이상의 쿠바 감시인 이름과 약식 신상자료를 쿠바 정보기관에 제공했다고 시몬스(Simmons)는 말했다. "몬테스는 모든 미국 정보기관이 수집한 쿠바 관련 정보의 신뢰도에 의문을 제기함으로써, 쿠바인에 집중된 모든 정보수집 프로그램을 위태롭게 했다."[45]고 전 국가방첩관(NCIX)인 밴 클리브(Van Cleave)가 2012년 의회에서 증언했다. "그녀가 넘겼던 정보는 라틴아메리카 내 미국인과 친미 세력의 죽음과 부상에 한 몫을 했을 것이다."

"아나 몬테스를 그렇게 특별한 존재로 만든 것[46]은 아마도, 그녀가 미국의 가장 중심부에서 비밀접근 권한을 보유했을 뿐 아니라 실질적으로 많은 비밀, 즉 우리가 쿠바에 대해 알고 있는 것을 설명하는 극비문서를 생산했다는 점이다. 피델 카스트로 자신이 쿠바에 대한 우리의 정책과 입장을 명령한 것이나 다름없다."라고 카르마이클(Carmichael)은 썼다.

소련의 붕괴와 함께, 1990년대 초반 정세전망은 소련의 위성국 쿠바와 미국 간의 데탕트가 무르익은 것처럼 보였다. 많은 쿠바계미국인 교수들은 자신들의 출생지 섬과 연결되기를 열망했다. 그들은 쿠바연구소(ICS)와 쿠바민주위원회(CCD)같은 조직에 가입했다. CCD는 쿠바와 미국의 화해를 주장하는 컨퍼런스를 개최했다.

쿠바 정보기관은 이들 그룹이 진지하게 활동하는 단체인지, 아니면 CIA/FBI가 위장한 조직인지 궁금해 하는 한편, 구성원 중 누구를 포섭할 수 있을지 고민했다.

포드햄대학교의 사회학 교수이자 CCD 멤버인 올란도 로드리게스(Orlando Rodriguez)는 아바나 컨퍼런스에서 "쿠바계 미국인들은 미국과 쿠바 양쪽에 충성심을 가

지고 있다."고 발언했다. 이로 인해 그는 포섭 대상으로 점 찍혔다. 쿠바 산고급 여송연
을 선물로 가지고 온, 로드리게스가 보기에 정보요원으로 추측되는 한 남자는 "그 발언
은 우리에게 대단한 카타르시스였소."라고 말하면서 로드리게스에게 축하인사를 했다.

로드리게스가 미국으로 귀국한 후, 유엔으로 파견된 쿠바사절단의 한 외교관(스
파이로 추정되는)이 사무실을 방문했다. 그는 쿠바와 포드햄대학교에 대한 견해를 물었
다. 로드리게스는 그에게 대학 카탈로그와 다른 자료들을 보내주었다. "대화를 원하는
CCD의 회원으로서, 나는 그에게 말을 할 수 없었고, 당신과 어떤 관계도 맺고 싶지 않
다고 말했다."고 그는 나에게 말했다. 칸토어 피츠제랄드(Cantor Fitzgerald) 금융회사의
부사장 보좌관이었던 로드리게스의 아들이 2001년 9월 11일 사태로 희생된 후, 쿠바 사
절단의 한 직원이 포드햄대학교를 다시 방문하여 로드리게스를 위로하고 쿠바 행사를
논의했다.

로드리게스가 도와주지 않을 것으로 감지한 쿠바정보기관은 그와 대화하는 것 이
상으로 진전시키지 않았다. 그러나 로드리게스 모르게, 친구이고 학계 동료이며, CCD
와 ICS의 회원인 카를로스 알바레스(Carlos Alvarez)는 쿠바 공작원이었다.

쿠바에서 태어난 알바레스[47]는 반 카스트로 학생지하운동에 참여했다. 그리고 베네
수엘라로 도피했다. 그는 사제직을 공부했지만 미국에 가려고 신학대학을 떠났다. 그
리고 플로리다국제대학교(FIU)에서 박사학위를 받았고, 1974년 FIU의 교수가 되었다.
FIU에는 쿠바계 미국인 재학생이 17,000명[48]으로 미국대학 중 가장 많다. 갈등조정 전
문 심리학자인 알바레스는 자신의 전문성을 조국과 미국 간의 관계개선에 적용하려고
했다.

고전적 방식으로, 쿠바정보기관은 그를 포섭하는데 동료학자를 이용했다. 뉴욕의
ICS 미팅에서, 알바레스는 어떤 쿠바외교관과 대화를 나누었다. 그는 실제로 정보요원
이었다. 알바레스가 대화를 추진하기위해 쿠바를 방문하고 싶다고 말하자, 그 외교관은
아바나대학 초청을 주선할 수 있는 쿠바 심리학자[49]에게 그를 추천 했다. 그 심리학자는
남플로리다에 있는 쿠바계미국인 공동체와 관련된 논문을 준비하고 있었다. 그녀는 자
신의 논문에 통찰력을 주었다고 알바레스에게 감사를 표할 예정이었다. 그는 그녀와 다
음날 점심을 함께 했다. 그녀의 남편은 뉴욕에 있는 UN 쿠바 외교단에 파견 나와 있었
다. 그는 거기서 공작관을 접촉했다(아이러니컬하게도,[50] 알바레스를 포섭한 심리상담자는
2013년 쿠바정권에 대항하는 스파이활동 혐의로 남편과 함께 쿠바에서 기소되었고, 남편 징역형

의 절반인 15년형을 선고받았다).

법원서류에 의하면, 알바레스는 "개인 접촉,"[51] 수용성 종이 메시지, 암호화된 호출기 메시지, 단파라디오를 통한 암호 전기통신 등을 통해 쿠바로부터 지령을 수신했다. 몬테스와 달리, 그는 비밀문서와 연방 고위관리에 대한 접근성이 부족했다. 그는 쿠바 정보기관에 자신의 제자 중 하나인 FBI 분석관의 전화번호, 친한 친구인 FIU 총장인 모데스토 마이디케(Modesto Maidique)의 세평 등 다양한 자료를 제공했다. 법원서류에서 알바레스가 마이디케의 재정 상태와 사적 벤처기업에 대한 "민감한 정보"[52]를 포함한 보고서를 쿠바 정보기관에 제공했다고 검사들이 말했지만, 마이디케는 "그가 내 재정 상태를 전혀 모르고 있었다."고 나에게 말했다.

마이디케는 알바레스가 쿠바 정보기관에 자기 이야기를 한 것은 악의가 없었고, 그들은 친구로 남아 있다고 말했다. "그가 쿠바에 제공한 나에 대한 모든 정보는 내가 자랑스러운 인물이고 이기적이라는 것이다. 그것은 틀린 말이 아니다."라고 인정한 후, "나는 역사상 최초 쿠바계미국인 대학총장이다. 알바레스는 내 인생에서 만난 가장 좋은 사람 중의 한 명이다."라고 마이디케는 말했다. 로드리게스는 "알바레스는 마음씨가 착하고 순수하다. 창녀가 그를 아바나 거리에서 유혹을 했을 때 그는 오히려 충고를 하려고 했다."고 나에게 말했다.

나중에 "이상주의와 순진성의 과다 복용"[53]이라고 불렀던 것을 두고, 알바레스는 쿠바 정보기관을 조종할 수 있을 것으로 판단했다. 그는 최소한으로 협력할 경우 쿠바로 여행을 갈 수 있고, 프로그램과 워크숍을 운영할 수 있고, 이로써 비공식적으로 쿠바와 쿠바계미국인 간의 비공식 대화를 주선할 수 있으며, 카스트로 정권에 대한 자유화 운동을 후원할 수 있을 것으로 생각했다. "80년대 중반,[54] 나는 이미 정보기관을 쿠바의 잠재적 사회변혁의 주도자로 확인했다. 나의 분석과 남플로리다에 있는 쿠바계미국인 공동체에 대한 무해한 정보를 그들에게 제공하는 대신, 나는 쿠바의 정책결정자들에게 접근할 수 있기를 기대했다. 그래서 비공식적 대화 채널 구축의 중요성을 확신시키고자 했다. 나는 그 상황을 통제할 수 있을 것이라 믿었다."고 그는 썼다. 그는 FBI를 인식하지 않았다. 두 명의 방첩관이 그를 4년간 감시했다, 2005년 식료품점 밖에서 만났다. 그들은 그의 인생에서 가장 중요한 날이라고 말하면서, 호텔 룸으로 함께 가자고 그를 설득했다. 그리고 3일간 심문을 했고, 협조만 잘 해준다면 고발되지 않을 수 있다고 그에게 확신을 주었다.

알바레스는 고백했다. 그러나 방첩관들은 더 많은 것을 기대했다. "당신이 쿠바 정부를 도운 만큼, 우리는 당신이 지금 미국을 도와줄 것을 원한다."[55]며 "알아들었어요?"라고 FBI 방첩관 로자 슈렉(Rosa Schreck)이 그에게 말했다.

중국을 대상으로 스파이활동을 해 달라는 FBI 방첩관 다이앤 머큐리오(Dianne Mercurio)의 요구를 교묘하게 처리한 남플로리다대학교의 펑따진(Peng Dajin) 교수와 다르게, 알바레스는 "나는 뭔가 특별한 것을 원한다. 내 삶의 평화를 원한다."고 무뚝뚝하게 거절했다. 그는 등록되지 않은 쿠바 공작원으로서 음모를 꾸민 혐의를 인정했고, 5년형을 선고받았다.

알바레스가 미국의 국가안보에 타격을 주지는 않았지만, 그의 폭로는 학계의 신뢰도에 먹칠을 했다. 그 사건으로 인해 플로리다주는 공금으로 교육 목적의 쿠바여행을 금지했고, 미국 내 쿠바망명자들과 플로리다국제대학교(FIU) 간의 관계는 악화되었다.

"그 사건은 FIU에 근무하는 우리 모두에게 영향을 미쳤다."면서 "쿠바계미국인 공동체는 대학이 믿을 수 없는 공산주의자들로 가득 찼다는 의심을 크게 했다. 교민사회에서는 '그것 봐! 내가 말한 대로지'라는 말이 떠돌았다."며 쿠바연구소(CRI)의 부소장인 세바스티안 아르코스(Sebastian Arcos)는 나에게 말했다.

그 사건은 명문 하버드대학교에도 파문을 일으켰다. 알바레스는 더 높은 교육과 스파이활동 사이에 통상적인 전술을 사용했다. 그는 '하버드 국제 갈등 분석 및 해결 프로그램(PICAR)'의 창립 이사인 허버트 켈만(Herbert Kelman) 교수를 미국과 스페인에서 개최된 컨퍼런스에서 접촉하며 관계를 구축했다. 켈만은 "그가내 연구물을 읽었던 것이 확실하다. 그는 원칙과 개념에 익숙했고, 그것을 쿠바에 적용하고자 했다."라고 기억을 더듬었다.

알바레스의 아첨활동은 효과를 발휘했다. 그는 1997년 켈만 프로그램의 제휴사가 되었고 켈만은 FIU에서 강의했다. 1998년에는, 남성 회원들과 '하버드 프로그램'의 부관리자인 도나 힉스(Donna Hicks)는 젊은 쿠바인과 쿠바계미국인의 참석을 허가해 달라고 하바나의 쿠바당국에 로비를 했다.[56] 또한 2003년 하버드를 포함하여, 워크숍을 여러 차례 개최했다.

켈만 교수는 알바레스를 변호했다. 켈만은 "어쨌든 그가 쿠바의 정치적 시스템을 매력적이라고 생각하지 않았다고 나는 절대적으로 확신한다. 그는 조국에 애착을 갖고 있었다. 그리고 젊은 쿠바계미국인들이 조국을 미워하고 피하면서 성장하는 것에 대해 신경을 썼다."고 내게 말했다.

라틴아메리카 정치학자인 호르게 도밍게스(Jorge Dominguez)는 다르게 반응했다. 그는 1995~2006년간 하버드의 웨더헤드국제문제연구센터(WCFIA) 대표였다. 켈만 프로그램은 WCFIA에 속했다. 그는 1990~94년간 쿠바연구소(CRI) 소장으로 지내면서 알바레스와 친밀한 관계를 유지했다. 도밍게스는 쿠바인과 쿠바계미국인들 간의 대화를 촉진하는 '켈만-알바레즈 계획'을 후원했다.

"그가 체포되었을 때, 나는 믿고 싶지 않았다."고 도밍게스는 나에게 말했다. "이 사람은 내 친구이고, 나는 그를 알고 있었다고 생각했다. 부시행정부나 FBI가 지나치게 열성적이었다."면서, "알바레스가 쿠바정보기관을 위해 일했다는 것이 명백해졌을 때, 처음에는 미심쩍었던 점을 선의로 해석하려고 최대한 노력했지만, 나중에는 개인적으로 배신당했다는 기분이 들었다. 그는 나 같은 사람을 그냥 염탐한 것이 아니고, 나를 염탐한 것이다."고 부언했다.

"하버드의 워크숍구상은 쿠바정보기관의 관심사가 되었을 것이다."면서 "가장 극단적인 시나리오는 알바레스가 쿠바계미국인 공동체에 침투하는 수단으로 워크숍 구상을 쿠바 정부에 팔아먹는 것이었다. 내가 아는 한, 워크숍에 참석한 쿠바인 일부는 정보요원일 수 있었고, 그것이 바로 그들이 선정된 이유였다. 회고해 보건대, 끔찍한 일이다."라고 도밍게스는 덧붙였다.

플로리다주 의무총감(the state's surgeon general)의 고발 이후, 알바레스는 2008년 플로리다에서 심리 상담을 할 수 있는 자격증을 포기했다. 그가 소속되었던 미국심리학협회는 그의 사건을 검토했으나 어떤 징벌조치도 취하지 않았다.[57]

FIU 마이디케 총장처럼, 로드리게스는 알바레스와 친하게 지내고 있다. 그의 친구가 그를 밀고한 사실에 개의치 않았다. "그가 석방된 후 우리는 마이애미에서 함께 지낸다."고 로드리게스는 나에게 말했다. "네가 나에 대해 말했던 것을 신경 쓰지 않는다. 그것은 중요한 것이 아니다. 순수함이라는 맥락에서, 쿠바인과 게임을 하면서, 네가 유연하지 않음에도 유연한 것처럼 믿게 만들었던 것을 받아들인다."

로드리게스에 의하면, 알바레스는 쿠바 정보기관이 자신을 FBI에 팔아먹었다고 믿는다. 카스트로 정권의 사회 자유화 거부에 대한 그의 비난, 쿠바정보기관이 쿠바계미국인 공동체에 어떻게 침투했는지에 대한 사례가 공개되어 그의 가치는 소모품으로 전락했다. 그는 이제 퇴직하여 신학 책을 읽고, 쿠바인과 쿠바계미국인 간의 화해가 아닌,

'화해'자체에 관심을 갖고 있다. "그는 더 이상 쿠바와 관련된 일을 원하지 않는다. 그가 바보였다고 느끼리라 생각한다."고 로드리게스가 말했다.

비올레타 차모로(Violeta Chamorro)가 1990년 대통령 선거에서 쿠바가 지원한 산디니스타(Sandinista)(니카라과 민족해방전선의 일원 – 역자 주)의 의장이며 재선에 도전한 다니엘 오르테가(Daniel Ortega)를 물리친 후, 국방정보국(DIA)은 몬테스를 그곳에 파견했다. 그녀는 차모로 신임대통령에게 쿠바에서 훈련된 니카라과 군대에 대해 브리핑했다.[58] 아마, 동맹자가 패배한데 따른 아픔 이후, 피델 카스트로는 공작원이 승자에게 조언하고 있다는 사실에 약간의 위안을 삼았을 것이다.

차모로가 알게 된 니카라과의 다른 미국 공무원도 역시 쿠바 스파이였다. 산디니스타 정당이 패배함에 따라, 미국국제개발기구(USAID)는 니카라과로 돌아왔다. 이 기구의 지역자문관은 다름 아닌 마르타 벨라스케스였다. 그녀는 1989년 교통부를 떠나 USAID로 갔다. 그리고 몬테스처럼, 라틴아메리카에서 미국의 활동 및 인원에 대한 정보를 쿠바에 제공하려고 입지를 구축해 왔다. 극도의 빈곤을 퇴치하고 민주주의를 증진하기 위해 노력하는 USAID는 차모로와 함께 무역과 교육문제를 위해 열심히 일했다. 차모로는 벨라스케스를 다정하게 "나의 귀여운 푸에르토리코인"이라고 불렀다.

벨라스케스는 USAID 니카라과 지부에서 미 의회 공화당이 면밀하게 조사했던 무상원조나 계약서를 검토하면서 장기간 근무했다. 그들은 7억 달러 이상의[59] 개발기금을 보유한 니카라과 지부가 산디니스타 지도자들과 연계된 조직에 지원을 하고 있다고 비난하면서, 그런 계약을 무효화하도록 지시했다. 미 상하원 외교관계위원회의 전직직원인 다니엘 피스크(Daniel Fisk)는 "우리는 니카라과의 USAID 사절단과 싸우고 있었다."며 "그것은 산디니스타의 전초부대였다."고 회상했다.

니카라과 수도인 마나과(Managua)의 일상생활은 무질서했다. "주택은 열악했다. 산디니스타가 나라를 황폐시켰기 때문이다."고 USAID 전직직원이 말했다. "벨라스케스의 집은 1년 동안 수돗물이 나오지 않았다. 현금은 너무 불안정해서 근로자들이 월급을 주말에 다 써버렸다. 월요일에는 가치가 없어질 것이라는 것을 알고 있었기 때문이었다. 첫 2년 동안 우리는 경제를 안정화시키는데 주력했다."

벨라스케스는 다른 해외주재원과 어울리기를 좋아했다. 그녀는 저녁 파티를 위해 구운 바나나를 가져와 푸에르토리코 스타일로 으깼다. 그리고 미 해병대가 금요일마다 개최하는 댄스에 거의 빠지지 않았다. "그녀는 매우 외향적이었고, 푸에르토리코인의 불꽃을 갖고 있었고, 유머감각도 풍부했다. 언젠가 대사관 행사에 가는데, 그녀가 '큰 결례를 범할 뻔했다. 빨갛고 검은 드레스를 입으려 했는데, 그 색깔이 산디니스타의 색이라는 것을 그제야 알았다'고 말했다."고 한 동료가 말했다.

미국 대사관은 니카라과 사람들과 친하게 지내는 것을 막았다. 대신 벨라스케스는 안데르스 크빌(Anders Kviele)이라는 스웨덴 외교관과 데이트를 시작했다. 그들의 정치적 견해는 양립할 수(compatible) 있었다. 왜냐하면 스웨덴은 카스트로 정권에 대해 동정적이었기 때문이다. 1975년, 베트남 전쟁을 가혹하게 비난했던 스웨덴의 올로프 팔메(Olof Palme) 총리가 쿠바혁명 이후 서유럽 지도자로서 첫 번째 쿠바를 방문했다. 그리고 카스트로를 '자유세력'[60]이라고 칭송했다.

벨라스케스와 크빌은 1996년 3월 푸에르토리코의 '두 번째 연합교회'에서 결혼했다.[61] 바다전경이 보이는 산후안의 카리브 힐튼호텔에서 개최된 결혼리셉션에는 약 200여 명의 손님들이 참석했다. 부친의 동료인 로베르토 아폰테 토로(Roberto Aponte Toro)가 참석했다. "그 결혼식은 화려하지는 않았지만 멋있었다. 스웨덴에서 가족들이 왔고, 나머지 분들은 산후안에서 왔다."고 토로가 나에게 말했다.

벨라스케스는 푸에르토리코에서 아폰테 토로의 수업 중 하나에 초청강연을 했다. 토로는 그녀가 부친과 함께 법대 교수진에 합류할 것을 권장했다. 그러나 그녀는 거부했다. 아마도 그녀는USAID에서 전도양양했기 때문이었다. 1994년 니카라과를 떠난 후, 워싱턴에서 2명의 변호사와 해외에서 7명 이상의 변호사를 감독하면서, 중동 및 아시아를 담당하는 최고법률분야책임자(CLO)가 되었다. 그녀는 중동 평화프로세스 및 아시아의 핵확산 금지와 관련된 사건에서 법적 조언을 했다. 1998~2000년 사이에 그녀는 스웨덴에서 남편과 함께 휴가를 보냈다. 그럼에도 모스크바에 있는 USAID 사절단의 상임 법률고문을 대리하기도 했다. 2000년 라틴아메리카로 돌아와 이번에는 과테말라로 갔다. 그녀는 무역과 경제개발 문제를 다루는 9명의 팀원을 이끌면서, 무역과 경제 분석을 담당하는 지부장으로 활동했다.

그녀의 기소장에는 USAID 근무기간 중 쿠바 정보기관과의 수차례 접선을 명시하고 있다. 1996년 쿠바정보기관은 그녀에게 암호 소프트웨어를 제공했고, 1994년과 1997년에 미국 스파이들의 신원을 폭로했다. 벨라스케스는 아들 잉그마르를 1997년 1월 출산했고, 쿠바 정보기관은 그 즐거운 뉴스를 몬테스에게 전달했다.

잉그마르는 북유럽 게르만계인 아빠의 외모를 이어받았다. "벨라스케스가 아들을 유모차에 태우고 다닐 때, 사람들은 그녀를 유모라고 생각했다. 그녀는 그것을 매우 재미있게 생각했다.”고 전 USAID 동료는 나에게 말했다.

1999년 8월 벨라스케스는 딸 잉그리드를 낳았다. 그녀는 두 아이의 이름을 완벽한 스웨덴식으로 지어주었다. 아마 그녀는 자신이 스파이로 발각될 경우 아이들이 주변의 주목을 받지 않고, 논란으로부터 보호받을 수 있기를 희망했을 수 있다.

소련의 붕괴는 미국대학에서 러시아의 스파이활동을 종식시키지 못했다. KGB 관료 출신인 블라디미르 푸틴(Vladimir Putin)이 2000년 최초 대통령이 된 이래, 쿠바가 스파이 초점을 학계에 맞추도록 가르친 러시아는 미국에서 특히 학계의 스파이활동을 강화했다. 그리고 과거 위성국과 정보를 공유하는 것으로 생각된다.

“미국에서 러시아 정보기관의 존재는 현재 냉전시대와 같거나 그 이상이다.”라고 밴 클리브(Van Cleave)는 2012년 증언에서 말했다. “모스크바와 쿠바의 정보협력 관계가 흥하다가 기울고 있지만, 그러한 협력이 완전히 없어지지 않은 것으로 추정하는 것이 신중한 태도이다.”

2000년 이래, 1년에 약 5,000명의 러시아 학생들이 미국 대학에 다니고 있다. 그 숫자는 러시아가 대학들을 포함하여 미국 내에 심어놓은 외교적 보호막이 없는 스파이들, 소위 흑색공작원(illegals)을 포함하지 않고 있다. 미국의 인기 있는 TV 쇼 FX드라마 시리즈 〈미국인들〉에서 교외의 여행사 직원으로 가장한 2명의 KGB 요원처럼, 흑색공작원들은 가짜 이름과 국적으로 위장한다. 러시아 대사관과 영사관의 외교관으로 신분을 가장하여 잘 속아 넘어가는 학생과 교수를 포섭하려고 캠퍼스를 어슬렁거리는 전통적 공작관들과 비교하여, 흑색공작원들은 2가지 장점을 누린다. 첫째, 그들은 지하조직이므로 FBI의 감시를 덜 받는다. 둘째, 만약 미국이 러시아와 관계를 단절하고 대사관 직원을 추방할지라도, 신분이 탄로 나지 않는 한 그들은 미국에 체류할 수 있다.

흑색공작원들에 대한 러시아 정보기관의 의존도는 전설적인 인내심을 설명한다.흑색공작원들은 성공할 때까지, 또는 현지인처럼 살아갈 때까지, 조국에 충성심을 발휘할 때까지, 수년 또는 수십 년이 걸린다. “그들은 ‘잠복기간이 길고’ 즉각적인 결과를 제공할 어떤 의무도 부과하지 않는 것이 러시아 정보공작의 오래된 특징이었다.”[62]고 정보 역사학자인 니겔 웨스트(Nigel West)가 말했다. “그들은 지금의 소액 투자가 점차 커지고 나중에 배당금을 가져다준다는 견해를 갖고 있다. 중국의 국가안전부(MSS)도 똑같이 ‘산탄총’과 같은 접근법이라고 알려진 전략을 때때로 채택해 왔다. 그에 반해, 서방

정보기관들은 저격수처럼, 검증을 거친 접근방법으로 타깃에 집중하는 경향이 있고, 결과를 즉각 제공하기 위해 압력을 받는다."

　10년간의 장기조사 끝에, FBI는 2010년 러시아 흑색공작원 10명을 체포했다. 소위 섹시한 스파이로 불린 안나 채프먼(Anna Chapman)에 대한 미디어의 분노 속에서, 크게 간과된 사실은 러시아가 나머지 9명의 스파이들 중 7명을 하버드, 컬럼비아, 더 뉴 스쿨, 그리고 워싱턴대학과 같은 미국대학에 심어 놓았다는 것이다. 세톤홀(Seton Hall)대학에서 석사학위를 받은 미하일 세멘코(Mikhail Semenko)라는 공작원은 중국표준어를 구사했고 중국 하얼빈공업대학(HIT)에서 공부했다.[63] 아마도 러시아와 중국 정보기관의 협력의 신호로 보인다.

　신시아 머피(Cynthia Murphy)는 맨해튼의 회계와 조세 서비스회사에서 일했다. 그녀는 2000년 뉴욕대(NYU) 스턴 경영대학에서 학사학위를 받았다.[64] 2010년 컬럼비아 경영대학원에서 석사학위를 받았다. 그녀의 실명은 리디아 구리예바(Lydia Guryeva)였다. 러시아 정보기관으로부터 부여받은 그녀의 임무는 컬럼비아대학의 과제와는 완전히 다른 것이었다. 모스크바에서는 "일자리를 구하는데 도움이 되며 비밀정보에 접근할 수 있는(또는 이미 접근한) 교수를 포함하여 매일 급우들과 친분을 강화하고,[65] 정보기관에게 포섭될 가능성(취약점)에 대한 사전 판단과 함께 자세한 개인 정보와 성격상 특징을 보고하라."고 파견(marching) 지령을 내렸다.

　구리예바는 CIA에 취업을 신청했거나 이미 취업해 있는 급우들의 정보를 수집하도록 지령을 받았다. 그녀는 무선 전보와 전자 메시지를 특별한 소프트웨어에 은닉하여, 컬럼비아대학의 포섭 가능한 인물 이름을 모스크바 센터로 보냈다. 그 센터는 '적합성(clean)'을[66] 검증하기 위해 다른 외국정보기관의 공작원 데이터베이스에서 그들을 체크했다. 그녀는 글로벌 금시장(global gold market) 전망에 대한 '매우 유용한'[67]정보를 수집했고, 그녀의 공작관은 재정경제개발 관련 장관들에게 그 정보를 보냈다. 그녀는 또한 금융가로서 2008년 힐러리 클린턴(Hillary Clinton)의 대선운동에서 기금 모금자로 활약한 앨런 패트리코프(Alan Patricof)와 친분을 쌓았다.[68] 패트리코프는 정치나 세계문제가 아닌 단지 개인계좌 문제로 구리예바를 직접 접촉했거나 전화로 대화를 나누었다고 말했다.

　구리예바는 스파이였던 남편과 함께 2009년 뉴저지 몽클레어(Montclair)의 수국이 길가에 피어있는 식민지 풍 주택 구입 허가를 모스크바에 요청했다. 러시아 해외정보부의 수장은 개인적으로 그 요청을 거부했다. 그 대신, 모스크바 센터는 그들의 이름으로 주택을 소유하고 싶어 했다.

"당신들은 장기근무를 위해 미국에 파견되었다.[69] 교육, 은행계좌, 승용차, 주택 등 모든 것은 미국의 정책입안 집단과의 유대를 발굴하고 형성하라는 하나의 목표를 위해 제공된다."고 모스크바 센터는 구리예바 부부에게 말했다.

흑색공작원 미하일 바센코프(Mikhail Vasenkov)는 후안 라자로(Juan Lazaro)라는 가명으로 2008~09년간 바루크(Baruch)대학에서 라틴아메리카 과목을 가르쳤다. 그는 미국 외교정책을 너무 심하게 비판해서[70] 학기말에 해고되었다.

흑색공작원들은 분명히 미국인들이 변절하도록 만들지 못했다. 미국에 대한 푸틴의 도전은 카스트로가 했던 것처럼 미국 학계의 상상력을 사로잡지 못했다. 국가자본주의라는 푸틴의 브랜드는 공산주의가 케임브리지대학 5인방에게 오래전에 보여주었던 매력이 부족했다. "러시아인들이 사상적 메시지를 갖고 있기 때문에, 누구도 그들을 위해 스파이활동을 하지 않는다."라고 뉴욕대학의 러시아 전문가이자 세계문제 교수인 마크 갈레오티(Mark Galeotti)는 말한다.

흑색공작원들은 미국 내에서 러시아연방의 불법공작원으로 활동하며 음모를 꾸민 죄를 인정했고, 상호교환을 통해 러시아로 되돌아갔다. 러시아로 전화를 걸어 구리예바와 연락을 했지만, 그녀는 잘못된 번호라고 시치미를 떼고 전화를 끊었다.[71] 그녀는 경제개발을 지원하는 브네쉐코놈(Vneshekonom) 국가협력은행에 근무했다.

3년 전 FBI는 흑색공작망을 급습했다. FBI는 이고르 스포리쉐프(Igor Sporyshev)와 빅토르 포보드니(Victor Pobodnyy)등 외교관 신분으로 위장한 2명의 러시아 스파이가 뉴욕대학과 유대관계가 있는 몇몇 젊은 여성을 포섭하려고 논의한 내용을 녹취했다. 경제스파이 활동이 전문인 두 사람은 미국의 대체에너지 구상과 러시아 제재에 대한 정보를 수집할 예정이었다.

스포리쉐프는 "한 여성으로부터 어떤 거부감도 없이 긍정적인 반응을 끌어낸 반면,"[72] 다른 여성은 그다지 호의적이지 않게 반응했다고 2013년 4월 포보드니에게 말했다. "나는 그런 여성들에 대한 많은 아이디어를 갖고 있지만 그들과의 친교가 쉽지 않았기 때문에 기회가 많지 않았다. 친해지려면 성적 관계를 갖던지, 그들이 나의 요구를 실행하도록 다른 지렛대를 사용할 필요가 있다. 그래서 여자들과 이야기할 때, 내 경험상 뭔가 실행 가능한 어떤 것이 성과로 이어지는 경우가 매우 드물다."

같은 해 포보드니는 카터 페이지(Carter Page)로부터 에너지 사업에 대한 정보와 문서를 받았다. 나중에 트럼프 선거운동의 외교정책 고문이 된 페이지의 통신에 대하여, FBI는 선거운동 본부와 러시아 간의 연관성에 대한 조사 일환으로 모니터링 했다. 스파이들이 전망 있는 컨퍼런스를 어떻게 조사하는지에 대한 고전적 사례로서, 포보드니는 외교관이라는 그의 신분을 이용하여, 뉴욕의 에너지 심포지엄에서 페이지를 처음으로 만났다.

아나 몬테스는 2001년 명망 있는 국가정보위원회 특별연구원으로 랭글리(Langley: CIA 본부가 있는 지명)에서 지낼 수 있기를 기대했다.[73] 그것은 그녀가 더 많은 비밀서류를 손에 넣을 수 있기 때문이었다. 그러나 어떤 사유로 임명이 연기되었다.

DIA 방첩 분석관들이 몬테스의 충성심을 의심할 뿐 아니라, 라틴아메리카에서 수행되는 미국의 군사 및 정보 공작을 쿠바가 뛰어나게 예측함에 따라, DIA-FBI는 내부 첩자(mole) 색출에 박차를 가하게 되었다. 쿠바 정보기관 고위관료로부터 나온 정보도 몬테스를 암시했다.[74] 9·11사태 발생 10일 후, 그녀가 쿠바 공작관에게 미국의 아프가니스탄 침공계획을 보냈을 거라는 우려 속에 그녀는 체포되었다.

미국 당국은 당초 몬테스의 반역죄에 사형선고를 검토했다. 그러나 "법무부가 증거 문턱을 너무 높게 제기하여 이를 충족시킬 수 없었다."[75]고 시몬즈는 말했다. 종신형 가능성에 직면하자, 몬테스는 워싱턴 D.C.의 연방법원에서 25년으로 감형되는 조건하에 유죄를 인정하고 FBI에 협조할 것을 동의했다. 선고 당시, 그녀는 흑백으로 된 죄수복을 입고 후회하지 않는 진술서[76]를 읽었다. "존경하는 판사님. 저는 법보다 양심에 복종했기 때문에 (스파이)활동에 관여했고 이 법정에 서게 되었습니다."라고 그녀는 말했다. "나는 쿠바에 대한 우리 정부의 정책이 잔인하고 불공정하며, 심하게 비우호적이고, 우리의 가치관과 정치적 시스템을 강요하려는 노력들로부터 그 나라가 방어할 수 있도록 돕는 것이 도덕적 의무라고 생각했습니다. 저는 심한 불의에 대항할 권리가 무엇인지 생각했습니다. 제 가장 큰 소원은 미국과 쿠바 간 우호적 관계가 수립되는 것을 보는 것입니다. 저는 제 사건이 어떻게 해서든 우리 정부가 쿠바에 대한 적대행위를 포기하고 인내, 상호존중, 그리고 이해의 정신으로 아바나와 함께 일해 나가는데 도움이 되기를 희망합니다."

글레이헤세스는 옛 제자의 진술을 '존엄하고 매우 인상적'이었다고 칭송했다. 몬테스의 모친은 가슴이 찢어지는 고통을 느꼈다. "나는 사건들을 더 이상 못 믿겠어요. 그 아이는 인생에서의 가장 좋은 시간들을 낭비했어요."

　FBI는 아직도 몬테스에 대해 호기심을 느낀다. 2013년경 두 방첩관이 SAIS에서 한 시간 동안 글레이헤세스를 인터뷰했다. 그는 몬테스가 어떻게 쿠바 군부의 내부 정보를 찾는 것처럼 가장하면서 실제로 카스트로가 그를 신뢰할 수 있는 인물인지 테스트한 부분에 대해 말했다. 방첩관들은 왜 몬테스에 관심이 있는지 설명하지 않았다. 그 당시 그녀는 형량의 절반을 복역했다. "그들은 그녀의 사건에 대해 무언가를 재검토하고 있다고 말했다."라고 글레이헤세스는 말했다.

　몬테스의 체포 소식에 귀족적이고, 카스트로를 숭배하는 국제관계대학원(SAIS) 강사이며, 국무부 분석관인 마이어스(Kendall Myers)는 깜짝 놀랐다. 그와 그웬돌린(Gwendolyn)은 좀 더 주의를 하기 시작했고, 그들의 쿠바 공작관[77]을 해외에서 접촉했다. 2009년 4월 마이어스는 72회 생일에 쿠바정보기관 관리라고 주장한 FBI 요원을 SAIS 빌딩 앞에서 만났다. 그는 교수에게 다가가 쿠바산 시가를 주면서 아바나에 있는 그들 상부선의 안부를 전했다. 뜻밖의 만남은 호텔 라운지에서 몇 번의 미팅에 박차를 가했다. 표면상으로는 교수의 정치적 통찰력을 요청하는 것이고, 거기서 마이어스와 그의 부인은 속아서 스파이활동을 고백하게 되었다.

　"나는 아나 몬테스에게 큰 존경심을 갖고 있다.[78] 그녀는 영웅이다. 그러나 위험한 일을 너무 많이 했다."라고 마이어스는 방첩관에게 말했다. "나와 몬테스는 일부 동일한 정보를 쿠바 정보기관에 제공했다. 복사본이었다. 몬테스가 준 자료를 읽었기 때문에"라고 그는 부언했다.

　2009년 6월 마이어스가 체포된 이후, 카스트로는 "그들은 이 세상에서 모든 존경을 받을 자격이 있다."[79]고 말했다. 그 대신, 2010년 7월 마이어스는 종신형을 받았다. 그웬돌린은 81개월, 거의 7년형을 받았다. "우리의 가장 중요한 목표는 쿠바 사람들이 혁명을 방어하도록 돕는 것이었다."[80]라고 마이어스는 법정에서 말했다.

　몬테스와 마이어스는 감옥에 있는데, 쿠바를 위해 스파이활동을 한 국제관계대학원(SAIS) 3인방 중 유일하게 한 명, 벨라스케스는 여전히 도피 중이었다.

　알츠하이머에 걸린 돈 미겔은 2006년 12월 사망했다. 그는 고향 모카에 묻혔다. 장례식의 조문객들은 그의 딸을 찾았지만 허사였다. 그녀의 가족들과 모친은 그녀가 미국 땅을 밟을 경우 체포되리란 것을 알았고, 그들은 배반하지 않았다.

　"가족들은 그녀를 찾을 수 없다고 말했다."고 토로(Toro)는 회상했다. "특이한 상황이었다. 아무도 그 이유를 몰랐다. 나는 가족 사이에 약간의 불화가 존재한다고 생각했으나, 그게 아니었다."고 당시 장례식 분위기를 덧붙였다.

다른 법대 동료들에 의하면, 돈 미겔은 딸의 곤경을 알고 있었다. "그가 딸을 보려면 미국을 떠나야만 했다. 그녀가 미국에 입국할 수 없기 때문에"라고 루이스 아르게예스(Luis M. Argüelles) 교수가 말했다.

그의 죽음으로 마르타는 아버지 뿐 아니라 멘토를 잃었다. 아버지는 그녀의 사고방식을 형성하는데 도움을 주었고 희생을 이해해 주었다. "그는 딸을 자랑스럽게 생각했을 수 있지만, 아마도 아주 공개적으로 얘기하지 못했을 것이다."고 헤이-마에스터가 말했다.

벨라스케스의 가장 큰 스파이 성공, 즉 몬테스를 포섭한 것은 그녀를 몰락으로 이끈 원인이 되었다. 몬테스는 심문을 받는 동안, 벨라스케스를 쿠바 공작원으로 규명했다. 그런데 미국은 그녀를 체포하지 않았다. 한때 친구였고 급우였던 몬테스의 스파이 행각이 언론에 보도되자, 벨라스케스는 미국국제개발기구(USAID)를 사직하고 과테말라에서 스톡홀름으로 도망쳤다. 스웨덴은 '정치범(political offenses)'의 본국 송환을 거절한다.[81] 스웨덴 판례는 간첩행위를 그 범주에 포함한다. 남편의 도움으로 벨라스케스는 2003년 2월 스웨덴 시민이 되었다.[82] 미국 시민권도 동시에 갖고 있다.

"FBI가 실수를 했다."고 시몬스는 말했다. "그들은 몬테스를 먼저 체포했고, 몬테스는 FBI에 벨라스케스를 넘겼다. FBI는 몬테스와 3~4주간 대화를 나눈 후, 3개월간 심문을 했다. FBI는 벨라스케스가 국무부에 근무할 때, 공작원을 3개월 동안 물색했다는 사실을 알았다. 그들은 언제든지 벨라스케스를 체포할 수 있었다. 그때 그녀는 스톡홀름으로 도망쳤다."

2004년 간첩활동 공모에 대한 기소장은 벨라스케스에게 알려지는 것을 피하기 위해 비밀에 부쳐졌다. 그녀는 미국정부의 힘이 미치지 않는 곳에 머물고 있었다. "그녀는 '몬테스가 FBI조사에 협조하고 몬테스 포섭에 자신이 협조한 사실'이 폭로될 것을 틀림없이 알고 있었다."[83]고 법무부는 2011년 법원기록에서 말했다.

벨라스케스는 외교관 부인에게 부여된 특권을 누리며 스웨덴 여권으로 여행을 했다. 그녀는 2004년 비엔나의 국제원자력기구(IAEA) 회의참석[84] 및 리스본 파견[85] 등 남편의 유럽지역 업무수행 시 동행했다. 스웨덴처럼, 오스트리아와 포르투갈도 미국과 맺은 '범죄인 인도조약'에 따라 인도 대상에서 '정치범'을 배제한다.[86]

미국으로 귀환하여 법정에 서는 것이 싫었던 벨라스케스는 어느 순간 비밀스러운 과거사가 공공연한 스캔들로 터질 수 있었다. 그녀는 그러한 부담에서 벗어나 조용히 지낼 수 있는 여러 가지 핑계거리가 있었지만, 전업주부로 살기에는 너무 열정적이고 무모했다. 그래서 사회개선 사업에 뛰어들어 교육자로서 제2의 인생을 시작했다. 그녀는 2005~06년 비엔나의 성인을 위한 직업교육기관에서 영어를 가르쳤다.[87] 그리고 포르투갈의 국제학교에서 스페인어로 학생들을 가르쳤다. 또한 BP(영국 국영석유회사)/글로벌 얼라이언스의 기술자들과 주식시장을 감독하는 위원회의 임원들에게 기업영어를 가르쳤다. 놀랍게도 그녀는 미국의 가까운 우방인 영국에서도 일했다. 2009년 국제문화단체인 영국문화원(BC)에서 영어를 가르쳤다. 더 이상 방문할 수 없는 미국의 옛날 친구들을 대신할 새로운 친구들을 찾아서, 사교그룹인 '포르투갈 국제부인회(IWP)'에도 가입했다.

인내가 한계에 도달한 미국 법무부는 기소내용을 공개하겠다고 경고하면서 협상을 제의했다. 분명하게 벨라스케스는 반대했다. 왜냐하면 그동안 미국정부가 그녀의 동창생들과 USAID 동료들에게 충격을 주면서 온갖 위협을 다했기 때문이었다.

"임무를 마치고 귀환한 우리 그룹이 얼마나 자주 만났고, 쿠바를 위한 마르타의 스파이활동을 얘기했다고 말하고 싶지 않다. 그리고 우리 누구도 단서가 없었다."고 누군가 나에게 말했다. 미국 친구들은 그녀를 접촉할 수가 없었다. 그녀의 기소내용이 발표되고 6일이 지난 2013년 5월 1일, 프린스턴대학교의 동창생 명부에 있는 그녀의 주소란에는 '행방불명(lost)'이라고 적혀 있었다.

그녀의 남동생인 호르헤 벨라스케스(Jorge Velazquez)[88]는 푸에르토리코의 변호사이고, 부친이 운영했던 변호사시험 준비 학원을 물려받았으며, 그녀를 대변하고 있다. 그는 누나처럼, 미국의 뛰어난 3개 대학에서 학위를 받았다. 스탠포드에서 학사학위를, 노스웨스턴에서 미국역사 관련 석사학위를 받았고, 코넬에서 로스쿨을 졸업했다. 호르헤는 "그녀 사건을 말하고 싶지 않다. 가족들 모두에게 역시 말하지 않도록 지시했다."고 나에게 말했다. "왜냐하면 그들이 말하는 어떤 것도 FBI의 심문을 받을 수 있기 때문에" 나는 그녀의 대학 졸업논문을 읽고 그녀 아버지의 친구들, 그녀의 프린스턴 동창생과 교수들, 그리고 USAID와 토릴드스플란스 고등학교의 동료들과 대화를 나눈 후, 마르타 벨라스케스에게 어떤 친밀감을 느끼기 시작했다. 우리는 동갑이고 동시대에 아이비리그 대학에 다녔다. 비록 그녀가 프린스턴에서 반대했던 것처럼 열정적이지는 못했지만, 나도 하버드대학의 남아프리카 투자를 반대했다.

　우리가 조금은 공통점을 갖고 있다는 것을 지적하면서, 나는 그녀에게 인터뷰를 요청하는 이메일을 보냈다. 대답은 없었다.

　반세기 이상 가로 막혔던 미국－쿠바 간 관계 개선에 대한 희망이 드디어 버락 오바마(Barack Obama) 대통령 시기에 실현될 것으로 보였다. 오바마는 무역 및 관광, 그리고 금융거래에 대한 제한을 완화했다. 1959년 카스트로가 권력을 잡은 이래, 오바마는 2016년 쿠바를 방문한 첫 번째 현직대통령이 되었다. 2015년 아바나에 미국 대사관이 재개설되었다. 플로리다주 탬파(Tampa)에 쿠바영사관을 설립할 계획이 진행 중이다. 2016년 11월 몬테스, 마이어스, 벨라스케스의 영웅이었고, 장기간 미국의 강적(nemesis)이었던 카스트로는 사망했다.

　2016년 6월 오바마 행정부는 블랙팬더당(Black Panther Party: 미국 사회주의 성향의 흑인 무장단체－역자 주) 전 구성원이며 탈주자인 아사타 샤쿠르(Assata Shakur)와 몬테스의 맞교환을 검토했다.[89] 쿠바는 샤쿠르에게 망명을 허락했다. 그는 1973년 주경찰관을 살해한 혐의로 종신형을 선고받고 복역하던 중 1979년 뉴저지 감옥을 탈출한 죄수이다. 캘리포니아주 의원인 데빈 누네스(Devin Nunes) 하원정보위원장은 "몬테스 석방 의견은 말이 안 된다. 몬테스의 배신행위로 야기된 손실은 평가할 수 없을 만큼 막대하다."고 맹렬히 비난했다.[90]

　미국 회사들처럼, 미국 고등교육기관도 양국의 관계회복을 활용할 자세를 취하고 있다. 쿠바대학과의 학술교류가 갑자기 생겨나고 있다. 플로리다 인터내셔널 대학교(FIU)의 한 컨설턴트가 발표한 2013년 연구논문에 의하면,[91] 쿠바에서 캠퍼스 설립 방안을 검토한다고 주장했다. FIU는 쿠바 공작원인 카를로스 알바레스(Carlos Alvarez)가 1974년부터 2006년 체포될 때 까지 강의를 했던 곳이다. 뉴저지에 있는 교육평가원(ETS)은 2015년 처음으로 쿠바에서 TOEFL을 시행했다.[92] 미국 대학들은 외국 지원자를 평가할 때 TOEFL에 의존한다. 쿠바의 빈곤 때문에, 학생 대부분은 장학금을 필요로 한다. 그러나 많은 미국대학들은 쿠바 연계성이라는 특징 때문에 추가비용을 정당화할지 모른다.

　그러나, 적대관계의 해빙은 학계 스파이활동 또는 스파이활동이 야기할 수 있는 피해를 최소화할 개연성이 낮을 수도 있다. 반대로, 다른 지역에서 세계화의 효과가 어떤 지침이라면, 쿠바와 미국 간 교육적 왕래는 상응하는 스파이활동 증가에 박차를 가할 수 있다. 쿠바는 아마도 미국에서 정보를 수집하기 위해 몬테스, 마이어스, 벨라스케스 같은 미국인 신봉자와 함께, 자국 학생과 교수들에게 의존할 것이다.

게다가, 도난당한 서류 또는 공작원들이 엿듣는 밀담은 쿠바 이외의 지역으로 유포될 수도 있다. 쿠바는 미국과 친구가 된다 할지라도, 친구 아닌 나라들과 정보를 교환할 수 있다. "미국의 비밀을 팔고 교환하는 것은 쿠바정권을 유지하는데 주요 수입원의 하나이다. 몬테스가 쿠바로 보낸 발송물(dispatches) 중 일부는 최종 목적지가 중국과 모스크바였다."고 시몬스는 나에게 말했다.

"몬테스는 더 광범위하게 미국 프로그램들을 위태롭게 했다. 그것들은 매우 민감한 정보이고 쿠바에게 그 가치는 제한적이지만, 다른 적국에게는 잠재적 가치가 매우 높았다."고 반 클리브(Van Cleave)는 그녀의 증언에서 말했다. "도난당한 미국비밀을 계속 거래하는 시장이 있다. 쿠바의 스파이활동으로 인해 민감한 국가보안정보(national security information)를 상실했고 피해를 입었다. 그로 인해 쿠바 단독으로 가하는 국가안보위협(national security threat)뿐 아니라, 잠재적으로 더 위험한 적대세력(adversaries)에게도 국가보안정보의 가치가 제한된다."

스톡홀름 교외의 스팡가 중앙광장은 현대 스웨덴의 다양성을 반영한다. 그곳 인구의 17%는 외국태생이다.[93] 한 타이 식당은 아랍어로 스웨덴의 건강보험제도를 설명하는 전단지를 갖고 있다. 히잡을 쓴 여성이 통근 기차역 입구에서 딸기를 판다.

크빌 가족은 스팡가의 멋진 지역에 있는 2층으로 된 노란색 주택에서 살고 있다. 광장으로부터 400야드 정도 떨어져 있고, 타일 지붕과 지하실, 그리고 2개의 남향 발코니가 있다. 그들은 2013년에 약 50만 달러를 주고 샀다.[94] 벨라스케스에 대한 기소장이 공개된 몇 달 후, 좀 더 번화한 스톡홀름 주소지에서 그곳으로 이사했다. 푸에르토리코에서 벨라스케스의 유년기 집처럼, 방이 6개인 스팡가 주택은 소나무와 자작나무, 새장이 걸린 사과나무가 있는 정원을 포함하여 녹색식물로 둘러싸여 있다. 진입로에 2010년형 볼보가 있고, 벽돌 현관에는 벨라스케스의 가톨릭 가풍과 학교교육을 반영하는 20인치 크기의 작은 종교적 석상이 놓여 있었다.

2016년 6월 어느 날 이 장을 집필하는데 도움을 준 스톡홀름의 기자가 그 석상을 보기위해 가까이 접근했다. 주택 내부로부터, 그가 물러서도록 창문에서 경고음이 울렸다. 재차 전화를 걸자 벨라스케스나 그녀의 딸로 추정되는 한 여성의 목소리가 들렸다. 스웨덴어로 "누구냐?"고 물었다. 그가 자신의 신분을 밝히자 그녀는 전화를 끊었다.

크빌은 더 이상 외국으로 파견되지 않고, 최근 몇 년간 스웨덴 외무부의 충실한 내근 직원으로 일했다. 포르투갈어, 영어, 스페인어처럼 스웨덴어를 유창하게 구사하는 벨라스케스는 세계적 수도에서 복잡한 과거를 가진 꼭 그런 이주 외국인과 같이 뒤섞여 있다. "만약 당신이 스톡홀름에 있는 라틴아메리카 사람을 가까이에서 본다면, 그들 중 다수는 좌파정치와 관련되어 있었다."고 토릴드스플란스 고교의 한 동료가 말했다.

미국 법무부의 도망범인 벨라스케스는 안정적이고 생산적인 인생을 살고 있는 것으로 보인다. 그녀와 크빌은 2010년경 리스본으로부터 스웨덴으로 귀국한 후, 그녀는 이제는 없어진 정의와 평화를 위한 국제학교, 민속대학(Folkuniversitetet)으로 불리는 성인교육 프로그램, 그리고 토릴드스플란스 고교에서 영어와 스페인어를 가르치고 있다.

2014년 그녀는 토릴드스플란스의 직원이 되었다. 그녀는 16세에서 19세까지의 입시생들에게 고급영어와 초급 스페인어를 가르치고 있다. 비록 그녀는 필수적인 교사증명서가 없었지만, 자격을 갖춘 교사가 부족한 스웨덴의 학교는 자격이 없는 지원자를 채용한 것이다. 그녀에게 교사증명서가 없는 것을 상쇄시키는 3개의 미국 명문대학 학위는 학교 행정당국을 감명시켰을 것이다. 해당 학군의 파일에 있는 이력서에 의하면, 그녀는 캠브리지 대학의 영어교사 자격증을 갖고 있다. 그녀는 매년 계약을 갱신하고, 한 달에 약 4,000달러를 받고 있다.[95] 그리고 스웨덴 교육부(NAE)가 정한 자격요건을 충족하기 위해 교사과정을 이수하고 있다. 그녀는 2017년 교사과정을 마칠 수 있기를 기대한다. 그 후 정규직으로 이동할 것이다. "벨라스케스는 학생들로부터 호평을 받고 있다."고 바르달 교감은 말했다.

벨라스케스는 여전히 강력하고 이상적이며, 사회정의를 위한 순교자로 남아있다. 그녀의 특성을 물려받은 아들 잉그마르는 2015년 다른 스톡홀름 고등학교를 졸업했다.[96] 에리트리아의 양심범 석방을 위한 탄원과 스웨덴에서 에티오피아 어린이 2명을 추방하는데 반대하는 탄원서에 서명했다.[97] 2015~16년간 토릴드스플란스에서 영어수업을 받는 그녀의 학생들 중 한 명은 벨라스케스가 인권의 중요성을 지나치게 강조했다고 말했다. 다소 놀랍게도, 그녀는 학생들에게 카스트로 정권이 반체제인사와 국제사면위원회와 같은 독립된 미디어를 탄압한 것[98]을 공격해왔던 조직에 대해 에세이를 써오라고 과제를 냈다. 아마도 몬테스와 다르게, 벨라스케스는 쿠바를 위해 스파이활동을 한 것을 후회하고 있는 것 같다.

04
해외 교류

2016년 4월 바람이 거세게 부는 토요일 오후, 오하이오주 남부에 있는 마리에타 (Marietta) 대학의 산비탈 교정에는 목련과 야생 사과나무에 분홍색과 흰색 꽃이 피어나고 있었고, 붉은 벽돌로 된 조지 왕조 시대풍의 건물들은 오하이오 강과 머스킹엄 강을 내려다보고 있었다. 다리 부근에서 콘크리트 덩어리로 발견되어 언덕 위로 끌어 올려놓은 맥도너프 바위(McDonough Rock) 옆에 30여 명의 사람이 2007년 이라크에서 살해당한, 마리에타 대학 동문이자 親민주주의 활동가인 안드레아 파라모비치(Andrea Parhamovich)를 추모하기 위해 묘목과 명판을 헌정하려고 모였다.[1] 마리에타 대학 행정 담당관은 "저 바위가 '언론 자유의 상징'이기 때문에 저기에서 파라모비치에게 예우를 표하는 것은 적절하다."라고 군중들에게 말했다.

그때 그룹의 많은 사람들은 미국, 중국, 그리고 러시아 간의 관계에 대한 한 학생의 프레젠테이션을 듣기 위해 근처에 있는 '리더십과 기업을 위한 맥도너프 센터'로 향했다. 그렇지만 거기에서 민주주의나 언론의 자유에 관한 언급은 없었다. 연구 내용을 토론하는 여섯 명의 미국 학생들은 중국 정부의 대변인 같았다. 그들은 역사 전반을 설명할 때 천안문 학살을 생략했고, 비밀 활동에 관한 토론은 중국의 산업 스파이활동과 사이버 스파이활동을 간과했다. 그 대신, 국제무역을 증진하고 글로벌 감염병을 퇴치하는 데 상호이익이 있음을 거론하면서, 그들은 전례 없는 협력의 시대를 예견했다.

"미국, 러시아, 중국은 과거보다 더 많이 협력할 기회를 갖고 있다." 2학년 학생 한 명이 분명히 말했다.

똑같은 어조는 질의응답 시간에도 계속되었다. 청중 가운데 한 회원이 "일본의 재무장은 미국과 중국 사이에 긴장을 일으키지 않을까요?"라고 질문을 하자, 2학년 학생은 그 가능성을 일축했다. 그는 "중국과 미국의 관계는 미국과 일본의 관계보다 훨씬 더 강합니다."라고 말했다. 다른 질문자는 대다수 미국인이 중국이나 러시아인들을 '나쁜 사람들'로 인식하고 있는데, 어떻게 그 인식을 변화시킬 수 있을지 궁금해 했다. 한 여성 학부생은 그 전제를 받아들이지 않았다. 그녀는 자신의 세대들이 시리아 난민이나 불법 멕시코 이민자들을 악당이라고 보지만 러시아나 중국은 그렇지 않다고 말했다.

나는 그 학생들이 그렇게 세뇌당한 것은 그들의 선생 루오잉지에(Luo Yingjie) 때문이라고 생각했다. 루오는 맨 앞줄에서 열심히 듣고 있었다. 내가 마리에타 대학을 방문하기 위해 이 특별한 주말을 선택한 이유는 루오가 회의에 참가하기 때문이다. 그는 안경을 썼고, 넥타이가 없는 말쑥한 푸른색 정장 차림이었고, 검은 머리에는 은빛이 돌았다. 마리에타대학 학장이 그를 중국 ─ 러시아 관련 '저명한 학자'로 소개하자, 루오는 "오늘은 저에게 매우 중요한 날입니다. 저는 미국에서 강의를 할 수 있으리라고 생각도 못했습니다."라며 학생들과 청중을 향해 감사를 표시했다.

루오는 미국에서 강의하는 것이 왜 무리하다고 생각했는지 그 이유를 설명하지 않았다. 그는 자신의 영어 구사 능력이 부족한 것과 그를 마리에타대학으로 보낸 대학이 중국 내에서 독특한 지위를 가진 것이 그 이유라는 것을 넌지시 비쳤다. 루오는 베이징의 국제관계대학(UIR)에서 보낸 객원 연구원이었다. 미국 외교관들은 UIR을 "신입 직원 모집을 위해 준비하는 중국 국가안전부(MSS)산하의 엘리트 기관"[2]으로 묘사해왔다. UIR은 중국 정보기관(MSS)과 연계되어 있고 재정을 일부 지원받는다. MSS는 인원을 충원하기 위해 UIR로부터 유망한 후보자를 선발한다. FBI가 오랫동안 미국에 있는 UIR 졸업생에 대해 특별히 주시해왔으며, 남플로리다 대학교수인 펑따진(Peng Dajin)에게 그것은 고통이었다.

루오의 마리에타대학 근무는 중국의 스파이 학교와 미국 본토의 작고 고립된 인문대학 사이에서 맺어진 고등교육에 있어 가장 이상한 파트너십 중 하나가 빚어낸 결과다. 적어도, 미국의 공자학원처럼, UIR의 마리에타 커넥션은 맥도너프 센터의 발표자와 같은 부주의한 학부생들에게 중국인들의 선전·선동을 주입시키고, 소프트 파워를 행사한 것임을 보여준다. 그것은 보안을 위반한 것일 수 있고, 중국 정보기관이 미국 중서부 지방의 악의 없는 환대를 이용하여 눈에 잘 띄지 않는 거점을 확보한 성공적인 계책일 수도 있다. 더욱 터무니없는 주장은 그것이 CIA가 중국 스파이 학교에 침투하기 위한 전술이라는 것이다. 이유가 무엇이든지, 그 관계는 마리에타대 일부 교수들을 중국 MSS 직원으로 전락시켰다는 것이다. MSS는 베이징에 오는 교수들의 비용을 대고, 그 교수들은 향후 정보요원이 될 가능성이 있는 사람이 포함된 UIR 하계학교 학생들에게 미국문화를 가르쳤다.

"내가 너무 순진했다고 생각한다. 개인적으로 UIR과의 관계를 의심하지 않았다." 라고 전 마리에타대학 학장이 나에게 말했다.

의심을 한 사람은 거의 없었다. 두 학교 간 파트너십은 미 국무부뿐 아니라 마오쩌둥, 시진핑과 유대관계를 맺은 마리에타대학 교수에 의해 자석처럼 흡인력이 있고 불가사의하게 만들어지고 관리되었으며, 양교에 모두 혜택을 주었다. UIR은, 기부금이 넉넉하지 않고 주로 수업료에 의존하고 있는 마리에타대학에 학비 전액을 내는 중국 학생들을 물밀 듯이 들어오게 해주었다. 이 같은 횡재는 마리에타대학 경영진이 스파이 학교와의 협력이 현명한 것인지에 대해 가졌던 어떤 의구심도 잠재울 만큼 충분했다.

그 대가로 마리에타대학은 UIR의 미국 내 유일한 전략적 파트너가 되었으며, UIR에 중국 밖에서 합법적으로 활동할 수 있게 하고 UIR 학생 및 교수진이 직접 미국을 경험할 수 있는 눈에 잘 띄지 않는 창구도 제공하게 되었다. 중국 및 러시아 국가안보정책을 전공한 덴버대학교의 조나단 아델만(Jonathan Adelman) 교수는 UIR을 포함하여 중국 내에서 광범위하게 강연을 하고 학생들을 가르쳤다. 내가 아델만 교수에게 마리에타 커넥션이 UIR에 어떠한 혜택을 주었는지를 물었을 때, 그는 잘 알지 못한다고 말했다. 그러나 그는 "추측해 본다면, 누군가가 '우리는 미국인들만 사는 곳을 찾아야 하고, 그렇게 해야 미국의 습관을 배울 수 있다'라고 말했을 것이다."라고 덧붙였다.

파트너십에는 많은 프로그램이 있다. 중국 고등학교 3학년 학생들은 UIR 캠퍼스에서 '마리에타 영어 능력 시험'을 본다. 마리에타대에 일단 입학하면, UIR 하계강좌를 수강함으로써 교양과목 요구 조건을 충족시킬 수 있다.[3] 마리에타대학은 매년 여름 2주 동안 20명에서 25명의 UIR 학생과 2명의 교수를 초청하고, 한 학년 동안 10여 명의 교환학생과 편입생, 루오와 같은 교수 1~2명을 초청한다.[4] 교환학생들은 일반적으로 기숙사비는 지불하지만 수업료는 지불하지 않는다.[5] 초빙 교수들은 캠퍼스 내 푸른색 주택인 '마리에타대 국제학자 숙소'에서 무료로 머문다.[6]

두 대학의 최고 경영진 대표단은 거의 매년 상대측 캠퍼스를 방문한다. 두 대학은 베이징에서 합동 컨퍼런스를 주관해왔다.[7] 마리에타대 교수 6명은 UIR 하계 프로그램에서 학생들을 가르친다. UIR 교수 1명과 마리에타대 교수 1명이 2013년 공동 저술(중국어로 광고)한 책자의 발간비용을 UIR이 부담했다.[8] 마리에타대 합창단은 2006년 UIR에서 공연했다.[9]

통상적인 교환 프로그램에서 오직 한 부분만 빠졌다. 그것은 마리에타대학이 미국 학생을 UIR에 보내지 않는 것이다. 마리에타대학의 아시아학 전공 학생들은 중국의 다른 대학에서 필수 학기를 채운다. 마리에타대학 2학년생인 마이클 파히(Michael Fahy)가 2013년 UIR 등록을 고려했을 때, 지도 교수인 마크 쉐퍼(Mark Schaefer) 정치학회장은 그를 말렸다. 파히는 언젠가 미 국무부에서 일하기를 원했다. 그래서 쉐퍼는 "UIR에 재학하거나, UIR 학생들과 사귀는 행위는 향후 비밀취급 인가 취득에 나쁜 영향을 끼칠 수 있다."라고 말했다.

"교수님은 그 학교가 어떤 학교인지 분명히 알고 있었다."라고 파히는 말했다.

쉐퍼는 "잘못되면 UIR은 파히에게 심각한 문제가 될 수도 있다고 몇몇 정부기관들에게 말했던 기억이 난다."라고 말했다.

파히는 쉐퍼의 충고를 받아들여 베이징외국어대학(BFSU)에 입학했다. BFSU는 중국 외교부가 운영하고 있다. 파히가 BFSU의 급우와 교수들에게 UIR에 대해 물었을 때, 그들은 "그 학교가 무엇을 하는 곳인지 당신도 잘 알 텐데"라고 말하곤 했다.

마리에타대학의 행정당국은 교수진에 내가 인터뷰를 신청하면, 홍보국장 톰 페리(Tom Perry)에게 맡기라고 지시했다(고맙게도, 그들 중 많은 사람들이 그 지시를 무시했다)."마리에타대학과 UIR은 20년간 긍정적인 관계를 유지했고, 파트너십을 지속하고 있다. 우리 교수진은 UIR에서 계속 강의한다. 매년 마리에타대학에 다니는 수백 명의 국제학생이 캠퍼스에서 창조하는 문화적 다양성을 자랑스럽게 생각한다."라고 페리는 성명서에서 말했다.

2016년 2월 페리는 나에게 조지프 브루노(Joseph Bruno) 총장과의 인터뷰를 주선했다. 나는 브루노에게 UIR이 국가안전부(MSS)와 연계된 것을 알고 있는지 물어보았다. 브루노는 "과거에 그랬었다는 얘기를 들었지만 지금도 그러한 관계인지는 모르겠다. 캠퍼스를 방문한 교수 중 한 분이 한 번 언급한 적이 있었다. 그녀는 그들 중 몇몇은 육군 계급을 가지고 있다고 말했던 것으로 생각한다. 나는 그것이 궁금했다 …. 나는 대체로 상관없는 일이라고 생각한다. 우리는 교육적 혜택을 위해 그렇게 하고 있으며 그 대학과 상호관계를 유지하면서 내가 본 것은 그것이 전부이다."라고 말했다.

국제관계대학(UIR)은 녹색식물과 수양버들로 가득한[10] 베이징 북서부 경관 좋은 지역에 있는 이화원 근처에 있으며 보안 게이트, 감시초소, 그리고 일렬로 늘어선 소나무로 은폐되어 있었다. UIR은 중국의 하버드대와 예일대라고 할 수 있는 베이징대학, 칭화대학과 함께 '3대 명문대학(Golden Triangle)'으로 불리고 있다. 중국 기준으로 보면 UIR은 규모가 작은 대학이다. 학부생과 대학원생을 합쳐 3,000명 정도이고 국제정치학, 국제경제학, 외국어, 홍보 관련 교육을 전문으로 한다.[11] 모든 학생은 고급영어 과정을 수강해야 한다고 2009년 졸업생이 나에게 말했다. UIR은 국제전략 및 안보연구센터를 포함하여 5개의 연구소를 가지고 있다.

UIR은 다수의 과외활동 클럽과 테니스, 골프를 포함한 과외 스포츠 활동을 일반 대학과 같이 매일 운영하고 있다. 웹사이트에는 '교육부 산하 주요 국립대학[12] 중 하나'로 기술되어 있고, MSS를 언급하지 않았다. 부속 캠퍼스[13]의 국제교육센터는 수백 명의 국제학생에게 2주에서 1년까지 중국어와 중국문화 과목을 가르친다. 그들은 분리된 기숙사에서 생활한다.

교육부가 여전히 UIR의 학위수여 권한을 허가하고 순조롭게 운영되도록 하는 반면 MSS는 대학의 방향을 정하고, 재정을 지원하며, 졸업생을 골라서 채용한다. 미국 용어로 중국의 정보기관 수장들이 대학 이사회 멤버이다.

"UIR은 MSS 조직도 내에 있는 것이 맞다."라고 중국의 스파이 행위에 대해 광범위하게 연구하고 저술하는 워싱턴 D.C.의 제임스타운 연구소 연구원 피터 매티스(Peter Mattis)가 말했다. 그는 "나는 양 기관 간 관계가 있고 그리고 지속적으로 긴밀한 관계를 유지하고 있음을 확신한다."라고 했다.

왕 제레미(Wang Jeremy)는 마리에타대학에서 정보시스템을 가르치는 교수로서 첫 중국인 졸업생 중 한 명이며 매년 여름 UIR에서 학생들을 가르친다. 그는 루오잉지에(Luo Yingjie) 같은 UIR 객원 연구원들의 마리에타대학 파견과 관련한 준비를 한다. UIR 교수진과 그의 대화에 따르면, "최상급 학생들은 안보 분야에서 근무할 기회를 가질 수 있다. 선발기준은 매우 엄격하다. 그들은 훌륭한 사고방식을 가지고 있어야 한다."고 그는 나에게 말했다.

UIR 교수들은 대학의 미래에 대해 논쟁을 벌인다고 왕은 말했다. 일부 교수들은

MSS와의 유대관계를 단절하여 스파이 학교라는 오명을 벗고 교육부 산하로 이동하기를 원한다. 다른 교수들은 돈 많은 후원자를 잃을까 주저한다. "일부 교수진은 더 많은 재정 지원을 위해 MSS와 관계를 유지하는 것이 낫다고 말한다."라면서 "만약 교육부 산하로 들어가면 다른 학교들과 경쟁을 해야 한다."고 그는 말했다.

나는 왕에게 "중국에서 10대 청소년 시절에 UIR 입학 지원을 생각해 본 적이 있었는지"를 묻자, 그는 웃으면서 "절대 아니다."라고 대답하면서 "당시, 우리는 UIR을 중국판 CIA 학교로 알았다. 우리는 그것을 좋아하지 않는다. 나는 정치에 관심이 없고, 기업에 관심이 많다. 당시, UIR에 입학하기를 원했다면 가족에게는 영광이었겠지만 개인적으로 나는 정치를 좋아하지 않는다."고 했다

국제관계학원(IIR)은 중화인민공화국이 건국된 1949년 설립되었고, 1965년 MSS 산하에 배치되었다.[14] MSS는 국제관계에서 훈련된 사람들이 필요했다. 왜냐하면, 서구 성향을 갖고 있고 공산주의에 충성심이 없는 직업 외교관을 의심한 마오쩌둥이 비밀경찰에게 국제문제에 관한 특별한 권한을 주었기 때문이다.

"마오는 상류 계층의 외교 스타일을 싫어했다."라고 아델만(Adelman)이 나에게 말했다. 1940년대 초반 마오는 일본이 2차 대전에 패할 경우 권력을 잡을 가능성이 있다는 것을 인지하고, 그의 개인 보안 책임자에게 외교 정책을 맡으라고 요구했다. "그때부터 공산당 엘리트들은 매우 중요한 정보를 보안 책임자들로부터 받아왔다."면서 "국제관계대학(UIR)은 MSS와의 관계에 대해 그다지 솔직하지 못하다. 만약 당신이 당신 대학의 실체를 잘 숨기지 못한다면 당신은 무슨 쓸모가 있나?"라고 아델만은 덧붙였다.

역설적으로, MSS에 대한 인력 공급 학교로서, UIR은 중국에서 가장 국제적이고 외부지향적인 대학 중의 하나가 되었다. UIR의 미래의 정보요원들은 세계정세에 대해 이해할 필요가 있었기 때문에 UIR은 서방에 대한 것들을 거부할 수 없었고 정치적 슬로건 뒤에 숨을 수도 없었다. 덩샤오핑의 중국이 문화혁명(Cultural Revolution)에서 벗어나기 시작했을 때, UIR은 미국에서 공부한 교수진을 가진 소수의 중국대학 중 하나였다. 그리고 도서관에는 서방 간행물과 비디오로 채워져 있었다.

"우리는 외국문화를 배우는 데 더 많은 자유가 있었다. 매일 밤 CNN을 시청했다. 다른 지역의 학생들은 CNN에 접근할 수 없었다."라고 어떤 졸업생이 회고했다. 현재는 중국내에 서방 교육을 받은 교수들은 흔해서 UIR이 경쟁우위를 잃어 왔고, 명망도 떨어지고 있다. MSS와의 연계성이 점차 알려지면서 학문적 명성에 손상을 입혔을 수 있다.

"일부 교수들은 이전에 미국에서 공부했었다."라고 FBI 중국팀의 책임자로 은퇴한 스미스(I.C. Smith)가 회상했다. "그들은 언어 구사 능력을 갖추고 있었을 뿐만 아니라 중국 내에 미국관련 정보가 부족하던 시기에 미국의 역사와 국민에 대해 어느 정도 권위 있는 대화를 할 수 있었다. 학생들은 전통적 스파이 활동기법을 배우지 않았지만, 대신 분석평가의 대상이 될 수 있는 국가의 문화, 정치, 경제에 대해 배웠다."

다른 중국대학의 동년배 교수들과 달리, 국제관계대학(UIR) 교수들은 군대 계급을 갖고 있다. UIR은 국가안전부(MSS) 소속이라는 특권으로 학생선발의 우선권도 갖고 있다. 고등학교 3학년생이 UIR을 진학대상 대학의 한 곳으로 정하고, 국가가 주관하는 대학입학시험에 우수한 성적을 얻으면, UIR은 그 학생들이 리스트에 올린 다른 대학을 제치고 우선적으로 선발한다. "MSS는 스카우트 우선권을 가지고 학생들을 심사한다."라고 매티스는 말했다.

UIR은 변방지역 출신을 아주 많이 선발한다. MSS는 거기에서도 강력한 존재감을 과시한다. "대부분의 MSS 정보관리들에 대한 훈련은 베이징 UIR에서 시작한다."[15]라고 글로벌 컨설팅회사인 스트랫포(Stratfor)가 2010년에 발표했다. "MSS는 대학입학시험 이전에 대학 지망생들을 뽑는데 그들이 변질되지 않았다는 것을 확실히 하기 위해 외국인을 접촉한 적이 없거나 해외여행 경험이 없는 학생들을 선발한다."[16] UIR의 인터넷 홈페이지에서 강조하듯이 충성심은 근면성, 실용성, 혁신성과 함께 4대 덕목 중의 하나이다.

미국 관리들은 UIR에 대해 오래전부터 알고 있었다. 1979년 중국이 미국으로 학생들을 보내기 시작했을 때, "미국 정보공동체는 어느 기관이 중요한가를 가려내기 위해 노력한 적이 있었다."라고 I.C. 스미스가 나에게 말했다. "국제관계학원(IIR)은 중요기관으로 밝혀졌고 우리는 그것을 아주 잘 알고 있다. FBI는 IIR을 '스파이학교'라는 별명을 붙였다. 그리고 미국 내 IIR 졸업생들을 추적했다."

중국 역시 IIR 동문들을 예의 주시하고 있었다. 그 이유는 아마도 그들이 미국 정보 기관에 포섭되어 조국을 배반할지 모른다는 우려 때문이었을 것이다. 1984년 왕페이링(Wang Fei-Ling)[17]은 IIR에서 국제경제학 석사학위를 받았다. 20년 후 조지아 공과대학 국제문제 교수로서 중국에서 연구를 위한 여행을 하던 중 간첩 혐의로 4일간 독방에 감금된 것을 포함, 2주일 동안 억류되었다.

왕은 자신의 사건에 대해 논의하기를 거부하였다. 그런데 2015년 5월 이메일을 통해 그 학원에 대해 일반적인 언급을 했다. "국제관계학원(IIR)은 중국 국가안전부(MSS)와 연계되어 있다. 추정하건대 졸업생 중 많은 사람이 후에 MSS에 임용되었지만 다른 많은 IIR 졸업생들은 그곳을 떠나 다른 직업을 추구했다."라면서 그 학교의 옛날 약칭을 사용하면서 메일을 남겼다. 그리고 "미국에 살고 있는 IIR 졸업생이 미국 정부의 특별한 주목을 받더라도 놀랄 일이 아니다."라고 했다.

얼마나 많은 UIR 동문들이 중국 정보기관을 위해 일하는지는 불분명하다. 2008년 베이징올림픽 개막식에서 공연했던 중국의 가장 유명한 가수 겸 작곡가인 리우후안(Liu Huan)처럼, 대다수는 다른 직업을 추구하고 있다. UIR학생 3명이 1980년대 후반에 아델만에게 MSS는 UIR 졸업생의 1/4을 채용했다고 말했다. 나머지 졸업생 3/4는 "계속 연락하겠다."라는 말만 들었다. 한 졸업생에 따르면, 일부 동문은 외견상 다른 직업을 가지고 있지만, 실제 월급은 MSS가 준다는 것이다.

매티스는 UIR이 '대부분'의 중국 정보요원을 교육한다는 스트랫포의 조사결과를 반박했다. "'대부분'이란 말은 과장되었다. 왜냐하면, MSS는 3만 명 이상을 고용하고 있는데, 베이징의 작은 일개 대학이 (MSS의) 모든 요원을 교육할 수 있겠느냐?"고 매티스는 반문했다.

UIR의 실제 책임자가 누구인지와 관련한 한 가지 증거가 있다. 그것은 UIR과 중국 정부를 위해 연구용역을 하는 유명 싱크탱크인 중국 현대국제관계학원(CICIR)이 광범위하게 겹친다는 점이다. 매티스에 의하면, CICIR은 국가안전부 소속의 하나의 국이다. "CICIR은 옛날에는 제8국이었으나 현재는 제11국으로 추정된다."라고 매티스는 말했다. "국가안전부는 CICIR 예산의 대부분을 지출한다."[18]라고 조지워싱턴대학 국제문제 교수이며 동 대학 중국정책프로그램(CPP) 이사인 데이비드 샴보(David Shambaugh)가 2002년에 썼다.

전통적으로 UIR 대학원 지원자를 추적해보면, 그들은 UIR의 교수 또는 CICIR의 연구원이 되었다. 2011년 CIA보고서[19]는 중국 싱크탱크의 고위 간부 중 거의 절반이 UIR에서 공부했거나 가르쳤다는 것을 찾아냈다. "두 기관은 밀접한 관계에 있는 것으로 보인다."고 CIA보고서는 결론을 내렸다. UIR 총장이자 동문인 타오 찌엔(Tao Jian)은 그 싱크탱크의 부원장이었다. 매티스는 "싱크탱크의 많은 연구원들 역시 UIR에서 학생들을 가르쳤다."라면서, "그들은 전도유망한 학생을 MSS에 추천하는 유능한 물색자 역할을 했다."라고 나에게 말했다. 또한, UIR과 CICIR은 합동박사과정(JDP)을 개설하고 있다.[20]

많은 UIR 졸업생들이 중국을 떠난다. 2014년 636명의 학사학위 취득자[21] 중 120명이 공부를 더 하기 위해 외국으로 떠났다. UIR 동문을 위한 링크드인(LinkedIn) 사이트[22]에는 2016년 현재 뉴욕시 지역 72명 포함하여 UIR 동문 314명이 미국에 체류한 것으로 확인되었다. 그들은 하버드 로스쿨, 유명 대학원 및 전문학교에 다닐 뿐 아니라, 메이저 은행, 첨단기술회사, 비영리 단체, 지방 정부, 투자회사, 회계회사 등에서 근무하고 있다. 그들은 정보요원이 아닌 것 같다. 왜냐하면, 그들이 자신의 '스파이학교 학위'를 링크드인에 게시한다는 것은 무모한 행동일 수 있기 때문이다.

FBI는 모교를 감추려 하는 UIR 졸업생들에 대해 더 우려를 나타냈다. 전 FBI 관리가 "FBI 사무실에서 마주치는 대부분의 경우, 그들은 UIR과의 협력관계를 숨겼고 이력서에 UIR 졸업생이라고 기재하지 않는다. 그것은 그들이 공작원이라는 확실한 징표이기 때문이다."라고 말했다.

지난 40년 동안 배출된 각 졸업생들은, 자신들이 중국 정보기관과 분리되기를 갈망하면서, MSS와 UIR의 커넥션은 자신들이 있던 시기에 가장 약화되었다고 나에게 말했다. 예를 들면, 1989년 졸업생은 MSS가 자신들의 동급생 중 5% 미만을 고용했다고 말했다. 그러나 요즘은 정보업무를 희망하는 졸업생의 비율이 더 높다고 말했다. "협력관계는 더 강하고, 더 밀접하며, 그리고 더 많은 학생들이 특별 채용된다."고 그는 말했다. MSS는 '과거에 너무 느슨했다'고 인식하고 있다.

내가 미국에서 인터뷰했던 UIR 동문 대부분은 대학에 재학하거나 졸업을 했다. 그들은 중국 정보기관과의 접촉이 거의 또는 전혀 없었다고 나에게 말했다. 예외가 있었다. 그는 UIR 학생이었고 미국에서 자신의 공부를 마쳤다. 그가 중국으로 돌아가 서구권 조직의 민감한 직책에서 일하고 있을 때, 캠퍼스에서 멀리 떨어진 카페와 같은 예상 밖의 장소에서, 그의 옛 UIR 교수를 우연히 만나기 시작했고, 차를 마시며 대화를 나누곤 했다. 그는 그것이 우연한 만남이 아니라는 걸 느꼈다.

그는 "그들은 나를 포섭하려 했다고 생각한다."면서, "만약 내가 거절한다면, 그들이 나를 적대시 할 수 있다는 생각이 들어 마음이 몹시 불편했다."고 말했다. 그는 직장에 사표를 내고 중국을 떠났다.

UIR과 친분이 있는 미국기업들과 비영리 단체들은 그 학교와의 연계를 걱정할 이유가 없고 하물며 걸림돌로도 간주하지 않는 것 같다. UIR 졸업생 한 명이 유명한 미국 인권단체의 배려로 중국 정보기관에게 중요한 것으로 보이는 어떤 행사에서 앞좌석에 앉았다.

　시에팅팅(Xie Tingting)[23]은 2008년 UIR에서 석사학위를 받은 후, 베이징 소재 차르하르 연구소(Charhar Institute)의 연구원이 되었다. 이 연구소는 2009년에 설립되었고 '비정부 싱크탱크'라고 불린다. 그리고 공자학원처럼 중국 소프트 파워를 확산하기 위한 기구이다. "그것은 중국의 해외 이미지를 개선하는 데 특별히 초점을 맞추고 있다."[24]라고 데이비드 샴보(David Shambaugh)는 썼다.

　차르하르는 또한 애틀랜타의 카터센터(Carter Center)와 파트너 관계에 있다. 카터센터는 미국 대통령으로서 중화인민공화국 학생의 미국 첫 유입을 환영했던 카터(Jimmy Carter)대통령에 의해 설립되었다. 비영리단체인 카터센터는 선거과정이 민주적인지, 그리고 결과가 정확한지를 보장하기 위해 전 세계의 선거과정을 모니터링 한다. 민주적 선거를 보호하기 위해 독재정권에서 온 대표를 파견하는 것은 비생산적일 수 있지만, 카터 센터는 다양한 국가들로부터 참관인들을 받아들여 중국의 마을 선거인 촌민위원회 선거에 대한 일을 해왔다.

　애틀랜타 에모리대학(EUA)의 정치학 조교수이고 카터센터의 중국 프로그램 책임자인 리우야웨이(Liu Yawei)는 차르하르의 선임 연구원이다.[25] 리우의 권고에 따라,[26] 카터센터는 2011년 1월 남수단 자치권에 대한 국민투표를 모니터링하기 위해[27] 8일에서 10일 일정으로 시에(Xie)를 동아프리카에 파견했다. 그녀는 중국외교학원(CFAU)에서 박사학위를 밟고 있었다. 리우는 나에게 자신의 시에(Xie) 파견 권고 배경이 "그녀가 연구하려는 분야와 관련이 있다."라고 말한 후, "참관단에 참여할 중국인 누군가가 필요했다. 우리는 개발도상국에서 어떻게 선거가 치러지는지를 살펴볼 사람을 원했다. 당신은 선진국이 아니라면, 선거를 치를 수 없다는 틀린 생각을 밝혀내야 한다. 중국인은 자신들이 충분히 발전되지 않았다고 항상 말한다."라고 부언했다.

　리우는 시에(Xie)와 UIR과의 연계는 걱정하지 않았다. "그녀는 학부생이었다."라고 그는 말했다. 내가 "시에(Xie)는 실제 UIR 대학원생이었다."라고 지적하자, "차이가 없다. UIR이 더 이상 MSS 소속이라고 생각하지 않는다. 양자 간 관계가 정확히 어떤 것인지 나는 모른다. 내 느낌으로는, 지금 당장 그들이 졸업하면 그들이 원하는 곳 어디든지 갈 수 있다. 그것은 하버드, 조지타운 또는 어느 대학 출신이든 미국 학생들이라면 누구든지 FBI나 CIA에 채용될 수 있는 것과 같다."라고 말했다.

　수단의 국민투표는 중국에게 외교적 난제를 야기했다.[28] 아프리카에서 최대 산유국 중의 하나이고, 중국은 수단 석유생산 시설에 많은 투자를 했다. 중국은 카르툼(Khartoum)에 있는 수단 정부군이 남쪽의 반군을 제압하는 데 도움을 주기 위해 무기를 판매했다. 그러나 석유 대부분이 매장되어 있는 남수단은 독립을 하려고 했다. 중국은 남수단을 달랠 필요가 있었다. 거의 99%의 유권자들이 독립을 선호했다. 남수단은 6개월 후 분리 독립했다.

"다가오는 2011년 국민투표가 중국의 국익에 관련되어 있을 것이다."다른 참관인이 내게 말했다. "그들은 중요한 상업적 이익과 중대한 정치적 이익을 동시에 갖고 있었다. 내 인상으로는 중국이 아프리카에서의 영향력을 크게 확대하면서, 아프리카 대륙에 대한 지식을 증대시키고 아프리카 전문가들의 위상을 끌어올리기를 원했다."

카터센터 민주주의 프로그램 국장인 데이비드 캐롤(David Carroll)은 그가 시에 팅팅을 만났음이 확실했지만, 그녀를 기억하지 못했다. "단기 참관인 파견을 통해 민감한 사안을 파악할 수 없다 하더라도 정보기관 요원을 활용하지는 않는다."[29]라고 그는 나에게 말했다.

수단에서 귀환한 후, 시에(Xie)는 2011년 8월부터 2012년 5월까지 애틀랜타에모리대학의 객원 연구원이 되었다. 그녀는 풀브라이트(Fulbright) 장학생으로 국제관계를 연구했다. 리우에 따르면 시에는 현재 중국 광저우 소재 한 대학의 교수이다. 그녀는 그녀의 '링크드인'계정으로 보낸 나의 이메일에 응답하지 않았다.

중국 국가안전부(MSS)가 미래의 정보관리들이 누구의 방해도 받지 않고 미국문화를 체득할 수 있으며 눈에 띄지 않은 대학을 찾고 있었다면, 마리에타대학 보다 더 적합하고 잘 받아들이는 대학을 발견할 수 없었을 것이다. 래리 윌슨(Larry Wilson) 전 총장은 "마리에타대학이 미국 '중앙에서 격리'되어 있고 콜럼버스, 피츠버그, 클리블랜드 등 어느 곳으로부터도 2시간 거리에 있다."라고 말한다. 1835년에 설립된 이 대학은 학생이 1,200명이고, '글로벌 시각과 다양성'을 포함하여 7개의 핵심가치[30]를 지향한다. 대학 야구팀은 소규모의 전국 대학야구 선수권대회에서 6번 우승했다.

오하이오주 마리에타시(인구: 14,053명)는 소도시적 환대 문화를 가진 도시이다. 마이클 멀린(Michael 'Moon' Mullen) 전 시장은 마리에타대학 동문이고, 블루그래스(bluegrass는 1940년대 후반 미국에서 발생한 컨트리 음악의 하위 장르로서 명칭은 Bill Monroe가 이끌었던 밴드 'Bill Monroe & His Blue Grass Boys'에서 유래되었다. – 역자 주) 음악인이다. 그는 UIR 학생들을 매 여름마다 초청한다. 그는 시내에서 피자전문점을 운영한다. 언젠가, 그곳에서 그와 UIR 여학생은 민요를 함께 불렀다. 다른 언젠가는 그의 집에서 벌인 야외파티(cookout)에 중국 학생들을 초청했다.

멀린은 "그것은 미국 가정의 저녁 삶을 보여주는 것이었다. 우리는 즐겁게 놀기 위해 친구들과 함께 모였고, 빙 둘러앉아 캠프파이어를 하고, 기타도 쳤다."면서, "나는 미국 중산층의 진면목을 그들에게 보여주었다. 이것이 내가 사랑하는 좀 더 소박하고, 좀 더 느린 삶이다. 이곳 가정에서 환대받고 있다는 것을 많이 느낄수록, 그들은 더 많이 돌아올 것이다. 경제에도 좋고 문화 교류에도 좋다."고 말했다.

멀린은 유학생들이 대학 재정에 '엄청난 영향'을 미친다는 것을 잘 알고 있다. 2015년 기부금[31]은 7,130만 달러로 경쟁대학인 오하이오주 데니슨대학(학생은 마리에타대학의 약 2배)의 79,710만 달러에 1/10에도 못 미친다. 마리에타대학은 수업료에 의존한다. 국내 미국학생들이 더 많은 재정 지원을 받는 반면, 유학생들은 보통 등록금 전액을 납부하거나, 그것에 근접한다.

유명한 석유공학 프로그램을 가지고 있는 마리에타대학은 2015년 58명의 쿠웨이트 학생을 포함하여 꽤 많은 중동 대표단[32]을 유치했다. 그러나 중국 학생들이 더 많았다. 전체 학생의 10% 수준이었던 2011년과 2012년에 중국 학생은 144명으로 최고 수준이었다. 특히 잘 알려지지 않은 문과대학에서 비율이 매우 높았다. 중국 사람들은 아이비리그와 큰 국공립대학과 같은 명문대학들을 선호하는 경향이 있다. 마리에타대학도 등록금이 저렴한 학교가 아니다. 수년 동안 중국 학생들이 캠퍼스에 발을 들여놓기도 전에, 5만 달러를 선불로[33] 납부하도록 요구해 왔다.

"그들은 대학의 생명줄이자 ATM 기계이다."고 마리에타대학 아시아연구 프로그램 담당 이사이자 중국어 교수인 퉁루딩(Tong Luding)이 말했다.

'선구자들'이라는 팀명에 걸맞게, 마리에타대학은 중국이 문화혁명 이후 서구를 향한 개방정책을 펼칠 때 그것을 이용한 초기 문과대학 중 하나였다. 마리에타대학은 1985년에 발판을 마련했다.[34] 그 해는 故 청원위(Cheng Wen-Yu) 경제학 교수가 자신의 고향인 청두(Chengdu)시에 있는 쓰촨(Sichuan)재정경제학원(현 西南재정경제대학)과 교환교수를 주선했을 때였다. 1989년 천안문 대학살의 여파로 관계가 소원했을 때, 중국의 스파이 대학과 더 영속적이고 수익성 있는 관계를 맺고 싶어 하는 태자당 소속 인사 한 명이 마리에타대학에 도착했다.

마리에타대학은 미 교육부로부터 중국어와 정치학을 가르칠 종신 교수직[35]에 대한 보조금을 받았다. 소수의 후보자 중 워싱턴 D.C.의 아메리카대학에서 박사과정을 밟고 있는 이샤오시옹(Yi Xiaoxiong)이 종신 교수직에 선발되었다.

이(Yi) 교수는 역동적인 사람이었다. 1995년에 종신 교수직을 받았다. 이 교수의 교실에서 복도를 가로질러 사무실이 있는 마이클 테일러(Michael Taylor) 경영학 교수는 가끔 이 교수의 수업에 참관했었다. "그는 내가 본 만큼 훌륭했다. 자신의 과목에 정통했고, 학생들에게 진지하게 귀를 기울였으며, 그들이 몰두할 수 있게 했다. 학생들은 줄곧 질문을 많이 했다. 미국 학생들은 졸업하려면 국제문제 관련 강좌를 수강해야 하기 때문에 그가 그 과목을 수강하는 미국 학생들의 참여를 어떻게 그렇게 많이 이끌어 냈는지 나는 확인해 보고 싶었다. 엄청난 미국 학생들이 그를 추종하고 있었다. 학생들은 자신들이 말하는 것에 그가 관심을 갖고 있다는 것을 알고 있었다."고 테일러는 나에게 말했다.

점차 마리에타대학에서 이(Yi) 교수의 든든한 배경에 대한 소문이 퍼졌다. 그의 부친인 이리롱(Yi Lirong)은 중국공산당 초기 멤버였고,[36] 마오쩌둥의 동료였다. 그는 1949년 마오가 권력을 잡았을 때 노동 장관이 되었다. 같은 해 UIR이 설립되었다. 이 교수는 베이징의 고관과 그 가족이 거주하는 지역에서 성장했고 그곳의 어린이들은 '중국의 통치 엘리트가 되는 교육'을 받았다. 많은 중국인처럼, 이 교수의 부친도 문화혁명 중 실각되어 10년간 감옥살이를 했다. 부친의 몰락으로 오명을 얻은 이 교수 역시 복역을 했다. 그리고 시골에서 도망자로 수년을 보냈다.

이 교수의 부친이 복권되었을 때, 그의 가족은 새로운 주택단지로 이사했다.[37] 그곳에는 숙청되었다가 복권된 또 다른 유명 정치가의 아들이자 현 중국 주석인 시진핑이 복도를 가로질러 살고 있었다. 이 교수와 시진핑은 친구가 되었고 5년 동안 거의 매일 대화를 나눴다. 시진핑이 정치적 경력을 쌓기 시작한 반면, 이(Yi) 교수는 "로맨스, 술, 영화, 서구 문학 등에 서서히 빠져들었다." 그리고 미국대학원에서 공부를 하기 위해 중국을 떠났다. 1987년 시진핑은 워싱턴 D.C.에 있는 이 교수를 찾아갔다.

마리에타대학에서 이(Yi) 교수는 동료 한 명과 커피포트를 공동으로 사용했다. 그리고 종종 자바 커피를 마시면서 중국내 대학에서의 기회에 대한 대화를 나누었다. 마침내, 이 교수는 중국 행정당국을 찾아가 중국 왕복 여행을 제의했고, 그가 알고 있는 중국 내 가족들로부터 어린이 몇 명을 미국으로 데려왔다.

주의사항이 하나 있었다. 당시, 미국대학들은 중국 지방대학과 유대관계가 있는 학생만 모집할 수 있었다. 이 교수는 국제관계대학(UIR)을 염두에 두었다.

"내가 이해하기로는 이 교수는 UIR의 교수 한 명과 아주 좋은 인간적인 관계를 맺고 있었다."면서, "그것은 기관 간의 관계로 발전했다. 우리는 UIR을 학생모집 기관으로 활용하기 시작했다."고 왕제레미(Wang Jeremy)가 나에게 말했다.

이 교수의 배경을 고려해볼 때, 그는 국가안전부(MSS)와 UIR의 연계성을 틀림없이 알고 있었을 것이다. 이 책과 관련한 인터뷰를 거절했던 그는 마리에타대학의 다양성과 재정수입 확보를 위한 욕망, UIR의 신뢰도 및 미국문화에 대한 직접 체험 등 상호이익이 있음을 인식하고 그에 따라 행동했던 것으로 보인다.

제임스타운(Jamestown) 재단의 중국간첩 전문가인 피터 매티스(Peter Mattis)는 UIR을 감독하는 MSS 관리들이 이 교수의 부친을 잘 알고 있었기 때문에 그를 신뢰했다고 추측했다. "MSS에서 진급하기를 원하면 누군가의 아들이나 딸이어야 한다."면서, "그들은 충성심을 기르고 체제를 이해하는 사람을 양성한다고 믿는다." 이 교수는 MSS에게 가서 "이런 기회가 있으니, 우리 함께 무언가를 만들어 보자."고 말했을 수 있을 것이다.

이(Yi) 교수는 미 국무부 인물들과 관계를 구축했고 그들은 중국 학생들의 미국 비자 취득을 도와주었다. "내 느낌으로는 이 교수가 국무부 커넥션을 갖고 있다. 그들은 이 교수를 박식한 사람이라며 매우 소중하게 여긴다. 나는 종종 그의 조언을 받아들이는 친구들이 국무부에 있다는 것을 안다."라고 마리에타대학의 한 동료가 나에게 말했다.

UIR은 마리에타대학에 관한 정보를 가지고 입학을 희망하는 학생들을 공급하고 그 대학에 재학하는 학생들을 조종하기 시작했다. 마리에타대학 중국어 교수 통(Tong)에 의하면, 마리에타대학은 UIR에 등록자 1인당 1,000달러를 지불했다. 내몽골에 고위급 친척을 둔 UIR 행정담당관은 마리에타대학이 내몽골에 있는 학생들과 연계를 할 수 있도록 도와주었다.

1995년 12명의 중국 학생 1진이 마리에타대학에 도착했다. UIR과 이(Yi) 교수는 마리에타대학 4학년 과정을 이수하기 위해 西南재정경제대학 재정경제학과에서 전학해 온 왕제레미(Wang Jeremy)를 제외하고 모든 학생들을 선발했다. 초기 몇 년간, 이 교수는 종종 중국의 최고위층 가족들을 이용했다. 1997~98년간 마리에타대학에 다녔던 리허허(Li He He)[38]는 당시 주미 중국대사이며 나중에 중국 외교부장으로 승진한 리자오싱(Li Zhaoxing)의 아들이다. 리(Li) 대사는 1998년 마리에타대학 졸업식에서 축사를 했고, 명예학위를 받았다.

초기에, UIR과의 협정은 일부 마리에타대학 교수들을 괴롭혔다. "많은 교수들이 '왜 스파이 학교와 관계를 맺으려 하느냐?'는 질문을 했다. 거기에는 묵묵부답이었다. 그 후 몇 년이 지나자, 우리는 중국 학생들이 가져다주는 수입이 필요했다. 그것은 현실이 되었다."라고 통(Tong)은 나에게 말했다.

마이클 테일러(Michael Taylor) 경영학 교수는 초기 논의를 상기시켰다. "MSS가 스파이 교육을 어떻게 했든 간에 UIR에서는 그것을 하지 않는다고 들었다."고 말했다. "UIR은 여전히 MSS 산하에 있고 MSS에 의해 운영되고 있다. 왜냐하면, 중국 여러 기관들은 이들을 포기하지 않고 있으며 '우리는 이 학교를 교육부에 양도할 것이다'라고 말하지도 않는다. 중국에서 교육부는 가장 약한 기관이었다. 여유자금도 가장 적었다. 당신이 어떤 영향력을 가졌든 간에 누구도 빌딩과 교수들을 보유한 그들의 학교를 교육부에 넘기기를 원하지 않았다."라고 그는 말했다.

마리에타대학 지휘부의 관점에서 보면, 재정적 이득과 여타 이득은 위험성보다 더 중요했다. 내가 그들을 인터뷰했을 때, 대부분의 과거나 현재 대학 당국자들이 중국 스파이학교와 이 대학의 커넥션을 얼마나 쉽게 합리화하는지에 대해 줄곧 충격을 받았다. 1995년부터 2000년까지 마리에타대학 총장을 역임한 래리 윌슨(Larry Wilson)은 "나는 불안하게 느끼지 않았다. 우리는 그 함의가 무엇인가에 대해 확실하게 이야기했다. 우리의 느낌은 미국에 오는 학생들이 매우 긍정적으로 미국을 배우려 한다는 것이었다. 나중에, 그들이 귀국했을 때, 그들은 미국에 대한 긍정적인 측면을 중국으로 가져갈 것이다."라고 말했다.

"중국 정부를 위해 일하는 학생들이 있었느냐? 만약 그렇다면, 우리는 그 사실을 몰랐다. 물론, 그들은 우리가 알기를 바라지 않았을 것이다."

마리에타대학과 UIR의 관계가 싹트기 시작하자, 베이징에 있는 미 대사관은 깜짝 놀라게 되었다. 2002년 11월 중국 주재 미 대사관은 워싱턴 D.C.에 있는 국무장관에게 '2급 비밀(secret)'과 '우선 취급(priority)'이 표시된 4쪽의 전문[39]을 보냈다. 제목은 "중국 MSS 훈련학교, 현실 세계(Real World)와의 연락책 찾기에 착수하다."였다. 미국 국무부는 상하이, 선양, 광저우, 홍콩의 미 영사관, 미국 정부를 대표하는 타이완 미국연구소(AIT)의 타이베이 본사, 도쿄와 서울의 미국 대사관, 그리고 호놀룰루 미국 태평양사령부의 사령관 및 합동정보센터(JICPAC)에 복사본을 배포했다. 2015년 내가 공공정보 공개를 요청하자, 국무부는 비밀인 본문은 주지 않고, 문서의 요약본만 제공했다.

　"신입 요원 선발을 준비하는 국가안전부(MSS)의 엘리트 기관인 국제관계대학(UIR)은 수많은 해외 고등교육기관과 '교환 협정'을 추진 중이다. UIR 내부 학생과 MMS의 진취적인 젊은 테크노크라트에 의해 추진되는 이 같은 결정은 여전히 논쟁이 뜨겁다. 그럼에도 불구하고, UIR 총장은 이미 마리에타대학과 협정을 체결했으며 마리에타대학은 처음으로 UIR 교수들에게 짧은 기간 동안 마리에타대학에서 강의를 하게 함으로써 '현실 세계'를 경험할 기회를 제공하였다."

　중국 고등학교 3학년 학생들이 마리에타대학에 더 많이 지원하자 대학 당국은 과정을 보다 간소화했다. 마리에타대학은 베이징에 사무소를 개설했다. 거기서 이(Yi) 교수는 학생과 부모를 만나 비자와 다른 관심사를 도와줄 수 있었다. 결국, 그는 강의를 포기하고 거의 1년 내내 중국에 머물렀다. 그의 부친은 99세 되던 1997년 사망했으나 그의 모친은 아직 거기에 살고 있었다. "그는 두 개의 직을 수행하고 중국으로 출근하면서 기진맥진한 상태였다."라고 테일러는 나에게 말했다.

　베이징의 '높은 자리'에서, 이(Yi) 교수는 마리에타대의 중국 내 활동을 조정했다. 전 대학 직원에 따르면, 이 교수는 다른 미국대학의 분교에 있는 카운터파트와 달리, 등록관리 부총장이나 입학관리본부장이 아니라 총장에게 보고했다.그는 종종 마리에타대학의 통상적인 학업 기준을 완화시켰다. 대학 내 비판자들에 의하면, 그 결과로 인해 준비가 덜 되거나 영어 구사 능력이 부족한 일부 중국 학생의 입학이 허락되었다.

　예를 들면, 다른 국가 출신이 마리에타대학에 지원할 경우, 표준 영어 능력시험, 즉 대학위원회의 TOEFL을 통과해야 했다. 마리에타대학에서 제2외국어로서 영어담당국장인 제이니 리스밀러(Janie Rees-Miller) 교수가 중국에도 똑같이 TOEFL을 요구해야 한다고 권고했지만, 이(Yi) 교수는 그 권고를 무시했다.[40] 그래서 리스 밀러는 마리에타대학 자체 영어시험을 고안했다. 그것은 TOEFL만큼 정확하지 않았다. 그러나 "확실히 없는 것보다는 나았다."라고 그녀는 나에게 말했다. TOEFL은 153달러에 4시간이 소요되지만, 마리에타대학의 시험은 무료이고 2시간이 걸렸다. 대학입학관리 본부장은 시험을 감독하기 위해 중국으로 날아가곤 했으며 시험은 UIR 회의실에서 치러졌고, 지원자를 면접하여 현장에서 합격 또는 불합격시켰다. 마리에타대학은 중국 지원자 중 우수자에게 소액의 급료를 주었다. 그들은 등록금 절감뿐 아니라 성적장학금을 받았다는 명성까지도 누릴 수 있었다.

"그들의 수업료는 대학에 중요했지만, 중국 지원자를 받아들이는 데 압박감을 느끼지는 않았다."라고 제이슨 털리(Jason Turley) 전 입학처장이 나에게 말했다. "내가 중국에 갈 때마다 입학하지 못한 학생들이 있었는데 그들은 면접에서 말하기가 부족해 탈락되었다. 총장으로부터 CFO(재무책임자)까지 '반드시 더 많이 입학시켜 오도록 하라'는 어떤 암시도 없었다. '당신이 그들을 받아들인다면, 그들은 좋아하겠지' 정도였다."

이(Yi) 교수는 중국에서 마리에타대의 위상을 높였다. "이 교수는 대학총장 및 교무처장과 토론하는 것을 좋아했다. 그들을 에스코트하여 와인을 마시고 식사를 하고, 중요 인물들에게 소개하는 것을 좋아했다. 그는 정치 공작적 활동과 관계구축에 열성적이었다."라고 전 행정담당관은 회상했다.

나는 2016년 4월 마리에타대학에서 중국 학생 12명을 인터뷰했다. 이 교수는 UIR을 통해 몇 명 모집한 것을 포함하여, 인터뷰 학생 거의 모두를 개인적으로 모집했다. 광고·홍보를 전공하는 3학년생 유지후이(Yu Zi Hui)의 삼촌은 이 교수와 대화하라고 권유했던 UIR 교수를 알고 있다. 신입생 왕이시(Wang Yi Si)의 모친은 UIR에서 컴퓨터학을 가르치고 있고, 이 교수를 알고 있다. 석유공학 전공인 미전쩌(Mi Zhen Ze)의 숙모는 이 교수의 친구다. 2학년 송지에유(Song Jie Yu)의 고등학교 배구팀 코치는 이 교수의 조교 전화번호를 그녀에게 주었다.

"우리 모두는 이(Yi) 교수를 위해 왔다."라고 중국 선전에서 온 재정전공 4학년생인 니에따추안(Nie Da Chuan)이 말했다. 그는 캠퍼스 중앙을 가로지르며 돌이 깔려있고 녹색식물이 가득한 섬과 미국 국기가 게양된 국기 봉이 있는 마리에타 몰에서 나에게 말했다

이 교수는 니에(Nie)의 형도 마리에타대학에 입학시켰다. 니에 자신의 첫째 선택은 미주리대학이었으나 TOEFL 성적이 못 미쳤다고 나에게 말했다. 그는 "교실을 꽉 채운 다른 학생들과 함께 국제관계대학(UIR)에서 마리에타대학 영어시험을 치렀다. 우리 모두 합격했다."라고 말한 후, "이 도시는 너무 작다. 매우 지루하다. 오락거리가 없어 방에서 컴퓨터 게임만 한다."고 푸념하며 아직도 미주리대학을 동경했다.

펑요란다(Peng Yolanda)는 〈제인 에어〉나 〈폭풍의 언덕〉 같은 낭만파 빅토리아 소설을 좋아하는 영문학 전공 3학년생이며, UIR의 교환학생이었다. 이(Yi) 교수는 베이징에서 그녀를 접촉했고, 그녀를 마중하러 미국 공항에 나갔다. "나는 여기의 평화로운 생

활을 좋아한다. 독서하는 데 많은 시간을 보내야 한다. 그것은 매우 유익한 일이다. 미국에서 좀 더 많은 공부를 원하는 학생이나 영문학 전공자들이 영어를 실습할 수 있는 좋은 기회이다.”라고 그녀는 내게 말했다.

다른 대학에서처럼, 마리에타대학의 중국 학생들은 대부분 서로 사귄다. 몇 명은 미국 학생과 한 학기 동안 방을 같이 사용하려고 노력했다. 그러나 문화적 차이와 영어 구사 능력이 부족하여 불편했다. 경제적인 차이, 즉 중국 학생들은 일반적으로 미국 학생보다 더 부유했고, 비싼 차를 소유할 가능성이 더 있었다. 그런데 그것이 약간의 분노를 불러일으켰다. 마리에타대학의 전 학생생활담당 부총장을 지낸 로버트 파스투어(Robert Pastoor)는 “미국 학생들은 주거형태 신청 양식에 외국 유학생 룸메이트를 요청할 수는 있었지만, 그 조치는 그다지 효과적이지 않았다.”라고 말했다. 일부 중국 학생들은 지역 ‘멘토 가정’과 짝을 이루고, 그 가정들은 만찬 또는 생일파티를 할 때 중국 학생들을 집에 초대하거나, 또는 교회에 데려간다.

중국학생과 미국 학생들 간 금기시하는 주제는 스파이 행위에 대한 UIR의 평판이다. 중국어를 배웠거나 아시아 연구를 하는 미국 학생들은 UIR이 스파이 학교라는 것을 알고 있었다. 아시아 연구와 국제 비즈니스를 전공하고 2012년 졸업한 매튜 하인즈만(Matthew Heinzman)은 “우리는 UIR 학생들과 그 문제에 대해 이야기 하지 않았다. 일종의 민감한 주제였다.”라고 내게 말했다.

실제로, 나는 그 이슈를 몇몇 중국 학생들에게 제기했으나, 진전이 없었다. “나는 정치에 별로 관심이 없다.”라고 펑은 나에게 말했다.

“UIR 학생들은 그냥 보통 학생들이다. 그들이 졸업하면 일부는 ….” 미첼 유(Michell Yu)는 적합한 단어를 선택하는 데 뜸을 들인 후, “정부에서 일한다. 다른 사람들은 자기 자신의 길을 선택한다.”라고 말했다.

국제관계대학(UIR) 학생들은 마리에타대학에 편입도 했다. 한 학생은 고등학교 3학년일 때, 별다른 정보 없이 UIR을 선택했다. UIR은 우선 선발권을 가지고 그를 뽑았다. 그는 2년 동안 정치학을 공부했다. 차츰 공학과 자연과학을 좋아한다는 것을 알게 되었으나, UIR의 그 분야 강의과목은 빈약했다. 마리에타대학에서 2주간 여름프로그램을 마친 후, 그는 마리에타대학에서 대학 생활을 하기로 결정했다.

UIR 동기생 중 일부는 국가안전부(MSS)에서 일하기를 원했다고 그는 인정했다. “그곳에 있는 학생들 대부분은 누구라도 똑같다.”

마리에타대학의 중국 학생들은 졸업하면 대부분 미국 또는 중국에 있는 기업에서 일한다. 예외가 한 명 있었다. 탄웨이(Tan Wei)은 2004년 졸업생으로 클린턴 재단(Clinton Foundation) 중국지부에 취업했다. 그는 2005년 클린턴 전 대통령이 후난성을 방문할 때 통역사로 일했으며 탄(Tan)은 "당시 할 얘기가 많았다."[41]라고 마리에타대학 교지(magazine)에서 말했다.

이(Yi) 교수의 지도하에 UIR－마리에타대간 제휴는 학생모집 이상으로 확대되었다. 2001년 UIR은 교수 1~2명을 매 학기 마리에타대학에 보내기 시작했다. 교수들은 사교댄스로부터 무술, 중국법까지 아주 다양한 과목을 가르쳤다.

2007년 이래 UIR 요청으로, 23명의 중국학생과 2명의 교수가 여름마다 마리에타대학을 방문하고 있다. 그들은 이익단체, 여론조사, 미국 대외정책에 현실 세계가 어떻게 영향을 미치는지 등을 배웠다. 그들은 미국과 중국이 식품안전 같은 국제문제에 어떻게 협력할 수 있는지를 팀을 나누어 연구했다. 여가 시간에는, 그들은 아울렛 매장과 월마트에서 쇼핑을 하고, 미국의 풍물, 즉 마이너리그 야구로부터 전 시장 소유의 피자전문점인 'Over the Moon'의 피자까지 맛을 본다.

"부업 차원에서 일하는 것은 아주 멋진 일이다."고 전 프로그램학과장인 마크 셰퍼(Mark Schefer)는 말한다. "나는 그들이 미국에 대한 좋은 인상과 미국이 어떻게 작동하는지 좀 더 정확한 감각을 가지고 떠나기를 원한다. 그들 대부분은 아마도 기업에서 일할 것이다. 만약 어떤 학생이 스파이로서 또는 중국 정부를 위해 일을 한다면 매우 흥미로울 것이다. 적어도 그들은 미국을 더 잘 이해할 것이다."

2013년 UIR은 베이징에서 자체 하계 프로그램을 열었다.[42] 거기서 UIR 학부생들은 6명의 마리에타대학 교수를 포함하여, 외국인이 영어로 강의하는 40개 강좌 중 원하는 과목을 선택할 수 있었다. 각 과목은 1주에서 3주 동안 16, 24, 32시간이었으며, 수강생은 30~60명씩이었다. UIR은 교사들에게 시간당 125달러를 주었고, 추가로 왕복 항공료와 넓고 잘 완비된 아파트를 무료로 제공했다.

"국가안전부(MSS)가 하계 프로그램을 후원한다고 소문이 났다."라고 왕제레미는 나에게 말했다. "나는 거기에 갔고, 몇몇 교수들이 'MSS가 하계학교에 자금을 지원했다'라고 말하는 것을 들었다."

프로그램은 두 개의 카테고리, 즉 심화과정과 학업과정으로 나누어진다. 심화과정에서는 야구, 컨트리 뮤직(미국 남부·서부 지역의 대중음악), 그리고 미국문화를 잘 알아야 하는 학생, 특히 미국에서 정보요원이 되거나 미국에 있는 공작원을 조종하고자 하는 학생들에게 그 특성들을 잘 이해하게 해준다. 마리에타대학에서 영어를 제2외국어로 가르치는 데보라 맥너트(Deborah McNutt)[43]는 여름 UIR 코스에서 숙어와 속어 같은 '미국문화와 실용 미국영어'를 가르친다.

그녀의 강의 요강에 의하면, "이 과목의 목적과 학습 목표는 외국 태생의 사람에게 '무엇이 미국인을 만드는가?'를 더 잘 이해하도록 돕는 것이다."라고 UIR 웹사이트에 게재되어 있다. "미국인들이 그렇게 행동하는 이유를 이해함으로써, 다른 나라 사람들이 더 많은 이해를 가지고 사업을 할 수 있을 것이다." 교재는 '외국인이 미국인에 대해 알아야 하는 것 A에서 Z까지'이다.

맥너트는 강사 경력을 간략히 소개하는 란에, "평생 마리에타대학에서 살았다. 비록 나의 집은 작지만, 지난 두 번의 여름 동안 UIR의 방문학생과 교수들에게 미국가정이 어떠한지를 보여주기 위한 하나의 '모델'로서 우리 집을 개방했다."라고 썼다.

마리에타대학의 경제경영학과 학장인 재클린 코라사니(Jacqueline Khorassani) 교수는 UIR에 자신의 전공 관련 하계강좌를 개설했다. 그녀는 MSS가 강의료를 주더라도 개의치 않았다. "그들이 방해하지 않는 한 내가 원하는 것을 가르칠 수 있는 학문적 자유가 있다. 나는 경제학을 어디에서든지 가르친다."고 나에게 말했다.

아무도 코라사니의 강의를 검열하지 않았지만, UIR의 외국 교수들은 완전한 자유를 누리지 못할 수도 있다. 한 교수는 자신의 수업을 모니터링 하는 '경호원'을 발견했다. 당국이 중국과 미국 정부를 비판하는 그 교수의 강의 비디오를 그에게 보여준 후, 다음 여름에 그는 다시 초대받지 못했다.

리싱(Li Xing)은 UIR 대학원에서 외국어와 국제관계학을 연구하기로 마음을 정했다.[44] 대학원이 그의 입학을 불허하자, 북부 덴마크에 있는 작은 공립학교인 알보그대학(Aalborg University)으로 유학을 갔다. 1974년에 설립된 알보그대학은 학습에 대한 혁신적 접근법으로 유명하다. 학생들은 실생활(real–life) 문제를 규명하고 해결하기 위해 그룹으로 공부를 한다.

리싱은 거기에서 석사학위와 박사학위를 받았다. 그리고 알보그대 교수진에 합류했다. 국제관계대학(UIR)은 그의 발전에 주목했다. 2009년 그는 초청장을 받고, UIR 60회 기념식에 참석했다. 한때 그를 거절했던 UIR은 2010년 그를 명예교수로 임명했다. 그도 역시 '해외학자를 위한 재능 프로그램'에 가입되었고 그 프로그램은 그에게 중국에서 강사료를 받을 수 있게 해주었다.

그 구애는 결실을 맺었다. 2011년 알보그대학과 맺은 파트너십은 UIR을 마리에타 대학에서 이루었던 것 못지않게, 서구 유럽에서의 발판을 마련해 주었다. 가장 큰 차이점은 UIR이 마리에타대학에 대학생을 보낸데 반해, UIR-알보그 계획[45]은 중국에서의 석사학위 프로그램과 국제관계학 석사과정을 포함한다는 것이다. 양쪽 대학에서 온 12명의 대학원생은 첫해에는 덴마크에서, 다음 해에는 중국에서 공부한 후, 양 대학으로 부터 학위를 취득한다. UIR에 공동연구센터가 있고, 영어로 한 번, 중국어로 한 번, 1년에 두 번 학술지를 발간한다. 편집장은 리싱이다.

알보그대학의 누구도 처음에는 협력을 의심하지 않았다. 덴마크는 중국과의 밀접한 관계를 모색하고 있다. 중국은 돼지고기로 만든 소시지로부터 인슐린까지 여러 덴마크 상품의 최고 수출시장 중 하나이다.[46] 2014년 당시, 인터넷을 검색하던 교수 한 사람이 중국 국가안전부(MSS)와 UIR의 연계 사실을 우연히 발견했다. 그의 불평은 논쟁을 촉발시켰다. 논쟁은 리싱(Li Xing)의 문화 및 글로벌 학과에서 시작하여, 사회과학 분야 교수진과 학장, 총장까지 전체로 급속히 확산되었다.

학장은 덴마크 정보기관과 상의했고 그 정보기관은 그 프로그램을 안보상 위험이 있는 것으로 보지 않았다. "나는 덴마크 정보기관들이 중국의 산업스파이에 더 관심이 있었다고 들었다. 우리는 UIR과 MSS 사이에 협력이 있다는 것을 알고 있다. 그러나 그 협력 범위는 알지 못한다. 우리는 학생들과 그것에 대해 이야기하고, 그것을 알려준다."라고 합동석사과정 관련 학업 코디네이터인 아네 비스레프(Ane Bislev)가 나에게 말했다.

"MSS가 일부 UIR 졸업생을 선발하여 심화된 정보훈련을 하는 반면 대부분의 학생들은 다른 분야를 추구한다."라고 리싱이 나에게 말했다. "합동 프로그램이 순수하게 학문적이고 전문적이라면, 어떤 정치화 시도도 끼어들 여지가 없을 것이다."[47]라고 그는 이메일로 덧붙였다.

리싱의 친구를 통해 UIR은 미국의 한 공립대학교에도 입학할 수 있게 되었다. 5개 대륙 14개 국가의 대학교에서 국제정치 및 발전을 강의해 왔던 캐나다인 티모시 쇼(Timothy Shaw)는 2000~01년간 알보그대학에서 초빙교수로 근무했다. 그는 거기서 리싱(Li Xing)을 알게 되었다.

2012년 가을, 쇼(Shaw)는 매사추세츠대학 보스턴캠퍼스(UMassB)에서 글로벌 거버

넌스와 인간안보 박사과정의 책임자가 되었다. 그는 UMassB의 미래가 중국, 브라질 및 아랍에미리트(UAE)와 같은 신흥국가와의 관계를 구축하는 데 달려있다고 나에게 말했다.

2013년 그는 UIR의 객원연구원인 후앙리한(Huang Rihan)과 후이왕(Hui Wang)등 2명을 초청하는 데 동의했다.[48] 그것은 쉬운 결정이었다. 왜냐하면, UMassB는 비용을 전혀 부담하지 않기 때문이다. 중국이 그들의 비용을 댔다. UIR의 조교수인 후앙은 UIR에서 학사, 석사, 박사학위를 취득하고, 중국과 미국에 초점을 둔 사이버보안을 공부하기 위해 정부자금을 받았다. 나이가 좀 더 많은 부교수인 후이는 중국의 부상에 대한 미국의 인식을 연구하기 위해 교육부 보조금을 받았다.

"그들은 리싱을 통해 내 정보를 들었기 때문에 UMassB를 선택했다."라고 쇼(Shaw)는 말했다. "그들은 보스턴이 아주 좋은 도시이며, 학구적이라고 알고 있다. 또한, 하버드에 지원해도 답장을 받지 못할 거라는 것을 알고 있다."

그들의 임무는 쇼(Shaw)에게 달려있었다. 쇼(Shaw)는 그들에게 아무것도 주지 않았다. 후앙이나 후이 누구도 UMassB에서 어떤 과정을 수강하거나 가르치지 않았다. 사실상, 그들은 대학 내에 사무실이 없었고, 학교에 거의 나타나지 않았다. 그 대신, 그들은 자신들이 살고 있는 교외 중국인 거주 지역에서 지하철을 타고 그 지역에 있는 다른 교육기관, 즉 보스턴대학, Northwestern대학, MIT, 그리고 특히 하버드의 케네디 공공정책대학원(HKSG)으로 갔다. 거기서 그들은 세미나, 컨퍼런스, 그리고 인터넷에서 발견한 다른 행사에 참석했다. 나중에, 그들은 쇼(Shaw)에게 "지난주 MIT에서 무슨 일이 있었는지 아느냐?"고 말했을 수 있다.

물론, 컨퍼런스에 참석하는 것은 매우 좋은 학문적 소일거리이다. 또한, 스파이 기관들이 비밀이 아닌 가치 있는 정보에 접근해서 수집하는 일반적인 방법이다. 사실, 보스턴 지역에 있는 어떤 대학의 보안 요원들은 후앙과 후이가 한 컨퍼런스에서 충분히 의심스런 질문을 했다는 사실을 알았다. "중국 정보시스템이 잘하는 것 중 하나는 미디어에서 읽을 수 없고 문서로 얻을 수 없는 정보를 어떻게 수집할 수 있는가를 알고 있다는 것이다. 즉, 이 같은 행사에 나타나서, 적당한 자리에 앉아, 바로 청취함으로써 그 정보를 입수한다."라고 매티스(Mattis)가 나에게 말했다.

쇼(Shaw)는 그들이 성가시게 굴지 않는 것을 기뻐했다. "나는 그들이 많은 도움을 요구할까 봐 걱정했다."라면서, "그들은 도움이 필요 없었다. 나는 그들이 비밀정보를 찾아다니는 스파이일 수 있다는 생각을 꿈에도 못 했다. 그들은 그런 행동을 하지 않았다. 매우 다른 환경에서 6개월을 즐기고 있다고 생각했다. 신경 쓸 일이 없어서 좋았다.”라고 쇼(Shaw)는 내게 말했다.

후이왕(Hui Wang)은 '중국에 대한 미국 인식'이라는 연구주제를 토론하기 위해 UMassB내 다른 교수와 함께 점심을 했다. 후이는 당시 국무장관인 힐러리 클린턴(Hillary Clinton)이 중국의 인권문제만을 비난하는 것에 대해 불만을 표시했다. 그 교수는 클린턴이 이스라엘과 다른 나라들도 비난했음을 지적하면서 후이에게 반박했다.

쇼(Shaw)는 객원 연구원들을 환영했고, 매사추세츠대학 보스턴캠퍼스(UMassB)가 UIR과 공식적인 관계를 수립하도록 설득했다. 국제문제 담당 부학장인 슈일러 코르반(Schuyler Korban)은 2013년 10월 베이징을 방문하여 UIR 총장 찌엔타오(Jian Tao)를 만났다. 그들은 선물을 교환했다. 코르반은 찌엔에게 'UMassB'로고가 새겨진 투명한 합성수지로 만든 펜대를, 찌엔은 코르반에게 종이상자로 포장된 녹차를 주었다.

분자 생리학자인 코르반은 “중국 정보기관 내 UIR의 지위에 대해 어떤 것도 눈치채지 못했다. 내가 아는 것은 강한 학문적 명성을 갖고 있다는 것이 전부였다.”면서, “우리는 학자이고, 학문적 프로그램을 본다. 물론, 재원이 어디서 나오는지를 안다면 ….보다 면밀하게 살펴보았을 것이다. 만약 내가 사전에 정보를 갖고 있었다면, 좀 더 다르게 UIR을 살펴보았을 것이다.”라고 나에게 말했다.

그해 12월, 쇼(Shaw)는 UMssB의 관리자가 서명한 양해각서를 협의하기 위해 UIR을 방문했다. UIR 캠퍼스에 있는 학문교류센터(EAC)에서 거행된 체결식에서, 총장 찌엔, 부총장 왕루바이(Wang Rubai), 그리고 국제교환국장 민하오(Min Hao)가 서명을 했다. 쇼(Shaw)와 리싱(Li Xing)도 참여했다.

5년 협약으로, 두 대학은 학생과 교수진의 교환 확대, '초국가적 연구'증진, 그리고 다른 합동활동 증진에 합의했다.[49] 지금까지 유일한 후속 조치는 쇼(Shaw)가 2016년 UIR의 하계 프로그램에서 강의를 했다는 것이다.

후앙리안은 국제관계대학(UIR)으로 귀환한 후, UIR 졸업생이자 차르하르(Charhar) 연구소의 연구원인 쉬에팅팅(Xie Tingting)과 함께 “중국이 유럽 난민 위기를 어떻게 이용할 수 있는가” 제하의 논문을 2005년 공동으로 집필했다. 팅팅은 南수단내 전 카터센터 선거 참관인이었고, 에모리대학 객원 연구원이었다. “중국은 국제적 이주 문제를 다루는 메커니즘의 주창자이자 글로벌 통치 규칙 제정자가 될 수 있는 기회를 포착해야 한다."[50]고 그들은 썼다.

그 논문은 알보그대학 교수인 리싱이 편집하고 UIR - 알보그대학이 합동으로 발행하는 〈중국과 국제관계 저널〉에 실렸다.

마리에타대학의 베이징 사무소[51]는 BMW 본부와 도나벨라 국제미용클리닉 뒤에 있는 미국 대사관으로부터 1마일 떨어진 부유층 주택단지 내에 있다. 경비요원이 입구를 감시한다. 즉흥적으로 2016년 5월 수요일 오후 방문을 했다. 아이들은 철골 놀이기구인 정글짐과 플라스틱 틱택토 판을 가지고 그늘진 운동장에서 소리를 지르며 놀고 있었고, 젊은 여자가 농구장을 지나 애완견 시츄를 산책시키고 있었다.

대학 사무실은 커다란 정사각형 창문들이 있는 22층 빌딩의 5층에 있었는데, 어떤 간판도 보이지 않았다. 처음 문을 두드렸으나 아무런 응답이 없었다. 20분 후, 2번째 시도에서 중년의 중국 여자가 문을 열었다. 내부 사무실은 마리에타대학의 역사에 관한 책들과 이샤오시옹(Yi Xiaoxiong) 교수가 교수진 및 학생들과 찍은 사진이 전시된 것 이외에는, 물건으로 가득 찬 주방과 식탁이 있는 어수선한 여느 아파트처럼 보였다. 이 교수의 사진, 그리고 중국과 관계 개선에 관한 헤드라인이 있는 영어신문을 오려내어 만든 액자가 테이블 옆에 걸려 있었다.

그 여자는 자신의 이름을 밝히거나 인터뷰하기를 거부했다. 그곳에 아무도 없었지만, 그녀는 부모 및 학생들과 대담하는 것이 자신의 일이라고 말했다. 그녀는 이 교수가 거의 사무실에 오지 않는다고 말했다. 마리에타 대학의 중국 학생모집이 성공적인가에 대한 물음에, "마리에타대학은 그냥 마리에타대학"이라고 대단찮게 말했다.

학생 모집이 침체된 것은 일탈이 아니었다.[52] 마리에타대학은 옛날처럼 많은 중국 학생들을 끌어들이지 못하고 있었다. 중국 학생 수는 2012년 가을 144명에서 2015년 가을 88명으로 39% 급락했다. 동 시기에 마리에타대학의 전체 입학생은 1,432명에서 1,193명으로 전체 17%나 감소했다. 결과적으로 재정 위기는 교수진 축소 및 조지프 브루노(Joseph Bruno) 총장의 사퇴를 촉발했다.

다른 미국대학과의 경쟁이 치열해짐에 따라, 이 침체의 한 요인은 베이징 주재 미국 대사관에서 미 국무부로 보낸 2009년 3급 비밀 전문이었을 수 있다. 2011년 위키리크스(wikileaks)가 그 내용을 폭로했다.

'시진핑 부주석의 초상화: 문화혁명의 야심찬 생존자'[53]제하로 3,735단어의 전문은 2007년~09년간 미 대사관의 정치담당 관리, 대사관 장기 접촉자 및 시진핑의 과거 친한 친구들 간의 다양한 대화 내용이 기술되어 있었다. 그 접촉자는 시진핑의 성격과 정치적 견해는 물론, 부모, 어린 시절, 시골 지역으로 문화혁명 유배, 그리고 초기 경력까지 언급했다.

출처는 시진핑을 잘 알고 있었고, 그에 대해 애증이 엇갈리는 감정을 갖고 있었다. 미래의 주석인 시진핑을 자신감 있고, 계산 잘하며, 집중력이 있고, 야망이 강해 그의 부친이 소위 '당 정치범 수용소'에서 고통을 겪고 있을 때 공산당에 가입했다고 기술했다. 동료들은 시진핑의 지능을 과소평가했고, 여성들은 그를 '따분한 남자'로 생각했다. "시진핑이 권력을 잡게 되면, 아마도 신흥부유층을 희생해 가면서, 중국의 부패를 공격적으로 다룰 것이다."라고 제보자는 정확히 예언했다.

전문은 접촉자의 이름을 밝히지 않았으나 단서들로 넘쳐났다. "1953년 출생으로, 그는 마오쩌둥의 초기 혁명가이며 동시대 인물로서 중화인민공화국의 초대 노동장관의 아들이었다. 그는 베이징사범대학에서 수학하고 워싱턴 D.C.에서 대학원을 졸업했다. 현재 미국 시민이며 한 미국대학에서 정치학을 강의한다."

이 상세내용은 한 사람과 맞아 떨어졌다. 바로 이샤오시옹(Yi Xiaoxiong)이다. 마리에타대학 학생 모집자의 시진핑에 대한 솔직한 평가는 중국 학생들, 장래 지원자들, 그리고 학부모들 사이에 확산되었다. "나는 중국에 갔다 왔던 동료와 몇몇 가족으로부터 그런 말을 들었다."라고 리스밀러(Rees-Miller)가 말했다. 그 전문이 공개된 후, 중국 소셜미디어에 올라온 글[54]은 이(Yi) 교수의 이름을 미국 스파이로 추정되는 리스트에 포함했고, 역시 마리에타대학에서 논란을 일으켰다. 당시 많은 학생들이 이 광경을 목격했다."라고 전 마리에타대학 직원이 나에게 말했다.

특히 시진핑이 2012년 11월 중국공산당의 총서기가 된 후, 이(Yi) 교수의 솔직함이 중국의 새 지도자를 불쾌하게 했을 수 있거나, 심지어 이 교수가 미국 정보기관을 위해 일한다는 사실을 두려워하면서, 일부 중국 가정들이 마리에타대학 입학을 기피했을 것이다. "나는 내 자식을 거기에 보내는 것에 대해 불안하게 생각했을 것이다. 그들은 '마리에타대가 미국 스파이학교'라고 생각했다."라고 통(Tong) 교수는 말했다.

그 전문은 중국 스파이 학교와 마리에타대학의 유대관계 강화를 방해하지 못했다. 2011년 10월 두 대학은 5년 이상 파트너십을 연장했다.[55] 2015년 브루노 총장과 찌엔타오 총장은 이(Yi) 교수와 다른 마리에타대학 관리들과 함께 마리에타대학에서 만났다.

마리에타대학과 UIR간 교환학생의 숫자는 학기마다 1~2명에서 2016년 봄 학기에는 4명으로 증가했고, 가을학기에는 6명으로 증가했다. 마리에타대학은 2016년 4월 UIR 캠퍼스에서 중국 동문들을 위한 이벤트를 개최했다. "UIR 관리들은 행사장소로 그들의 캠퍼스를 기꺼이 제공했다."라고 브루노 총장은 말했다.

마리에타대학의 경제학과장인 코라사니 교수는 중국 학생의 입학을 증대시키기 위해 이중학위 프로그램을 제안하였다. UIR 경제학 전공자들은 UIR에서 2년, 마리에타대학에서 2년을 수학한 후 두 대학에서 학위를 받는다. "마리에타 학위는 대학수준의 영어를 읽고 쓸 수 있다는 능력을 보여줌으로써, 그들이 미국대학원에 입학하는 데 도움을 줄 것이다."라고 말하면서, "나는 중국 학생들이 관심을 가질 것으로 생각했다. 그러나 아직까지 채택되지는 않았다."라고 그녀는 덧붙였다.

"두 기관은 몇 가지 이중학위 옵션을 검토하고 있다. 그러나 현재로서는 아주 초기단계에 있다."라고 학교 대변인 페리(Perry)가 나에게 말했다.

맥도너프(McDonough) 센터에서 미국, 중국, 그리고 러시아 간의 관계에 대한 학생들의 프레젠테이션이 끝나고 난 후, 나는 복도에서 UIR의 객원연구원인 리우잉지에(Liu Yingjie)와 대화를 나누었다. 리우는 베이징 스모그를 벗어나 마리에타의 신선한 공기를 마시니 위안이 되고, 마리에타를 좋아한다고 사교적인 첫 인사말을 나누었다. 그다음 나는 학생들이 인권 또는 사이버 스파이행위를 왜 거론하지 않는지를 물었다.

"주제가 이미 몇몇 분야로 정해져 있었다."라고 그는 말했다.

"누구에 의해서죠?"

"학생들입니다."

그 답변이 나를 혼란스럽게 해서 나는 중국 정보기관과 국제관계대학(UIR)의 관계로 화제를 바꾸었다. UIR이 중국 국가안전부(MSS)로부터 자금을 받지만, 최근 교육부의 지원도 증가했다고 그는 말했다.

"UIR은 마리에타대학 처럼 극히 평범한 대학일 뿐이다."라고 그는 말했다.

05

포 섭

글렌 슈라이버(Glenn D. Shriver)는 대학 1학년을 마친 후 여름 내내, 중국에 빠져 들었다. 아직 중국어를 못했지만, 마치 중국이 그를 사랑하는 것처럼 보였다.

슈라이버는 미시건주 서부의 보수적인 옥수수 재배지역 출신의 그랜드밸리주립대학교(GVSU) 학생 18명 가운데서 가장 어린 학생들 중 하나였다. 그는 2001년 견문을 넓히기 위한 6주 동안 광대한 미지의 나라에 뛰어들었다. 다른 학생은 이렇게 회상했다. "많은 학생들이 중국에 매혹되었다. 글렌을 포함한 많은 학생들이 몽롱한 또는 감각 과부하 상태가 되었는데, 특히 첫째 주가 그랬다. 마치 충분히 누릴 수 없을 것 같았다. 발걸음을 돌리는 곳마다 깊은 인상을 받았다."

그들은 화동사범대학(ECNU)에 근거지를 두고, 상하이의 군중과 고층 건물 한복판에서 중국철학을 공부하고, 영어 학습을 원하는 중국학생들과 시간을 보냈다. 그리고 뱀과 해파리로 식사를 했으며, 만리장성과 베이징 여행도 갔다. 거기서 전통중국 치유사(healer)는 그들의 맥을 짚고, 간(livers)의 온도가 높은 사실로부터 슈라이버를 포함한 수명의 학생들이 술을 너무 많이 마신다고 추정했다. 학생들이 그에게 그런 사실을 말했을 수도 있다.

다른 단기 여행에서, 그들은 어린이들이 외국인을 본 적이 없는 중국 남서부에서 교실 하나만 있는 시골 초등학교에 여장을 풀었다. 미국학생들은 어린이들에게 호키포키 춤을 가르쳤고, GVSU 대학생 마이클 맥캔(Michael McCann)은 비디오카메라를 꺼내

들었다.

그는 "이 아이들 중 일부는 물웅덩이 이외에서 자신의 모습을 본 적이 없었다. 마을에는 거울이 없었다. 나는 그들이 자신들을 볼 수 있도록 뷰파인더를 휙 돌렸다. 그들은 그것이 자신들이라는 것을 알아보았다. 카메라를 향해 손을 흔들었고 그런 다음 숨었다."고 회상했다. 떠나기 전, 미국학생들은 학교 측에 3년 동안의 학비에 해당하는 200달러를 기부했다.[1]

고향에서 바다건너 8,000마일 떨어진 곳에서, 슈라이버는 록 스타처럼 느꼈고 때때로 그렇게 행동했다. 그는 화동사범대학 코트에서 즉석 농구시합을 하면서, 말로써 중국 상대팀의 기를 죽였다.[2] 또한 중국여성들의 관심을 한껏 즐겼고, 자신이 정복했다고 자랑했다. 그는 자신이 무슨 이야기를 하고 있는지 모를 때도 교실에서의 토론을 좌우했다. 나이가 많고, 더 박식한 학생들이 그를 비웃으며[3] 입을 다물라고 말했지만, 그는 듣지 않았다.

잘 생긴 슈라이버는 소수민족의 문화행사에 참석하여, 중국 남서부 산악지역에 살고 있는 이(Yi) 민족의 전통의상을 입고 무대 위에 서도록 선택되었다. 그랜드밸리 그룹을 인솔했던 니페이민(Ni Peimin) 교수는 "그가 품위 있는 젊은 왕자처럼 보였다."고 말했다.

슈라이버는 항상 모험을 할 준비가 되어 있었다. 베이징에서 어느 날 저녁, 그와 맥캔(McCann) 그리고 다른 학생 2명은 특별한 목적지 없이, 베이징의 뒷골목을 돌아다니기로 했다. 맥캔은 이렇게 회상했다. "우리는 관광지역이 아니라 베이징의 진면목을 보고 싶었다. 그래서 거리를 어슬렁거리면서 식당과 바를 찾았고, 2명의 러시아인과 어울렸다. 몇몇 가라오케 바를 발견했고, 멋있고 훌륭한 밤을 보냈다. 글렌은 가라오케에서 마음껏 술을 마시고, 노래를 하며, 즐거운 시간을 보냈다."

어느 날, 그는 너무 지나친 행동을 했다. 그랜드밸리 그룹은 석림(Stone Forest)을 관광하고 있었다. 석림은 중세 흙벽처럼 윈난성의 언덕보다 훨씬 높이 솟은 거대한 석회암 구조물을 특징으로 하는 국립공원이다. 다른 학생들은 그 지역사람들이 신성시 하는 석림에 기어오르는 것을 금지하는 경고표지에 주의했다. 그러나 슈라이버는 경고를 따르지 않았다. 니(Ni) 교수가 중단하도록 경고할 때까지, 그는 자신의 팔다리와 학교의 명성을 위태롭게 하면서 모든 바위에 기어올랐다.[4]

두 명의 중국여학생은 슈라이버와 그의 친구 마이클 베이츠(Michael Weits)와 많이 어울렸다. 프로그램이 끝났을 때 그들은 공항까지 그룹과 동승했다. 베이츠는 "우리는 떠날 때 눈물을 찔끔 흘렸다."고 회상했다. 그때 슈라이버는 중국으로 돌아와 언어를 배우고 공부하고 일할 것이라고 결심했다. 나중에, 그가 그 맹세를 지켰을 때 다시 한 번 안전한 길에서 벗어났다. 이번에는 중국정보기관에 매수되었다.

그랜드밸리 유학동료 중 한사람은 2015년 나에게 이렇게 말했다. "나는 그 뉴스를 보고 낄낄대고 웃었다. 나는 그런 일이 발생할 수 있다는 걸 알았다. 만약 그것이 우리 그룹 중 한 사람이라면, 그건 바로 그였다. 그는 아주 자신 만만했다. 다른 사람들이 어떻게 생각하든 개의치 않고 자기 멋대로 행동을 했다. 여행 중 나는 여러 차례 '웃기는 짓은 제발 그만해'라고 말하고 싶은 느낌을 가졌다."

스포츠처럼 스파이 활동에서도 홈팀은 어드밴티지를 누린다. 현지 언어, 문화, 지리, 건물 및 샛길을 알면 대상자에게 보다 더 쉽게 접근할 수 있다. 당국에 붙잡힐 위험도 없다. 오히려 그들의 협력은 비밀공작을 용이하게 할 수도 있다.

그것이 바로 미국 대학들이 유학 프로그램, 분교, 연구센터 등을 통해 해외로 옮겨 갔을 때, 간첩활동에 더욱 더 취약해지는 원인이다. 관리자와 교수진은 일반적으로 미국인일지라도, 지원요원, 예를 들면수위, 식당종업원, 사서, 우편배달부 등은 현지인이 대부분이다. 미국 내에서도 민감한 연구에 외국학생들의 접근을 제한하는 것은 상당히 어렵지만, 그들 자신의 나라에서는 그보다 훨씬 더 어렵다. FBI의 다이앤 머큐리오(Dianne Mercurio) 방첩관이 남플로리다대학교(USF)에 제안한 사례와 같이, 미국 정보기관이 해외 캠퍼스를 스파이활동에 이용하고자 한다면, 노출과 당혹이라는 위험을 감수해야 한다.

미국대학들은 국제적으로 확장할 경우 그런 우려를 고려하지 않는다. 뉴욕대학은 '동적이고 글로벌한 네트워크'[5]를 주장하면서, 상하이와 아부다비에 학위수여 캠퍼스를 열었다.[6] 또한 부에노스아이레스에서 프라하, 아크라(가나 수도), 텔아비브까지 해외 연구센터들을 설립했다. 뉴욕대학은 상하이 학생들이 맨해튼을 포함한 다른 뉴욕대학 캠퍼스에 적어도 한 학기동안 보내도록 요구하고,[7] 아부다비 학생들에게도 그렇게 권유함으로써, 미국과 다른 나라들에 대한 스파이 활동의 길을 열었을 수도 있다.

코넬, 노스웨스턴, 텍사스A&M, 조지타운, 카네기멜론, 버지니아코먼웰스대학 등도 모두 타 대학에 뒤지지 않으려고 카타르에 분교[8]를 설립했다. 카네기멜론대학 역시 르완다, 싱가포르, 볼로냐, 난징, 한국에 있는 현지 분교에서 학위를 수여하고 있다.[9] 시카고대학 부스(Booth) 경영대학원은 영국과 홍콩의 분교를 자랑한다. 중국 쿤산에 있는 듀크대 분교는 2014년 8월 첫 강의를 시작했다. 2개월 후, 예일대는 '중국내 모든 활동의 회합장소 및 학술활동 중심지'[10]로서 베이징에 센터를 설립했다.

　　2013~14학년도(Academic year)에 학점을 따기 위해 해외여행 하는 미국 대학생 숫자는 1993~94학년도에 비해 3배 이상이었다.[11] 2006년 메릴랜드에 있는 가우처대학(Goucher College)[12]은 미국에서 학부생들에게 해외수강을 요구한 첫 번째 인문대학이 되었다. 중국은 다섯 번째로 인기가 있고,[13] 서유럽을 제외하면 첫 번째이다. 2009년 발표된 오바마 대통령의 5개년 계획[14]은 미국학생 10만 명을 중국에 보내는 것이었다. 2014년 학점취득 목적이 아닌 청강생과 고등학생까지 포함하여 목표를 달성하였다. 2015년 국무부는 소수민족과 저소득층 학생들의 참여를 증진하기 위해 유학사무소를 개설했다.[15] 408개의 단과대학과 종합대학이 2020년까지 미국의 해외 유학생 60만 명을 목표로 국제교육원(IIE) 구상[16]에 가입했다.

　　유학은 분명히 교육적인 가치가 있고 또한 미국대학의 재정에도 이익이 된다. 많은 미국 사립대학들은 해외 대학에 한 학기 또는 1년간 다니는 학생들에게 정식 수업료를 내도록 요구한다. 그럴 경우 대학들은 다른 학교에 변제 한다. 만약 그들의 수업료가 외국대학의 수업료보다 비쌀 경우 그들은 차액을 챙긴다. 이는 흔한 일이다. 게다가 몇몇 대학의 미국 학생들은 해외에 체류하는 동안 소속 대학으로부터 받는 장학금을 박탈당한다. 최종적으로 입학정원의 몇 퍼센트(%)가 해외에 체류할 거라고 주장하면서, 미국 대학들은 더 많은 학생을 모집하고 수용할 수 있다.

　　분교들 역시 돈벌이가 될 수 있다. 그들은 가끔 급료가 높은 종신 교수들보다 급료가 낮은 겸임교수들을 채용할 뿐 아니라, 미국의 축구장과 야구장처럼 주재국의 호의로 세금우대 조치와 다른 특혜들을 누릴 수 있다. 아부다비(Abu Dhabi)나 카타르(Qatar)[17]의 왕족들은 분교 캠퍼스에 재정을 지원한다.

　　학계에서 활동하는 대부분의 국외 거주자들은 새로운 환경에 너무 몰두하여 특별히 상냥하거나 관대한 외국인이 스파이일지도 모른다고 의심하지 않는다. CIA 전직 관리는 이렇게 말했다. "만약 내가 플로렌스에 있는 대학에 다닌다면, 러시아인들이 나를 타깃으로 한다는 것을 전혀 생각하지 않는다. 보다 좋은 일은 와인을 마시고, 학교에 가고, 22세의 젊음을 즐기는 것이다. 학생들은 세르게이(Sergei)가 왜 술을 사고 여행을 함께 가자고 초청하는지 그 이유를 묻지 않는다."

그렇지만, 때때로 접근방법이 너무 노골적이어서 무시할 수 없는 경우도 있다. 미국 육군사관학교에서 강의했던 컬럼비아대학의 대학원생이 2015년 사관생도 그룹을 중국으로 인솔했는데, 그때 중국정보요원들이 그를 포섭하려고 했다. 그 사건에 대해 잘 아는 사람이 나에게 "그들은 그를 그룹에서 떼어낸 후, 그가 언제든지 불만스러운 일이 있을 경우 자기들에게 연락해야 한다고 말했다."고 알려 주었다.

중국 북동부지역의 대학에서 외국인 교수를 담당하는 책임자는 2006~07년 영어를 가르치는 젊은 미국인에게 나이가 더 많은 중국인을 가르치는 부업을 주선했다. 수업은 중년 중국학생이 영어선생을 에스코트하여 관광지를 방문하거나 —제 및 가짜 식물들, 새장 안의 독뱀들, 물탱크 속에 문어들이 있는— 환상적인 식당에서 주문하는 동안 영어로 대화하는 것으로 구성되었다. 그 선생은 고향에 보낸 이메일에 "50대 '친절한 아빠(sugar daddy)'가 여행과 저녁식사로 나를 매수하려는 것으로 보인다."고 썼다.

한 번은, 학생의 친구가 다중코스 만찬에 그들과 합류했다. 자신을 보안요원이라고 소개한 후, 파룬궁(Falun Gong)이 사회적 안정성을 해치는 위험한 광신도적 종교집단이라는 중국공산당의 선전을 메아리처럼 반복하면서 파룬궁을 맹렬히 비난했다. 그런 다음 그는 미국인에게 중국당국이 파룬궁 위협에 맞서는 데 도와줄 것을 요청했다. 그가 고향에 돌아왔을 때, 미국에 있는 파룬궁 망명자공동체에 대한 정보를 수집하려고 했을까? 중국요원은 그에 대한 보상으로 문자 그대로 보석을 약속했다. 그 미국인은 나에게 "그는 나의 모친에게 옥을 선물하려고 했다."고 말했다.

그 미국인은 깜짝 놀랐지만 무례를 범하고 싶지 않았다. 그는 "나는 직설적인 대답을 하지 않았으며, 웃고 고개를 끄덕이면서 관계를 끊으려고 했다."고 말했다. 미국인은 그 일을 그만두고 수백 마일 떨어진 다른 중국대학으로 도망갔다. 그러나 중국요원은 그를 추적했다. 어느 날 중국요원이 다른 사람과 함께 미국인의 기숙사 로비에 나타나기도 했다. 그 미국인은 "중국요원은 나를 포섭하려고 상당한 돈과 시간을 투자했다."고 말했다. "나는 그들을 퉁명하게 대해야만 했고, 어떤 일도 거부해야만 했다."고 말했다.

미시간주립대학 총장[18]으로서, 로우 시몬(Lou K. Simon)은 2009년 말 긴급한 문제로 CIA와 접촉했다. 두바이에 있는 이 대학의 분교는 구제금융이 필요했는데, 이상한 구원자가 도움을 제의하고 나섰다. 즉, 두바이에 기반을 둔 회사가 돈과 학생을 제공하겠다는 것이었다. 시몬은 유혹을 받았다. 그녀는 이란인들이 투자하고 이란출신 학생을 선발해 줄 것을 원했던 그 회사가 이란정부를 위해 일하는 위장회사일지 모른다고 우려했다. 만약 그렇다면 계약 합의는 연방무역제재를 위반하고, 적의 스파이들을 초청하는 것이었다. CIA는 그 회사가 이란정부의 수족이 아니란 것을 확인할 수 없었고, 시몬은 제안을 거부했다. 그녀는 370만 달러를 손해보고 두바이에서 추진했던 학부설립 프로그램을 중단했다.

의식적이든 무의식적이든, 정보기관은 종종 '거울이미지(mirror imaging)'로 알려진 행동을 한다. 그들은 상대 정보기관의 사고나 행동이 자신들과 동일한 것으로 간주한다. 미국에 스파이활동을 하려고 학생과 연구원을 파견하는 나라들은 그들에게도 똑같이 스파이활동을 할 것으로 예상한다는 것이다. 거울이미지는 모든 나라의 사정이 다르므로 오류일 수 있지만, 그런 의심들은 가끔 미국대학들이 해외에 캠퍼스를 설립하고 연구하는 노력을 방해한다. 그런 분교나 연구소가 중국, 러시아 또는 중동에 일단 설립되면, 주재국의 정보기관은 분교나 연구소를 미국 스파이활동의 잠재적 수단으로 간주하고 침투를 시도한다.

중국은 미국의 중국내 학술활동 확대가 CIA의 조종에 따른 것이라고 인식해왔다. 중국내 첫 번째 미국대학 캠퍼스의 지원팀 구성은 이런 두려움을 부추겼다. 1986년 존스홉킨스대학 국제관계대학원(SAIS)은 ─이 대학에서 마르타 벨라스케스가 쿠바에 대한 스파이 활동을 위해 아나 몬테스를 포섭한지 얼마 지나지 않아─ 난징대학과 합동 프로젝트로 캠퍼스를 설립했다.

존스홉킨스대학은 베이징에 있는 미국대사관 문화담당관인 레온 슬라웨키(Leon Slawecki)를 공동책임자로 선발했다. 그는 이전에 홍콩 주재 미국 영사관에서 근무했다. 1984년 11월 센터 구상이 진행 중일 때 중국어판 홍콩신문인 *The Oriental Daily*[19]는 슬라웨키가 CIA에 근무했다고 보도했다. 슬라웨키는 나에게 그것은 오보 라고 말했다. 그런 엉터리 보도를 하게 된 이유는 그가 홍콩에서 공산당과 접촉하기 위해 파견된 첫 번째 관리들 중 하나였기 때문이거나 또는 베이징 주재 CIA 요원이 오지에서 문화담당관으로 행세했기 때문인 것 같다고 설명했다.

그 기사가 보도된 직후, 슬라웨키는 중국 공동책임자인 왕즈강(Wang Zhigang)에게 그 기사를 보여주었고, 자신은 결코 스파이가 아님을 확신시켰다. 왕은 "나는 그를 신뢰했다. 우리는 매우 좋은 업무관계를 유지했고, 몇 년 동안 친구로 지내왔다."고 말했다.

그럼에도 불구하고, 상호경계 분위기가 새 센터에 만연했다. 일부 미국인들은 중국인들이 그들을 감시하고 있다고 믿었다. 슬라웨키는 나중에 이렇게 썼다. "예고 없이 서비스 책상이 각 기숙사 복도 끝으로 옮겨질 때 미국인들은 감시를 더 잘하기 위한것이라고 결론지었고,[20] 중국인들은 더 잘 봉사하기 위한 것이라고 설명했다."

1987년부터 1993년까지 존스홉킨스 문과대학장을 지냈던 로이드 암스트롱(Lloyd Armstrong)은 이렇게 말했다. "미국인들은 중국에서 만난 모든 중국인을 스파이라고 생각했다. 그들이 학생이든, 운전수든 또는 건물청소부든 스파이라고 생각했다. 중국인들도 우리 미국인 모두를 스파이로 생각했다고 확신한다."

중국인들은 그 센터의 전화선을 도청했고 메일을 읽었다. 그들 역시 슬라웨키가 CIA에 근무했다고 의심하기 시작했다. 2년 후 그가 물러났을 때, 그들은 누가 그 직을 맡을 것인지 예상하기 시작했다. 그들은 래리 엥겔만(Larry Engelmann)[21] 교수라고 추정했다. 베트남전쟁 전문가인 엥겔만은 당시 중국과 반목 중인 베트남을 방문했다. 그는 비밀표시가 된 서류박스들을 난징으로 가져왔다. 그것들은 이미 비밀이 해제된 상태였으나, 중국 당국은 믿지 않았다.

중국군 정보장교인 쉬메이홍(Xu Meihong)은 엥겔만을 조사하라는 명령을 받고 그 센터에 등록했다. 그녀는 그의 과목을 수강했고 그와 친해졌다. 그가 순진하게 그녀를 자신의 사무실이나 아파트에 혼자 있게 했을 때, 그녀는 그 기회를 활용하여 그의 논문, 편지 및 일기를 읽어볼 수 있었다. 그녀는 얼마 지나지 않아 그가 스파이가 아니라는 사실을 알아차렸다. 유부녀인 메이홍은 그와 사랑에 빠졌다. 깜짝 놀란 중국인민해방군(PLA)은 그녀를 센터에서 불러내 심문한 후, 중위 계급을 박탈하고 해고했다. 중국인들의 요구와 미국 교수진의 항의에 따라, 엥겔만도 홉킨스-난징에서 쫓겨났다. 리차드 가울톤(Richard Gaulton)은 "중국인들은 PLA 유부녀 장교와 관계를 맺었다는 이유를 들어 그가 떠나기를 원했다."고 말했다. 가울톤은 센터의 미국 책임자로 슬라웨키를 승계했다. 엥겔만과 메이홍은 1990년에 결혼하여 캘리포니아로 이주했다. 그러나 1999년 이혼하면서 할리우드식 결말(현실성이 결여될 정도로 과장된 행복-역자 주)을 맺지는 못했다.

미국 학술기관의 중국 진출이 확대됨에 따라 중국의 감시도 강화되었다. 에릭 쉐퍼드(Eric Shepherd)는 플로리다 남부에서 중국어 교수 -그리고 펑따진 교수의 라이벌-가 되기 전에 '美中 연계'(US/China Links) 프로그램 관리자였다. 美中 연계는 미국의 국방부와 정보기관이 미국 젊은이들에게 중국어를 가르쳐서 중국의 기업, 학계 그리고 정부와 연결시키려는 프로그램이었다. 이 프로그램의 목적은 중국의 정책결정 과정을 이해하는 미국인 핵심그룹을 양성하는 것이었다.

　이 프로그램은 중국의 보안기관들의 주목을 받았는데, 그들은 주요기관에 침투하려는 미국의 음모로 간주하는 것 같았다. 중국에 살았던 쉐퍼드는 미행당했고, 이메일과 통화는 감시당했다. 쉐퍼드는 나에게 "중국인 친구들에게 나와 거리를 두도록 했다."고 말했다. 그는 말하고 쓰는 것에 조심했으며, 6개월이 지난 후 감시가 약해졌다.

　만약 미국인 초빙교수가 미 국방부 또는 CIA와 연계되어 있다면 중국 정보기관은 정보를 얻기 위해 그들에게 질문을 퍼붓는다. 인디애나대학 정치학과 수미트 강글리(Sumit Ganguly) 교수는 "중국에 도착하는 순간부터 감시원들이 나를 미행했다."고 말했다. 그는 중국을 4~5번 방문했던 인도·파키스탄 전문가이다. 감시원들은 보통 상급 대학원생 또는 연구소 관계자로 행세했다. 강글리 교수가 한때 상하이의 권위 있는 푸단대학에서 강의할 때, 실제로 교실 안에 한 명의 감시원이 있었다.

　강글리는 이렇게 말했다. "그들은 당신을 괴롭힌다. 때로는 교묘하고 때로는 매우 강압적이다. 그들은 '당신은 중국과 인도의 국경분쟁이 곧 타결될 것으로 생각합니까?', '미국이 인도에 탄도미사일을 판매할 것으로 생각합니까?' 등의 질문을 했다. 그들은 내가 그런 것들을 알고 있다고 생각했다." 강글리는 비밀취급인가 권한을 갖고 있었다. "그래서 중국인들이 내가 비밀정보에 접근할 수 있다고 추측한 것으로 보인다."고 그는 말했다.

　"나는 그것을 참을 수 없었다. 중국전문가인 내 동료들이 그것을 어떻게 참았는지 모르겠다. 나는 매우 불편했다. 나는 스파이가 아니었다. 미국 정보기관이나 국방부에 가끔 자문하는 교수일 뿐이었다."고 강글리는 말했다. 그는 추적당한 사실과 감시원의 이름을 미국 정보기관에 보고했다.

　글렌 슈라이버(Glenn Shriver)는 에너지, 허풍떨기 그리고 부친의 우상파괴적 기질을 물려받았다. 키 6피트 2인치[22]에 체중 200파운드, 푸른 눈과 갈색 머리를 가진 존 마이클 슈라이버(Jon Michael Shriver)는 놀라울 정도로 잘 생겼고, 어떤 카리스마를 갖고 있었다. 부유한 집안에서 성장했고, 1960년대 많은 젊은이들처럼, 부모와 정부의 권위에 저항했다. 그는 1972년에 결혼했다. 1년 후 마약거래 혐의로 체포되어 리치몬드시 순회법원에서 10년 징역형을 선고받았다.[23] 교도소에서 대학영어 과정을 수강했고 그의 교사와 일생동안 친구가 되었다.[24] 감옥에 있을 때, 첫째 아들인 존 마이클 슈라이버 2세가 태어났다. 그리고 부인과 헤어졌다.

1980년 가석방으로 출소한 그는 1981년 4월 미시간 주 토박이인 카렌 수 도손 (Karen Sue Dawson)과 버지니아주 리치몬드에서 재혼했다. 7개월 후 그들은 아들을 낳았고 외조부 이름을 따서 글렌 더피 도손이라고 이름을 지었다. 외조부는 해군 참전용사였다. 1983년 9월 두 사람은 헤어졌고, 카렌은 걸음마를 배우는 아이를 데리고 미시간으로 돌아갔다.

"여성의 관점에서 보면, 존과 결혼생활을 하는 것은 어려웠을 것이다."라고 가족의 친구이자 노스캐롤라이나에서 고교 영어교사로 퇴임한 린다 킴블(Linda Kimble)이 말했다. "나는 그를 좋아한다. 그는 잘생겼고 대화를 즐긴다. 그러나 그는 인생에서 많은 것을 요구하고, 줄곧 정신없이 바쁘게 산다."

1988년 이혼판결에 따라 카렌은 글렌의 양육권을 얻었고, 존 마이클(Jon Michael)은 어린이 양육비로 주당 56달러를 지급해야 했다. 그러나 그는 종종 지급하지 않았다. 미시간 법원은 고용주로부터 그의 임금을 압류할 방법을 찾았다. 고용업체는 노스캐롤라이나주 롤리에 있는 'Century Data System'과 버지니아주에 있는 'W. Harold Pettus Metal of Drakes Branch'이었다. 존 마이클은 1993년 8월까지 2,297달러의 빚이 있었다. 법원은 체포영장을 발부했고 1998년 양육비 미지급 혐의로 체포했다. 그러나 당시 재혼 상태였던 카렌 슈라이버(Karen Shriver)의 요청에 따라 빚은 탕감되었다. 존 슈라이버는 골동품 사업에 뛰어들어 골동품 가구를 판매했다.

글렌은 여름과 크리스마스 휴가 때마다 아버지와 이복형제를 방문했다.[25] 그는 미시간주 와이오밍시에서 중학교와 고등학교 2학년까지 다녔다. 그와 어머니는 그랜드 래피드의 가장 큰 교외에 있는 평범한 방갈로에서 살았다. 그는 고등학교 2학년 때 해외연수 프로그램으로 바르셀로나에 가서[26] 스페인어를 배웠다.

슈라이버는 나중에 이렇게 말했다. "나는 일찍이 이 나라가 다양한 언어를 구사하고, 다문화 노동력으로 일할 수 있는 사람을 필요로 할 것이라는 것을 알았다.[27] 그것이 내가 이루고자 했던 것이었고, 그리고 해냈다."

사교적이고 지적 호기심이 많은 슈라이버는 10대였지만 성인들과 편안하고 대등하게 대화했다. 킴블(Kimble)은 "그는 가능한 많이 배우려고 했고, 매우 사귀기 쉬웠다. 4~5명 사람들 속에서 걷다 보면 그는 당신이 환영받는 느낌을 가지게 해 준다. 그는 스스로 큰 계획을 갖고 있었고, 차이를 만들고 싶어 했다."고 회상했다.

그의 어머니는 1997년 과테말라 이민자인 루이스 차베스(Luis Chavez)와 결혼했다.[28] 가족은 다음해 제니선의 그랜드 라피드 교외에 있는 단층 황갈색 목장 주택으로 이사했다. 그녀와 차베스는 트럭회사에서 일했고, 2003년 이혼했다.

제니선 고등학교 3학년이던 글렌은 세계사 시간에 클래스메이트인 스테파니 웨그너(Stephanie Wagener)를 감동시켰다. 그녀는 나에게 이렇게 말했다. "그는 모든 답을 알고 있어 질투가 났다. 모든 사람이 그를 좋아했다. 그는 재미있고 영리했으며, 자기가 다 알고 있다고 생각했고 실제로 그랬다. 나는 그가 여기저기를 다닌다고 생각했다. 그런데 그가 잘못된 곳으로 갔다는 생각이 든다."

그는 모친이 30년 이상 학생계좌를 관리한 그랜드밸리주립대학에 입학했다. 1960년에 설립된 그랜드밸리대학은 2000년에 재학생이 18,579명이었고,[29] 이후 25,000명을 넘어섰다. 미국 교육부장관인 벳시 디보스(Betsy DeVos)의 시아버지이자, 암웨이 공동설립자[30]인 리처드 데보스(Richard DeVos)는 지난 30년간 3,600만 달러를 대학에 기부함으로써 그랜드밸리대학의 팽창을 가속화했다.

니(Ni) 교수는 1995년 중국에 그랜드밸리 하계프로그램을 신설했지만 학생모집에 어려움을 겪었다. 그는 역사수업 시간에 유학설명회를 통해 학생들을 선발했다. 그는 나에게 "여기 학생들이 중국행을 생각하기는 매우 어렵다. 중국은 너무 멀고 상상하기도 힘들다."고 말했다. 그러나 이미 여행 경험이 있었던 글렌은 상상할 수 있었고, 신청했다. 그룹의 공동리더인 상거링(Shang Geling) 교수는 오리엔테이션에서 학생들에게 마약, 매춘 그리고 정치적 문제를 피하라고 주의를 주었으나, 스파이 활동의 위협은 누구도 염두에 두지 않았다.

상하이에 체류하는 동안, 슈라이버와 수명의 그랜드밸리 학생들은 미국인이 영어를 가르치는 초등학교를 방문했다. 맥캔은 "그 미국인은 자기 사례를 따르면 상하이에서 왕처럼 살 수 있을 만큼 돈을 벌 수 있다고 말했다."고 회상했다. 또한 그는 "우리 대부분은 그것이 정말 환상적이라고 생각했다. 슈라이버를 포함하여, 몇 명은 잠시 동안 그 학교에서 가르칠 기회를 잡았다."고 덧붙였다.

그룹의 다른 멤버인 질 거너손(Jill Gunnerson)은 "글렌이 '그래 돌아와서 이것을 할 거야'라고 말했다."고 알려 주었다.

그랜드밸리대학은 학점이 적어도 평균 2.5[31]인 3학년 학생들에게 해외연수 기회를 허락한다. 슈라이버는 2002~03년 화동사범대학(ECNU)으로 돌아갔다. 거기서 그는 중국어 실력을 향상시켰고, 캠퍼스 내 비디오 광고판에 방영된 중국어 맥주광고에서 연기를 했다.

"그는 맥주를 쥐고 오픈카를 운전하고 있었다."고 상(Shang) 교수는 말했다. "우리가 엘리베이터를 탈 때마다, 그는 맥주를 들고 나타났다. 나는 항상 우리 학생들과 함께 그를 가리키며 '그는 그랜드밸리 학생인데, 지금 광고에 나온다'라고 말했다."

4학년 때 그랜드밸리 본교로 돌아온 슈라이버는 패트릭 산(Patrick Shan) 교수의 근대 중국사를 수강했다. "슈라이버는 매우 날카로운 의견을 제시했다. 그의 에세이는 잘 정리되었고 통찰력이 있었다."고 산은 말했다. 수업이 끝난 후 그는 산과 함께 교수연구실로 천천히 돌아오면서 중국어로 대화하며 실력을 갈고 닦았다.

"그는 재능 있는 학생이었고 학자가 될 수도 있었다."고 산은 회상했다. "그는 자신감이 넘쳐 있었다. 때로는 지나치게 자신만만했다. 수업시간에 발표를 가장 많이 했다. 나는 아직도 그의 수업참여 모습을 생생하게 기억한다."

슈라이버는 2004년 국제관계로 학위를 받은 후, 대학원에 관심이 있다고 산에게 말했다. 산 교수는 그를 추천했지만, 불합격했다. 슈라이버는 상하이로 돌아갔다.

데이비드 보렌(David Boren) 미국 상원 정보위원장은 광물비축 관련 회의를 마치고 상원으로 향했다. 그는 외국 언어와 문화를 이해하는 전략적 예비 인재를 길러내는 것이 얼마나 중요한지 숙고했다. 수년 동안 많은 정보실패는 세계에 대한 미국의 무지에서 비롯되었다. 적절한 양식이 아니라는 상원의원들의 항의를 무시하고, 그는 찢어진 갈색 봉투위에 개정안의 제목을 휘갈겨 써서 국회 본회의장(floor)으로 보냈다. 오크라호마 상원의원은 1991년 어떤 청문회도 없이, 전체 정보예산을 볼모로 잡아 그 개정안을 법안으로 만들었다.

이렇게 하여 오늘날 그의 이름을 따서 명명된 보렌 장학금(Boren Awards)[32]이 만들어졌다. 이 프로그램은 의회 승인 하에 국방 및 정보 예산으로 자금을 지원 받고, CIA부장을 포함한 위원회가 감독한다. 이 프로그램은 학부생에게는 2만 달러, 대학원생에게는 3만 달러 정도를 제공하여,[33] 외국에서 생활하면서 미국 안보상 중요한 지역에서 사용되지만, 통상 잘 가르치지 않는 언어를 배우도록 한다. 그 후 장학생은 적어도 1년간 국방부, 국무부, 국토안보부 그리고 정보공동체를 중심으로 한[34] 국가안보 분야에서 일해야 한다.

보렌은 이렇게 말했다. "당신이 얻을 수 있는 가장 중요한 것은 잘 교육받고, 문화를 이해하고, 언어를 구사하고, 해당국가에서 미국을 대변하고, 우리의 프로그램을 운영하며, 정보를 수집하고, 국가안보를 위해 필요한 모든 것을 할 수 있는 고급두뇌들의 그룹이라는 것이다."[35] 다시 말하자면, 외국생활을 하는 오늘의 학생들은 내일의 스파이가 될 수 있다는 것이다.

그 개념은 자신들의 신뢰성과 학생들의 안전을 우려하는 아프리카, 라틴 아메리카 그리고 중동 전문가들 사이에 엄청난 논란을 야기했다. 전문가들은 자신들의 연구를 위해 해당국 정부의 선의에 많이 의존했는데, 정부들은 CIA를 싫어했고 잠재적인 스파이를 키울 생각은 전혀 없었다. 이들 학술협회는 이렇게 경고했다. "대학기반 연구와 국가안보기관과의 연계성이 간접적일지라도, 이미 한정된 연구기회를 제한할 것이다. 그것은 해외에서 공부하는 학자들과 유학생들의 신체적 안전을 위험에 빠뜨릴 것이다. 또한 이들 지역에서 협력하고 공부하는 사람들의 협력과 안전을 위태롭게 할 것이다."[36]

애초에 정보적인 요구사항은 많지 않았고, 보렌장학금 수혜기간 중 미국정부를 위한 정보 수집을 법으로 금지했다. 그럼에도 많은 교수들은 학생들을 보렌장학생으로 추천하는 것을 거부했다. 유명 대학들은 프로그램 지원 여부에 대하여 격론을 벌였다. 캘리포니아대학과 버클리대학은 참여를 연기했고,[37] 미네소타대학과 펜실베이니아대학은 응시 예정자들에게 위험성을 경고했다.

1994년 보렌이 오클라호마대학 총장이 되기 위해 상원 의원을 사직하자, 그의 아이디어는 금방이라도 폐기될 것 같았다. 로버트 슬레이터(Robert Slater)는 2016년 1월 워싱턴 D.C. 교외에 있는 파네라 브레드 식당에서 나에게 "나는 프로그램이 종료되어도 개의치 않는다."고 말했다. 그는 1995년부터 2010년까지 국가안보교육프로그램(NSEP) 국장으로 재직했다. 그 프로그램은 보렌장학금과 국방부 및 정보기관이 자금을 지원하는 언어연수프로그램을 감독했다. 그는 "우리는 항상 '보렌 연구원이 러시아에서 스파이활동 혐의로 체포되었다'는 기사가 뜰만한 상황에 근접해 있었다."고 말했다.

그는 계속해서 말했다. "학문적 진실성을 보호하기 위해 취할 수 있는 것은 모두 취했다. 그래도 이런 사람들을 달래는 방법은 없었다. 견해를 공유하지 않는 젊은 학자들은 자신들의 경력 상 위험을 감수하려 하지 않았다. 레바논에서 공부하고 아랍어를 배운 영리한 학생이 귀국하여 CIA에서 일하는 것이 뭐가 나쁜가?"

보렌 프로그램은 스캔들을 피했으며, 해외유학 붐과 9·11 테러 이후 정보기관에 대한 학계의 온정에 힘입어 점차 수용되었다. 프로그램 참가는 점점 영예로운 일이 되었고, 선발되기 어려워졌다.[38] 2014년, 지원자 1,365명 중 271명(19.9%)이 선발되었다.

그러나 아직도 이 프로그램에 비판적인 사람들이 있다. 워싱턴 D.C.의 아메리카대학은[39] 2014년 가장 많은 23명의 보렌 장학생이 있었으나, 해외연수 프로그램의 총책임자인 사라 듀몬트(Sara Dumont)는 "해외 민박가정들에게 '그들이 미래 스파이를 보호하고 있다'는 것을 경고해야 한다."고 주장했다. 그리고 "나는 해외 민박가정들에게 이 학생들을 경계하라고 말하고 싶다. 나중에 그들이 당신과 당신가족을 이용하려고 시도할 수 있다. 그들의 분명한 직업목표가 CIA 스파이라면, 우리의 해외유학 윤리에 대하여 우려한다."고 덧붙였다.

2014년 설문조사에 의하면, 연방정부에 취업한 보렌 동창들 중에서 7.5%가 CIA[40] 또는 다른 정보기관에서 근무하고 있다. 이는 국무부(34%)와 국방부(22%)에 비해 훨씬 적다. 이 같은 통계는 아마 실제 수치보다 적을 것이다. 왜냐하면 많은 스파이들이 대답을 안 하거나 신분을 가장했을 가능성이 있기 때문이다. 시카고대학에서 2000~11년간 보렌 프로그램의 지원자들을 상담했던 데이비드 콤프(David J. Comp)는 그들 중 2/3가 장학금을 정보업무에 활용하기 원했다고 나에게 알려주었다.

2014년 설문조사에서 한 응답자는 "프로그램은 인생을 바꾸는 경험이었다. 세계관을 넓히고 정보기관의 해외순환 근무를 받아들이는 과정을 제공했다."[41]고 썼다.

만약 정보기관이 그들의 채용을 위해 보다 공세적이었다면, 더 많은 보렌 동창들이 정보공동체에 합류했을 것이다. 스티븐 쿡(Steven A. Cook)이 1999년 장학금을 받은 후 2개의 CIA 부서가 그에게 분석관 자리를 제안했다. 그러나 비밀취급인가와 관료주의로 시간이 많이 걸리자, 그는 대외관계위원회(CFR)를 선택했으며, 현재 중동과 아프리카 연구의 선임 연구원이다. 쿡은 나에게 "CIA에서 매우 만족했을 것이며, 흥미있는 경력을 쌓았을 것이다. 나의 기술과 배경을 감안하면, 자연스럽게 갈만한 곳으로 보였다."라고 말했다.

"정보기관 연계성이 보렌장학금 수혜자들을 위태롭게 할 것이라는 두려움은 과장된 것이었다."고 쿡은 말했다. "내가 현장연구를 하러 갔던 이집트와 터키에서, 보렌 펠로우십이라고 말했다면, 아무도 내 말이 무슨 뜻인지 몰랐을 것이다."

그러나 보렌과 다른 국가안보교육프로그램(NSEP)이 더 많이 알려지면서, 시행 초기 불길한 예감 중 일부가 현실이 되었다. NSEP의 책임자로서 슬레이터의 후임자인 마이클 누겐트(Michael Nugent)는 2013년 10월 대학총장 그룹 회의에서 '그의 프로그램 소속 학생들이 이란 정보기관 같은 소위 적대적 정보기관의 공격 타깃이 된 최근 사건들과 그가 해야 했던 선택들'[42]이라는 제목의 연설을 할 예정이었다.

　　2014년 당시 두 명의 보렌 연구원은 실제로 러시아 주재 미국 영사관을 방문하고 정부(.gov)와 군사(.mil) 도메인으로 이메일을 보냄으로써 러시아 정보기관을 놀라게 했다. 현지 정보기관은 그들이 스파이활동 지침을 수행하려는 것으로 단정했다. 실제로 학생들은 국가안보분야 일자리를 찾고 있었다. 하지만 보렌 규정에 의하면,[43] 그들은 펠로우십을 마치고 먼저 귀국해야 한다. 육군 장교 출신인 학생은 육군 재 입대를 희망하였고, 다른 학생은 연방정부 취업을 원했다. 두 학생은 모두 러시아 북서부 지역의 주립 대학에서 공부하고 있었다.

　　러시아 정보요원들은 보렌 웹사이트를 검색하여 복무 요구사항을 알아냈는데, 그것이 그들의 의심을 불러일으켰다. 그들은 기숙사에서 연구원들의 경력을 물어본 후 왜 영사관에 갔는지, 비밀취급인가를 받았는지 등 매우 많은 사항을 심문했다.

　　그 사건을 잘 아는 사람에 따르면, 그들은 보렌 연구원 중 한 명을 억류하겠다고 위협했다. 정보요원들은 그 연구원에게 이렇게 말했다. "당신의 일정은 내일 여기를 떠나는 것이다. 만약 그것을 원한다면 지금 사실대로 말하라. 우리는 우리를 속이는 사람을 좋아하지 않는다."

　　2시간 동안의 심문 후, 그는 풀려났으며 약간의 충격을 받고 방으로 돌아왔다. 다음 날 아침 그는 공항에서 컴퓨터를 압수당했다.

　　아마 두 사람이 스파이망의 일원이라는 추측 하에, 러시아 정보기관은 같은 지역의 세 번째 보렌 연구원을 심문했다. 그는 소련 KGB 후신인 연방보안부(FSB) 요원 3명으로부터 10일 동안 두 번 심문을 받았다.

　　"그들은 나를 일종의 스파이라고 생각했다."보렌 장학생은 나에게 말했다. "그들은 공개적으로 와서 나에게 한 번 이상 '당신은 정부에서 일하는가? 당신은 정보기관에서 일하는가?'라고 질문했다."

　　그들은 그의 러시아 해군관련 논문에 대해 질문했다. 그러나 일단 논문이 순수하게 역사연구물이라는 것을 깨닫자 흥미를 잃어버린 것 같았다고 한다. 그들은 그의 핸드폰에서 접촉자들을 조사했다. 그 다음 그들은 백지 한 장을 주면서 비공개합의서를 작성하고 서명할 것을 명령했다. 그 연구원이 이러한 행위는 어떤 법적지위도 없다면서 서명을 머뭇거리자, 그들은 "당신이 러시아에 협력하지 않았어도, 협력했다고 말할 것이다. 그러면 당신은 앞으로 직업을 갖지 못할 것이다."고 협박했다.

그 연구원은 서명을 했다. 2014년 8월 보렌 프로그램은 러시아에서 조용히 철수했다. 보렌 장학생은 거기서 공부하는 것이 더 이상 허락되지 않았다. 지금 그들은 카자흐스탄 같은 인접 국가에서 러시아어를 공부하고 있다.

글렌 슈라이버(Glenn Shriver)는 언어적 재능을 통해 보렌 장학금을 받을 수도 있었고 마침내 미국 정보기관을 위해 일할 수도 있었다. 대신 그는 다른 길로 빠졌다.

상하이에서 돈이 없어 곤궁해진 슈라이버는 2004년 10월 '동아시아 연구에 배경을 가진 사람들의 정치평론에 돈을 지불한다'는 영어 웹사이트의 광고에 응답했다.[44] 자칭 아만다(Amanda)라는 젊은 여자가 그를 접촉했다. 그녀는 타이완 및 북한과 관련한 미중간의 긴장에 대한 에세이를 써달라면서 120달러를 주었다. 그녀는 그의 에세이를 칭찬하고 더 많이 주문했다. 그는 그녀를 곧 친한 친구로 생각하게 되었다. 마침내 그녀는 호텔 펜트하우스 스위트룸에서 그녀의 남자 친구인 우(Wu)와 Mr. 탕(Tang)을 그에게 소개했다. 그들은 이름과 전화번호만 적힌 명함을 그에게 건네주었다.

아만다, 우 그리고 탕이 상하이시 정부의 공무원으로 행세했지만, 그들은 중국 해외정보기관에서 일했다. 매력적인 여성, 유급 에세이, 고용주가 적히지 않은 명함, 호텔 랑데부: 모든 것은 정보기관이 학생과 연구원들을 포섭하기 위하여 전 세계적으로 사용하는 고전적 스파이 기법이었다. 방첩교육훈련기구, 즉 방첩센터의 대표이자 설립자인 데이비드 메이저(David Major) 전 FBI 선임특별수사관(SSA)은 "기업인들은 호텔 룸에서 만나지 않으며 스파이들이 그렇게 한다. 보고서 작성과 호텔 룸 접촉에 주의해야 한다."고 말했다.

미남이고, 인간적이며, 다중 언어를 구사하는 슈라이버는 미국정부의 최상층부에 밀어 넣을 수 있는 첩자 후보로서 중국 정보요원들에게 깊은 인상을 주었다. 전 CIA 방첩관 필립 보이칸(Philip Boycan)이 나에게 "슈라이버는 프레젠테이션을 잘 했고, 비교적 논리정연하며, 상당한 수준의 표준 중국어를 구사했고, 중국적인 것(things Chinese)에 확실히 친밀감을 보였다."[45]고 말했다. 그는 11년 동안 중국문제를 담당했고 슈라이버 사건을 수사했다. "슈라이버는 외견상 잘 생기고, 겉보기에 전형적인 미국 청소년이었다. 중국 정보기관의 사고방식으로 보면, 슈라이버는 중국혈통이 아니므로 미국정부에 침투하는 데 훌륭한 후보였을 것이다. 중국 정보기관은 슈라이버가 중국태생의 인물이나 미국태생의 중국계 미국인보다 의심과 조사를 덜 받을 것이라는 것을 분명히 생각했다."

"또한 슈라이버는 정규적인 직업이나 생계수단이 없었다. 그래서 수입을 획득할 방법이 필요했다."고 보이칸은 덧붙였다. "내가 보기에 그는 접근성, 재정적 취약점 그리고 개성 때문에 중국 정보기관에 독특한 기회를 제공했다. 그는 돈 때문에 동기유발이 되었고, 중국인들이 자존심을 세워 주는 데 민감했다."

우와 탕은 촉망되는 젊은 미국인에게 생활비를 돕겠다고 제의하면서, 슈라이버에게 더 많은 현금을 주었다. 몇 차례 회의를 거치면서, 그들은 그에게 비밀준수를 요구했다. 그의 진로계획을 묻고 특히 국무부나 CIA 같은 미국 정부기관에 취업할 것을 권했다. 그들은 그에게 "만약 당신이 그렇게 한다면, 우리는 친한 친구가 될 수 있다."[46]고 말했다.

점차 슈라이버는 그들의 실체를 알아차렸다. 그들이 접근하는 목적을 확인하기 위해 슈라이버는 그들에게 "정확히 당신네들이 원하는 게 뭐냐?"고 물었다.

그들은 "가능하다면, 비밀이나 비밀정보를 우리에게 제공해 주기 바란다."[47]고 답변했다.

슈라이버는 머뭇거리지 않았다. 돈은 1차적인 매력이었다. 또한 미국정부를 한 수 앞섬으로써 반체제주의적인 아버지를 기쁘게 하려는 그의 잠재의식이 작용했을 수도 있다. 2005년 4월 그는 미국 국무부 해외근무 직원이 되려고 상하이에서 시험에 응시했으나 실패했다. 그러나 우와 탕은 그에게 1만 달러를 주었다. 1년 후 그는 다시 시험에 실패했다. 그러나 그는 2만 달러를 받았다. "그런 선불 자금은 중국 정보기관의 사례에서 들어본 적이 없다."고 메이저는 말한다. "그것은 그들이 얼마나 공세적인가를 보여주는 사례이다." 슈라이버의 시험성적은 자신이 생각하는 것만큼 영리하지 않거나, 또는 중국정보기관과 지혜를 겨룰만한 능력이 없다는 것을 시사했다. 그는 이제 그들의 손아귀에 들어갔다는 것을 깨닫지 못했다. 만약 그가 국무부 또는 CIA의 일자리를 구하고 그런 다음 중국을 위한 스파이 활동을 거부한다면, 그들은 그를 협박했을 것이다.

슈라이버는 로스앤젤레스의 문신공급회사[48]에 취업했다. 그는 중국 공작관과 교신을 할 때, 두페이(Du Pei)[49]라는 가명을 사용했다. 두페이는 중국에서 흔한 이름이었고, 그의 중간이름인 더피(Duffie)와 비슷한 소리였다. 2007년 6월 그는 온라인으로 CIA 비밀공작국에 지원했고, 9월 상하이로 날아갔다. 그는 중국정보기관에 CIA 지원 사실을 알리고 4만 달러를 요구했고, 그들은 달러화를 현금으로 제공했다. 그는 무언의 거래를 이해했다. 만약 그가 CIA에 침투해서 비밀정보를 중국에 제공한다면, 그들은 그에게 계속 대가를 지불할 것이다.

　"중국 정보기관이 슈라이버에게 제공했던 돈은 매우 이례적이고 아주 후한 금액이었다."고 보이칸은 말했다. "나는 개인적으로 슈라이버가 요구하지 않았다면, 중국이 한 번 접촉에서 그렇게 많은 돈을 주었을 것이라고 생각하지 않는다. 그러나 그들이 그렇게 했다는 사실은 중국 정보기관이 슈라이버 공작에 잠재적으로 높은 가치 ─ 그리고 성공 가능성 ─ 를 부여했음을 시사하는 것이다."

　슈라이버는 미국으로 귀환 시 4만 달러를 복대에 숨겨 세관을 통과하여 밀반입했다. 그는 자기가 개설한 영어학교의 수익이라고 설명하면서, 그 돈의 일부를 부친과 형에게 주었다.

　슈라이버는 2년 이상 CIA로부터 연락을 받지 못했다. 그동안, 한국으로 옮겨 영어를 가르쳤다. 2009년 12월 CIA는 그와 접촉했다. 최종 채용 절차라고 상황을 설명하면서 다음해 봄 워싱턴으로 초청했다. CIA가 새삼스럽게, 그의 지원을 다시 검토하고 채용할 계획이라고 암시했을 가능성이 있다. 왜냐하면 중국 정보기관과 그의 관련성에 대한 제보를 받았기 때문이다. CIA가 덫에 미끼를 놓은 것이다.

　슈라이버는 덫에 걸려들었다. 아만다는 상하이나 홍콩에서 만날 것을 그에게 요청했다. 그러나 그는 자신의 배경을 조사하는 연방요원들이 중국여행을 궁금하게 여길 것으로 추측하면서 약속을 연기했다. "나는 우리를 위해 약간의 발전적 상황을 만들고 있다."고 그는 그녀에게 답장을 했다. "지금 당장은 내가 방문하기에 좋은 시기가 아니다. 6개월 후에 좋은 소식이 있을 것이다."달리 말하면 CIA 취업이다.

　CIA는 2010년 6월 7일부터 14일까지 슈라이버를 인터뷰하였다. 거짓말탐지기 조사를 통해 외국정보기관과 접촉한 적이 있는지, 연관된 경우가 있거나 돈을 받은 적이 있는지 질문했다. 그는 매번 거짓말을 했다. 다음은 FBI 차례였다. 그가 CIA 본부에서 차를 타고 떠날 때, FBI는 그에게 다음 출구에서 도로 밖으로 차를 빼도록 했다. 그리고 호텔로 갔다. FBI 요원들은 그에게 증거를 들이댔다. 그는 사실대로 자백했다.

　FBI는 그를 어떻게 처리해야 할지 확신이 서지 않았다. 표적이 되는 정부기관 내에서 붙잡힌 스파이와 달리, 슈라이버는 그렇게 멀리 가지는 않았다. 중국정보기관으로부터 7만 달러 이상을 받았지만, 그는 비밀취급인가를 받지 않았고, 미국 정보공동체 또는 어떤 기밀사항에 대한 접근권도 얻은 적이 없었다. 게다가 그는 조국을 절대 배신할 생각이 없었다고 주장했다. 그는 FBI 요원에게 "나의 아버지는 '너에게 마약을 사라고

1,000달러를 준다 해도 너는 마약을 사지 못한다. 너는 죄를 범하지 않았다'고 말한다."
고 말했다(슈라이버 또는 그의 아버지는 실수를 했다. 그것도 여전히 범죄 음모일 수 있다).

　　미국 정보기관은 중국의 슈라이버 접촉자들을 감시하는 데 그의 활용을 검토했다.
"일부 요원들이 슈라이버를 이중스파이로 채용하자고 주장했지만, 나는 강경하게 반대
했다."고 CIA의 보이칸은 말했다. 그는 CIA에 대한 추가 침투 시도를 막기 위해, 슈라이
버가 감옥에 가야 한다고 생각했다. 또한 그는 중국을 상대로 한 슈라이버 조종의 유용
성은 미미할 것이라고 믿었다.

　　FBI와 CIA가 숙고하는 동안, 슈라이버가 그들로 하여금 결심토록 했다. 2010년 6월
22일 그는 디트로이트에서 한국행 비행기를 탔으나, FBI 요원이 탑승하여 그를 체포했
다. 그는 2010년 10월 외국정부를 위해 간첩활동을 공모한 혐의를 인정했고, 4년 징역
형을 선고받았다.

　　FBI와 CIA가 슈라이버 사건을 검토할수록, 그들은 점점 더 경악했다. 슈라이버는
영리하고 재능이 있었으나, 단지 중국에 있는 많은 미국 젊은이에 지나지 않았다. 아마
도 중국정보기관은 그들에게도 접근할 것이다. 사실상, 중국에 있는 8~10명의 미국청
년이 아만다와 인상착의가 비슷한 여성이, 다른 이름을 사용하면서 그들에게도 접근했
다고 보고했다. "남학생들은 그녀가 매혹적이라고 생각했고, 적어도 한 여학생은 그 여
성이 자기에게 수작을 걸었다."고 슈라이버 조사에 정통한 어떤 사람이 나에게 알려 주
었다.그리고 "국가안전부(MSS)는 중국내 외국학생을 포섭하기 위해 독립부대를 창설했
다."고 덧붙였다.

　　"나는 슈라이버 외에 다른 사람들도 광고에 응답했을 것으로 추측한다."고 다른 내
부자가 말했다. "그들이 그를 매력적이라고 생각했던 어떤 것이 있었다. 이제 막 대학을
졸업하고, 매우 젊고, 감수성이 예민한, 그렇지만 취업이 안 된 사람이었다. 그것이 이
사건을 매우 흥미롭게 만들었다. 그는 미국정부 공무원도 아니고 정부기관에 다니지도
않은 것 같았다. 그것은 바로 당신이 궁극적으로 정부기관에 침투할 수 있는 백지 상태
의 후보자라는 것이다."

　　미국 조사관들은 심지어 그랜드밸리주립대학의 공모를 의심했다. 화동사범대학의
하계프로그램에서 슈라이버 동행자 중 한 사람은 FBI 뿐 아니라 나중에 CIA에도 지원
했다. FBI는 프로그램 주최자들이 미국 정부기관에 관심을 가진 학생들의 취약성을 파
악하고, 포섭을 위해 그들을 중국으로 밀어 넣었을 가능성이 있다고 의심했다. 슈라이

버가 체포된 후, 니(Ni) 교수와 상(Shang) 두 교수는 FBI의 인터뷰를 받았다. 그리고 그들의 해외연구 조수들과 함께 세관통과 시 검색을 받았다.

니(Ni)는 이렇게 말했다. "나는 몇 년 동안 미국세관을 통과할 때마다, 철저한 검색을 받았다. 그들은 모든 수하물, 심지어 핸드백까지 열었다. 서류철을 열어 보고 페이지를 휙휙 넘기면서 이것은 뭐고 저것은 뭐냐고 물었다. 한 번은, 샌프란시스코를 통해 출국하려고 할 때, 모든 학생들의 정보와 자료들이 내 가방에 들어 있었다. 그들은 '학생 여권 사본을 왜 내가 갖고 가느냐?'고 물었다. 나는 학생들이 여권을 분실할 경우에 대비하기 위한 것이라고 말했다. 나는 FBI 요원을 불렀는데, 그는 다시 나에게 슈라이버 사건에 대해 말했다. 그는 단지 무작위 검사(random check)이며, 슈라이버 사건과는 관련성이 없다고 말했다. 개인적으로, 나는 그것이 무작위 검사라고 생각하지 않는다."

"세관 검사관들은 매우 무례했다."고 상이 말했다. "그들은 모든 것, 심지어 교수요목(syllabus)까지 열어 보았다. 니처럼, 상은 FBI 요원들에게 자신의 부당한 대우에 대해 항의했다. 상은 그들에게 이렇게 말했다. "니와 나는 중국의 반체제 인사들이다. 그래서 우리는 민주주의를 위해, 자유를 위해 싸우고 있다. 우리가 학생들에게 가르치는 방법은 그들이 실제 생활, 즉 중국의 현실을 경험하도록 하고, 그들 자신이 판단을 내리도록 하는 것이다."

두 교수 모두 어떤 잘못으로도 기소되지 않았고, 마침내 출입국 당국도 그들을 괴롭히는 것을 중지했다.

FBI는 외국정보기관이 유학생들을 포섭할 수 있다는 것을 전국 대학에 경고하기로 결정했다. 슈라이버의 자백을 이끌어 낸 FBI 방첩관 토마스 바로우(Thomas Barlow)는 주로 대학 캠퍼스에서, 슈라이버 사건을 20회 이상 강연했다. FBI는 그 사건을 영화로 만들기 위해 영화 제작사인 로켓미디어그룹(RMG)을 고용했다. 〈*졸병들의 전쟁: 글렌 슈라이버의 이야기(Game of Pawns: The Glenn Duffie Shriver Story)*〉는 배우들이 아만다, 우, 탕 그리고 슈라이버를 연기하는 28분짜리 다큐드라마다. 슈라이버는 주인공이자 해설자다. 중국의 가로피리, 즉 '디지(dizi)'가 배경음악으로 흐른다.

그 영화는 찰리 찬(Charlie Chan) 영화들을 불길하게 연상시키는 방식으로 시작된다. "오래된 중국 속담이 있다. 인생은 각각의 움직임으로 변화하는 체스 게임과 같다. 게임을 이기려면, 당신은 종종 졸병들을 희생시켜야 한다."

그것은 반복해서 체스 은유로 돌아간다. "당신은 중국인이 당신에게 반드시 No라는 말을 하도록 했다고 생각합니까?"FBI 요원이 슈라이버에게 묻는 모습이 나타난다. "당신은 그들이 만날 때마다 기록했다고 생각하지 않았나요? 만약 그들이 원하는 것을 자진해서 주지 않는다면, 그들은 당신을 협박하기 위해 녹음내용을 사용할 것입니다. 당신은 많은 사람 중 한 사람, 단지 졸병일 뿐입니다."

　　영화 끝자락에 제작에 참여한 사람들의 이름을 적은 자막(credits)이 위로 올라갈 때, 슈라이버는 감옥에서 관객들에게 말한다. "포섭은 계속되고 있다. 어리석은 짓을 하지 마라."그는 계속해서 말한다. "포섭은 적극적이고, 타깃은 젊은이다. 그들에게 거액을 뿌려라. 그리고 무슨 일이 일어나는지 지켜보라. 스파이 활동은 빅딜(big deal), 아주 큰 거래이다. 당신은 사람들의 인생을 다루고 있다. 그것이 빅딜인 이유이다."

　　2013년 1월 FBI의 〈졸병들의 전쟁〉의 시사회 초청장은 그 영화를 '흥미진진한 실화'[50]라고 발표했지만, 일부는 선전물이었다. 그러한 일이 다른 학생들에게도 일어날 수 있다는 것을 설득하기 위해 슈라이버 무용담에서 2가지 중요한 요소를 소설화했다. 첫째, 중국이 슈라이버를 포섭한 시기를 대학원이 아닌 학부재학 중이라는 인상을 남겼다. 둘째, 영화 속의 슈라이버는 실제 슈라이버보다 중국정보기관이 자신을 포섭한다는 것을 알아채는 데 훨씬 더 많은 시간이 걸렸다. 그는 실제 슈라이버 보다 더 순진하고 덜 건방지게 굴었다.

　　시나리오작가 신 머피(Sean P. Murphy)는 나에게 "우리는 실제보다 더 동정을 받을 수 있는 슈라이버를 만들려고 노력했다."고 말했다.

　　FBI는 고등교육자문위원회(HEAB)의 회원들을 시사회에 초청했다. 그리고 전국 대학들이 해외로 유학을 가는 학생들에게 영화를 보여주도록 촉구했다. 그러나 FBI의 〈졸병들의 전쟁〉에 대한 의욕적인 홍보는 대학 측에 스파이 위협을 깨닫게 하는 대신, 20년 전 보렌 장학금과 관련하여 활활 타올랐던 미국 정보기관의 해외 유학개입에 대한 학계의 불신을 되살렸다. 많은 대학들은 과장된 사건이고, 예비교육용으로 너무 길며, 스파이활동은 전혀 주요 관심사가 아니라고 항의하며 영화 상영을 거부했다.

　　FBI가 펑따진에게 중국에 대한 스파이활동을 하도록 압박했던 남플로리다대학교의 학부 학장인 로버트 술린스(Robert Sullins)는 2014년 4월 유학국장 아만다 마우러(Amanda Maurer)에게 "우리는 〈졸병들의 전쟁〉 영화에 대해 어떤 조치를 취하고 있는가?"[51]라고 물었다.

　　마우러는 "우리는 하계프로그램을 위해 출발하는 학생들에게 그 영화를 보여주지 않았다. 나는 학기학생들(semester students)에게는 보여줄 수 있는 것이라고 생각한다 (우리는 그들에게 많은 예비교육을 하고 있다). 나는 시간을 내서 2명의 직원들과 그 영화를 보려고 한다. 나는 한 교수가 해외에서 공부하려는 학생들에게 그 영화가 나쁜 메시지를 줄 거라는 느낌을 강하게 받았다는 사실을 알고 있다." 고 답변했다.

"나 역시 나쁜 메시지라고 생각한다. 좋게 해석해도 지나쳤다."고 슐린스는 말했다.

FBI 요원이 아크론대학(UA) 관리자들에게 영화를 상영하고 다양한 학교행사와 유학을 위한 예비교육에서 영화를 보여주도록 촉구했을 때, 스티븐 쿡(Steven Cook)은 준비하고 있었다. 당시 유학담당 부국장이었던 -같은 이름의 보렌 연구원과 관계없는-쿡은 슈라이버 사건을 연구하고, 영화를 미리 보았는데, 모순을 발견했다. 쿡은 나에게 이렇게 말했다. "슈라이버는 무슨 일이 일어나고 있었는지 알고 있었다. 그리고 그는 자신이 저지른 일에 책임을 졌다. 영화는 그가 사기를 당한 것처럼 꾸몄다." 쿡과 FBI 요원은 타협안으로 해외로 나가는 학생들을 위한 예비교육에서 슈라이버 사건에 대해 설명만하고 영화는 상영하지 않기로 했다.

미네소타대학(UM)도 역시 상영을 못하겠다고 했다. 스테이시 싼티르(Stacey Tsantir)는 "FBI가 그 영화를 상영하라고 분명한 압력을 넣었다."고 말했다. 그녀는 당시 UM의 국제건강, 안전, 지침준수 국장이었다. "그들은 FBI 본부로부터 대학교와 캠퍼스에 영화를 알리고 퍼뜨리고 학생들 앞에서 상영하라는 명령을 받았다. 우리는 FBI 지부 요원으로부터 DVD를 받아서 살펴보았다. 그리고 왜 우리 같은 사람들에게 맞지 않는지에 대한 피드백을 페이지별로 작성하여 보냈다."

미네소타대학은 해외로 나가는 학생들에게 스파이활동이 아닌, 음주, 정신건강, 그리고 문화적응과 같은 이슈를 알리는 것이 필요했다. 그녀는 이렇게 말했다. "1년에 수천 명의 유학생을 보내고, 출발에 앞서 건강과 안전정보를 그들에게 두 시간 정도 알려주고 있는 대학의 입장에서, 그 영화는 우리의 최고 관심사가 아니었다. 우리 통계에 정보기관이 접근했다는 학생들은 보이지 않는다. 나는 그런 일이 발생한다는 것을 전적으로 믿는다. 그러나 교육자로서 고려해야할 위험편익분석(risk-benefit analysis)이 있다. 우리가 평가하기로 FBI 요원들은 정보적 렌즈를 통해서 세계를 본다. 우리들은 아주 다른 렌즈를 통해 세계를 본다."

아메리카대학(AU)에서 듀몬트(Dumont)는 전면 폭로를 주장했다. 그녀는 FBI 요원에게 만약 FBI가 학생들을 진정으로 보호하고자 한다면, 해외에서 외국정보기관 뿐 아니라 미국정보기관도 접근할 수 있다는 것을 그들에게 알려야 한다고 말했다. 또한 그녀는 "외국정보기관을 조심하라는 것은 나쁜 일이 아니다. 나는 당신이 국내안보기관을 조심하라고 그들에게 경고해 주기를 정말 원한다."고 말했다. 이에 대해 FBI 요원은 "그것은 우리 문제가 아니다."라고 말했다고 한다.

듀몬트는 경험한 것을 이야기했다. 2006년부터 2010년까지 아메리카대학은 쿠바 아바나대학(UH)에 한 학기동안 학부생들을 보냈다. 조지 부시(George W. Bush)행정부는 쿠바와 교육교류를 제한했다. 아메리카대학은 쿠바유학을 허가받은 소수 대학 중 하나였다.

1년 후 워싱턴의 CIA 정보관들은 아바나로 출발하기 전에 프로그램 조정관을 접촉했다. 그 프로그램 조정관은 아메리카대학의 대학원 여학생으로 스페인어를 유창하게 구사했고 쿠바에서 많은 접촉선을 갖고 있었다. 정보관들은 그녀에게 저녁식사를 함께 할 수 있느냐고 물었다. 그들은 그냥 대화만 나누기 원한다고 말했지만, 그녀는 그들이 포섭하려 한다고 것을 알았다. 그들이 집요하게 요청했지만, 그녀는 가까스로 그들과의 약속을 취소했다.

"그녀는 매우 혼란스러워 했다." 듀몬트는 나에게 말했다. "어떤 순간 그들은 '당신 아파트 근처에 있는 식당을 선정할 수 있다'고 말했다. 그 말이 그녀를 혼란스럽게 했다: 그들은 그녀가 살고 있는 곳을 어떻게 알았을까?"

이 사례는 미국 정부가 중남미의 적대국, 즉 마르크스주의 정권인 쿠바와 베네수엘라를 몰래 염탐하려고 학생들을 활용하려던 유일한 경우가 아니다. 풀브라이트 장학생(Fulbright scholar)인 알렉산더 반 샤익(Alexander van Schaick)[52]은 토지 보유권(tenure)에 대한 연구 프로젝트를 수행하기 위해 2007년 11월 볼리비아에서 농촌지도자를 인터뷰하고 있었다. 당시 그곳에 있는 미국대사관의 한 관리는 반 샤익이 만났던 쿠바인, 베네수엘라인 의사 또는 현장 연구원들(field workers)의 이름, 주소, 그리고 활동사항을 제공해달라고 말했다. 국무부에서 자금을 제공하는 풀브라이트 프로그램은 강의와 연구에 대한 수당을 제공한다. 학자들은 주재국의 정치활동에 관여하는 것이 금지되어 있다.

대사관 직원은 반 샤익에게 "우리는 베네수엘라인과 쿠바인들이 이곳에 있다는 것을 알고 있다. 그들을 확인하고 싶다."고 말했다. 그는 깜짝 놀라며 거절했다.

프라하 국제관계연구소의 선임 연구원이며 영국 외무부 특별자문관을 역임한 바 있는 마크 갈레오티(Mark Galeotti)는 "CIA 요원들은 해외 지부에서 외교관 신분으로 가장하여, 미국대학의 분교 교수들과 수시로 대화를 나누고 있을 것이다."라고 말했다. 그는 나에게 "당신이 서방 정보기관이라면, 다른 어디에서 이미 언어구사 능력을 갖추고 해외에 융화된 인물을 찾을 수 있겠는가?"라고 말했다.

그랜드밸리대학의 하계 해외연수 오리엔테이션에서 니(Ni)와 상(Shang) 교수는 슈라이버 사건을 이렇게 소개했다. "언젠가 이 프로그램의 한 학생이-니(Ni)는 "여러분 대다수와 같이, 매우 착하고, 조금은 순진한 학생이"라고 말하기를 좋아한다. -중국 정보기관에 의해 미국에 대한 스파이 활동을 하도록 포섭되었다. 그러므로 조심하라, 그리고 어떤 선물도 공짜가 없다는 것을 명심하라."

그들은 〈졸병들의 전쟁〉을 상영하지 않는다. 영화에서 그랜드밸리의 이름이 거명되지는 않았지만, 슈라이버가 아만다의 광고에 응답하기 전 졸업했다는 것을 분명히 하지 않은 것은 두 교수 모두를 괴롭혔다. 물론 슈라이버가 3학년을 보낸 곳은 화동사범대학(ECNU)이라고 밝히고 있다. 그랜드밸리 여름캠프 학생들을 아직까지 후원하고 있는 ECNU의 관계자들은 니(Ni)와 상(Shang)에게 그 영화가 자신들의 학교 명성에 손상을 입혔다고 원망했다.

어느 교수도 슈라이버를 만나지 않는다. 지난번 상은 FBI 측에 글렌 슈라이버에 대해 물었다. FBI 요원은 "그는 잘 지내고 있다. 당신의 안부 인사를 전하겠다."고 말했다. 상 교수는 나에게 "그는 뭔가 긍정적인 일을 하기 위해 왜 다른 기회를 잡지 않았을까? 그는 능력, 재능, 인성도 갖고 있다. 단지 한 번의 어리석은 실수를 했다. 우리는 좋은 친구였다. 나는 그를 좋아한다."고 말했다.

슈라이버는 교도소에서 국제무역으로 석사학위을 취득했고, 2013년 12월 석방되었다. 그 후 그는 가족친구이자 고등학교 교사이며, 암에 걸린 린다 킴블(Linda Kimble)을 방문했다. 킴블은 "그는 와서 인사하는 것을 중요하게 여겼다. 그것은 많은 것을 의미했다."고 말했다.

2015년 9월 그의 어머니는 그들의 변호사와 내가 공유한 이메일에서 "글렌과 나는 아주 잘 지내고 있어요.[53] 만약 내가 미래를 알 수 있었다면 과거에 그렇게 괴로워하지 않았을 텐데."라고 썼다.

어머니를 통해 슈라이버에게 인터뷰를 요청했을 때, 나는 그의 대답에서 중국 스파이 간부로부터 받은 뇌물에 대한 민감한 반응을 떠올렸다.

그는 "인터뷰하면 얼마나 주나요?"[54]라고 답변했다. 그의 어머니는 그가 농담한 것이라고 말했다.

기준평면 투명망토를 연구한 4명의 튜크대학 연구원들, Smith 연구실 모습:
(좌로부터) 스핌스, 루오펭 리우, 잭 모크, 춘린 지

(듀크대학, 사진제공)

류뤄펑과 튜크대학의 다른 연구원들이 개발한 투명망토

(듀크대학, 사진제공)

마르타 리타 벨라스케스 앳
(Thorildsplanes 체육관)

스톡홀름에 있는 마르타 리타 벨라스케스의 집. 현관의 양동이 뒤에 종교적인 책상이 있다.
(니클라스 라르손, 사진 제공)

쿠바 첩보원 아나 벨렌 몽테스와 마티 셰이나의 감독이자
국방부 라틴아메리카 부서장이 있다.

(DIA, 사진 제공)

베이징 국제관계대학 입문
(Michael Standaert, 사진 제공)

이샤오시온 마리테타대 교수는 마리에타 대학과
마리에타의 파트너십을 구축한 중국과 미국 정부와
연계된 교수
(그레이 텔레비전 그룹, Inc., 사진 제공)

그랜드 밸리 주립대학의 중국 유학 과정 중에 글렌 더피 슈라이버
(왼쪽으로부터 두 번째)
(니 페이민, 사진 제공)

그랜드 밸리 주립대학 해외 유학
프로그램 기간 동안 문화대회에
참가한 이 사람들의 전통 의상을
입은 글렌 더피 슈라이버
(니 페이민, 사진 제공)

1956년 베이징에서 열린 교육회의에서 다진펑의 어머니 리신펑이 태어났다. 그녀
는 왼쪽에서 여섯 번째 줄에 있다(그녀의 얼굴의 일부는 그녀 앞에 있는 남자에 의
해 숨겨져 있다. 최전방에는 주엔라이 중국 총리와 주데 전 인민해방군 총사령관이
포함되어 있다).
(다진펑, 사진 제공)

다진펑은 3살 때 어머니 리신펑과 함께
(다진펑, 사진 제공)

다진펑은 1994년 탬파로 이사온 직후 부모님과 아들들과 함께.
(다진펑, 사진 제공)

1980년 다진펑의 부모는 재혼 후
(다진펑, 사진 제공)

1985년 국제관계대학 앞에서
대학원생으로 활동하던 다진펑
(다진펑, 사진 제공)

워렌 메달의 양쪽 면은 CIA가 그레이엄
스패니어에게 수여했다.

(Graham Spanier, 사진 제공)

쿠레이엄 스패니어(가운데)
전 펜실베이니아 주립대 총장
(왼쪽에서 두 번째)과 응용연구실 관계자
(Applied Research Laboratory)

(Graham Spanier, 사진 제공)

비밀리에 하버드 케네디 행정학교에 다녔던 롭 시몬스 전 CIA 장교는 코네티컷
주 스토닝턴에 있는 커피하우스에서 초선 선발자로 일하고 있다.
(Patrick Raycraft, Hartford Courant Media Group, 사진 제공)

고 케네스 모스코우 미국 중앙정보국
(CIA) 장교가 하버드 케네디 스쿨 중년 직
업 중년생 프로그램의 그림책(사진)에 등
록한 것은 미 국무부의직원이라고
잘못 묘사한 것이다.

(케네디 행정대학원, 사진 제공)

주디 겐샤프트 사우스 플로리다 대학교 총장
(사우스 플로리다 대학 지원, 사진 제공)

제2편

고등교육기관 내 미국의 비밀활동

SPY SCHOOLS
06
불완전한 스파이

2011년 나는 미국 캠퍼스에서 활동하기 시작한 공자학원(Confucius Institutes)이 중국으로부터 자금을 지원받는 사실에 대해 조사하고 있었다. 그때 나는 펑따진(Peng Dajin)에 관한 이야기를 처음 들었다. 나는 우연히 St. Peterburg Times[1]기사에서 남플로리다대학교(USF)가 여러 범죄 중에서, 특히 거짓으로 수천 달러를 횡령하고 이민법을 위반한 혐의로 공자학원장인 펑에게 정직처분을 내렸다는 사실을 발견했다.

왜 펑이 좀 더 심한 벌을 받지 않았느냐고 묻자, USF의 대변인인 마이클 호드(Michael Hoad)는 '펑의 고용은 종신교수로 보장된 신분'이라고 말했다. 후속 사설은 대학이 펑을 해고하도록 촉구했다. "종신교수라는 신분이 비윤리적 행위의 보호막이 되어서는 안 된다."고 사설에서 밝혔다.

그 신문은 어려웠던 점에 대한 펑 교수 자신의 설명을 수용하지 않았다. "FBI는 나에게 미국을 위해 스파이활동을 강요하는 결정을 내렸다."고 펑은 신문에서 말했다. "이 계획은 결국 오바마(Obama) 대통령에게 보고된다."

비록 그것이 터무니없다는 생각이 들었지만, 나는 호기심이 생겼다. 나는 펑에게 이메일을 보냈다. 그는 코멘트하기를 거부했다. 나는 역시 호드에게 전화를 걸어 FBI가 펑 사건에서 어떤 역할을 했는지 물어보았다.

"내가 알기로 USF는 FBI와 어떤 접촉도 하지 않았다."고 호드는 나에게 말했다. "어떤 스파이라도 신문기자와 의논하지 않는다는 것이 우리의 생각이다. 펑은 정말 좌절하고 냉정을 잃었다.”고 그는 넌지시 말했다.

몇 년이 지난 후 호드는 대학을 떠나면서 나에게 잘못 알려주었다고 사과했다. 그는 고의가 아니었다고 말했다. 그는 FBI가 개입되었는지 전혀 몰랐다. 왜냐하면 그에게 브리핑했던 대학 고문변호사들이 그것을 말해주지 않았기 때문이다. “나의 추측으로는, 만약 그들이 브리핑을 했다면, 내가 진심으로 질문에 답변해야 할 것이라는 아주 단순한 이유로 나에게 말을 안 한 것 같다.”

공공기관으로서 남플로리다대학교는 국가안보기관의 압력에 민감했다. “주립대학은 FBI에 정말로 경의를 표한다.”고 호드는 덧붙였다.

2014년 5월 펑은 자신의 사연을 말하고 싶고, FBI 이메일을 포함하여 입증에 필요한 ‘핵심증거’를 갖고 있다고 나에게 연락했다. 나는 호드와 그 사실에 대해 다시 대화를 나누었다. 이메일을 읽고 난 후, 나는 펑의 경험담을 통하여 미국 정보기관이 미국대학들을 끌어들이려고 대담하게 활동하는 현장을 경험할 수 있는 흔치 않는 기회로 인식했다.

나는 플로리다행 비행편을 예약했다.

펑과의 만남은 쉽지 않았다. 약속을 확정지으려고 했을 때, 그는 이메일로 답장을 했다. “나는 정직 상태이므로 내 사무실을 사용할 수 없다.[2] 도청당할 수 있다는 두려움 때문에 나의 아파트에서 만나는 것은 좋다고 생각하지 않는다. 같은 이유로 식당을 미리 조정하는 것도 좋지 않을 것 같다.”

탬파에 내리자마자, 나는 공항에서 그에게 전화를 했다. 그는 왈그린스 주차장에서 만나자고 제의했다. 아마 미행에 대비한 예방조치로 그곳에 그의 자동차를 주차한 것 같았다. 우리는 내가 렌트한 차를 타고 그의 친구가 운영하는 중국식당으로 갔다. 거기서 그는 나를 식당을 통과하여 뒷방으로 안내했다. 그 방에는 벽에 아무 것도 걸려있지 않고, 평면 텔레비전과 탁자 하나가 있었다. 그리고 문을 닫았다. 점심을 나르는 웨이트리스는 들어올 때마다 노크를 했다.

이 같은 공작기법(tradecraft)을 전개한 후, 펑은 안심했다. 그는 소매를 팔꿈치까지 걷어 올린 흰 셔츠를 입었고 앞주머니에 삼성 핸드폰이 들어 있었다. 그의 눈은 충혈 되고 부어 있었다. 아마도 시차로 인한 피로 때문인 것 같았다. 그는 아버지와 함께 베이징을 출발하여 두바이와 케이프타운을 경유하여 방금 귀국했다.

영국식 억양으로 다정하게 이야기하면서 우리 두 사람을 위해 요리를 주문했다. 펑은 상냥하고 사교적 느낌을 주었다. 나중에 깨달았지만, 그의 매력은 약탈자를 피하기 위한 위장하는 문어먹물 같았다. 중국의 유년시절은 그에게 기만의 가치와 속내를 털어놓는 데 따른 불이익을 가르쳤다. 펑의 멘토이자 가장 가까운 친구이고 남플로리다대학 채용 당시 도움을 준 에머리투스 넬슨(Emeritus H. Nelsen) 교수조차 펑을 잘 알지 못한다고 외면한다.

"그는 정직하다. 그러나 또한 비밀스럽다. 그는 모든 속내를 드러내지 않는다."라고 전 미국 정보기관의 중국분석관인 넬슨(Nelsen)은 말한다.

미국 명문대학에 두 아들을 두고 있는 펑은 이혼을 했고, 홀로된 아버지 즈시엔위(Zhi Xianyu)와 함께 살고 있었다. 자신의 잘못도 없이, 시엔위는 펑의 젊은 시절 대부분을 함께 살지 않았고 그의 존재는 그의 아들 펑에게 수수께끼였다.

시엔위는 장제스(蔣介石)의 국민당정부의 군장교로 근무했다. 1948년 마오쩌둥(毛澤東)의 중국 공산주의자들이 장제스 정권을 무너뜨리자, 시엔위는 우한(Wuhan)[3]에서 교사가 되었고 지리교과서를 공동으로 편찬했다. 중국 중앙에서 가장 큰 도시이고 후베이(Hubei) 성의 수도이며, 양쯔(揚子江)강과 한장(漢江)강이 합쳐지는 곳에 자리 잡은 우한은 20세기 초중반 정치적, 경제적으로 유명한 도시였다. 후반에는 경제적 파도에 밀려 뒤처지게 되었다.

1956년 마오쩌둥은 인민들에게 '백송이 꽃을 피게 하고 제자백가가 논쟁할 것'을 촉구하면서, 자신의 정책에 대한 솔직한 평가를 요청했다. 시엔위는 어리석게도 마오의 말을 믿고 학교회의에서 정부정책을 비판했다. 공산당 위원장의 '표면상의 관용이 반체제인사를 제거하기 위한 계략'이었다는 것을 알아채지 못했다. 시엔위는 체포되었고, 임신한 아내 펑리싱(Peng Lixing)을 집에 두고 강제노동수용소로 끌려갔다. 아내는 고등학교 교사이자 행정가였다. 그녀는 학생들의 대학진학 준비에 성공하여 많은 존경을 받았다. 1956년 중국정부는 그녀를 베이징의 한 회의에 초청했다. 거기서 그녀는 저우언라이(Zhou Enlai) 총리와 중국군 총참모장을 역임한 주드어(Zhu De) 부주석을 만났다.

1958년 그들 부부의 첫아들이 태어 난지 10일 후, 리신은 직장을 유지하고 가족을 부양하기 위해 시엔위와 이혼할 수밖에 없었다. 따라서 아이는 모친 성과 다진(Dajin)이라는 이름을 갖게 되었다. 이름은 대약진(Great Leap Forward) ―그 해 마오가 도입한 형편없는 경제공업화정책에 대한 정치적으로 적절한 헌시― 을 의미했다.

정부는 시엔위가 동네 이웃을 통과하여 석탄 운반차를 끌도록 하여 창피를 주었다.

그는 거리를 터덜터덜 걸어가다 가끔 가족접촉금지 규정을 어기고, 아들을 찾아서 캔디를 주곤 했다. 그의 아내는 아들을 손에 안고 그녀의 친구 집에서 전 남편을 비밀리에 만나기도 했다. 그녀는 직무평가 때문에 당국의 질책을 받은 후에도 그를 계속 만났다. 당국은 그녀가 감시를 받고 있고 그녀의 일자리와 자유도 위태롭다는 것을 경고하고자 했다.

아이가 금지된 밀회를 우연히 누설할 수 있다는 두려움 때문에, 그녀는 시엔위를아버지가 아니라, 단지 친구라고 따진에게 말했다. 그 혼란은 그에게 일생동안 불안감을 남겼다. 그것은 또한 그에게 정보기관에 대한 교훈을 주었고, 정보기관이 보통 사람들에게 가할 수 있는 피해에 대해 가르쳤다.

"나는 정말 혼란스러웠다. 아버지는 행동을 통해서 아버지라는 사실을 알리고 있었다. 이것이 내가 아주 어렸을 때 고통을 많이 받았던 이유이다. 친구들은 나를 비웃곤 했고, 나는 어떻게 대응해야 할지 몰랐다."고 펑은 내게 말했다.

그 수수께끼는 8살이 될 때까지 풀리지 않았다. 어느 날, 시엔위가 그와 할머니를 위해 과자를 가지고 왔다. 시엔위가 떠난 후에, 펑따진의 할머니는 "저 사람이 네 아버지다."고 말했다.

그의 어머니와 할머니는 밝고 사교적인 아이를 몹시 사랑했고, 그가 학문적으로 뛰어나고 가족의 지위를 회복시키도록 독려했다. 그의 어머니는 우한의 분(Boone) 고등학교의 교장이었다. 이 고교는 미국 선교사가 설립했다. 따진이 한 학기를 다닌 후, 그녀는 교사들이 그녀의 아들이라는 이유로 관대하게 대한다는 사실을 알았다. 그래서 그녀는 그를 다른 학교로 전학시켰다. 그 곳에서 급우들은 "아버지 없는 놈"이라고 그를 놀리고 괴롭혔다. 그는 자신만의 세계로 도피함으로써 그들을 무시하거나, 최악의 언어적·물리적 폭력을 극복하려고 노력했다. 특히 좋아하는 취미는 밤하늘의 별과 별자리를 관측하면서 혼자 지내는 것이었다. 별들의 장대함은 그의 슬픔을 하찮은 것으로 만들었다. 타고난 기억력으로 스펀지처럼 별과 별자리의 이름들을 암기했다.

그의 어머니는 그가 분고등학교의 도서실을 이용하도록 주선했다. 그곳에서 그는 탐독을 하고 학교침대에서 자기도 했다. 12살부터 20살까지 벽에 걸린 중국지도와 세계지도에 마음을 빼앗긴 채로 종종 그곳에 머물렀다.

펑은 고교졸업 후, 대학 진학에 필요한 공부를 하는 동안 중학교에서 가르쳤다. 수정주의 혐의자들에 대한 마오의 유혈 숙청, 즉 문화혁명 동안, 정부는 대학입학 시험을 취소하고 공산당 충성파들의 입학을 제한했다. 중국은 1977년에 대학입학시험을 복원했다. 펑은 입학시험을 쉽게 통과해서 우한대학에 입학할 수 있었다. 그 당시에도 대학은 아버지의 불명예 때문에 펑의 지원을 특별한 범주에 두면서 망설였다. 1978년 덩샤오핑은 권력을 강화하고 중국을 자유화하기 시작했다. 펑의 부모는 재혼을 허락받았다. 그들은 별거와 학대에도 불구하고 서로에 충실했다. 그들의 관계는 펑에게 중요한 교훈을 가르쳤다. 그것은 국가적 제재와 압력을 이겨내고 견딜 수 있다는 것이었다.

펑은 우한대학에서 영어를 배웠다. 열심히 공부한 데 대한 보상으로, 그는 같은 반 학생들 사이의 연구경쟁을 관리할 권한을 가진 학업감독에 임명되었다. 그 후 2년 동안 우한의 금융경제대학에서 강의했고, 이 기간 동안 미시엔아이(Mi Xianai)와 데이트를 했다. 그녀는 우한에서 자랐고 우한대학에서 외국어를 공부했다. 그들은 1985년에 결혼했다.

"그의 부인은 신혼 초 그를 존경했고 돌보았다."고 전 우한대학 동창인 리훙샨(Li Hongshan)이 말했다. 그는 현재 켄트주립대학교 역사학 교수이다. 어느 날, 리가 그들의 아파트를 방문했을 때, 미(Mi)는 물 한 대야를 가져와 펑의 발을 씻어주었다. "그것은 대부분의 부인들이 남들 앞에서 하지 않는 일이었다. 모든 가족은 펑이 성공하도록 함께 도왔다. 나는 그렇게 헌신적인 부인을 둔 펑이 부러웠다."

1984년, 펑은 그 당시 국제관계학원(IIR)으로 알려진 대학—나중에 오하이오 주 마리에타대학과 제휴한 스파이대학—의 대학원에 입학했다. IIR의 동창들은 국가안전부(MSS)의 취업우선권을 누렸다. 교수와 관리자들은 중국 정부의 최고위급과 연계되었다. 펑의 지도교수는 미국 경제를 분석하는 정부부처 책임자로 근무했었다. 마오와 저우언라이를 포함한 중국지도자들은 정기적으로 그의 자문을 받았다. "지금까지 나의 지도교수는 80세 고령임에도, 중국정부에 미국경제에 관련된 자문을 해주고 있다."고 펑은 말했다.

그 당시 펑은 그의 문하생이 되었고, 지도교수는 텍사스주 달라스에 있는 세계무역센터(WTC)에서 연구 활동을 마치고 귀국한지 얼마 되지 않았다. 그 곳에서 미국 정보기관은 그에게 접근했다. "그가 중요 인물임을 알고, FBI와 CIA는 그를 포섭하려고 아주 관대한 제안을 했었다."고 펑은 나에게 말했다. "나의 지도교수는 학자가 되기를 원했기 때문에 그들의 제의를 거절했다. 그는 누군가의 스파이 노릇을 하거나, 외국을 위해 발언하기를 원하지 않았다. 그는 또한 내가 어떤 정보기관을 위해 일하지 말도록 충고했다. 그것은 나에게 많은 영향을 주었고, 부분적으로는 내가 가능한 한 FBI를 피하려고 했던 이유이다."

국제관계학원(IIR)의 대학원에 지원하는 학생들은 두 개의 직업진로, 즉 IIR의 강사 또는 자매기관인 중국현대국제관계연구소(CICIR)의 연구원 중 하나를 선택했다. CICIR은 1965년에 설립되어 국가안전부의 한 부서이었고, 현재도 남아있다. 펑의 시대에 IIR 미국연구소 부소장을 지낸 경후이창(耿惠昌)은 2007년 8월부터 2016년 11월까지 국가안전부장을 역임했다.

펑은 CICIR 경로를 선택했고, 석사학위를 취득한 후 겨우 한 달 근무했다. 1986년 그는 미국에서 학업을 계속하기 위해 중국을 떠났다. 부인은 1년 후 미국에서 합류할 예정이었다. 부모는 그를 환송하기 위해서 베이징공항으로 나왔다. 그때 처음으로 어머니가 우는 모습을 보았다.

그는 전액 장학금을 주기로 한 오하이오주 아크론대학(UA)으로 갈 예정이었다. 그가 도착하자마자, FBI가 그를 최초로 인터뷰를 했다. CICIR에 대해 질문을 받자 펑은 그의 모교에 대해 평소 좋아하는 농담을 했다. "정문 앞에 왜 경비를 두었는지 압니까? 내부에 비밀이 없다는 것이 알려지는 것을 막기 위해서입니다."

아크론대학에서 펑은 다른 석사학위를 취득했다. 이번에는 경제학이었다. 그 다음그는 신시내티대학(UC)과 세계 최고 국제관계센터 중 하나가 있는 달라스텍사스대학교(UTD)에서 권위 있는 사다리를 오르기 위해 3개 대학에서 박사과정을 모색했다. 1989년, 그는 프린스턴대학교의 공공 및 국제문제의 우드로윌슨학교(행정대학원)에 입학을 허가받았다.

아이비리그대학에 다닌다는 자부심을 만끽하면서, 펑은 박사논문 주제인 《아시아 태평양 국가 간의 경제협력 증대》에 몰두했다. "그는 훌륭한 학생이었고, 중국어처럼 일본어를 통달했기 때문에 그가 수행하는 연구에 매우 유용했다."고 우드로윌슨학교 교수 중 한사람인 린 화이트(Lynn White) 가 말했다.

그의 가족생활 역시 좋아졌다. 1991년과 1994년에 각각 아들이 태어났다. 그들은 펑의 부모와 함께 집에서 중국어를 말함으로써 2중 언어를 구사하며 성장했다. 펑의 부모는 1991년 중국에서 도착했다. 모친은 그의 처가 식당에서 일하는 동안 집에서 요리를 하고 손자들을 돌보았다. "미시엔아이(Mi Xianai)는 남편을 위해 모든 것을 희생했다."고 펑의 대학친구인 케이트 저우(Kate Zhou)가 말한다. 저우도 역시 우드로윌슨학교에서 공부하고 있었다. "둘째 아이를 낳는 날에도, 그녀는 역시 식당에서 일하고 있었다."

펑은 또한 점심친구가 생겼다. FBI 특별수사관인 니콜라스 아바이드(Nicholas Abaid)였다. 펑은 수차례 FBI 비용으로 아바이드와 만찬을 했다. 미국 측의 호의로장학금과 학생비자를 얻어 프린스턴대학교에 다니기 때문에, 거절하는 것은 무례라고 생각했다.

"우리는 좋은 친구가 되었다."고 펑은 회상했다. 아바이드는 펑에게 다른 중국학생들에 대해서, 그리고 그들의 민감한 연구에 대한 접근성에 대해 물었다. "그는 중국학생들이 미국기술을 입수할 수 있는 것에 대해 불평했고, 이 부분을 매우 경계했다."

FBI 뉴어크 지부(field office)의 트렌턴(Trenton) 거점(resident agency: FBI는 미국 380개 소도시에 거점을 운영 – 역자 주)에 근무했던 아바이드는 2015년 6월 덥고 무더운 오후 인적이 끊긴 캠퍼스를 가로질러 갈 때, 1982년부터 1999년까지 프린스턴대학에서 방첩활동을 했다고 나에게 말했다.

아바이드는 무릎관절 수술로 약간 절룩거렸고, 백발에 다정한 말투를 사용했다. 그는 여느 공식 여행 가이드처럼 대학에 대해 잘 알고 있었는데, 중국학생을 스파이로 포섭하는 것이 본업인 사람의 독특한 관점에서 대학을 잘 알고 있었다.

그는 국무부의 유학생 리스트를 분석하고, 프린스턴대학 직원을 통해 신입생들의 가정환경, 적응 문제, 욕구, 포부 등을 제보를 받고 정보출처를 개발했다. "대학들은 反 FBI, 反 CIA로 나쁜 평판을 받고 있다."라고 아바이드는 말했다. 그는 펑이 자주 다녔던 윌슨학교를 가로질러 가면서 덧붙였다. "우리가 국가를 보호하는 데 필요한 방법을 찾는다면, 대학들은 우리에게 도움을 줄 것이다."

우리가 프린스턴대학의 보안책임자와 아바이드가 만나곤 했던 교수식당에 들렀을 때, 그는 1984년 버클리수정안(Buckley Amendment) – 대학들은 학생의 동의 없이 가장 기본적인 학생신상자료 이외 모든 자료의 공개를 금지 – 이 자신의 일을 어렵게 했다고 불평했다. 그렇게 말한 다음 그의 표정은 밝아졌다. "만약 적절하게 접근하면서 비밀로 유지했다면, 조금 더 압박할 수 있었을 것이다. 대학들은 학생들이 비도덕적인 행위로 쩔쩔매기를 바라지 않는다. 그들은 우리가 꼬치꼬치 캐묻지 않는 한 협력하려고 한다." 고 그는 말했다.

우리는 프린스턴대학의 가장 오래된 건물인 나소 홀(Nassau Hall)로 걸어갔다. 조지

워싱턴의 군대는 그 복도를 볼링장으로 사용했었다고 가이드는 나에게 말했다. 우리는 본래 목적지인 외국학생담당 학장의 사무실에 도착했다. 아바이드는 종종 그곳을 방문했었다. 그는 학장 사무실이 지금 학교의 형평성과 다양성을 위한 교무 부처장의 응접실로 사용되고 있는 것을 발견하고 깜짝 놀랐다.

아바이드는 겸손하고 삼촌 같은 태도로 중국학생들과 잘 지냈다. 그들이 은행계좌를 개설하도록 도와주었고, 그들을 야외파티나 마이너리그 야구게임에 초청하면서 미국 서민들의 일상적인 생활을 보여주었다. 그는 미국에는 중국과 달리, 선택의 자유가 있다고 그들에게 말했다. 그들이 그와 협력할 것인지, 아닌지를 스스로 결정할 수 있다고 말했다. 종종 그들은 협력을 했다. 200여 명의 외국학생들 중에서, 그가 자신의 일을 하는 동안 인터뷰한 학생은 대부분 중국학생이었다. 약 50명은 단기간 특정 사실을 도와주었고, 약 10명은 장기적으로 생산적인 정보제공자가 되었다. "정보자산을 포섭하는 것이 게임의 모든 것이다."고 그는 말했다.

그러나, 그의 가장 중요한 포섭활동은 중국인이나 학생이 아니고, 객원연구원으로 프린스턴대학에 온 외국의 핵물리학자였다. 육군 장교 신분의 그 물리학자는 해외에서 CIA의 접근을 거부했다. 그래서 CIA는 FBI가 프린스턴대학에서 그에게 접근해 주기를 요청했다.

프린스턴대학 측이 제공한 그 과학자의 연구, 성격, 가족 등 정보를 바탕으로, FBI는 비밀공작 계획을 수립했다. 잡지 판매원으로 가장한 한 방첩관이 주량이 대단한 그 과학자와 어울리기 시작했다. 방첩관도 함께 마셔야 했기 때문에 저녁 늦게 아바이드가 그에게 접촉결과에 대해 물어볼 때쯤이면 그는 항상 취해 있었다.

그 물리학자는 방첩관에게 마침내 "나는 당신을 CIA로 생각한다."고 말하자, 방첩관은 아니라고 부정했다. 그때 그 과학자는 "내가 CIA와 이야기를 하고 싶다고 전해 달라."고 말하면서 그를 놀라게 했다.

"나는 CIA는 아니다. 그러나 FBI에 친구가 있다. 그래도 괜찮은가?"라고 가장신분을 유지한 채 방첩관은 말했다.

그 과학자는 협력하는 대신, 자신의 아들이 미국대학에서 공부해야 한다는 것을 조건으로 내걸었다. FBI와 CIA는 동의했고 장애물을 제거했다. 그런데 그 젊은이는 자신의 실력으로 입학 허가를 받을 만큼 똑똑한 것으로 밝혀졌다.

아바이드와 다른 방첩관들은 과학자의 프린스턴대학 일정에 따라 일을 추진했고,

신분을 보호하기 위해 매일 다른 빌딩에서 접촉하면서, 몇 주 동안 하루에 16시간씩 인터뷰를 했다.

방첩관들의 질문이 바닥났을 때, 국무부와 국방부를 포함한 다른 연방기관에서 추가 질문을 제공했다. 그 과학자는 그 나라의 외교관 중에서 상당수 정보요원을 확인해 주었고 군사기술에 대한 아주 최신정보를 제공했다.

"그는 큰 도움이 되었다."고 아바이드가 말했다. "그는 자신이 스파이는 아니었지만, 정보요원들이 그에게 지시를 내렸기 때문에 그들을 알고 있었다."

최후에 FBI는 그를 CIA에 넘겼다. CIA는 더 많은 정보를 수집하기 위해 그를 본국으로 보냈다. FBI 방첩관들이 그에게 이별의 선물로 무엇을 좋아하는지 묻자, 그는 부인에게 줄 시계를 넌지시 말했다. 그들은 리스트에 있는 다수의 시계를 보여주었다. 그러나 모든 시계들이 너무 작았다. "내 처는 손목이 코끼리 같다."고 그 물리학자는 말했다. 그들은 시계대신 목걸이로 결정했다.

펑은 아바이드의 승리들 중 하나가 아니었다. 중국뿐 아니라 미국 안보기관도 조심하는 펑은 방첩관의 질문을 피했다. 1994년 펑은 프린스턴에서 박사과정을 마치기 전에, 남플로리다대학교(USF)의 전임강사가 되었다. 아바이드가 그에게 FBI 탬파지부와 접촉하기를 요청했을 때, 펑은 용기를 내서 거부했다.

펑은 부모, 아내, 아이들을 동반하고, 야자나무들이 점점이 흩어져 있고 전도가 유망한 주립대학으로 가기위해 아이비리그를 떠났다. 프린스턴보다 210년 뒤인 1956년에 설립된 USF는 미국에서 가장 큰 공립대학 중 하나로 부상하였다. USF에는 130개 이상의 국가에서 온 5,000명의 유학생을 포함하여, 50,600명의 학부 및 대학원생들이 있다.

탬파에 있는 USF 본교 — 탬파에는 분교가 성 페테르부르크와 사라소타에 있음 — 는 기업사무실 단지를 닮았다. 연구센터와 기숙사는 잘 가꾸어진 잔디밭 건너편에 자리를 잡고 있다. USF는 연구와 기업가정신 분야에서 자부심을 가지고 있으며, 미국특허 획득 건수로 볼 때 항상 전 세계 대학에서 상위 15위 이내에 든다.[4]

국가안보는 탬파의 소관이다. 탬파지역은 맥딜 공군기지에 있는 미 중부사령부(USCENTCOM)와 미 특수전사령부(USSOCOM), 그리고 사이버안보로부터 참전용사들의 건강재활에 이르기까지 모든 것을 전문적으로 다루는 140억 달러 규모의 군수산업 본거지이다. 레이시온(Raytheon)부터 하니웰(Honeywell)까지 미 방위산업체 10명중

9개가[5] 탬파만 지역에 공장을 갖고 있다.

펑이 USF에서 강의를 시작했을 때, 두 교수와 중동테러 간 유대관계가 폭로되어 주변 지역사회와 대학 간의 관계가 긴장했다. 한 교수는 라마단 살라(Ramadan Shallh)이다. 그는 중동문제 대학싱크탱크인 '세계와 이슬람연구소(WISE)'의 상임이사이다. 살라는 1995년, 시리아 다마스커스에서 이란의 지원을 받는 팔레스타인 이슬람 지하드(PIJ)의 지도자가 되었다.

다른 한 교수는 사미 알−아리안(Sami Al−Arian)이다. 1990~91년에 WISE를 설립했던 컴퓨터공학과 종신교수이다. 장기간 지속된 알−아리안 교수 사건은 국가적 관심을 불러 일으켰고 FBI와 남플로리다대학교(USF) 간 유대를 강화했다.

1994년 공영 텔레비전 다큐멘터리에서 쿠웨이트 태생의 팔레스타인인 알−아리안이 테러리즘을 위해 모금을 한다고 비판을 하자, FBI는 그를 조사하기 시작했다. 당시 FBI 탬파지부의 방첩과 대테러업무를 이끌었던 코에너(J. A. Koener)는 대화감청뿐 아니라 알−아리안의 집에서 압수한 수만 쪽의 서류를 번역할 아랍어 인력이 부족하여, 그 조사는 '7년간의 충치치료'가 되었다고 말했다.

알−아리안에 대한 혐의는 대학이 국가안보와 학문자유 간의 상충되는 가치를 저울질하도록 만들었다. 그를 해고하라는 압력을 견뎌내면서, USF 총장이며 전 민주당(플로리다)주 상원의원인 베티 캐스터(Betty Castor)는 FBI의 조사결과가 나올 때까지 그에게 유급휴가를 주었다. 1998년, 대학조사위원회가 어떠한 범법행위도 발견하지 못하자, 그녀는 그에게 학문적 의무를 재개하도록 허락했다.

알−아리안에 불리한 많은 증거가 비밀로 분류되었기 때문에, FBI는 그것을 캐스터와 공유할 수 없었다. "우리는 가능한 많은 것을 그녀에게 말했지만, 우리가 가진 중요한 것을 모두 내줄 수는 없다."고 2015년 9월 코에너는 내게 말했다. 2004년 연방 상원의원 선거에서, 그녀의 상대후보(공화당 상원의원 후보 Mel Martinez−역자 주)는 테러리즘에 관대했던 그녀의 태도를 공격했다. 그로 인해 그녀가 선거에서 패배했을 때, "나는 베티가 안됐다는 생각이 들었다."고 코에너는 덧붙였다.

2001년 9월 11일 이후 테러공격과 2주 후 폭스뉴스의 The O'Reilly Factor[6] 프로그램에 등장한 알−아리안의 모습이 방영된 후 대학의 태도가 바뀌었다. 진행자인 빌 오'레일리(Bill O'Reilly)는 "'이스라엘에 죽음을, 이슬람에 승리를,' 내가 CIA라면 당신이 가는 곳 어디든지 추적할 것이다."라고 외치는 알−아리안의 1998년 연설 비디오테이프를 보여주었다. 오'레일리는 "남플로리다대학교(USF)는 아랍 과격분자들을 지원하는 온상일지도 모른다."고 추측했다. 알－아리안은 "나는 점령에 죽음을, 인종차별에 죽음을, 탄압에 죽음을 의미했고 다른 사람의 생명을 위협한 것이 아니었다."고 반응했다.

남플로리다대학교(USF) 측은 대학에 쏟아지는 불평과 위협이 너무 많았기 때문에 다음날 오후 컴퓨터공학관을 비워 두었다. 2001년 12월, 대학이사회는 대학총장을 캐스터(Castor)에서 주디 겐샤프트(Judy Genshaft)로 교체하고, 대학 징계절차가 허락하는 한 최대한 신속하게 알－아리안을 해고하도록 명령했다.

겐샤프트는 주저하지 않았다. 오하이오주립대학과 뉴욕주립대학의 전 행정처장이었던 그녀는 플로리다주에는 신참이었다. 그러나 플로리다주의 압도적인 공화당의 정치적 지배층과 대학위원회의 기업인들은 그녀를 신뢰할 수 있는 인물로 생각했다. "겐샤프트는 특정 정당에 소속되지 않았지만, 이곳에 부임할 때 공화당원으로 알려졌다."고 USF의 전 행정처장이 나에게 말했다. "그녀는 자신이 공화당원이라고 사람들에게 알렸기 때문에 총장직에 앉을 수 있었다." 그녀는 부친이 설립하고 동생 닐 겐샤프트(Neil Genshaft)[7]가 경영하고 있는 가족 소유의 오하이오 육류포장업체의 사장이었다. 동생은 조지 W. 부시, 미트 롬니(Mitt Rommy), 하원의원 제임스 르나치(James Renacci)와 커크 슈링(Kirk Schuring) 등을 포함하여 공화당 후보들에게 수천 달러를 후원해 왔다.

그런데 알－아리안을 해고하려면 법적 근거가 필요했다. 테러용의자를 부자로 만든다는 비난 여론에도 불구하고, 대학 측은 2002년 11월 어느 토요일 아침 100만 달러를 주고 그를 사임시킨다는 원칙에 동의했다. 다음 월요일, 대학은 그 거래를 취소했다.

당시 알－아리안의 변호사였던 로버트 맥키(Robert McKee)는 FBI가 180도 전환에 관여한 것으로 추측한다고 내게 말했다. 그의 생각으로는 FBI가 대화 감청을 통해 임박한 타협(impending settlement)을 알고 있었고, 대학 측에 알－아리안이 곧 기소될 것이라고 경고하여 해고할 근거를 주었다는 것이다. FBI 요원들은 사실상, 대학관리들이 알－아리안을 매수하는 데 따른 난처한 상황과 비용을 모면하게 해준 FBI 측에 고맙게 여겼다는 사실을 펑에게 나중에 말했을 것이다.

그러나, 알－아리안은 2007년 라디오 인터뷰에서 "USF 이사회 의장인 리차드 비어드(Richard Beard)[8]가 '예상되는 정치적 후유증 때문에'타협을 거부했다."고 말했다. 비어드는 당시 "타협을 뇌물로 인식하고"그가 반대했다는 사실을 확인해주었다. 또한 퇴직한 FBI 요원 케리 마이어스(Kerry Myers)는 수사상 범죄 측면을 감독했는데, 기소내용을 남플로리다대학(USF)에 미리 말한 적이 없다고 말했다. "나에게 알리지 않고 누군가 USF 측에 그런 짓을 했다면 충격을 받았을 것이다."

2003년 2월 알－아리안과 다른 7명은 공갈 및 살인 음모 혐의로 체포되어 기소되었다. 2005년 12월, 한 배심원은 공소사실(counts) 17개 중 8개가 무죄라고 선언했다. 나머지 9개는 교착상태에 빠졌다. 다음해 2월, 그는 팔레스타인 이슬람 지하드(PIJ)를 돕기 위해 모의한 공소사실 하나만 유죄를 인정했고 57개월 징역형을 선고받았다. 추가 법정투쟁 후에, 그는 2015년 터키로 추방되었다.

그 시련은 겐샤프트에게 마음의 상처를 남겼다. "그것은 대학과 특히 총장에게 매우 충격적이고 고통스러운 일이었다."고 전 USF 관리자는 말했다. "그녀는 매우 예민했다. 다시는 그런 상황을 원하지 않았다."

USF는 주요 지역주민과의 불화를 해결하고자 노력했다. 2009년에 해병대 중장으로 퇴역한[9] 마틴 스틸(Martin R. Steele)을 채용했다. 스틸 제독은 군사적 동반자관계를 증진하고 참전용사들의 건강관련 연구계획을 관장한다. 2011년에 USF는 워크숍, 회의, 초빙강연자, 교환교수 등과 같은 '상호가치 활동'을 협력하기 위해 미 중부사령부(USCENTCOM)와 양해각서(MOU)를 체결했다. 같은 해, 학문적 우수성이 있는 정보공동체 센터로서 국가정보장실(ODNI)이 선정한 20개 대학 중 하나가 되었다. USF는 국가정보 및 경쟁정보(competitive intelligence: 경쟁 기업에 관한 정보를 모아서 연구하는 행위나 과정－역자 주) 분야의 자격증을 따려는 학생들의 훈련하는 비용으로 거의 200만 달러를 받았다. 그리고 국방정보국(DIA), 백악관, 비밀경호국(SS), 국무부에 인턴을 보냈다. 2014년, 플로리다 주정부는 USF에 사이버보안센터를 설립했다. 그 센터는 교수진들이 비밀이 아닌 연구프로젝트에 대한 보조금을 받도록 도움을 주고 있다. 또한 USF 교수들과 함께 사이버보안의 온라인 석사학위 프로그램을 신설했다.

"남플로리다대학(USF)은 反군사 · 反정보적인 대학을 동반자관계를 원하는 대학으로 바꾸는 건전한 전환을 도모했다."라고 전 국무부 관리 출신이며 현재 USF의 정보자격증 프로그램을 운영하는 월터 안드루시진(Walter Andrusyzyn)이 말한다. "알－아리안 대소동 때문에, 어떤 사람은 사물을 다른 시각으로 보기 시작했다."

펑은 USF에서 활짝 꽃을 피웠다. 그는 국제정치경제, 일본 기업, 미국－중국관계, 그리고 다른 토픽에 대한 강좌를 열었다. 2001년 종신재직권을 얻었고 부교수로 승진했으며 뛰어난 강의로 상을 받았다. 그는 놀라운 기억력을 발휘하여 학생들이 지명하는 특정 국가의 수도와 인구를 줄줄 말하면서 학생들에게 감동을 주며 즐겼다. 학생들이 교수를 평가하는 웹사이트에서,[10] 익명의 학생들은 펑을 박식하고, 도움이 되며, 학점을 후하게 주는 교수라고 칭찬했다. 그러나 어떤 학생은 그가 꼼꼼하지 않거나 또는 지엽적이라고 불평했다. 코멘트 샘플을 살펴보면:

"그는 내가 가장 좋아하는 USF 교수 중 한 명이다. 그는 능수능란하고 학생들을 '엄청'보살펴 준다. 나는 그의 강의 '부와 권력'을 수강했는데, 식은 죽 먹기였다. 그는 시험에 필요한 에세이 질문과 용어를 미리 알려준다. 특별 점수도 많이 준다. 아주 친절하고 심한 사투리를 사용하지만, 그 사실을 알고 때때로 자기 자신을 비웃는다. 그의 과목을 수강하라!!!"

"펑은 훌륭하다. 그는 꼼꼼하지 않고 이메일 체크를 '전혀' 안 한다. 그러나 그는 친절하며 진심으로 당신이 잘하길 바란다. 그의 수업은 어렵지 않다. 그는 학점도 매우 후하게 준다."

"펑은 내가 지금까지 만났던 박식하고 역동적인 교수 중 한분이다. 가끔 주제에서 벗어나지만, 대부분 그것이 수업의 지루함을 덜어준다."

"펑은 주제를 유지하는 데 어려움이 있고, 비체계적이다. 전반적으로 강의보다는 책에서 더 많이 배웠다. 그러나 나는 강의내용에 시사(current events)를 연관시키는 방법을 좋아한다."

그는 2000년에 미국시민이 되었고, 자랑스럽게 미국에 충성을 맹세했다(6년 후 그의 아버지도 그 방식을 따랐다). 펑은 새로운 조국과 옛 조국으로 시간을 나누어 보냈다. 그는 대학 스케줄의 유연성을 이용하여, 중국에서 경력직 경영학과 학생들을 가르치면서 USF 월급을 보충하기 시작했다. 그는 2005년 난카이(Nankai)대학에서 시작하였다. 그 후 자신의 고향인 우한의 3개 대학을 포함하여 점차 더 많은 대학을 추가했다. 돈이 강의부담을 감내하며 태평양을 넘나드는 유일한 동기는 아니었다. 프린스턴대학 박사학위를 가진 그는 아버지가 강제 노동수용소로 끌려갔을 때 자신의 가족들을 무시했던 의리 없는 친구들을 감동시켰다. 여행할 때마다, 그는 가문의 명예와 존경을 얻는 것처럼 느꼈다.

"펑의 국제 통근은 펑 세대의 중국태생 학자들의 전형이다."라고 펑의 대학친구이자 현재 하와이대학의 교수인 저우(Zhou)가 말했다. "그들은 미국을 좋아했고, 역시 중국의 부상으로 이익 보기를 원했다."라고 그녀는 말했다.

펑은 중국여행으로 복잡한 가정사를 달랠 수 있었다. 2004년 그의 어머니가 암으로 사망했고, 펑과 부인은 이혼했다. 2005년 이혼조건에 따라,[11] 그들의 두 아들은 주로 미(Mi)와 함께 살았고 일주일에 두 번 펑을 방문했다.

현재로는, 일생에 한 번 올까 말까한 그런 기회가 손짓을 했다. USF의 국제문제 학장인 마리아 크루메트(Maria Crummett)는 2007년 5월 플로리다에 첫 번째 남플로리다대학교(USF) 공자학원을 설립하기 위해 펑에게 중국의 접촉선을 이용하도록 요청했다. 그는 중국에 파트너 대학을 물색한 다음 한반(Hanban, 國家漢語辦公室)의 승인을 받아야 했다. 한반은 세계적으로 공자학원을 운영하는 중국 교육부 산하기관이다.

펑은 급히 난카이(Nankai)대학과의 파트너십과 한반의 승인을 확보했다.[12] 한반은 공자학원 개설 자금으로 10만 달러를 지원하는 데 동의했다. 그리고 둘째 해에는 직원 봉급과 교육자재를 포함하여 20만 달러로 증액했다. 난카이대학은 공자학원의 공동 원장과 직원을 제공했다.

"내 생각하기에 당신은 마법의 힘을 갖고 있다."면서 2007년 8월 크루메트는 펑에게며 이메일을 보냈다. "모든 역량을 동원하여 USF가 적합한 기관이고 헌신할 준비가 되어 있다는 점을 납득시키고 진전을 이루는 대단한 일을 했다."적었다.

공작학원장으로서, 펑은 2008년 3월 개원식을 연출했다. 개원식은 연등으로 장식된 만찬, 마술쇼, 탬파만의 보트관광, 성 페테르부르크의 살바도르 달리(Salvador Dali) 박물관 여행을 특별히 포함했다. 휴스턴에 있는 중국 총영사와 난카이 대학과 워싱턴 D.C.에 있는 중국대사관의 고위 인사들이 참석했다. 중국의 저명한 예술가 정판(Zeng Fan)이 공자 초상화를 기증했다.

"이렇게 훌륭한 개막식을 계획하고 연출해줘서 감사합니다."라고 USF 교무처장 랄프 윌콕스(Ralph Wilcox)가 펑과 크루메트에게 이메일을 보냈다. "당신이 나의 일을 쉽게 만들어 주었다; 타 지역에서 온 손님들에게 따뜻한 환영인사를 베풀었고; USF가 탬파만 공동체에서 빛을 발했다는 것을 확신시켜주었으며; 총체적으로 대학을 아주 잘 대변했습니다."

USF를 제외하고, 공자학원은 호의적인 관심을 끌지 못하고 있었다. 공자 프로그램은 2005년에 시작해서, 적어도 10억 달러에[13] 이르는 중국의 자금지원에 힘입어 빠르게 성장했다. 한반은 2015년 말까지 미국에 109개를 포함하여 전 세계 500개의 공자학원을 만들었다. 또한 초등학교와 중학교 학생들을 위하여 1,000개의 공자교실(CC)을 운영했다. 1/3 이상인 347개가 미국에 있다. 중국은 2013년 한해에만 공자학원에 27,800만 달러를 사용했는데, 이 금액은 공자학원을 유치한 대학들이 사용한 금액과 거의 비슷했다.

중국 후진타오(胡錦濤) 전 주석이 2007년 연설을 통해 공자학원을 소프트파워의 도구로 묘사한 것처럼, 공자학원은 전형적으로 중국어, 역사, 그리고 서예 같은 전통예술에 대한 교육을 제공했다. 그 중 약간은 연구, 사업, 또는 관광과 같은 단일 분야로 특화되었다. 그들은 중국정부의 방침에 따랐고, 중국의 티베트 조치, 1989년 천안문 광장의 학생시위 진압과 같은 주제들을 피했다.

"우리가 원하는 소위 중국어 연구라는 상품을 판매함으로써, 공자학원은 강력한 방법으로 중국정부를 미국 학계 속으로 이동시켰다."고 2011년 조나단 리프만(Jonathan Lipman) 교수가 나에게 말했다. 그는 매사추세츠주 남부 하들리 소재 마운트 홀리오케(Mount Holyoke) 대학에서 중국역사를 가르치고 있다. "총체적 방침은 아주 분명하다. 그들은 '우리는 이 돈을 줄 것이다. 그러니 당신들은 중국 프로그램을 만들고, 누구도 티베트에 대해서 말하지 말라'고 그들은 말한다."

예를 들면, 한반은 스텐포드(Stanford)대학에 공자학원을 유치하고 교수직을 부여하도록 400만 달러를 제공하면서 하나의 경고를 덧붙였다.[14] 교수는 티베트와 같은 논쟁적 이슈들을 토론하지 말라는 것이었다. 스탠포드는 한반의 요청에 응했고, 고전 한시(Chinese poetry) 강좌를 개설하는 데 자금을 사용했다.

2014년 미국대학교수협회(AAUP)는[15] 대학들이 모든 학사문제에 대한 통제권을 한반으로부터 얻어낼 수 없다면 공자학원과의 관계를 중단하도록 촉구했다. "공자학원은 중국정부의 한쪽 팔처럼 기능하고 학문자유를 무시하는 것이 허용된다."고 교수노동조합이 말했다. 그 결과, 시카고대학과 펜실베이니아대학은 공자학원과의 관계를 끊었다.

2018년 1월, 보스턴 글로브(Boston Globe)는 "학생집단, 교수들, 그리고 졸업생들은 매사추세츠-보스턴대학교가 대학연구소의 문을 닫도록 촉구했다."고 보도했다. 지난 4월 텍사스 농업기술대학교는 두 개의 다른 캠퍼스와 공자학원과의 관계를 종료했다. 플로리다주 공화당 상원의원 마르코 루비오(Marco Rubio)와 매사추세츠주 민주당 하원의원 세스 몰턴(Seth Moulton) 등 유력한 대통령 후보 두 사람은 대학들이 공자학원을 폐쇄하도록 촉구했다. 루비오는 공자학원을 "외국학술기관, 중국의 과거역사 및 현 정책에 대한 비판적 분석에 영향을 미치기 위하여… 중국 정부의 점증하는 공격적인 시도"의 한 사례로 설명했다.

서방 정보기관들은 공자학원에 대해 관심사가 다르다: 바로 스파이활동이다. "공자학원은 중국 국가업무의 전초 기지이고 정보원을 파견하는 데 정말로 명백한 장소라는 사실을 피할 수 없다."고 뉴욕대학교의 글로벌문제 교수인 마크 갈레오티(Mark Galeotti)가 말했다. "공자학원은 외부를 지향하기 때문에 이상적이다. 전체적 목적은 더 많은 사람들이 입문하도록 하는 것이다. 만약 내가 중국 공작관이라면 사람들을 포섭하기 위한 적합한 장소로 공자학원을 물색할 것이다."

캐나다 보안정보부(KSIS)는 공자학원을 다른 사람들의 과학적 연구를 흡수하고 유출하는 "거대한 시스템으로 위장된 곳"[16]으로 의심하고 있다. 전 연방관리에 의하면, FBI는 공자학원을 조사할 만한 충분한 근거가 없다고 결론내리기에 앞서 미국 내 모든 공자학원에 대한 조사에 착수하는 것을 검토했었다. "FBI는 공자학원 위치와 중국 기업 이익 간의 연계성을 찾으려 했다."고 그 연방관리는 말했다.

"우리는 최소한의 영향공작(influence operation)이라고 생각한다. 나쁘게 보면, 훨씬 더 큰 범죄행위이다."라고 그 연방관리는 말했다.

펑의 대학친구이며 켄트대학 교수인 리훙샨(Li Hongshan)은 아들의 하버드대학 졸업식에 참석하고 있었다. 그는 핸드폰으로 온 전화를 받았다. FBI 방첩관은 켄트대학이 공자학원을 설립할 때 그가 어떤 역할을 했는지 물어봤다. "나는 그들에게 명확히 말했다. '이 일을 하도록 대학으로부터 초청을 받았다. 나는 당신들과 이야기 하지 않겠다' 정보를 얻으려면 그들에게 물어보라."고 리는 상기했다.

FBI는 역시 교수진 중 리의 친구를 접촉했다. 켄트주립대학은 공작(Operation)학원을 설립하는 데 상하이사범대학과 파트너가 되고자 했으나,[17] 진행되지 않았다. "내 입장에서 그것은 다행이었다. 그것이 설립된다면, 내가 참여할 것이고, 너무 많은 시간을 빼앗기기 때문이다."라고 리는 말했다.

중국 교육부가 공자학원을 스파이활동에 맞췄을 것이라는 주장은 설득력이 떨어진다. 왜냐하면 만약 노출될 경우 막대하게 투자한 프로그램을 위태롭게 할 수 있기 때문이다. FBI가 펑의 협력을 얻으려고 했던 것처럼, 중국의 강력한 국가안전부는 교육부 관리를 우회하거나 무시하면서, 직접적으로 공자학원의 직원이나 강사들을 포섭할 가능성은 크다.

"중국 정보기관은 공자학원을 정보수집 수단의 하나로 본다."고 인디애나대학 – 퍼

듀대학이 공동 운영하는 인디애나폴리스캠퍼스(IUPUI)의 공자학원장인 쉬자오청(Xu
Zao Cheng)이 나에게 말했다. "그것은 한반 또는 본부의 의도는 아닐 것이다. 다른 기관
들은 다른 의제를 가지고 있다. 스파이 기관은 교사, 학생 누구에게나 접근할 수 있다."

나는 인디애나 의과대학 신경과 쉬(Xu) 교수가 북미지역 공자학원장을 위한 리스
트서브(Listserv: 특정 그룹 전원에게 전자우편으로 메시지를 자동 전송하는 시스템 – 역자 주)
를 만들었다는 논평을 읽고 난 후, 그에게 전화를 했다.또 다른 원장은 펑에 대한 나의
2015년 2월 블룸버그 통신(Bloomberg News)에 "공자학원의 더 많은 문제점"제하의 기
사를 유포했고, 쉬 교수는 다음과 같이 응답했다. "나는 FBI가 우리들 중 많은 원장들을
접촉해 왔다고 확신한다."며 "우리는 두 나라의 정치와 첩보기관의 중간지대에 놓여 있
다."고 그는 썼다.

쉬 교수는 나에게 FBI와 중국정보기관 모두 자신에게 접근해 왔다고 말했다. FBI는
자신에게 적어도 2회 IUPUI의 파트너, 즉 광저우(廣州)에 있는 中山(Sun Yat–sen)대학
이 파견한 교수들을 대상으로 질문을 했다. "그들은 교수들이다. 나는 그들을 알고 배경
도 알고 있다."고 그는 FBI 방첩관에게 말했다.

2013년, 누군가가 '자기 친구'가 동석할 것이라고 말하며, 쉬 교수를 저녁식사에 초
대했을 때, 그는 공자학원 유학 프로그램 때문에 중국을 방문 중이었다. 비록 그렇게 말
할 필요는 없었지만, 누군가의 '친구'는 중국정보요원으로 판명되었다. "나는 중국인이
다. 그가 일하는 곳을 알고 있다. 솔직히 말해 나는 스파이가 되는 것에 관심이 없다. 더
나아가지 않을 것이다. 내가 말한 대로 그들은 말할 수 있다. 나는 정치적인 사람이 아
니다. 그들은 나를 커피, 티, 또는 만찬에 다시는 초청하지 않을 것이다."

다른 FBI지부처럼, 탬파지부는 관할구역, 즉 남플로리다대학교(USF)에서 싹트고
있는 공자학원을 감시하고 있었다. "공자학원에 대한 우려가 많았다."고 탬파지부의 전
방첩책임자 코에너(Koerner)가 말한다. "언제든지 중국정부가 학생인구 속에 개입되어
있었고, 그것이 바로 공자학원에 대해 우려한 이유다. 중국 관리들은 휴스턴 영사관에
서 외견상 리셉션과 다른 행사들, 또는 중국영화를 상영하기 위해 왔다. 그러나 실제로
는 학생들을 점검하기 위해 방문했다. 그들은 학생공동체의 촉수(觸手)를 원한다. 누가
문제 있는지? 파룬궁 사람? 사람들이 정권을 욕하지 않나? 그들은 문제인물이 누구인지
를 발견하고 평가할 사람을 필요로 한다. 대사관은 향후 도움이 될 과학기술 분야에서
어떤 학생을 신뢰할 수 있는지를 알 필요가 있다. 누구를 포섭할지, 집안배경은 어떤지.

멀리해야하는 반체제 학생은 누구인가?"

　　FBI 감시를 눈치 채지 못하고, 펑은 야심찬 계획에 착수했다. 그는 공자학원의 강좌 개설을 늘리고 문화센터를 열었다. 그는 탬파의 중국공동체 지도자들에게 공자학원에 1만 달러 이상 기부하도록 설득했다.[18] 공자학원은 중국어 교사들을 훈련하고 중국 행사를 후원함으로써 보답했다.

　　그는 또한 2007년 난카이대학의 경영학 교수이며 USF의 박사후연구원으로 온 장샤오농(Zhang Xiaonong)과 가깝게 지냈다. 그녀는 공자학원의 객원교수가 되었고 2009년 봄 학기에 부원장이 되었다. 그 당시, 그녀는 난카이대학 교수인 남편과의 이혼을 고려중이었다.[19]

　　"학문적으로나 행정적으로 나의 역량이 매우 뛰어났기 때문에, 나는 많은 여성으로부터 존경받고 있었다."[20]라고 펑은 나중에 장과의 관계에 대해 썼다. "내가 독신이었다는 사실이 불행하게도 다른 사람들에게 상상력의 여지를 남긴다."

　　펑이 빈번하게 여행하는 동안, 그들은 서로 '작은 바다코끼리,[21] 큰 바다코끼리'라고 부르면서 애정이 넘치는 이메일을 주고받았다. 그녀의 메시지는 펑보다 더 길고 정열적이었다. "어제 우리들의 서신들을 쭉 살펴보고 내 마음에 뭔가 특별한 것을 느꼈어요."라고 그녀는 2007년 12월 그에게 메시지를 보냈다. "아마도 이것은 소위 '시간과 함께 성장하는 열정'인 것 같아요. 당신과 대화할 때 느끼는 감정을 사랑합니다. 집에 혼자 있으면 외롭습니다. 너무 보고 싶고 우리가 함께하며 달콤했던 모든 순간들을 즐깁니다. 당신을 사랑해요!"

　　펑이 2008년 3월 일본에 갔을 때, 그녀는 다음과 같이 편지를 썼다. "사랑하는 오빠 바다코끼리에게: 당신은 다시 너무 오랜 동안 나를 외롭게 합니다. 서로 손을 흔들며 헤어진 순간 내 마음은 슬픔으로 가득 찼습니다. 아마도 이별이 우리 사랑과 존재, 그리고 가치를 확인하도록 도와주는 것 같아요."

　　그가 잘 도착했고 그녀가 보고 싶다는 답장을 보낸 후, 그녀는 "사랑하는 오빠, 당신이 너무 보고 싶어요. 홀로 있을 때마다 항상 오빠가 생각납니다. 당신의 친절함, 미소, 그리고 뜨거운 포옹이 그립습니다. 주변에 당신이 없으면, 방은 너무 춥고 밤은 정말 적막하다는 느낌이 듭니다. 무엇을 해야 할지 전혀 모르겠어요."

　　"사랑하는 작은 바다코끼리에게"라고 펑은 회신을 했다. "당신의 사랑스러운 이메일을 받고 매우 기쁩니다. 이곳 도쿄에서 당신이 너무 그립습니다. 가까운 미래에 당신을 이곳에 꼭 데려오고 싶어요. 도쿄에는 놀라운 음식들이 있어요. 내일은 일본 음식을 많이 사서 중국과 미국으로 갖고 갈 거예요. 나는 당신이 일본 음식을 특히 일본 수프를 좋아하리라고 확신합니다.”

장은 다시 회신을 했다. “오늘 오후 (당신의 베개를 곁에 두고 당신을 상상하면서) 낮잠을 달콤하게 잤답니다. 행복한 순간에 나를 항상 생각한다니 행복합니다.연애 심리학의 관점에서, 이것은 당신이 나를 많이 사랑한다는 증표입니다.”

펑은 “맞아요, 나도 정말 함께 있고 싶어요. 곧 그렇게 되기를 바랍니다.”

마침내, 그들은 사이가 크게 틀어졌다. 펑은 그녀의 구애를 거절했기 때문에 그녀가 화가 났다고 말한다. 그녀는 펑이 “나쁜 성격[22]: 불성실하고, 교활하며,[23] 이기적이고 건방지다는 것”을 깨달았다고 말한다. 그녀는 결혼을 수습했다.

공자학원이 출범한지 1년이 지난 2009년 3월 초, 장은USF 도서관의 스타벅스 커피숍에서 펑의 보스이자 국제문제 학장인 마리아 크루메트(Maria Crummett)와 만나기로 약속했다.[24] 그녀는 펑이 교수진의 사소한 일까지 통제를 한다고 불평했다. “펑은 주중에 교수들에게 항상 사무실에 있도록 하고 저녁·주말회의 참석을 요구했으며, 사무실과 자동차를 청소하라고 요구했다. 그리고 여성 강사들에게 부적절한 발언을 했다. 그는 한 여성 교수인 상바오징(Sang Baojing)에게, 모든 사람이 퇴근한 후에도 사무실에 남아 있으라고 요구했고, 또한 저녁마다 상에게 전화를 하고 있다.”고 장은 말했다.

크루메트는 월콕스 교무처장과 상의했으나 조치를 취하지 않았다. 같은 해 3월 27일 슈후아 류 크리셀(Shuhua Liu Kriesel)은 펑을 고발하기위해, USF 중국어 교수인 에릭 셰퍼드(Eric Shepherd)에게 접근했다. 그녀는 중국 북동해안의 산둥(山東)성에서 태어났고,[25] 부친은 교사이었다. 크리셀은 시애틀에 있는 워싱턴대학을 다녔고 2006년 탬파로 이사했다. 그녀는 탬파에 있는 중국학교의 교감으로 있었고 공자학원에서 중국 프로젝트 조정관으로 일했다. 펑은 즉각 그녀를 해고했다. 그녀의 마지막 근무일은 3월 24일이었다.

셰퍼드와 점심식사를 하면서, 크리셀은 “자신이 컴퓨터에서 일을 하고 있을 때, 펑은 자신에게 기대거나 팔로 그녀를 감싸 안았다. 그리고 그녀가 옷을 사고, 접시를 닦고, 그를 위해 식사준비를 하도록 요청했다.”고 고발했다. 장(Zhang)처럼, 그녀는 상(Sang) 교수에 대한 펑의 행동에 우려를 표시했다. 또한 그녀는 펑이 공자학원의 예산을 위조할 것을 요구했다고 말하면서, 금융 비리의 가능성을 제기했다. 4월 1일 장은 셰퍼

드의 사무실로 가서 크리셀이 고발했던 '여러 가지 똑같은 불평과 사건들'을 이야기
했다.

두 여성이 펑에 대한 유사한 불평을 가지고 5일 이내에 동일한 교수에게 접근한 것
이 정말 우연이었을까? 셰퍼드는 "그들은 각각 단독으로 비밀을 털어 놓았다.그들은 함
께 모든 것을 계획했다는 것을 감추는 데 매우 능숙했거나, 또는 다른 사람이 나서는 것
을 몰랐었다."고 2015년 8월 USF 회의실에서 나와 담소를 나누면서 말했다. "그들은 중
국어에 유창한 나를 선택했다. 그들은 나에게 말하는 것을 편안하게 느꼈다. 그들은 보
복을 두려워했다. 그런 우려를 중국어로 표명하기를 원했다."고 셰퍼드는 덧 붙였다.

장과 크리셀은 셰퍼드가 동정적일 것이라고 예상하고 접근했을지 모른다. 펑과 셰
퍼드 간의 불화는 비밀이 아니었다. 남플로리다대학교(USF)의 중국 전문가라는 작은
세계에서, 두 사람은 떠오르는 별이었고, 그 때문에 라이벌이었다. 셰퍼드 교수는 오하
이오주립대학교에서 중국어를 공부했다.[26] 거기서 학사, 석사, 박사 학위를 받았다. "왜
냐하면 중국어가 전략적으로 강점이 있다는 것이 확실했기 때문이었다." 중국인들은
미국에서 사업과 기술 기회를 이용할 수 있지만, 미국인들은 중국에서 화답할 수 있는
언어능력이 부족했다. 셰퍼드 교수는 아이오아(Iowa)주립대학과 오하이오(Ohio)주립
대학에서 가르친 후, 2008년 USF에 도착하자, 전통적 스토리텔링 기법[27]인 Kuaishu(快
書: 설창 문예의 일종으로 리듬이 비교적 빠름 – 역자 주)를 사용하여 중국어를 가르치는
기술로 명성을 얻었다. 셰퍼드는 국제정치경영 전문가인 펑이 중국 언어와 문화를 알
리는 공자학원을 운영한다는 것은 부적절한 처사이고, 그가 교사 연수와 지역사회 지
원활동보다 학구적 연구에 목표를 두고 공자학원을 운영하는 것도 잘못된 일이라고
생각했다.

펑의 공자학원처럼, 셰퍼드의 USF 학생들을 위한 중국 유학프로그램은 한반의 자
금을 지원받았다. "2009년부터 2012년까지, 한반은 모든 학생에게 장학금을 주었다. 나
는 그들의 동기가 무엇인지 안다. 우리 학생들은 긍정적인 중국 이미지를 가지고 프로
그램을 마친다."고 셰퍼드는 말했다. 2010년, 크리셀은 한 학기동안 셰퍼드의 수업조교
로 근무했다.[28]

"FBI가 전통적 전략을 사용하여 나에게 누명을 씌웠다. 그들은 나에게 적대감을 가
진 사람들의 협력을 얻어 냈다."고 펑은 주장했다. 그는 다음과 같은 시나리오를 시사
했다: FBI는 공자학원을 전국적으로 면밀하게 살펴보았다. 그들은 남플로리다대학교

(USF)의 공자학원장이 과거 프린스턴대학에서 FBI와 접촉했었다는 사실을 발견했고, 펑을 공자학원 네트워크에 침투시켜 공자학원 스파이의 활동방향을 반전시킬 가능성을 분석했다. 그것이 FBI의 마음을 사로잡았다. 펑이 프린스턴에서 FBI를 회피하고 그후 연락유지를 거절한 것에 바탕을 두고, FBI는 펑이 싫어할 것으로 예측했다. 그래서 그들은 펑을 움직일 지렛대가 필요했고, 그것이 바로 그의 남플로리다대학교 신분에 대한 위협이었다.

펑은 FBI가 먼저 크리셀과 관계를 구축했다고 추측했다. 그녀는 탬파의 중국계미국인 공동체의 자원봉사자로서, 중국교회와 탬파만 中美우호협회(CAATB) 행사의 참석률 제고를 위해[29] 적극적으로 활동했다.[30] 그래서 FBI는 그녀가 유용할 것이라고 판단했을 것이다. 아마 그녀는 초기에 펑 문제에 대해 FBI에 협조할 의지가 없었을 것이다. 그러나 펑이 그녀의 일을 비판하기 시작하자 동의를 했다. FBI의 부추김에 따라, 그의 이론에 따르면, 그녀는 크루메트에게 불평하도록 장을 설득했다. 그러나 크루메트는 행동이 더디었다. FBI는 USF 행정처가 장을 복수심에 불타는 옛 여자 친구로 치부해버릴까 걱정했다. 그래서 펑이 추측컨대, FBI는 또한 크리셀을 전면에 나서도록 설득했다. 크리셀은 대학 당국이 펑을 처벌했다는 것을 FBI에 말했을 것이다.

펑은 또한 자신을 반대하는 캠페인이 주도면밀하게 시기가 정해졌다고 추측했다. 남플로리다대학(USF)은 졸업식에서 한반의 주임이며 공자학원 베이징 본부의 총 간사인 쉬린(Xu Lin) 마담[31]에게 '글로벌리더십상(GLA: USF가 2006년 국제협력 분야에서 국제적 리더십을 보여준 인물에게 수여하기 위해 제정 – 역자 주)을 수여할 예정이었다. 그런데 펑은 한 달도 채 남지 않은 때 떠나야 했다. "만약 자신이 여전히 USF 공자학원장이었다면, 쉬 마담의 방문을 조정하고 그녀와의 관계를 강화했을 것이다. 그럴 경우 FBI가 그의 보직을 위태롭게 하는 것은 더 어려웠을 것"이라고 펑은 말했다. 대신, USF에 쉬 마담을 초청했던 펑은 그녀와 만나는 것이 허락되지 않았다.

공공기록 요청을 통해 얻은 대학의 전화통화 기록[32]은 음모를 추가했다. 장과 크리셀이 불평하기 바로 직전인 2009년 1월과 2월에 FBI 특별수사관 다이앤 머큐리오의 휴대폰에서 USF 구내전화번호로 통화한 12번의 기록이 이를 증명한다. 대학 당국은 비밀정보원의 신원을 특정할 수 있는 것을 공개하는 문제와 플로리다 공공기록법상의 면제조항을 인용하면서 그녀가 접촉했던 번호를 삭제했다.

장은 FBI 방첩관에게 말한 적이 없고 머큐리오라는 이름을 들은 적도 없다고 나에게 말했다. 나는 똑같은 질문을 그녀에게 요청하기를 희망하면서, 탬파 외곽에 있는 크리셀의 집을 두 번 방문했다. 2014년 첫 번째에는, "그녀가 쉬고 있고 방해받고 싶어 하지 않는다."고 그녀의 남편이 내게 말했다. 2015년 방문했을 때에는, 연못 뒤에서 낚시하고 있는 한 남자를 우연히 만났다. 그는 크리셀 부부(Kriesels)의 집을 렌트했고, 그들은 텍사스로 이사했으며, 그리고 슈후아(Shuhua)는 중국에서 많은 시간을 보내고 있다고 나에게 말했다. 그는 나에게 그들의 이메일 주소를 주었다. 나는 그 주소로 메시지를 보냈으나 어떤 응답도 받지 못했다.

장과 크리셀은 펑이 상바오징(Sang Baojing) 교수를 성희롱했다고 비난했는데, 상바오징 교수는 또 하나의 수수께끼이다. 내가 2014년 전화했을 때, 그녀는 중국에 귀국해 있었다. 그녀는 펑이 언젠가 그녀 친구의 어머니와 딸을 플로리다 공항에서 픽업하여 월트 디즈니 월드로 데려다 주기 위해 준비를 한 적이 있었다면서, 그를 배려심이 많은 지도교수로 묘사했다.

"그는 훌륭한 관리자가 아닐지 몰라도 훌륭한 학자이다. 그가 곤경에 처했다니 매우 안타깝고 충격적이다."라고 그녀는 말했다.

그녀는 장과 크리셀이 그들의 고발에 자신의 이름을 거명했다는 사실을 알지 못했다. "그들은 더 이상 나를 언급하지 말아야 한다. 누가 나에 대해 말할 권한을 그들에게 주었는가?"라고 반문했다.

그러나 2015년 6월, 그녀는 나에게 이메일을 보냈다. 나의 블룸버그 통신 기사에서 그녀가 펑을 변호했다고 인용한 것에 대해 화를 냈다. 상세한 설명 없이, "당신은 펑이 어떤 사람인지 알 필요가 있다고 생각한다."라고 그녀는 썼다.

셰퍼드 교수는 크리셀, 장과 이야기를 나눈 후 신속하게 움직였다. 그는 크루메트에게 신고했다. 그 다음, 장과 동행해서 교무 부처장을 만나러 갔다.[33] 4월 7일 크루메트는 펑을 자신의 사무실로 소환해서 공무상 유급휴가 조치를 취했다.

펑의 부재로 발생한 공석(공자학원장)을 차지한 셰퍼드는 USF 공자학원에 더 큰 영향력을 행사했다. 그는 2009년 7월 베이징을 방문하여, 한반의 주임과 공자학원의 임무를 논의했다. 그리고 교사연수에서 자신의 관심과 일치하는 쉬린(한반 주임)의 견해를 크루메트와 윌콕스 교무처장에게 전했다.[34] "쉬린은 USF가 플로리다 초등·중학교에 공자교실(Confucius Classrooms)을 개발하는 '핵심 센터'가 되기를 원했고 '교사를 무제한으로' 보내줄 수 있다."고 그는 그들에게 말했다.

장과 크리셸이 성희롱 혐의를 더 이상 주장하지 않자, USF는 조사를 종결했다. "나는 불쾌한 사실들을 반복해 말하는 것에 지쳤다."라고 장은 나에게 말했다.

여전히, USF의 조사는 포르노물에 대한 기호를 포함하여, 많은 의문스런 행동을 폭로했다. 펑의 대학 노트북컴퓨터를 조사하는 동안, USF의 회계감사실은 "주제내용과 관련이 없는 섹스관련 자료들이 들어 있는 큰 은닉처"[35]를 발견했다.

한 가족친구에 의하면, 펑의 포르노물에 대한 관심은 1997~98년간 일본와세다 대학의 박사후연구원으로 일하던 기간에 생겨났다. 신체가 결박된 상태의 여인들을 포함한 포르노물들은 자신의 학문적 연구와 관련되어 있다고 펑은 내게 말했다. "포르노물과 나체 사진들은 일본 문화의 매우 중요한 부분이다. 그것 없이 일본 문화를 충분히 이해할 수 없다."

"이러한 폭로사실은 관리자 역할을 하는 당신의 판단력에 의문을 제기한다."고 말하면서, 윌콕스 교무처장은 2009년 8월 공자학원장에서 펑을 해고했다.[36] 그러나 그는 교수직을 유지했다.

고용자의 컴퓨터에 포르노물을 저장하는 것은 위법이 아니다; 그렇지 않으면, 감옥은 지금보다 훨씬 더 붐빌 것이다. 그러나 훔치는 것은 위법이다. 펑에게는 불행이었다. 감사관들은 펑의 지출을 파헤쳤다.[37] 그리고 USF로부터 유흥과 여행비로 15,950달러를 사취한 혐의로 그를 기소했다. 펑은 주로 중국대학에서 휴가 또는 강의기간 중에 연구나 회의에 참가했다는 구실을 댔다.

2004년 예를 들면, USF는 펑에게 마이애미 지역 도서관들의 주말 연구방문비로 220달러를 주었다. 그런데 이메일과 사진들은 다른 이야기를 하고 있었다. 펑은 아버지와 한 친구와 함께 박물관을 방문했고 해수욕을 했다.

펑의 대응은 인정과 저항의 독특한 조합이었다. "누가 연구여행에서 수영을 할 수 없다고 말했는가?"[38]

2006년 10월, USF는 펑이 전년도 1월 베이징대학의 〈동아시아 정치경제에 대한 국제워크숍(IWEAPE)〉에서 프레젠테이션을 했다면서 청구한 비용 1,220달러를 그에게 지급했다. 감사관들은 그런 워크숍은 없었고, 6개월 후 그가 노트북컴퓨터의 초청장을 위조했다고 주장했다.

워크숍을 했다는 1월, 그는 난카이(南開)대학에서 실제로 강의를 하고 있었고, 난카이 대학은 그에게 강사료와 항공료를 모두 지불했다.

날짜와 회의 제목을 재확인하는 데 신경을 쓰지 않았기 때문에 불일치가 있을 수
있다 해도, 이 워크숍과 논쟁거리가 된 다른 중국 워크숍은 실제 개최되었다고 펑은 주
장했다. 그는 또한 워크숍 주최자들이 영어에 자신이 없었기 때문에 자신이 초청장 초
안을 작성했다고 말했다. 그는 중국대학에서 받은 외부 수입을 USF에 보고 했어야 한
다는 것을 인정했다.

펑은 또한 중국의 영향력 있는 손님들을 접대하고 베이징을 방문하는 남플로리다
대학교(USF) 관리들이 적절하게 환영받도록 보장하는 한편, 공자학원을 발전시키기 위
해 자신의 돈 수천 달러를 사용했다고 주장했다. "내가 대학 절차를 잘 모르고 대학과
개인 사업을 명백하게 구별하지 못한다는 것은 어느 정도 맞는 말이다."[39]고 감사관에
게 대응하여 진술했다. "그러나 나는 대학을 위하여 그것을 했고 나의 노고는 대학 측
에 큰 이익을 가져왔다."

펑은 대학과 개인 사업을 다른 방식으로 구분하는 데 실패했다. 감사관들은 중국의
친구나 지인들이 USF에서 공부하도록 초청하는 공식문서를 펑이 위조한 사실을 밝혀
냈다. 펑이 중국학자와 학생들에게 보낸 공식문서는 비자승인의 가능성을 끌어올리기
위해, USF가 그들에게 지불하려는 장학금을 부풀렸다. 비록 그런 초청장을 승인하는
것은 일반적으로 학과장의 책임이었지만, 펑은 한 수령자에게 학과장의 문서를 무시하
고 그 대신 자신의 문서를 비자 신청에 사용하라고 지시했다.

대학 회계감사실 부실장으로서 공자학원을 감사한 케이트 헤드(Kate Head)[40]는
2009년 7월 31일, 남플로리다대학교(USF)경찰의 담당형사와 미국 이민관세국(ICE) 관
리를 만났다. 그때 ICE는 자체적으로 조사한 내용을 공개했다. "중국학계는 펑이 중국
에서 일자리를 구하도록 도움을 주었고, 펑은 중국학계의 지원에 보답함으로써 다소 호
의를 베풀었던 것으로 보인다. 그는 몇몇 개인의 자격을 과장함으로써, 그들에게 상응
하는 비자를 발급받을 수 있게 하고 USF의 직책도 취득하도록 도와주었다."[41]고 나중에
한 ICE 관리가 보고했다.

새로 입국한 중국인들에 대한 펑의 호의는 미국 국경에서 끝나지 않았다. 개별 조
사에서, 펑이 소속된 USF 학과, 정부 및 국제문제연구소는 펑이 지난 석사과정 시험에
서 2명의 중국학생에게 시험에 대비하도록 답안을 주었다는 이유를 들어 그를 3년간
대학원 과정에서 배제했다.[42] 펑은 그렇게 하는 것을 반대하는 어떤 규칙도 없고, 그것
은 중국에서 흔한 일이며, 학생들이 영어 실력이 부족하여 격려 차원에서 필요하다고

말했다.

그 과정에서, FBI는 감사관들의 조사를 추적했다. 머큐리오 방첩관은 2009년 10월 20일 케이트 헤드의 번호로 한 번, 감사관실에 3번 전화를 했다. 11월 12일, 헤드의 전화기로 머큐리오 방첩관에게 두 번의 통화가 있었다.

머큐리오와 펑은 또한 수차례 점심식사를 함께 했다. 그녀는 그에게 전 학교친구와 중국안전부의 동료들에게 다시 연락을 해서 중국의 외교정책전략에 관한 정보를 수집할 수 있는지 물었다. 펑은 그녀의 제안을 회피하고, 그녀가 그에게 주었던 이메일(snowbox35@yahoo.com)을 접촉하지 않았다. 펑은 감사관들이 공자학원으로 복귀할 수 있도록 자신의 혐의를 벗겨 주기를 희망했다.

그런 행운은 없었다. 187쪽의 대학 회계감사보고서 초안은 신랄했다. 초안보고서는 펑의 남플로리다대학교(USF)의 자금 남용 혐의와 위조된 초청장 발송 사실을 아주 상세하게 질책했다. 이러한 행위들이 절도와 사기의 법적 정의를 충족시키는 것으로 판단되어, 경찰에 범죄수사를 의뢰한다고 결론을 내렸다.

대학 관리들은 소스라치게 놀랐다. 겐샤프트 총장, 윌콕스 교무처장, 법률고문 스티븐 프레보(Steven Prevaux)는 "(케이트) 헤드(감사관)의 보고서에 담긴 내용을 보고 당신을 감옥에 보내기를 원했다."[43]고 펑의 변호사이자 전 USF 법률고문 스티븐 웬젤(Steven Wenzel)이 나중에 펑에게 말했다.

펑이 공자학원장 직위로 복귀하는 것은 타이완이 중국을 정복하는 것처럼 불가능해 보였다. 그의 교수직과 자유마저도 위험해 빠졌다. 대담한 태도에도 불구하고, 그는 선택의 여지가 없다는 것을 깨달았다. FBI만이 그를 구할 수 있었다.

FBI는 그의 곤경을 이용하기 위해 재빨리 움직였다. 초안보고서가 펑에게 발송되고 일주일이 지난 11월 17일, 머큐리오와 다른 방첩관 1명은 펑과 점심을 했다. 그들은 감사 문제를 얘기하였고 "특히 초청장 문제를 제기했다."[44] 펑이 부정확한 비자문서를 발송하는 것이 범죄라는 것을 몰랐다고 말했을 때, 머큐리오는 "법을 몰랐다는 것이 방어 이유가 되지 않는다."고 말했다. 그러나 위반행위들이 어떻게 처리되는지가 더 중요했다. 모든 것은 당국이 그것들을 추적하느냐 또는 안하느냐에 달려있다. 무언의 메시지는 펑이 FBI와 같은 힘 있는 친구들을 필요로 했다는 것이었다.

펑은 이해했다. "그들에게 나를 도와줄 수 있는지 물었다."고 펑은 나중에 썼다. 그는 중국에 있는 학생들 명단을 그녀에게 주기로 약속했다. 답례로, "그녀 역시 비록 자신이 무엇을 할 수 있을지 확실하지 않을지라도, 나의 문제 해결에 도움을 주겠다고 승낙했다.”

다음날 펑은 ‘snowbox’ 이메일 주소로 “이 어려운 시기에 나를 도와주려는 당신의 호의에 감사드린다.”[45]는 글을 보냈다. “만약 최종보고서가 아주 나쁘고 내가 심하게 처벌을 받는다면, 중국에서 분명히 명성을 잃고 더 이상 초청받지 못하기 때문에 나는 당신을 돕기에 너무 약한 위치에 서게 될 것이다. 그러면 당신을 위해 할 수 있는 일이 거의 없다. 만약 당신이 내 지위와 명성이 지켜지도록 도와준다면, 나는 당신을 위해 많은 것을 할 수 있다. 모든 문제들은 문화적 차이에서 야기되었고 내가 고급 인력이란 것을 제발 믿어 달라.”

머큐리오는 그를 낚아채고, 그리고 대학의 징계방침을 방해하는 서면약속을 당연히 꺼리면서 후속조치를 깔끔하게 처리했다. “내가 점심 식사 중에 말했던 것처럼, 나는 당신을 위해 할 수 있는 일이 있을지 알 수 없다.”고 그녀는 답장을 보냈다. “물론 우리는 연락을 유지할 수 있고,[46] 앞으로 전개될 문제들을 처리할 수 있다. 당신의 곤경과 내 사무실을 돕는 것은 아무런 상관이 없기 때문에, 아마도 내가 해줄 수 있는 것은 많지 않을 것이다. 그러나 당신의 상황을 나에게 알려 달라, 그러면 도울 수 있는 한 당신을 돕겠다.”

SPY SCHOOLS
07
CIA가 좋아하는 대학 총장

2007년 11월 26일 청명한 가을 오후, 검은 색 승용차 한 대가 워싱턴 덜레스 공항에서 펜실베이니아 주립대 총장 그래함 스패니어(Graham Spanier)를 태우고 버지니아 랭글리에 있는 CIA 본부로 그를 재빨리 데리고 갔다. 홀로그램과 컴퓨터 칩이 내장된 신분증을 사용하면서 그는 보안검색대에서 검색을 받은 후 CIA의 비밀 국내 조직인 국가자원국(NRD) 국장의 영접을 받았다. 그들은 한 회의실로 갔는데, 거기에는 24명의 거점장과 다른 고위 정보요원들이 그들을 기다리고 있었다.

스패니어는 국가안전 고등교육 자문위원회(NSHEAB: National Security Higher Education Advisory Board)의 일에 대해 그들에게 브리핑을 하게 되어 있었다. 그는 국가안전 고등교육 자문위원회를 창설하는 것을 도왔고 의장직을 맡고 있었다. 그 위원회는 정보기관과 대학 간의 대화를 발전시켰다. 먼저 CIA는 그를 놀라게 했다. 브리핑에서 비밀행사를 하였는데, 스패니어에 의하면 CIA가 그에게 직원이 아닌 외부인에게 수여하는 가장 큰 영예인 워렌 메달(Warren Medal)[1]을 수여한 것이다. 고(故) 연방대법원장 얼 워렌(Earl Warren)의 이름을 따고 수제품 목제함에 들어가 있는 그 메달은 직경 약 4인치의 큰 금화를 닮았다. 메달 전면은 독수리가 그려져 있고 "미국에 대한 걸출한 봉사(For Outstanding Service to the United States)"라는 문구가 새겨져 있었다. 뒷면에는 "그래함 B 스패니어에게, 미국의 국가 안전보장에 대한 당신의 걸출한 기여에 보답하여, 당신을 고맙게 여기는 국가가 감사를 드리며"라고 새겨져 있었다.

그 훈장은 스패니어가 대학 행정처장들에게 인간 및 사이버 스파이 행동의 위협에 대해 경각심을 주고 CIA가 전국에 있는 대학들의 문을 열도록 하는 데 있어서 공헌한 것을 인정한 것이었다. 가족치료사였고 냉정을 잃지 않고 인정이 많은 태도와 성격으로 – 그리고 둥근 얼굴과 흰머리, 푸른 눈을 가졌던 – TV쇼 호스트였던 필 도나휴(Phil Donahue)를 연상케 하는 스패니어는 CIA와 FBI를 상대하는 데 대한 학계의 많은 걱정들을 완화시켜주었다.

정보기관들은 어쨌거나 간여하려고 하기 때문에 스패니어는 정보기관들은 대학총장들의 인지와 동의하에 그렇게 해야 한다는 논리를 폈다. "내 생각은 내 대학에 스파이가 있다면 또는 잠재적인 테러리스트, 미국에 이익이 되지 않는 교환교수가 있다면, 당신이 그를 계속 추적할 것이라는 것을 나는 안다. 여기에 타협점이 있다. 그의 사무실에 침범하는 대신에 나에게 와라 나는 일급비밀 인가를 가지고 있다. 나에게 외국 정보감시법(FISA)에 따른 명령을 보여주어라 그러면 사람을 시켜서 그 방을 열어주겠다."라고 2016년 4월 스패니어는 나(저자)에게 말했다.

스패니어의 CIA 메달 수여와 그리고 1년 뒤 FBI로부터 수여받은 유사한 메달은 정보기관과 학계 간의 화해를 상징했다. 그 관계가 다시 원점으로 돌아온 것이다. 1940년대, 50년대의 상호 친함에서, 매사추세츠 주 암허스트(Amherst)대학에서의 나의 젊은 시절에 내가 기억하던 베트남 전쟁과 민권시기에 있었던 적대감을 거쳐서, 2001년 9·11 공격을 거친 후에는 다시 협력으로 돌아온 것이다. 그들의 불공평한 파트너십은 친정부로 기울어져 있다. 미국 정보기관은 새로운 호의를 이용하려고 달려들었고 그 환영의 길을 스패니어와 각 대학의 행정처장들이 깔아주면서 대학에 공개적으로 주재(駐在)할 뿐만 아니라 비밀공작이나 비밀 연구를 후원할 수 있게 해 주었다. 글렌 슈라이버(Glenn Shriver)라고 하는 사람이 주인공으로 나오는 FBI 제작영화인 '게임 오프 폰즈(Game of Pawns)'에 대한 냉대를 제외하면, 연방정부의 학계 특권에 대한 침해는 단지 소소한 저항만 받았다.

둘의 문화는 상반된다. 학계는 열려있고 국제적인 반면에 정보기관들은 비밀스럽고 국가주의이다. 그럼에도 불구하고 이슬람 근본주의자 테러리스트들이 월드트레이드센터를 무너뜨리고 난 후에는 대학들이 국가 안보기구의 일부분이 되었다. 학계 협회의 회의를 정보요원의 새로운 채용 장소로 활용하는 것은 이것을 말해주는 한 지표이다. 2004년 CIA는 FBI와 NSA가 했던 것처럼 외국어 교육에 관한 미국 협의회 연례 모임[2]에 모습을 드러내었다. 2011년이래로는 FBI, 국가정보장실(ODNI), NASA가 "연방정부 경력에 있어서의 외국어능력과 문화적 전문지식의 활용"이라는 제목의 현대언어협회모임[3]에 패널로 참석해오고 있다.

오늘날 미국의 대학들은 판에 박힌 듯 국가안보 학위와, 스파이 및 사이버 – 해킹 과정을 제공하고 있으며, 연방정부가 그들을 정보공동체 우수대학 센터(Intelligence Community Centers for Academic Excellence)나 사이버 공작에 있어 우수한 국가 센터(National Centers of Academic Excellence in Cyber Operations)로 지명해 주길 원한다. 대학들은 정보 선진연구 프로젝트 활동 위원회(IARPA: Intelligence Advanced Research Projects Activity)와 같은 이름이 잘 알려져 있지 않은 연방정부기관으로부터 연구기금을 얻는다. 2006년에 설립된 IARPA는 자신들의 웹사이트에 따르면 "조국(미국)에 압도적인 정보 이점을 제공하는 잠재성을 갖고 있는 고위험 – 고효과 연구[4]에 대해 지원을 하고 있다. 지금까지 대부분이 미국 국내에 있는 175개 이상의 학술기관[5]을 대표하는 연구팀들에게 자금을 지원해왔다.

거의 모든 IARPA의 프로젝트는 비밀들이 아니지만, 대학들이, 잘 보호된 시설에서 비밀이고 수지맞는, 정부연구를 수행하는 것이 증가하고 있다. *9·11* 공격을 받고 2년이 지난 후에 메릴랜드주립대학은 국방부[6]와 정보기관들을 위한 언어에 대한 비밀연구를 수행하고 있는 센터를 설립했다. 에드워드 스노우던(Edward Snowden)은 여기서 2005년에 보안 요원으로 근무했다. 이때가, 그가 정부 용역업체인 부즈 앨런 해밀턴사(Booz Allen Hamilton Inc.)에 근무하면서 NSA의 감시에 대한 비밀 파일들을 유출하기, 8년 전이었다.

이 센터는 캠퍼스 밖에 위치하고 있다. 다른 많은 대학처럼 메릴랜드 주립대는 캠퍼스 안에 비밀 연구를 금하고 있지만 그것은 잘 정돈되어 멀리까지 펼쳐져 있는 캠퍼스 잔디밭 끝에서 멈춘다. "비밀 연구는 항상 캠퍼스 밖에서 일어난다.[7] … 민감한 작업의 온전한 완성을 보장하기 위해서다."라고 메릴랜드 대학의 최고 홍보책임자인 크리스털 브라운(Crystal Brown)이 나에게 말했다. 그리고 "물론 캠퍼스 내에서 행해지는 어떠한 연구도 학문적 자유와 공개된 환경 속에서 행해진다."라고 덧붙였다.

다른 대학들은 이러한 죄책감이 없다. "캠퍼스에서 비밀 연구는[8] 한 때 매우 논란이 되었지만 지금 다시 돌아오고 있다."라고 2015년 바이스 뉴스(VICE News)가 보도했다. 2013년 국가안보국(NSA)은 랄리(Raleigh)에 있는 노스캐롤라이나 주립대에 데이터 분석을 위한 학내 연구소를 창설하기 위해서 이 대학 역사상 가장 큰 연구비인 6천만 달러를 주었다. "높은 수준의 비밀성이 요구됨에 따라[9]… 구체적인 자금, 직원 수, 상세시설 등은 말할 수 없다. 연구소에 물리적 접근은 미국 정부가 발행한 보안증을 가진 개인에 한정한다."라고 대학 언론보도 자료는 말했다.

버지니아주 남서쪽에 있는 블랙스버그(Blacksburg)에 소재한 버지니아 폴리텍 주립 대학(Virginia Polytechnic Institute and State University, 버지니아 텍이라고 불리기도 함)은 정보, 사이버보안, 국가안보 관련 비밀, 매우 높은 비밀등급의 작업을 수행[10]하기 위해서 2009년 12월 민간 비영리 단체를 설립했다. 2년 후 동 대학은 중요 정보 공동체 영역에 그들의 자리를 만들었다. 버지니아 텍은 워싱턴에 있는 포토맥 강 건너편 버지니아 알링턴(Arlington) 시의 볼스턴(Ballston)에다 연구센터를 개설하였으며 이곳은 CIA와 국방부 계약업체들이 득실거리는 곳이다. 이 센터는 특히 "국가 안보 공동체를 대신하여 민감한 연구를 하는[11]" 시설로 성격을 규정하고 있다.

이 같은 버지니아 텍의 매장된 보물에 대한 탐색은 워싱턴에 있는 조지워싱턴 대학으로 하여금 "지식의 공개 소통과 양립이 되지 않는(즉, 지식공개가 되지 않는)" 학내 또는 학외 연구를 금하는 조치에 대해 다시 생각하게 만들었다. 조지워싱턴 대학은 대학 행정처장이 농촌 한가운데에 있는[12] 하찮은 학교라고 여겼던 학교가 자신들의 뒷마당에서 자신들을 능가하는 것을 놓아두지 않고 2013년에 일부 교수와 직원들이 비밀 연구에 종사하는 것을 허용하도록 정책을 수정하는 것을 탐구하는[13] 계획을 수립했다. 또한 조지워싱턴대(GWU)는 버지니아 애쉬번(Ashburn)에 있는 동 대학 과학기술 캠퍼스에 비밀시설을 설치하는 것을 생각하고 있다.

"이 분야에 많은 자금[14]이 있다 하지만 우리는 이 자금에 대해 경쟁력을 가지고 있지 않다."라고 GWU 연구부분 부총장인 레오 찰루파(Leo Chalupa)가 볼티모어 선(Baltimore Sun)과 인터뷰에서 말했다.

미국내 많은 공립대학처럼 위스콘신 주립대학(University of Wisconsin)은 주정부가 주는 예산의 감소를 벌충하기 위해서 다른 수입원을 찾고 있다. 2002－2003년에서 2012－13년간 학생당 지원이 20퍼센트 가량 삭감된 후에, 위스콘신 주립대는 베트남전쟁에 대한 과거 대학 시위로 까지 거슬러 올라가야 하는 교칙의 제약을 바꾸면서 비밀 계약을 승낙하도록 대학 시스템을 바꾸었다.[15] 위스콘신대학은 매디슨의 연구단지에다 사이버보안 연구소를 설립하는 데 민간회사와 동참했다. 비슷한 시기에 동 대학은 위스콘신 거주자 학생보다 더 많은 학비를 내야하는 다른 주 출신 또는 국제학생들의 등록 제한을 유보했다. 아무도 비밀 연구와 외국학생 등록제한 폐지[16]가 스파이를 불러올 것이라는 것을 알지 못했던 것 같다.

미국 정보기관은 비공식적으로 대학 고위관계자들을 종종 만나서 스파이 위협에 대해서 교수들에게 설명하곤 한다. 공개 기록 요청에 의해 얻어진 이메일을 보면 한 공립대학에서 이러한 교류가 나타난다. 그 공립대학은 뉴워크에 있는 뉴저지 공과대학(NJIT: New Jersey Institute of Technology)으로서 11,325명의 대학생과 대학원생이 있다. 2011년 2월 NJIT의 졸업생인 CIA 과학기술국장인 글렌 가프니(Glenn Gaffney)는 이 대학의 행정 직원들과 이사회 회원들을 방문했다. 그 후 "나는 학생, 교수, 연구원들의 기회를 포함하여 우리가 논의했던 모든 주제에 대해서 논의가 계속되길 희망합니다."라고 NJIT 공대학과장이 CIA로 서신을 보냈다.

"가프니의 모교 방문[17]은, 졸업 후 모교를 다시 방문하고, 학생들을 채용하는 행사에 참석하여, CIA에서 성공적인 경력을 갖도록 그를 준비시켜주었던 대학의 공학 프로그램(Engineering Sciences program)에 대하여 대학에 감사하는 대단한 기회였다."고 CIA 대변인이 나에게 말했다.

그 다음달 FBI 요원 한 명이 FBI 뉴워크 사무소 인근에 있는 포르투갈 식당인 돈 페페(Don Pepe)의 별실에서[18] NJIT의 공대, 컴퓨터 공학, 경영학과 학과장들과 오찬을 가졌다. 그 요원은 학과장들에게 외국인 학자 특히 중국학자들을 조심하라고 충고를 했다.

FBI 요원의 요청으로 그 오찬을 주선했던 경영학과 학과장 서리인 로버트 잉글리시(Robert English)는 "많은 객원교수들이 있다. FBI는 그들 중 일부는 정보요원들이라고 염려하고 있다. FBI는 대학에 잠재적 스파이들이 오는 것에 대해 알려주고 교수들에게 어떠한 연구를 하더라도 하드 드라이버 상에서 하지 말 것을 경고하기를 원한다."라고 말했다.

돈 페페에서 오찬을 가진 후 3년이 지나서 FBI는 뉴워크 사무실 관할지역 대학들의 대학원생 졸업생들을 위한 직장의 날을 개최하였다. FBI는 미국 시민들만 고용하고 있지만, NJIT에게 동 대학의 컴퓨터 공학 프로그램 학생 30명을 요구하였고 그 학과는 인도와 중국에서 온 학생들이 주류인 거의 외국인 학생들로 되어있었다. "FBI는 나를 많이 압박했다."고 제임스 겔러(James Geller) 당시 컴퓨터 공학 학장이 말했다. 겔러는 FBI가 할당한 인원수를 맞추기 위해서 최선을 다했고 모두 외국인들인 18명의 학생들을 보냈다. FBI의 요청에 따라 겔러는 그 학생들의 출생지와 생년월일 및 여권번호를 제공했다. "첨부하였으며[19] 당신의 행사에 참석했던 컴퓨터 공학과 학생들에 의해 나에게 제출된 외국 국적자들에 대한 모든 정보를 찾아보기 바랍니다."라고 겔러는 2014년 6월에 FBI에 이메일을 보냈다. FBI는 이 학생들을 다른 정보기관들 또는 계약업자들의 잠재적 직원들로 주시하길 원했을 것이다.

"나는 그들이 외국 학생들을 그들의 프로그램에 기꺼이 초청하는 데 대해 사실 놀랐다."라고 겔러가 나에게 말했다.

학계는 CIA 창설에 간여했다. CIA의 전신인 전략 정보국(OSS: the Office of Strategic Services)은 1942년 창설되었다. 당시 "반은 경찰 – 겸 – 강도이고[20] 반은 교수로 된 회의였다."라고 2차 대전 당시 정보요원이었고 케네디 대통령과 존슨 대통령 시절 국가 안보보좌관을 했던 맥조지 번디(McGeorge Bundy)가 말했다. OSS는 전반적으로 IVY리그 출신들의 요새였다. 창설 첫해에 13명의 예일 대학 교수들을 데리고 왔고 1943년에는 예일대 학생 42명을 데리고 왔다. 한 예일대 부교수가 대학 도서관의 원고를 얻는다는 위장 명분하에 이스탄불의 거점장이 되었다.

1947년 CIA가 창설되었을 때 IVY의 영향력이 지속되었다. 1946년부터 1950년 예일대 조정코치였던 스킵 월츠(Skip Walz)는 CIA의 모집관도 겸하고 있었으며 양측으로부터 연봉 1만 달러를 각각 받았다. 매 3주마다 그는 예일대 운동선수들의 이름을 성적 및 사회생활 기록과 함께 그가 링컨 기념관 앞 호수에서 만난 CIA 요원에게 넘겼다. 1950년대 전통적인 CIA이력서는[21] "Groton 고등학교, 예일, 하버드, 법학"이었다. 1963년 소련은 예일대 역사학 교수 프레드릭 바그훈(Frederick Barghoorn)을 추방했는데, 죄목이 CIA 스파이였다. CIA가 점차 다른 대학 출신들을 채용하는 것으로 나아갔지만 닉슨 정부시절 CIA 근무 대학졸업자의 26%[22]가 IVY리그 출신이었다. CIA는 1952년 MIT의 국제 연구센터 등 수 개의 일류대학에 싱크탱크와 연구센터들을 설립하는 데 도움을 주었다. CIA는 첫 2년 동안 그 국제연구센터의 주요 자금 출처[23]였고 1966년까지 다양한 연구프로젝트의 스폰서였다고 그 센터의 웹사이트에 소개되어 있다.

거의 창설 시부터 CIA는 외국 학생들을 정보원으로서, 미래의 타국정부 관리로서의 가치를 인식하고, 이들과의 관계를 구축해 왔다. CIA는 교수를 통해서 뿐만 아니라 미국에서 가장 큰 학생 단체이고 CIA의 자금을 받고 있는 미국 학생 협회(National

Student Association)²⁴를 통해서도 외국학생들에 대해 정보를 얻었다. 1950년에는 미국 내에 오늘날 외국학생 수의 3%에 해당하는 26,433명의 외국학생들이 있었고 CIA는 미국과 외국에서의 잠재적인 정보원을 찾기 위해서 이 협회에 의존했다.

소련의 지원을 받는 학생 기구들에 대항하는 비공산주의자 학생 조직으로서 학생 협회를 지원했던 CIA는 국제 청년 페스티벌들을 방해하기 위해서 학생협회 간부선거에 개입하고 나중에 페미니스트 아이콘이 된 글로리아 스타이넘(Gloria Steinem)²⁵을 포함한 운동가들을 보냈다. "나는 공산주의자 페스티벌에서 우리 정부 견해의 다양성을 보여주는 것이 얼마나 중요한지를 이해하고 있는 사람들을 마침내 CIA 안에서 발견하였다. 만일 나에게 선택권이 있다면 나는 내가 했던 일을 다시 할 것이다."라고 스타이넘은 1967년 뉴스위크에 말했다.

국가 학생 협회의 직원들은 CIA에 "수 천 명의 외국 학생들의 정치적 성향,²⁶ 성격 특성, 미래의 갈망"에 대해 보고를 하였다. CIA는 아시아, 라틴아메리카, 중동출신의 학생들이 1년 동안 미국의 대학에 등록할 수 있는 외국 학생 리더십 프로젝트(Foreign Student Leadership Project)뿐만 아니라 이란, 파키스탄, 아프가니스탄 출신 학생들이 각각 미국내 협회들을 만들도록 도와주었다. CIA의 지원으로 미국내 외국인 학생 수가 1950년에서 1960년 사이 거의 2배로 증가하였다.

그리고 나서 모든 것이 흐트러지기 시작했다. 베트남 전쟁을 반대했던 월간 잡지 람파츠(Ramparts)는 월남 경찰을 훈련시키는 미시건 주립대학 프로그램²⁷이 5명의 유급 CIA 공작원을 가지고 있었다고 1966년 보도했다. 1년 후에 람파츠는 국가적 소동을 일으키며 CIA가 미국 학생협회에 개입을 했다고 폭로했다. 존슨 행정부는 "어떠한 미국의 교육기관 또는 민간 기관들에 비밀리 연방자금을 지원하는 것을 금하는 것으로 대응하였다.²⁸ 그러나 그 기관들의 개인이나 직원들에게 지원하는 것을 금하는 것은 아니었다. 은밀한 이야기이지만 존슨 대통령은 세계 공산주의, 즉 소련과 중공의 손이 람파츠와 반전 시위에 개입하고 있다고 보았고 CIA와 FBI에 그것을 찾아내라고 했다. 양 기관들은 람파츠 직원들의 개인생활을 캤고 11명의 CIA 요원들²⁹이 머리를 기르고 뉴레프트(New Left)의 특수용어를 배워서 미국과 유럽에 있는 평화단체에 잠입하러 갔다. 불법 도청과 영장 없는 조사를 포함하여 FBI의 침투와 조사는 닉슨 정부 하에서도 계속되었지만 외국 자금의 증거를 밝히는 데 실패하였다.

재앙이었던 1961년 쿠바 피그만 침공과 같은 CIA의 큰 실수가 일어나는 상황에서,

미정부의 학내 비판을 분쇄하려는 노력은 정보기관들과 학계 간의 동지애에 균열이 가
게 만들었다. 1968년 한해에만 CIA 모집관들에 대한 피켓시위, 농성, 그리고 다른 형태
의 학생 항의가 77건[30]이나 있었다. 1977년 브루클린 대학[31] 한 정치학과 교수에 대한
종신직과 승진이 거부되었다. 그 교수는 유럽 연구여행을 다녀온 후에 CIA에 15분간 전
화통화를 통해 브리핑을 하여 동료교수를 불쾌하게 만들었다.

불만은 둘 다 가졌다. IVY리그 졸업생들이 CIA에 들어가는 것에 대해 의심을 갖기
시작한 것처럼 정보기관에서 그들의 경력을 바쳤던 나이든 졸업생들은 대학의 반체제
분위기에 기분나빠했었다. "대학들이 정보공동체를 거부했다는 것은 사실이 아니다.[32]
정보공동체가 적어도 초기에 대학들을 거부한 것이었다."라고 예일대 역사학자 로빈
윙크스(Robin Winks)가 썼다.

정보기관과 대학 간의 불화는 아이다호 상원의원 프랭크 처치(Frank Church) 위원
장의 이름을 딴 처치 위원회로 알려진 1976년 상원특별위원회의 "정보활동과 관련한
정부 공작 조사(Study Governmental Operations with Respect to Intelligence Activities)"보고
서에서 정점에 이르렀다. 미국 정보기관들에 대하여 지금껏 가장 포괄적으로 진행된 조
사에서, 위원회는 대통령의 명령과 다른 나쁜 명령에 의해 저질러졌던 정보기관의 권한
남용에 대해 간담 서늘하고 장황한 설명을 작성했다. 위원회는 CIA가 죄수들과 학생들
에게 LSD와 여타 마약을 실험했고, 20년간 뉴욕 우체국을 통해 215,820통의 편지를 열
어보았으며, 쿠바의 카스트로와 다른 외국지도자를 암살하려고 시도하였다는 것을 알
아냈다. 그리고 FBI는 전화도청과 익명의 편지를 부모, 이웃, 고용주에게 보냄으로써
인권 시위자 및 월남전 반전 시위자들을 괴롭혔다는 것이었다.

또한 위원회는 CIA와 고등 교육기관 간의 비밀 커넥션을 폭로했다. CIA는 대학내
다른 사람들이 CIA와 연계를 알지 못하게 하면서, 경쟁에서 우위를 주고 때때로는 정보
목적을 위하여 소개를 하면서, 백 개 이상의 대학에 있는 수백 명의 교수들을 활용[33]하
고 있었다.

공작원들을 보호해야 한다는 CIA의 주장에 굴복하여, 처치 위원회는 교수들이나
대학들의 이름을 공개하지 않았다. 전형적으로 교수들은 외국학생들을 포섭하는 것을
도왔다. 교수는 종종 구소련권 국가 또는 이란에서 온 학생들과 교제를 위해서 그들의
사무실로 외국인 학생을 부르곤 했을 것이다. 교수의 관심에 우쭐해진 외국인 학생은
자신이 CIA의 잠재적 정보원으로 평가되어지고 있다는 것을 몰랐을 것이다. 교수는 학

생이 출판 또는 투자에 있어 부유한 "친구"를 만나도록 조정 했을 것이다. 그 친구는 학생에게 저녁을 사주고 그 학생의 모국에 대한 논문 또는 연구 논문에 대해 상당한 돈을 지불했을 것이다.

자신이 위태롭게 되고 있다는 것을 알지 못한 채, 그 호의에 고마워하는 학생은 보답으로서 좋은 논문을 작성하고 주고난 후 또 작성하여 줄 것이다. 교수의 친구가 자신이 CIA 요원이라고 인정한 후에 학생에게 스파이가 될 것을 요청할 것이고 그 학생은 동의하는 수밖에 없을 것이다. 그 학생은 모국에다 CIA의 제의를 보고 할 수가 없을 것이다. 왜냐하면 CIA의 자금을 받은 것은 모국에서 그의 자유는 아니더라도 그의 명성을 위태롭게 할 것이기 때문이다.

모튼 할페린(Morton Halperin)은 처치 위원회 실무요원과의 대화에서 그리고 그 자신이 행한 조사에서 이 기만극에 대해 알았다. 그는 이것이 완전히 부적절하다는 것을 알았고 최종적으로 끝내려고 했다. 처치 위원회의 보고서는 그에게 그 길을 보여줬다.

할페린은 그가 선임고문으로 있는 워싱턴 소재 '오픈 소사이어티 파운데이션즈(Open Society Foundations)' 내에 있는 그의 사무실 서가에서 처치 위원회 보고서의 제1권을 꺼냈다. 그는 색이 바랬고 손때가 묻은 염가 문고본을 꺼내서 40년 전에 밑줄을 그은 구절을 보여주었다. 그 구절은 "위원회는 민간 기관, 특히 미국 학계가 그들의 구성원들에게 직업적 윤리적 기준을 세우는 책임을 갖고 있다고 믿고 있다."[34]는 것이었다. 이 문구가 할페린에게, 대학들이 미국 정보기관에 대해 맞서고 학교에서 비밀활동을 하는 것을 막아야 한다고, 대학들을 설득하도록 했다. 그의 임무는 CIA와 미국 유수 대학 간의 전례가 없는 대립을 유발하였다. 그 결과로 미국 정보와 학계 간 지금의 관계를 만들었고 오늘날까지 영향을 갖고 있다.

할페린은 여느 CIA 신입요원들만큼이나 흠잡을 데 없는 IVY리그 증명서를 가지고 있다. 콜롬비아대학 학사, 예일대 박사이며 하버드에서 6년간 교수 생활을 했다. 30세가 되기 전에 린든 존슨 대통령 정부에서 국방부 최고위직에 오른 크게 성공한 젊은이였으며, 닉슨 정부 하에서는 국가안전보장회의(NSC: National Security Council)의 소속원이 되었던 할페린은 그의 베트남 전쟁에 대한 의혹 때문에 미국정부의 비밀공작 대상이 되었다. 닉슨 정부는 캄보디아를 비밀 폭격한 정보를 할페린이 기자들에게 흘렸다고 의심하여, 할페린의 멘토인 국가안보보좌관 헨리 키신저의 승인 하에 1969년 그의 집 전화에 도청장치를 설치했다. 또한 미국 정부는 닉슨의 악명 높은 "적대인물 목록"의

상층부에 그를 두었다.

또한 할페린은 검열에 대해서도 CIA와 충돌하였다. CIA는 CIA와 정보숭배(The CIA and the Cult of Intelligence, 1974년)라는 책의 저자인 빅터 마케티(Victor Marchetti)와 존 마크스(John Marks)에게 할페린이 그 책에 서술되어 있는 정보수집의 기술적인 방법에 대한 비밀 정보를 폭로했다고 주장했다. 연방 판사는 그 책의 168개 부분을 삭제하도록 명령[35]을 하였고 CIA요청에 따라 1974년 할페린에게 함구령을 내리면서 삭제된 부분에 대해 누설하는 것을 금하였다.

미국 시민 자유 연맹(American Civil Liberties Union)이 만든 국가 안보 연구 센터(the Center of National Security Studies)의 소장인 할페린은 처치 위원회를 만들도록 미 의회에 로비를 하였다. 그는 청문회에 참석하여 증언을 했고 비밀공작은 의회 및 국민의 감시를 피해가고 민주주의 가치와 양립할 수 없기 때문에 금해야 한다고 촉구했다.

처치 위원회의 권고를 무기로, 할페린은 하버드대학을 접근하여 대학내 CIA의 비밀활동에 대해 규정을 만들 것을 요청하였다. 그는 미국의 가장 오래되고 가장 저명한 대학이 CIA의 활동에 대해 어떠한 제재를 한다면 학계 전역으로 퍼져 나갈 것으로 기대하였다.

할페린이 처음 접촉한 인물은 하버드대학 법무자문위원인 다니엘 스테이너(Daniel Steiner)였고 스테이너는 데릭 복(Derek Bok) 총장에게 이 사안을 다루어야 한다고 촉구했다. 이 일이 일어났을 때 복 총장은 이미 처치 위원회에 대해 친숙해 있었다. 처치 위원회의 수석 자문위원인 프레드릭 A. O.("Fritz") 슈워츠 주니어(Schwarz Jr.)는 복의 가족 친구이자 복의 예전 법대 제자였다. 복은 슈워츠의 정치활동을 칭찬했고 특히 인권에 관한 활동에 대해서 그러했다. 1960년 하버드 법대생 3년차일 때, 슈워츠는 노스캐롤라이나 그린스보로(Greensboro)에 있는 울워스(Woolworth) 백화점의 점심 식당이 흑인들에 대해 서빙을 거부한 데 대하여 흑인들이 항의 농성을 하자, 이를 지지하는 시위를 (하버드대학이 있는) 캠브리지 市(하버드 대학이 있는)에서 조직하였다.

"나는 아직도 슈워츠가 비가 오는 날 하버드 광장을 걸어오는 것을 기억하고 있다. 하버드광장의 울워스 백화점 앞에서 슈워츠와 다른 학생들이 미국남부에서 흑인들에 대한 서빙을 거절한 울워스에 대해 피켓시위를 하고 있었다."라고 데릭 복 총장은 2015년 인터뷰에서 말했다.

또한 데릭 복은, 처치 위원회가 대학에서 비밀정보 수집을 금하는 연방법 제정을 의회에 요구해야 할지를 논의하기 위하여, 위원회의 위원인 찰스 매시어스(Charles Mathias) 메릴랜드주 연방상원의원과 위원회 직원 책임자인 윌리엄 밀러(William Miller)를 만났다. 대학들은 전형적으로 연방정부의 힘이 학계의 결정에 대하여 확대되는 것에 반대하고 있다. 이러한 관점을 반영하여 복은 매시어스와 밀러를 만나서 정부가 아닌 대학이 비밀공작을 금하는 데 있어서 주도권을 가져야 한다고 말했다. 그리고 그들은 동의를 했다.

"대학들의 고결함이 그것을 요구했다. 외부로부터 시행된 것이 아니다."라고 밀러가 2015년 나에게 말했다.

복 총장은 처치 위원회가 조언한대로 기준을 정하기 위해서 4명의 하버드대 현자들을 지명했다. 그 4명에는 스테이너와 하버드 법대교수 아치발드 콕스(Archibald Cox)가 있었다. 아치발드는 닉슨 대통령이 워터게이트사건 특별검사자리에 있는 그를 해임한 1973년 "토요일 밤 학살"로 유명해진 사람이다.

스테이너는 미국 학생 협회에 대한 CIA 비밀 역할을 감독하고 있던 코드 메이어 2세(Cord Meyer Jr.) 등 CIA의 고위 간부들을 만났다. 그들과의 토론에 기초하여 스테이너는 메이어에게 "나는 CIA가 요청한 정보수집을 포함하여 공작목적으로 그리고 학내 비밀 직원모집관으로서 교수들과 대학직원들을, 이들에 대해 보상을 하거나 또는 보상을 하지 않으면서, 활용하는 것이 적절한 것이라고 CIA가 느끼고 있다는 결론을 내렸습니다."[36]라고 메이어에게 썼다.

하버드 대학의 현자들은 CIA의 입장에 동의하지 않았다. 1977년 그들은 학생들과 교수들이 CIA를 위한 정보공작을 하는 것을 금지하는 가이드라인[37]을 만들었다. 그러나 외국 여행으로부터 돌아와서 여행에 대해 CIA에 디브리핑을 하는 것은 허용하였다. "정보활동을 위한 위장을 위하여 학교 종사자들이나 학문적 사업체를 활용하는 것은 학문적 프로세스를 망치게 될 것이고 학문적 기관(즉, 학교)에 대한 공중의 존경을 잃어버리게 될 것이다."라고 그들은 썼다.

"하버드 공동체 내에 있는 다른 구성원의 무의식적인 서비스를 CIA가 얻도록 도와주는 것"도 금했다. 즉, 다른 말로 해서 가장한 채로 외국 학생들을 포섭하는 것을 금했다. 복 총장과 그의 고문들에게 있어서 이러한 CIA의 공작들은 고등교육의 기저가 되는 교수와 학생 간의 신뢰를 비틀어지게 하는 것이었다. 멘토 자격으로 교수는 국제문제에 대한 외국인 학생들의 관점을 탐색할 수 있고 학생의 재정 상태에 대해 문의할 수 있지만, 그리하여 그를 바르게 인도하는 것이 아니라, CIA가 그 학생을 평가하고 모집하도록 도와주기 위해서 하는 것일 수 있다. 그리고 CIA가 일단 그 학생에게 덫을 씌우면 CIA는 그 학생에게 모국의 법을 위반하게 만들 것이다. 이것은 하버드 대학이 당사자가 될 수 없는 요청인 것이다.

"이런 학생들 중 많은 수가 매우 취약하다. 그들은 어리고 경험이 없고 종종 돈이 부족하고 최초로 고국을 떠나온 사람들이다. 학생들의 최선의 이익을 위하여 행동하는 것이 되어야 하는 교수들이, 학생들이 위험해지고 고국의 법을 위반할 행동에 개입하도록 하는 CIA 포섭 과정의 한 부분이 되는 것이 과연 적절한가요? 나는 그렇게 생각하지 않습니다."라고 복 총장은 1978년 상원에서 말했다.

하버드 위원회는 자신들의 새로운 규정이 CIA의 일을 더욱 힘들게 만들었다는 것을 인정했다. "이러한 손실은 자유사회가 기꺼이 겪어야 하는 것이다."라고 하버드 위원회는 말했다.

CIA는 이러한 것을 겪어야 할 이유를 보지 못했다. 1977년부터 1981년까지 CIA 국장을 역임한 스탠스필드 터너(Stansfield Turner) 제독은 CIA가 미국 땅에 들어와 있는 외국 학생들의 존재를 활용해야 한다고 믿었다. 전체주의 국가들 안에서 외국인들을 포섭하는 것은 어렵기 때문에 "미국 내에 이들이 있을 때 동정적인 인물들을 파악하려는 시도를 하지 않는 것은 어리석은 행동[38]일 것이다. 대학 관리들이 이런 일을 하는 것과 강의실 안팎에서 학생들의 최선의 이익을 돌봐야 하는 책임을 수행하는 것 사이에 갈등이 명백히 있지만, 대학 직원들은 때때로 이러한 신원파악 작업에 있어서 CIA를 도울 수 있다."라고 그의 자서전에서 썼다.

터너는 하버드 대학의 가이드라인과 CIA가 대학 총장들에게 학내 비밀 관계에 대해 말해주어야 한다는 처치 위원회의 권고안을 거절했으며, CIA가 그 가이드라인을 따를 의도가 없다는 것을 명백히 했다.

만일 교수들이 CIA를 돕기를 원한다면, 그것은 미국시민으로서 그들의 권리이며 선택과 양심의 문제[39]라고 터너는 복 총장과의 서신에서 주장했다. CIA는 학자들에게 CIA와의 연계를 대학에 알리도록 격려하지만, 그들은 경력에 해가 될까봐 그렇게 하길 꺼려한다고 터너는 말했다. "이러한 관계는 교수들의 요구로 인해 자주 비밀로 유지되며, 비밀이 유지되지 않으면 정부에 지원하는 권리를 실행하는 결과로 괴롭힘을 당하거나 다른 불리한 결과를 맞게 될 것이라고 그들은 우려한다."라고 터너는 말했다. "CIA

가 기만하여 포섭한 외국인들보다 학자―스파이들(CIA와 연계된 교수들)이 더 위험한 상태에 놓여 있었다. 하버드의 정책은 학계 사람으로부터 정보활동에 간여하는 것과 관련한 모든 선택의 자유를 빼앗는다.”고 터너는 결론을 내렸다.

훌륭한 공격이 최고의 방어책이라는 격언에 따라, CIA는 오늘날까지 효과를 보고 있는 “미국 학계와의 관계에 대한 준칙”이라는 자신들의 주장을 널리 알렸다.[40] 재무부에서 CIA로 갓 전입해 온 젊은 변호사인 존 리조(John Rizzo)가 초안을 작성한 1페이지짜리 이 준칙은 현 상황을 인정하고 CIA가 정규직 교직원 및 교수들 개개인과 사적인 서비스 계약과 관계를 지속하는 것을 허용하였다.

(그 준칙은) 보안을 고려할 때 CIA와의 관계를 알리는 것이 문제가 되지 않고 개인적 목적을 방해하지 않는다면 교직원이나 교수가 대학 고위층 사람에게 그 사실을 통고하는 것을 CIA는 “제의”하고 있었다.

처치 위원회는 언론인 및 성직자(clergy)들과의 CIA관계에 대해서도 우려를 거론했기 때문에 리조는 이 사안을 취급하는 규정도 만들었다. 리조에게는 학계와 마찬가지로 언론인 및 성직자들을 비밀 활용하는 것에 대한 똑같은 기준을 만드는 것이 합당한 것이었을 것이다. 왜냐하면 이 세 그룹은 명백히 유사성이 있기 때문이다. 이 세 그룹은 진실이 국가 이익과 상충되든 아니든 간에 진실을 보려는 것을 추구한다. 그리고 그들을 믿는 군중들이 있다. 학생들, 독자, 정보제공자, 그리고 숭배자들이다. 그래서 이 세 그룹들은 CIA를 위한 정보원 모집자로서 잠재적인 가치를 갖고 있는 것이다.

그러나 리조는 언론인과 성직자들에게는 더 높은 기준을 만들었다. 교수들과 달리 이들을 활용하는 것은 CIA 국장의 개인적 승인을 얻도록 했다. 이처럼 이중 기준을 만든 것은 순전히 실용성 때문이었다고 리조는 2015년 인터뷰에서 말했다. 이 세 그룹 중 교수들이 그 때까지 CIA에 있어서 가장 중요한 그룹이었다. 처치 위원회의 추산으로는 CIA가 50명의 언론인, 다수의 의회 법원의 직원, 학계의 수 백 명과 관계를 갖고 있었다.

“학자들은 많은 대학에서 활동했었다. 그 판단을 CIA 국장이 매 건마다 승인할 수가 없다.”라고 그 후 CIA 법무 자문관 서리까지 승진하였고 2009년 개인 개업을 위해 CIA를 떠난 리조가 말했다.

하버드대학과 CIA는 그들이 영향을 주길 원하는 청중, 즉 나머지 학계를 겨냥하여 논쟁을 하였다. 대학 하나가 아무리 저명하더라도 CIA를 싸움에서 이길 수는 없었다.

하지만 다른 대학들이 하버드 뒤에 서 있다면, CIA는 저항 하는 데 더욱 힘이 들것이었다.

"나는 하버드의 정책이 사기저하를 가질 것이고, 우리는 이것이 마치 탄광속의 카나리아(탄광의 붕괴조짐을 알려주는)처럼 시작을 알리는 것으로 생각했다."라고 리조는 말했다.

하버드의 지침을 자니 애플시드(미국 각지에 사과 씨를 뿌리고 다녔다는 미국 개척시대의 전설적인 인물 본명, John Chapman, 1774–1845)처럼 미국 전역에 뿌리려고 했던 할페린도 그렇게 생각했다. 그런데 할페린도 놀랐을 정도로 그 땅은 척박했다. 다른 대학들은 처치 위원회가 금했던 CIA–교수 비밀관계의 문서상 증거 없이는 하버드의 선도를 따라가는 것을 주저하였다. 대학 총장들은 CIA에 편지를 보내서 협력하는 교수들의 자료를 요구하였지만 CIA는 제공하는 것을 거부하였다. 일부 교수들은 하버드의 규정이 학문의 자유를 침해 할 수 있다고 불만을 제기했다. 하버드의 변호사 스테이너는 주요 대학들의 법률 자문관들이 속해있는 협회로부터 지원을 모색하였지만 실패했다. CIA 국장 터너가 미시건대학 교수진에게 로비를 한 후에[41] 그 교수진은, 하버드의 가이드라인에 대해 투표를 한 결과, 그것을 거부하였다.

단지 10개 대학만이 하버드의 정책을 희석시킨 채 채택하였다. "다행히도 극소수의 대학이 하버드의 사례를 따랐고 이것은 지속적인 문제가 되지 않았다."라고 터너는 나중에 썼다.

리조는 하버드의 정책이 "견인력을 전혀 얻지 못한" 것에 놀랐다. 그것은 교수들이 CIA와의 연계를 감추면 징계를 받는 하버드에서도 비밀 활동을 멈추지 못하였다. "나는 하버드 협조자로부터 복 총장의 지침으로 인해 불안했다는 말을 들은 기억이 없다."고 리조는 말했다.

40년이 지나서도 할페린은 당혹한 상태이다. "나는 하버드가 하면 모두가 따라갈 것으로 생각했다. 아무도 그러지 않았다. 그것은 큰 실망이었다. 주요 대학에 그 규칙을 만들 수 있었다면 그것은 큰 영향을 주었을 텐데! 나는 어리둥절했고 당황하였으며 낙심하였다. 결국에는 포기하고 말았다."라고 할페린은 말했다.

하버드 대학의 지침을 전국적으로 복제시키는 데 실패한 것은 미국 정보기관과 학계 사이에 방화벽을 설치하는 마지막 기회를 날려버렸다. 대학에서의 행해지는 CIA의 은밀한 물색에 대한 비판은 그 동력을 잃어버렸다. 중국에서 학생들이 미국으로 대거

몰려들어오면서 FBI와 CIA의 학내 협조자 물색을 상승시키는 요인이 되어 학계의 반대는 축소되었고 특히 1979년 소련의 아프간 침공 이후에 더욱 그러했다. 1940년대와 50년대의 특징이었던 정보기관과 학계의 동맹관계는 재출현하였다.

1977년 처치 위원회가 보고서를 낸지 1년 후에 보스턴에 있던 CIA 공작원이 MIT 물리학자 사무실에 들렀다. 이것은 그 물리학자가 CIA에 협력했던 장기간에 걸친 정교한 관계의 시작이었고 그의 협력이 어느 정도까지 확대되는지에 대한 제한을 보여준 것이었다.

그는 연방기금을 받는 '비확산에 대한 MIT 방안'을 주도하고 있었고 미국정부의 요청으로 비밀정보사용 허가도 얻었다. 그 요원은 CIA가 핵 이슈 학계전문가들에게 자문을 받기를 원한다고 설명했다. "당신학과에는 이미 우리를 돕고 있는 몇몇 사람이 있다. 당신은 해외여행을 하고 외국 과학자들과 교제하고 있다."라고 그 요원은 말했다.

이미 CIA에 조언을 하고 있다고 비밀을 털어 놓은 MIT 동료와 상의를 한 후에 그 교수는 그의 도움은 자발적인 것이라는 조건과 함께 그 요원의 요청에 동의를 했다. "나는 핵무기 확산에 반대하였지만 나는 CIA의 직원으로 생각되어지길 원하지 않았다."고 그 교수는 2015년 말했다.

"나는 핵 확산은 중대한 문제이고 내가 기여를 할 수 있다고 느꼈지만 나 역시 약간의 불안을 가졌었다." 그 교수는 다른 MIT 교수들이나 직원들에게 그의 새로운 역할에 대해 말하지 않았다. "나는 그것을 얘기하지 않았다. MIT에 있는 대부분의 사람들은 알기를 원하지 않는다."라고 덧붙였다.

그 교수가 오스트리아, 독일, 일본, 인도네시아 등과 같은 나라를 다녀온 후에는 CIA가 전화를 하여 누구를 만났고 누구와 대화를 했고 무엇을 배웠냐고 묻곤 하였다.

수당을 받지는 않았지만 CIA와 연계되어 있다는 것은 유용했을 것이다. 예를 들면 그 물리학자가 이라크의 핵프로그램에 대해 더 알기를 원했을 때 그는 보스턴 상업빌딩 내에 있는 CIA 비밀 사무소에 가곤 했다. 거기서 그는 비밀정보를 논의할 수 있는 비화전화기를 사용하여 이라크가 좋아하는 과거방식의 핵폭탄제조방식에 대한 전문가인 테네시 주 오크리지 국립 연구소에 있는 과학자에게 전화를 하곤 했다.

1984－1986년까지 MIT에서 휴가를 얻어 미국 군축청(US Arms Control and Disarmament Agency)에 객원 학자로 있었던 이 물리학자는 때때로 민감한 임무를 부여받고 보내졌다. 한 예로 그는 비엔나에 있는 미 대사관에서 위장된 외교관 신분과 함

께 사무실을 가지고 있는 CIA 거점장과, 약속한 시간에 대사관에 나타나서, 협의를 했다. 우아하게 스리피스(상의, 조끼, 바지) 정장을 한 거점장은 손님과 인사를 한 후, 방문을 잠그고 그의 책상으로 돌아와서 버튼을 눌렀다. 서가의 벽이 돌면서 큰 반구형 금속망으로 둘러싸인 방이 나타났다. 일찍이 보았던 스파이 영화를 기억하고 그 물리학자는 웃으면서 "다시 한 번 해 보세요."라고 말했다.

거점장은 그를 밀실로 데리고 가서 정탐될 염려 없이 가로 챈 기밀 정보에 대해 얘기 할 수 있었다. 거점장은, 반쯤 변명조로, 그는 CIA 가족 출신으로 그의 아버지가 CIA에서 일했고 아내도 일했으나 과학적 지식은 많지 않다고 했다. 물리학자는 이해한다고 말하고 그에게 비전문가의 용어로 비밀정보를 설명하였다.

MIT의 지원을 받아서 그는 다시 여행을 하였고 그의 디브리핑은 재개되었다. CIA의 특별한 흥미는 1979년 이란의 샤(왕)가 축출되기 전에 1970년대 MIT에서 핵기술을 공부하기 위해서 유학을 왔던 이란학생들과 그의 교류였다. 새로운 정권은 샤의 정권하에 시작된 핵 프로그램을 중단 시켰는데, 그 후 이것을 재개하기로 결정하였고 몇몇 학생들은 새로운 정권이 이 같은 결정을 한 후인 1980년대 중반 이란으로 돌아갔다. CIA는 그들의 능력에 대한 그 물리학자의 평가를 원했다.

그러고 나서 1990년대 후반 그는 CIA를 위해 직접 일할 것을 요청받았다. 즉, CIA가 원하는 정보를 얻기 위하여 인도로 가서 다양한 과학자들과 접촉하는 것이었다. 그에게 그것은 선을 넘는 것이었다. 그는 기꺼이 그의 여행에 관해 말하고 과학적 지식을 제공하고 있었지만 CIA의 임무를 승낙하거나 CIA를 대신하여 정보를 수집하는 위장 수단으로서 학자의 지위를 활용하는 것을 내켜하지 않았다. "나는 거절을 했다. 나는 CIA의 공작원처럼 행동하는 것을 꺼려했다. 그때가 내가 공식적으로 CIA와 대화한 마지막이었다."라고 그는 말했다.

그러나 그는 비공식적으로 한 번 더 대화하였다. 2005년 2월 그는 미국 핵과학자의 소그룹 회원이었는데, 그 과학자들은 당시 이란의 유엔대사였고 지금은 외교부장관인 모하메드 자바드 자리프(Mohammad Javad Zarif)를 맨해턴 아래에 소재하고 있는 이란대사관에서 만났다. 과학자들은 미 정부에 그 회의를 알리지 않았지만 그 회의는 이란의 핵 프로그램의 공통된 의견을 찾기 위한 것이었다.

그날 저녁 그가 집으로 돌아온 직후에 그는 한통의 전화를 받았다. "우리는 당신이 자리프를 만났다는 것을 알고 있습니다. 우리는 그것을 논의하길 원합니다." 캠브리지

시에 있는 한 식당에서 그는 그녀에게 토의한 내용과 자리프에 대한 그의 인상을 말해주었다. 그는 그녀가 어떻게 알게 되었는지를 묻지 않았다.

CIA는 학계와의 틈을 수리하기 위해서 움직였다. 1982년 CIA는 14명의 대학 총장들을 랭글리 본부로 데리고 와서 CIA 국장과 고위 간부들을 만나게 했다. 1977년 CIA는 "대학에 몸을 담고 있는 학자" 프로그램을 시작했다. 그 프로그램은 대학으로부터 안식휴가를 받은 교수들은 CIA 분석가들에게 조언할 수 있는 계약을 할 수 있으며 대학 내에서는 구할 수 없는 정보를 공유하는 것이 허용되었다. 1985년 CIA는 "대학에 몸을 담고 있는 요원들(이하 대학내 정보요원으로 표기함)"이라는 요소를 덧붙였는데, 이 조항은 퇴직을 앞둔 정보요원들을 CIA 돈으로 대학에 가도록 하는 것이었다.

"대학내 정보요원들" 프로그램의 효과는 매우 뒤섞여 있었다라고 1994년부터 1998년까지 이 프로그램을 운영했던 전 CIA 분석관 브라이언 라텔(Brian Latell)이 말했다. 그가 맡기 전에 "우리는 퇴직을 강요받았어야 하는 대그우드 범스테즈(Dagwood Bumsteads: 미국 유명 카툰 Blondie에 나오는 멍청한 남편역의 주인공)를 보내고 있었다."고 그는 말했다. 일부는 대학에서 아무런 하는 일없이 빈둥거리고 있었다. 라텔은 요원들이 대학에서 상위 학위를 얻거나 강의를 하도록 되어야 한다고 기준을 설정했다.

일부 대학들은 참여하기를 거부했다. 라텔은 박사학위가 있고 예일대에서 가르친 적이 있는 적임자 요원을 보내려고 하였다. 그는 과거 예일대 교수들과 졸업생들이 OSS를 단련시킨 것에 애정을 갖고 기억하는 고위 교수들의 지원을 요청했었다. 그럼에도 불구하고, 예일대 총장 리차드 레빈(Richard Levin)은 그 제의를 거절했다고 라텔은 말했다. 그 사건에 대해 질문을 받자, 레빈총장은 거기에 대한 "희미한 기억"밖에 없다고 말했다.

산타바바라에 있는 캘리포니아 주립대에서는 대학에 있던 CIA 요원이, 공개적인 학교문화보다는 비밀적인 경력에 더 적합한, 과묵한 태도를 보임으로써 비판을 받았다. "주제에 대해 코멘트를 하지 않는 것과 말하는 것을 거절하는 것이[42] 과하거나 과하지 않거나를 떠나서, 그 요원은 그가 노출을 최소한으로 하고 말을 거의 하지 말아야 한다고 명백히 느꼈던 것이다."라고 CIA의 그 프로그램 관련 자료에 기록되어 있다. 교수진은 그에 대해 탄원을 넣었으며 학생들 시위로 인해 많은 사람들이 체포되었고 대학과 CIA가 똑같이 원하지 않았던 표출이 일어났다. 그 결과 그 요원은 신뢰보다는 의심을 고취시켰고 재빨리 대학을 떠났다.

　　최고조 시기에는 이 프로그램에 의해 12개 이상의 대학에 CIA 요원들이 나갔었다 그러나 최근 년에 들어서 줄이고 있다. CIA와 유수 대학들 양자 모두가 이 프로그램을 저평가하고 있다고 아트 헐니크(Art Hulnick)는 느끼고 있다. CIA는 대학 생활에 대해 얘기를 하도록 초청을 거의 하지 않았으며 하버드나 MIT 같은 일류대학들은 이들이 강의할 자격이 있다고 생각하지 않았다.

　　보스턴대학은 이러한 거리낌이 없었다. CIA에서 20년 이상 근무하면서 분석관 업무를 하고 두 명의 CIA 국장을 위해 연설문을 작성하였고, 독일 정부에 대한 연락관, 학계관련 조정관을 하였던 헐니크는 1989년부터 보스턴 대학에서 대학내 정보요원이 되었다. 보스턴 대학은 그에게 4층에 사무실을 주었다. 학과장은 "학생들이 건물을 급습하더라도 (층이 높아서) 당신한테까지 가지 못할 겁니다."라고 농담을 했다. 헐니크는 정보전략(intelligence strategy)에 대해 강의를 개발하고 가르쳤다. 3년간의 대학 근무가 끝났을 때 그는 CIA로 돌아가지 않았다. 대신에 그는 보스턴대학 국제관계 교수진에 합류하여 2015년 퇴직 때까지 두 권의 책과 수많은 글을 썼다.

　　헐니크의 수업 후에 그와 그의 학생들은 기분전환을 위해 켄모어(Kenmore)광장에 있는 콘월스 펍(Cornwall's pub)에 정기적으로 갔었다. 그는 일부 학생은 외국스파이로서 그의 강의를 현직 교육의 일종으로 수강하고 있다고 느꼈다. "나는 알 수 있었다. 어떤 수준의 전문 특수 용어가 있다. 그들은 정보가 어떤 식으로 작동하게 되어있는지에 대한 미국의 해석을 알려고 노력하고 있었다."라고 헐니크는 2015년 매사추세츠의 브룩라인(Brookline)에 있는 집 거실(벽에 지도들이 걸려있었으며 그가 때때로 쳐서 소리를 내는 키보드가 있었다)에서 있었던 인터뷰에서 나에게 말했다.

　　예를 들면 태국에 간 적이 있고 태국어를 유창하게 하는 한 러시아 학생은 KGB 요원의 모든 특징을 갖고 있었다. 헐니크는 그가 칠판 위에 쓴 암호메시지를 해독한데 대해 다른 러시아학생에게 상으로 점심을 사주어야 했다. "그 여학생은 러시아 마피아와 가족연계를 가지고 있었고 마피아의 많은 수가 전직 KGB 요원들이었다. 그녀는 그 세상에서 왔다."라고 그는 말했다.

　　대학들처럼 CIA도 졸업생을 결코 잊지 않는다. 어느 날 CIA의 비밀 국내 부서인 국가 자원과(National Resources Division)는 헐니크에게 관심이 가는 외국 학생을 알고 있는지를 물어왔다.

　　"나는 내가 사람을 찍을 수는 있다. 그러나 그것이 전부이다."라고 답변을 해주었다. 그는 만남을 주선하지 않았다. "그들은 우리가 처리하겠다고 말했다. 나는 학생을 찍어주는 것 이상을 할 수가 없었다."라고 그가 말했다.

헐니크가 1990년대에 CIA에 찍어준 학생은 쿠웨이트 왕가에서 왔었다. "그는 내 수업을 들었다. CIA와 나는 그것에 대해 얘기를 했고 나는 그 학생의 이름을 주었다. 내가 그 학생에게 왕자이냐고 묻자 그 학생은 '맞습니다. 내가 왕자입니다'라고 말했다."라고 헐니크는 나에게 말해주었다. 헐니크는 2018년 4월에 사망했다.

CIA는 강사만 보낸 것이 아니라 학생들도 보내서 학교의 소중한 전문분야인 입학 허가에 개입을 하였다. 어떤 경우에는 CIA가, 위험에 처해 미국으로 도망을 와야만 하는 가치 있는 외국 정보원들에게, 학교를 마련해 주었다. "수년간 현장에 있으면서 영웅적인 봉사를 해 준 외국인들이 어느 순간에는 그들의 모국을 탈출해야 할 필요가 있을 수 있다. 재정착 기간 동안 CIA는 그들이 새로운 신원으로 새로운 인생을 갖도록 돕는 데 노력을 한다. 그 중 큰 부분이 직업을 찾는 것인데 그 직업은 망명한 공작원과 가족들에게 더 많은 교육을 요구할 수가 있다."라고 전 CIA 국가 자원과 과장이었던 헨리 크럼턴(Henry Crumpton)이 말했다.

다른 예로는, CIA가 일반적으로 전위조직을 통해 외국공작원들의 아들 또는 손자들의 미국 대학 입학을 주선하고 학비를 줌으로써 그들을 보상해주었다. "당신이 외국인을 포섭 채용할 때 당신은 '내가 이 사람에게 무엇을 해 줄 수 있는지?'를 본다. 때로는 그 사람이 '나는 내 딸이 좋은 미국학교에 가길 원한다'라고 말할 것이다."라고 인디애나 주립대 '대학내 정보요원'으로 갔던 진 코일(Gene Coyle)이 말했다. 그는 2006년에 CIA를 떠났고 지금은 인디애나 주립대 교수로서 국가 안보와 스파이 역사에 대해 강의를 하고 있다.

"좋은 미국학교에 보내달라는 요구에 대한 대답은 '우리는 보스턴의 아드바크 소사이어티(Aardvark Society)로부터 딸이 장학금을 받게끔 해줄 수 있습니다'가 될 수가 있다. 그가 어디서 현금을 받는지를 설명해야 할 때 아버지에게 현금을 주는 대신 그의 딸이 우즈베키스탄에서 온 사람들을 위하여 만든 아드바크 소사이어티의 second-born(2번째 태생) 장학금을 받는다."라고 덧붙였다.

CIA가 필요시에 일류대학을 조종할 수가 있지만 어떤 정보원들은 좀 덜 특별한 대학을 원한다. "한 정보원의 요구는 쉬운 것이었다. 그의 아들을 영리목적의 스트레이어(Strayer) 대학에 보내길 원했다 그 대학은 고등학교 졸업장만 있으면 아무나 갈 수가 있다.”라고 한 전직 CIA 요원이 말했다.

“우리는 많은 아랍인들을 미국 남서부에 있는 주립대학에 보냈다. 그들 모두는 석유 엔지니어링 공부를 원했다. 이 학교들에는 많은 아랍인들이 있었고 그들은 곧 자연스럽게 어울렸다.”라고 그는 부언했다.

대학교수의 구성에 큰 변화가 진행 중이다. 학업을 통해 종신직이 된 교수들이 외래 교수와 정부와 기업의 경력을 가지고 있는 전문직 종사 교수에게 길을 내주고 있다. 그 결과 더 많은 교수들이 국가 안보 경험을 가지고 있다. 일부 교수는 좋은 분석관이나 요원이 될 학생들을 추천함으로써 재능자 스카우트처럼 행동 한다.

제롤드 포스트(Jerrold Post) 박사는 이러한 유형 사이에서 선구자였다. 양 진영에 다 발을 담그면서 그는 미국 정보기관에 그의 전망들을 쏟아 넣었다.

예일 대학 의대생이었던 포스트는 여가시간에 도서관에서 이안 플레밍이 쓴 제임스 본드 소설을 읽는 것을 즐겼다. 그리고 나서 하버드 의대에서 정신과 레지던트로 있을 시 그는 반복적으로 Freudian slip(은연중에 속마음을 드러내는 실수)을 써냈다. 즉, Psychiatrist(정신과의사)의 앞 알파벳 두 개의 순서를 바꾸어서 Spychiatrist(역자주: 스파이심리학자? 이런 단어는 없음 Post가 일부러 관심을 끌기 위해 만든 것으로 추정됨)라고 쓴 것이었다.

이런 전조에도 불구하고 포스트는 그가 전혀 예상치 못한 길로 방향을 바꾸기 전에는 전통적인 학문의 경력으로 나아가는 것으로 보였다. 하버드 대학의 정신과로부터 직장제의를 승낙한 후에 포스트는 그가 거의 알지 못하는 사람으로부터 전화를 받았고 그 전화한 사람은 그보다 예일대 의대 2년 선배였다고 그는 회상한다. 그 선배의 이름은 허브(Herb)였다.

허브는 “당신이 내년에 일자리를 얻지 못한 것으로 알고 있다.”라고 말했다.

포스트는 “아니요, 일자리를 확보했습니다.”라고 말했다. 그러나 포스트는 워싱턴 DC의 조지타운 주변지역에 있는 히코리 하스(Hickory Hearth) 식당에서 허브와 오찬을 가졌다.

그 오찬시 대화는 포스트를 혼란스럽게 만들었다. 그것은 마치 면접자가 무슨 일인지 결코 말하지 않는 일자리 면접과 같았다. 허브는 명백히 포스트에 대해 많아 알고 있었고 더 많은 것을 어렵게 끌어냈다.

최종적으로 포스트가 “허브, 우리가 일자리에 대해 이야기 하는 것인가요?”라고 물었다.

이를 꽉 문채로 누가 그의 입술을 읽는 것을 막기 위한 것처럼 허브는 "나는 여기서 그것을 말하고 싶지 않네."라고 낮게 말했다.

포스트는 나무로 된 셔터를 움켜잡았다. 그리고 "여기에 전자 도청장치가 없어요." 라고 말했다.

허브는 웃으면서 "당신은 그런 종류의 일을 좋아하군. 그렇지? 당신 차로 나를 따라서 오지."라고 말했다.

허브는 키브리지(Key Bridge)다리를 건너서 북 버지니아로 가서 전망대에다 차를 세웠다. 포스트가 그를 따라갔다. 경찰차도 따라왔다. 허브는 얼굴이 붉어졌다. "이런 일이 옛날에도 나에게 한 번 있었지."라고 말했다. 포스트는 자신이 행복한 이성애자주의라는 것을 허브가 인식치 못하고 자기에게 뭔가를 제의하려는 것이 아닌가라고 의심하였다.

다음 전망대에서 그들은 단 둘이 되었다. 허브는 그의 주머니에서 뭔가를 꺼내어 CIA 비밀유지 계약을 뜯어냈다. "얘기를 하기 전에 나는 자네가 여길 서명해주길 바라네."라고 말했다.

포스트는 서명을 했고 곧 그가 미대통령과 국무장관 국방장관을 위해서 세계지도자들의 심리학적 평가를 개발하는 시험프로그램을 시작하는 데 동의를 했다.

그것이 1965년이었다. 그 다음 21년 동안 포스트는 CIA의 '성격과 정치적 행동 분석을 위한 센터'를 운영하면서 인류학자, 사회학자, 정치학자, 사회 및 조직 심리학자, 그리고 다른 정신과 의사들을 감독했었다. 그의 업적에는 1978년에 있었던 기념비적인 캠프데이비드 평화협정 전에 이집트 대통령 안와르 사다트와 이스라엘 수상 메나켐 베긴의 프로필을 준비했던 것도 있다. 포스트는 카터 대통령에게 베긴과 성경 역사에 대해 논의하지 말라하고 주의를 주었다. 왜냐하면 둘 다 그것에 대해 전문가들이라고 생각하고 있었기 때문이었다.

포스트는 그가 새로운 종류의 정보로 간주한 것을 공들여 쌓아 올리는 지적 모험을 즐기고 있었다. 대통령과 각료들은 그들 적들의 성격 기벽에 대해 듣는 것을 좋아했다. 아직도 포스트의 업무에 대해서는 논쟁이 많으며 모든 CIA 국장들이 그것을 수용한 것은 아니었다. "그가 하고 있던 것이 주류 업무는 아니었다. 많은 사람들이 그것은 간교한 말장난으로 생각했다."라고 컬럼비아대학 국제정치학 교수이자 오랜 기간 동안 CIA

자문위원을 했던 로버트 저비스(Robert Jervis)가 말했다.

　　1986년 포스트는 조지 워싱턴 대학으로 자리를 옮겼는데, 그 대학이 연방정부와 더 밀접한 관계를 찾고 있었기 때문이었다. 정신의학과, 정치심리학, 국제학 교수로서, 그는 그 자신의 능력을 발휘하여 영향력 있는 사람이 되었다. 그는 정치 심리학 프로그램을 설치하였고 그 프로그램에서 리더십과 테러리즘의 심리학에 대해 인기 있는 강의를 하였다. CIA의 비밀성에 의해 오랫동안 좌절했던 그는 CNN, MSNBC 및 다른 방송에 출연하여 자주 해설함으로써 대중의 각광을 받는 것을 즐겼다. 1990년 이라크가 쿠웨이트를 침공한 후에 그는 한 신문사의 요청으로 사담 후세인의 프로파일을 준비했었고 의회에서 후세인에 대해 증언을 하였다.

　　부업으로 포스트는 그의 자택 사무실에서 정보기관들에 자문해 주었다. 그 자택 사무실에는 연구보조원들이 뻣뻣한 털을 가진 닥스훈트 종인 애완견 코코와 에밀리와 함께 생활하고 있었다. 학생이었다가 연구 보조원이 된 로리타 데니(Laurita Denny)가 포스트의 "하이브리드 세상"이라고 부르는 그의 사무실은, 제자들이 연방정부의 일자리를 열망할 때 쓸모가 있었다. "제리(포스트의 퍼스트 네임 애칭)만큼 네트워크를 가지고 있고 접촉을 유지하는 사람을 알지 못한다. 그는 학생들을 위해 문을 열어주었다."라고 지금은 미국 정부에서 국가 안보관련 일을 하고 있는 데니가 말한다.

　　데니는 2015년 이메일에서 다음과 같이 말했다. "제리는 학계와 정보공동체 간의 역사적인 밀접한 관계를 복구하는 한 파트였다. 제리가 학생들에게 접근성을 갖고 있으면서 그의 전직 동료들과 네트워크를 갖고 접촉을 유지하고 있는 능력은 의심할 바 없이 중요한 간극을 연결해 주는 역할을 한 것이다.

　　포스트는 그가 오로지 자신의 CIA 경력을 알고 있는 학생들을 추천하였다고 나에게 말했다. 그래서 좀 더 참고할 말을 해달라고 나는 요청을 했고 그는 다음과 같이 말했다. "사람들이 나에게 접근하는 것만큼이나 나는 사람들에게 접근을 하지 않는다. 나는 정부경력을 원하는 학생들을 도우려고 노력하고 있었다."

　　그의 학생이었던 존 키리아코우(John Kiriakou)는 다른 인상을 말하고 있다.[43] 포스트는 1988년 어느 날 수업 후 그에게 남으라고 말했다. 석사학위를 받기 직전이었던 존은 연방정부 인사관리처에 막 일자리를 잡았다. 20여 년 전에 다른 일자리를 그만두고 CIA로 옮겼던 포스트는 존에게 그도 자신처럼 일자리를 바꾸라고 설득하려는 참이었다.

"나는 그가 그의 영역에서 전문가로서 큰 명성을 갖고 있다는 것을 들었다. 내가 몰랐던 것은 또한 그가 전직 CIA 직원이었다는 것이었다."라고 존은 말했다.

포스트는 존에게 CIA를 위해 일하는 것을 고려했는지를 물었다. 존은 안했다고 말했다. 존은 "포스트박사는 CIA에 대한 그의 사랑 때문에 조지 워싱턴 대학의 대학생 그리고 특히 대학원생들 사이에서 잠재적인 CIA 지원자를 찾아내려고 했다. 포스트는 나에게 그의 수업 중에 내 분석적 그리고 글 솜씨에 좋은 인상을 받았으며 내가 외국문제와 국제 무력외교에 커다란 흥미를 갖고 있다는 것이 분명한 것 같다고 말했다. 그는 'CIA와 내가 맞는지 모른다. 하지만 CIA에서의 일이 매력일 수 있다. 최소한으로 볼 때 CIA 사람과 예비 대화를 해보는 것이 해롭지 않을 것이다'라고 나에게 말했다."고 설명했다.

존은 동의를 했고 포스트는 그 때 그 자리서 CIA에 전화를 했다. 30분 만에 존은 인터뷰를 위해 버지니아 교외에 표시가 없는 건물 안에 있는 표시가 없는 사무실의 초인종을 누르고 있었다. CIA에 취직이 된 후에 존과 몇몇 다른 신입직원들은 포스트가 CIA에서 강연을 할 때 그에게 감사를 전하기 위해서 연단으로 모여들었다. "우리 모두는 이 훌륭한 사람에게 우리의 초임경력을 빚지고 있습니다."라고 존은 썼다.

존은 파키스탄에서 대테러팀장 경력을 포함하여 CIA 경력의 대부분을 비밀 업무에서 보냈다. 파키스탄 대테러팀장 시에 그는 당시 오사마 빈 라덴의 최측근의 한사람으로 여겨졌던—나중에 아닌 것으로 판명—아부 주바이다(Abu Zubaydah)를 체포했다. 주바이다와 같은 죄수들에 대한 CIA의 물고문과 다른 고도의 심문 기법에 환멸을 느낀 존은 2004년에 CIA를 그만 두었다. 그 후 그는 CIA 비밀요원의 이름을 기자에게 확인해준 죄로 약 2년간 연방감옥에 갔었다.

포스트는 그가 2015년 퇴직할 때까지 학생들을 정보기관에다 소개했다. 2013년 두 여학생이 FBI로부터 채용을 제의받았을 때 그는 수업에 앞서 축하해주었다.

"내가 너희들을 위해서 아주 강력한 편지들을 FBI에 써주었다는 것을 기억해주었으면 한다. 지금까지 28명의 내 수업을 받은 학생들이 정보공동체에서 일하고 있다. 나는 지금 임계지점(뭔가가 일어날 시점)에 있다. 내가 신호를 주면 모반(취업이 취소)이 일어난다."라고 포스트가 말하자 두 명의 여학생은 창백해졌고 포스트는 재빨리 "단지 농담이야."라고 덧붙였다.

정보공동체와 학계 간의 증가되는 관계에는 세대교체 요인이 있다. 피그만 침공부터 베트남 전쟁까지 1960년대 CIA의 지원을 받은 잘못된 사태에 대해 항의를 하면서 성장한 베이비 붐 세대 교수들이 은퇴하기 시작했고 이 교수들은 소련의 아프간 침공, 1차 걸프전, 9·11의 영향을 받은 교수들로 교체되었다. 젊은 교수들은 정보를 모으고 거르는 것이 위협을 받는 국가에 있어서 필수적인 도구이며 학문 연구와 병립할 수 있는─나아가서 바람직한─애국적 의무로 좀 더 간주하는 것 같다.

바브라 월터는 CIA를 교육시키는 것은 공공서비스로 생각하고 있다. 캘리포니아 주립대 샌디에고 분교(UCSD)의 정치학 교수인 월터는 CIA의 대리인 노릇을 하는, 그리고 때때로 청중들이 성은 빼고 이름만 적은 이름표를 달고 있는, 싱크 탱크들에 가서 그녀의 전공인 내란에 대해 무료 강의를 한다. CIA 모집관들이 UCSD에 올 때마다 그녀는 그들을 위해 대학원생들의 분석 능력을 측정하기 위한 해외정책 위기 시뮬레이션(하루 종일 걸리는)을 조직해 주었고 CIA 요원 역할을 대역한 것을 자랑스럽게 말하고 있다.

그녀는 일부 노교수들이 이러한 활동에 대해 눈살을 찌푸리고 있다는 것을 알고 있다. "나에게 있어서 한 가지 흥미 있는 일은 내 선배교수들이 CIA 또는 정보기관들과 협의하는 것을 절대 편하게 느끼지 않는다는 것이다. 베트남전을 기억하거나 노출된 사람은 누구라도 이러한 본능적인 반응을 가지고 있다."라고 그녀는 말한다.

그래함 스패니어(Graham Spanier)는 월터교수의 말에 예외적인 사람이다. 베트남 전쟁이 그가 정보기관에 대해 편견을 갖도록 하지 않았다.

아이오와 주립대 대학생과 대학원생이었던 스패니어는 그는 기존체제를 준수하는 급진주의자(establishment radical)였다고 나에게 말했다. 학생이어서 의료적 문제로 인한 징병 유예로 베트남 전에 가지 않았던 스패니어는 베트남 전에 대해 평화적이고 적법한 시위를 주도하였지만 대학 행정본부 건물들을 점거하는 것과 같은 더 과격한 전술은 인정하지 않았다. 한 번은 시위대가 제멋대로 행동을 하자 경찰 확성기를 빌려서 평화적으로 할 것을 촉구했다.

"나는 법 집행에 최대의 존경을 가지고 있었다. 나는 변화의 최일선에 항상 있었다. 그러나 나는 시스템을 통해 활동하는 것에 신념을 가졌다. 나는 건물 밖에서 고함을 치고 아무런 효과가 없는 시위보다는 (협상)테이블에 앉아서 변화를 만들기를 원했다."라고 스패니어는 말했다.

그의 경력이 발전하면서 학교 정책을 만드는 행정관들의 테이블에 한 자리를 차지하자, 그는 처치 위원회나 CIA와 FBI 활동에 관심을 두지 않았다. 그리고 1995년에 그는 펜실베니아 주립대학 총장으로 임명되었다. 펜 주립대(Penn State)는 대학 산하 응용 연구소에서 비밀로 분류된 연구를 하고 있기 때문에 스패니어는 비밀정보 사용허가를 받아야 했다.

그가 심사를 받고 있는 동안에, 스패니어는 남플로리다대학(USF)의 교수 사미 알아리안(Sami Al-Arian)과 시간 강사 라마단 살라(Ramadan Shallah)가 이란의 지원을 받는 테러분자 단체인 팔레스타인 이슬람 지하드에 연계되어 있다는 신문기사를 읽었다. (또 다른 외국태생 USF 교수인 다진 펑은 당시 교수진에 새로 들어온 사람으로 나중에 FBI가 관심을 가졌던 인물이다) 스패니어는 USF 총장 베티 캐스터(Betty Castor)가 알아리안이 테러리스트들을 위한 자금 모금 혐의에 대해 전혀 알지 못했고 FBI가 조그마한 정보도 그녀에게 주지 않았다는 그녀의 통탄에[44] 대해 충격을 받았다.

부드러운 목소리의 살라는 이슬람 지하드 두목으로 지명되었고 이스라엘에 대한 전쟁을 선포하였다. USF의 국제 연구소 소장은 "우리는 너무나 놀랐다."[45]라고 말한 것으로 인용되었다.

스패니어는 맹세를 했다. "나는 결코 놀라지 않을 것이다." 총장으로서 "나는 내가 가장 먼저 아는 사람이 되길 원하지 마지막으로 아는 사람이 되는 것을 원하지 않는다."라고 생각했다.

그는 펜 주립대에서 사건 조사를 할 수 있는 모든 정부기관을, FBI, CIA부터 NCIS(해군 범죄 수사국, 펜주립대가 해군관련 연구를 하고 있었음)까지 다 모아서 그의 회의실에서 회의를 소집했다. 그리고 "내가 그들에게 한 말은 '내 대학 내에서 중요한 국가 안보문제 또는 법집행 사안이 있을 경우 당신들은 나를 믿을 수 있다. 나는 이러한 일들의 중요성과 민감성을 안다. 나는 당신들이 나의 등 뒤에서 은밀히 움직이지 말고 나에게 와서 말해주는 것을 편안하게 여겼으면 좋겠다."라고 말했다.

그들은 계속 접촉하는 데 동의를 했다. 그날 이후로 FBI와 CIA 요원 또는 둘이서 함께 한 달에 한 번씩 들러 스패니어에게 브리핑을 하고 그의 조언을 얻었으며, 보통은 브리핑 내용이 외국 학생들과 방문 인사들을 포함하고 있는 대테러, 사이버보안 사안이었다.

2002년에 데이비드 스자디(David W. Szady)는 FBI의 대테러 국장보가 되었다. 25년 전 스자디는 피츠버그대학에 비밀요원으로 가서 소련학생들과 친구가 되기 위해서 화학자인 체 하였다. 이제는 스패니어처럼 정보기관들과 학계 간 관계를 부드럽게 하길 원했다. FBI와 CIA 관리들은 스패니어에게 펜 주립대의 경험을 전국적으로 확대해주길 요청하였다.

그 결과 2005년 스패니어를 의장으로 하는 국가 안보 고등 교육 자문위원회 (NSHEAB: National Security Higher Education Advisory Board)가 설립되었다. 2018년 2월에 해체된 이 위원회는 20명에서 25명의 대학 총장과 고등 교육 지도자들로 구성되었다. 하지만 일부 위원들은 학내 역풍(실제로 나타난 것은 없었음)을 우려하여 그들의 위원신분이 공개되는 것을 꺼려했다. 스패니어는 FBI와 CIA와 의논하면서 주로 권위 있는 연구대학의 사람들을 뽑았다.

"FBI 안에서는 우리가 그것을 만들고 운영할 수 있을 것을 아무도 생각 못했다. 왜냐하면 학계는 적대영역으로 인지되었기 때문이다."라고 스자디가 말한다.

NSHEAB 위원들은 비밀정보 사용허가를 받고 FBI와 CIA 사무실로 와서 비밀 브리핑을 정기적으로 받는다. 예를 들면 2013년 10월 FBI 본부에서 있었던 회의의 주제[46]는 비밀등급의 국가 안보국 서류 누출 죄를 범한 스노우던(Snowden)의 수사, 보스턴 마라톤 폭탄 테러, 연구소와 연구에 대한 러시아의 위협, 이란 정보기관의 공격적인 목표가 되고 있는 해외에 있는 미 국방부 장학생들에 관련한 것이었다. 회의 후 FBI는 워싱턴 시내에 있는 이태리 음식점에서 위원들과 만찬[47]을 가졌다.

"FBI와 CIA가 원하는 것과 대학의 타당하고 필요한 국제적인 공개성 사이에는 진실로 긴장이 있다. 그러나 우리는 어느 날 아침에 일어나서 학내에 있는 사람이 미국의 교역 비밀을 훔치고 미국을 위험에 빠뜨리는 것을 보길 원하지 않는다. 우리는 서로가 편하지 않는 사람들이다. 하지만 합의점을 찾아야 한다."라고 라이스대학 총장 데이비드 리브론(David Leebron)이 말했다.

FBI 간부들은 스패니어를 이해시켰다. "그들은 후버(Hoover)까지 거슬러 올라가는 FBI의 역사와 명성을 매우 잘 알고 있다. 내가 과거에 관찰한 것은 (지금과는) 거의 정반대였다. 그들은 특별한 종교 또는 국적을 가진 학생들에 대한 자료수집 등과 같은 사안들에 대해 매우 민감하게 여길 것을 현장요원들에게 그리고 본부를 통해서 강조하였다."라고 스패니어는 말했다.

FBI와 스패니어는 대학들에서의 조사에 대해 그에게 또는 위원회에 통지를 해주는 것으로 이해점을 찾았다. FBI는 펜 주립대 한 학생이 이슬람 지하디스트들에게 경찰서, 우체국, 유태인학교, 어린이 집, 그리고 다른 목표들을 공격하여 피로 그들의 업적을 쓰라고 촉구한 인터넷 글을 보고[48] 난후, 그들이(FBI) 약속한대로 총장에게 알려주었다. "FBI가 나에게 와서 어떤 자를 감시하고 있다. 그들은 인터넷상의 대화를 알게 되었다. 거기에는 매우 위협적인 것이 있었다."라고 스패니어는 말했다.

2011년 주차장에서 FBI 요원들이 그 학생을 심문하려고 하자 그 학생은 그의 상의에 있던 장전된 총에 손이 갔고 체포가 되었다. 그는 테러를 간청하고 FBI 요원을 공격한데 대해 102개월의 형을 받았다.

계속 FBI로부터 보고를 받는 데 대한 보답으로, 스패니어는 학계 도처에 FBI를 위한 문을 열어주었다. 스패니어는 고등교육 이사들과 법률가들로 구성된 미국협회들에 대해서 뿐만 아니라 MIT, 미시건 주립대, 스탠포드, 및 다른 대학의 행정처장들을 위한 FBI 후원의 세미나를 열었다. 그들 중 많은 사람들이 "건전한 의심을 가지고" 나의 세미나에 왔었다고 스패니어는 말했다. 스패니어는 그가 그들이 학계 자유를 위해 헌신한 것에 동참했다는 것을 증명하는 미국시민자유연맹(ACLU: American Civil Liberties Union) 회원증을 보여주면서, 스패니어는 FBI는 후버국장의 심복들이 학생들의 파일을 염탐한 이후 이제는 변하였다고 그들에게 장담하였다. 권위에 대한 각자 다른 문화와 관점 등 FBI와 대학 관계에 대한 도전(문제)들을 검토한 후, 스패니어는 NSHEAB가 양자 간의 소통과 이해를 위한 포럼을 어떻게 제공해야 되는지를 서술했다. 당시 그는 외국학생들과 외국 방문자(객원교수 등)들에 대한 FBI의 관심사를 철저하게 조사를 했다. 이 FBI의 관심사는, FBI의 학내 소란에 대해 걱정하는 학계 청중들로부터, 처음에는 매우 호응을 얻기 어려운 것이었다.

또한 스패니어는 NSHEAB의 위원이 아닌 대학 지도자들과 CIA 간의 중재자 역할도 하였다. "CIA 사람이 할 수 없는 것은 총장의 사무실로 전화하는 것이며, 비서가 전화를 받으면 'CIA입니다. 총장과 약속을 하고 싶습니다'라고 말한다. 그러나 그것은 성사가 안 된다. 믿을 수가 없기 때문이다. 누구든지 그것을 하기 전에 내가 그 총장에게 전화를 해줄 것이다. 모든 총장들이 나를 알고 있었다. 그들은 나의 전화를 받을 것이다. 나는 'CIA의 누가 방문하길 원한다. 지금 당신의 대학에는 이슈가 없다'고 말한다. 때로는 이슈가 있었다. 자주 그것은 안면을 트는 만남이었다. 때로는 누군가 당신의 비서에게 전화를 할 것이며 이름은 밥(Bob)이라고 이름(first name)을 말해 줄 것이다…. 이러면 100% 성사가 되었다.

스패니어는 CIA가 카네기 멜론(Carnegie Mellon)대학과 오하이오주립대학의 총장들에게 소개하는 것을 용이하게 해 주었다. 피츠버그 거점의 CIA 요원은 1997년부터 2013년까지 카네기 멜론대학 총장이었던 재러드 코혼(Jared Cohon)을 1년에 두세 번씩 방문하기 시작하였다. "특별한 교수들과는 직접적인 활동이 있었다는 것을 나는 알고 있다. CIA 요원들은 특별한 교수들이 해외 회의를 갔을 때 그 교수들이 관찰하였을 것에 대해 관심이 있었다. 내가 CIA로부터 들은 것, 즉 나의 인상은 그것은 공세적인 것보다 방어적인 것이었다. 이 교수들이 외국으로부터 포섭되지 않았다는 것을 확인하기 위한 것이었다."라고 코혼은 말한다.

"나는 그것에 대해 불편함을 느꼈고 지금도 불편하다. 나는 60년대 세대이며 대학에서의 모든 시위들을 기억하고 있다. CIA가 대학에 있다는 생각은 사람들을 미치게 만들었을 것이다. 그런 점에서 상황이 급변했다.

스패니어의 부추김에 의해 남부 및 중부 오하이오를 맡고 있던 FBI 특별요원은 2010년 당시 오하이오 주립대 총장인 고든 지(E Gordon Gee)를 만날 손님을 데리고 왔다. 그 낯선 손님은 성은 없고 이름(first name)과 전화번호만 있는 명함을 주었다. "당신의 직업이 무엇이요?"라고 지(Gee)가 물었다.

"나는 CIA를 위해 일하고 있다. 나는 스파이다."라고 그 낯선 손님이 말했다.

그 스파이는 연극을 전공했었고 환상적으로 쾌활했다고 코혼은 회상한다. 그의 목적은 CIA가 미국인들뿐만 아니라 대학 내에서 (다른 사람들도) 모집한다는 것을 지(Gee) 총장이 알기를 원했다. "나는 오하이오 주립대에 있는 외국인 수 때문이라고 생각했고 30년 동안 처음 CIA 사람을 만난 것이었다."라고 지가 말한다.

스패니어는 자주 외국 여행을 하였다. 중국, 쿠바, 이스라엘, 사우디아라비아, 그리고 CIA가 흥미를 갖고 있는 외국들에 갔었다. 그가 귀국하면 CIA에 브리핑을 해주었다. "나는 대통령 수상, 회사 CEO, 저명 과학자들과 함께 하였고 그것은 CIA 공작관이나 국무부 직원들이 가질 수 없는 삶의 경험과 노출을 갖는 것이었다."라고 그는 말했다.

나(저자)는 미국 정보기관이 스패니어에게 특별한 정보를 수집하라고 지시한 적이 있는지를 물었다. 다른 말로 해서 정보요원으로 행동한 적이 있는지 물었다. "나는 그것에 대해 말할 수 없다."라고 미소를 지으며 말했다.

그의 수준 높은 접촉은 스패니어가 대학으로 가는 특히 펜 주립대로 가는 연방정부의 연구 기금을 전반적으로 조종하도록 해주었다. 로버트 게이츠(Robert Gates)는 텍사스 A&M 대학의 총장으로 NSHEAB에서 친숙한 동료였는데, 그가 2006년 12월 국방장관이 되었을 때 그들은 국방 분야에 있어서 학계의 역할에 대해 브레인스토밍을 하였다. 그 결과 펜타곤의 자금지원을 받는 미네르바 계획(Minerva Initiative)[49] 나왔고 이것은 미국 안보에 있어서 전략적 중요 지역에 대한 사회과학적 연구를 지원하는 계획이다.

CIA의 주요 과학자와의 회의 또는 FBI의 과학기술 부분의 長과의 회의들에서 스패니어는 변함없이 "당신들이 가장 필요한 것이 무엇인가요?" 그는 생각하면서 그 대답을 거의 들었다. "우리는 그것을 펜 주립대에서 할 수 있습니다." 라고 말했다. 그 후 그는 적합한 펜 주립대 연구소 소장을 만나 CIA와 FBI가 원하는 것을 설명하고 나서 "가서 그들을 만나 얘기 해보는 게 어떤가요?"라고 그는 말한다.

스패니어는 전 미식축구보조코치의 아동 성학대 혐의로 인한 불같은 여론으로 2011년 11월 펜 주립대 총장직을 사임을 하고 얼마 후에 NSHEAB 위원장직을 사임하였다. 대학 이사들은 루이스 프리(Louis Freeh)[50]를 조사위원으로 채용하였다. 프리와 스패이너는 수년간 친숙하게 지냈다. 프리는 스패너가 FBI가 펜 주립대에 오는 것을 환영하였을 때 FBI 국장이었다. 2005년 프리는 나의 FBI라는 회고록의 한권을 스패너에게 주면서 "당신의 지도력, 비젼, 그리고 진실성에 대해 따뜻한 소망과 감탄을 보냅니다." 라고 썼다.

프리가 작성한 2012년 보고서에서 스패니어는 매우 다르게 조명되었다. 그 보고서는 스패니어를 이사들과 대학 당국으로부터 코치의 아동성학대 혐의를 숨기려고 하였고 희생자들을 위한 공감이 부족했다고 추궁하였다. 스패니어는 이러한 혐의를 부정하고 프리와 펜 주립대에 대해 각각 소송을 제기[51]하였으며 그들이 자기를 희생양으로 삼으려고 한다고 주장했다. 펜 주립대는 맞소송을 제기하였다. 2017년 3월 펜실베니아 해리스버그 배심원들은 스패니어에게, 그 학대에 대한 보고를 하지 않음으로써 어린이를 위험하게 한 잘못된 행동으로, 유죄 판결을 내렸다. 스패니어는 항소하겠다고 했다.

스패니어 덕택에 CIA와 FBI 요원들은 대학 총장들이 교수와 학생들과의 약속을 주선해주는 가운데 정문을 통해 대학을 활보할 수 있게 되었다. 그러나 펜 주립대에서는 예외적이었지만 그들은 그들의 대학 조사를 대학 지도자들에게 통보해야 된다는 스패너와의 조약을 무시한 채 상황에 맞추어서 다른 대학들의 뒷문을 통해 아직도 은밀히 들어가곤 했다.

예를 들면 2011년 아랍의 봄 기간에 FBI는 빙엄턴(Binghamton)소재 뉴욕주립대(SUNY) 대학원생 모하메드 파라트(Mohamed Farhat)를 비롯하여 전국 대학에 있는 리비아 학생들을 심문할 때 각 대학에 통보를 하지 않았다.

펜실베니아주와 인접한 언덕들 사이에 위치한 견실한 산업도시인 빙엄턴에서, 2015년 11월 파라트는 나에게 그 자신 및 그의 친구들과 FBI와의 만남에 대해서 2시간 동안 얘기했었다. 그는 모든 것을 이야기하고, 그의 유창한 영어에 표현력 강한 제스처를 사용하면서, 활발하게 말했다. "나는 말이 많은 사람입니다. 나는 매우 진실합니다. 나는 숨기는 것을 좋아하지 않습니다."라고 그는 말했다. 기혼에 세 자녀 – 리비아에서 태어난 큰 딸, 미국에서 태어난 두 아들 – 가 있는 그는 수많은 의료적, 감정적, 재정적 어려움을 겪어왔다. 그의 왼쪽 눈은 10대 시절 학교운동장에서 사고로 잃었고 당뇨와 우울증을 겪었다.

이슬람 학자의 아들이자 리비아 장군의 조카인 파라트는 트리폴리에서 동쪽으로 100마일 가량 떨어진 즐리텐(Zliten)에서 자랐다. 그는 공업 전문대학에서 전기공학을 공부하였으나 흥미가 없었으며 그가 영어에 적성이 있다는 것을 발견했다. 수 년 만에 그는 중학교에서 전문학교에 걸쳐서 각 레벨의 영어를 가르쳤다.

독재자 무아마르 가다피(Muammar Gaddafi)의 아들 사이프 알이슬람 가다피(Saif al–Islam Gaddafi)가 리비아 정부가 5,000명의 해외 유학생 장학금을 제공할 것이라고 선언하자 파라트는 그 기회를 잡았다. 그는 2008년 12월 미국에 도착해서 피츠버그에서 1년간 영어를 공부한 후 뉴욕주립대(SUNY) 빙엄턴 분교에 등록하였다.

2011는 아랍세계 전역에서 민주화 시위가 일어나자, 파라트는 학기를 위한 그의 수업을 취소하고 가다피 정권에 반대하는 사이버 – 단체들에 참여했다. 미국에는 1,100명의 리비아 학생이 있었고 파라트는 많은 이들 학생들을 알고 있었다. 곧 친구들이 그에게 전화를 해서 FBI가 그들을 인터뷰했고 파라트도 방문할 것이라고 알려주었다.

겁에 질린 파라트는 SUNY 빙엄턴분교의 외국학생처 처장이었던 엘런 배저(Ellen Badger)를 접촉했다. 그녀는 FBI의 조사를 퇴짜 놓는 데 익숙해 있었다. 대학이 외국학생 또는 객원학자를 승인할 때 비자에 필요한 서류를 발행해 준다. 대학은 똑같은 정보를 국무부와 국토안보부에 전송해주지만 FBI에는 해 주지 않는다. 왜냐하면 FBI는 앞의 두 기관과는 달리 외국학생과 객원학자들에 대하여 통제권이 없기 때문이다. FBI가 소환장을 가지고 있지 않으면 그녀는 연방 가족 교육권리 및 사생활 법에 의거하여 "인명부 정보(directory information)"만을 제공할 수 있었다. 그 인명부 정보는 학생의 기본 데이터, 즉 출석일, 학위, 수상, 전공분야 등이 나와 있다.

"FBI가 가장 친근한 태도로 나에게 얘기를 하고 내가 줄 수 있는 정보에 대해 기뻐할 것이지만, 나는 가장 친근한 태도로 대응을 하면서 아무것도 주지 않는다는 것에 대한 명확한 이해가 있었다. 그것이 우리와 FBI가 서로에게 하는 방식이었다."라고 배저는 말한다.

그녀는 "FBI는 먼저 그녀에게 올 것이다. 그러면 그녀가 그것을 처리하겠다."고 말하면서 파라트를 안심시켰다. 그러나 FBI는 배저를 비켜갔다. CIA가 리비아의 현지 정보에 대하여 다소 어두웠기 때문에, FBI에 거기 상황에 대하여 학생들에게 심문하라는 지시가 떨어졌다고 FBI 내부자가 나에게 말했다. 그래서 FBI 요원들에게 교수들이나 행정처 직원들에게 알리지 말고 대학 밖에서 리비아 학생들을 만나도록 지시가 하달되었다. 정보원들이 노출되는 것을 피하기 위해서 FBI는 가능한 신중하게 하길 원했다. FBI는 일부 가치 있는 정보들을 모았다. 워싱턴 D.C.에 있는 학생들이 미국내 리비아 외교관들 중 정보요원들이 누군지 알도록 도와주었다.

한 FBI 요원이 대학의 서쪽에 위치한 별 특징이 없는 3층 벽돌 건물에 있는 파라트의 아파트문을 두드렸고 신분증을 보여주면서 면담할 약속시간을 잡길 원한다고 말했다. 파라트가 거절하는 것은 결코 일어나지 않았다.

"나는 권리에 대해 알지 못한다. 이것은 우리 문화의 일부가 아니다. 나에게 있어서 FBI는 최상의 권력이다."라고 파라트는 말한다.

약속한 아침에 FBI 요원 2명이 나타났다. 이슬람 문화를 존경하는 태도로 신발을 벗고 들어와서 부엌식탁에 앉았다. 그리고 리비아 흑백지도를 꺼내어서 어디서 왔는지를 물었다.

이것이 FBI의 다섯 번 방문 중 첫 번째였다. 각 방문은 2달에 걸쳐 진행되었으며 한 번에 20분 이상 진행되었다. 현지 FBI 요원은 해외근무 경험이 있는 두 명의 요원 중 한 명과 함께 매번 왔다. 그 중 한 명은 아랍어를 약간 했다. 첫 면담에서 그들은 파라트가 가다피 정권하의 사람들을 위협하였는지 또는 그들로부터 위협을 당하였는지를 확인하길 원한다고 설명하였다.

그 FBI 질문은 대부분의 리비아 유학생들이 국가 장학금으로 왔기 때문에 일부는 가다피 정권에 충성할 수가 있었을 것이고 가다피에 대항하는 혁명을 지원하는 미국에 대해 테러행동을 계획할 수가 있다는 FBI의 우려를 반영하는 것이었다. 이 우려는 잘못된 것으로 드러났다. "학생들은 가다피를 증오했다. 나는 그것이 시간 낭비였다고 말하고 싶지 않다. 하지만 리비아인들로부터 위험이 없다는 것이 우리를 만족시켜주었다." 라고 FBI 내부자는 말했다.

FBI 요원들은 그들의 다른 목적인 정보 수집을 진행하였다. 그들은 리비아 사회와 제도 그리고 그의 중학교 생활에 대해 파라트에게 물었다: "이슬람 단체 또는 기관에 기부를 하였는가?" "아니오." "리비아로 송금을 하였는가?" "한 번요! 빚을 갚기 위한 것이었습니다." "군에 갔는가?" "아니오." "전자회로를 어떻게 설치하는지를 공업전문학교에서 배웠는가?" "아니오, 단지 전구를 교체하는 법을 배웠습니다."라고 그는 농담했다.

"그들은 나에게서 많은 대단히 많은 정보를 가져갔다."고 그는 말했다.

파라트를 가장 괴롭힌 것은 다른 리비아 학생들부터 군에 있는 그의 삼촌에 이르기까지 그와 그의 아내의 친구 및 친척들에 대한 질문이었다. FBI 요원들은 이름, 이메일 주소, 전화번호 등을 요구했다. 그 요원들이 그들은 그의 이메일주소와 페이스북 가입을 알고 있다고 그에게 말했기 때문에 그는 FBI가 그것들을 추적할 것이라고 생각하고 그의 가장 최근 접촉까지 다 말해주었다.

"나를 좌절하게 만든 생각은 그들이 페이스북에 들어갔다는 것이다. 그들은 모든 것을 알고 있었다. 나는 도망갈 수가 없다. 나는 그것을 싫어한다."라고 그는 말했다.

4번째 방문에 이르러서 나는 화가 났다고 그는 말했다. 그는 다음이 마지막이라고 결심했다. "나는 그들에게 '이제 그만'이라고 말할 것이다."라고 그 자신에게 약속했다. 나중에 드러났듯이 그는 그들에게 도전할 용기를 끌어 모을 필요가 없었다. 왜냐하면 5번째 만남에서 그들은 만나는 것을 종료를 했고 다시는 돌아오지 않았다.

파라트는 배저에게 요원들에 대해 그 후까지 말하지 않았다. "나의 반응은 후회였다. 이 같은 상황에서 당신이 하길 원하는 것은 학생들에게 그들의 권리를 알려주는 것을 확실히 해야 하는 것이다. 그들은 어떠한 질문에도 대답할 필요가 없다. 그들은 방문을 거절할 수 있다. 그들은 '나는 국제 사무처장과 함께 하겠습니다', '나는 교수와 함께 하겠습니다'라고 조건을 붙일 수 있다. 학생들이 주도권을 갖는다. 나는 결코 이러한 짧은 말도 하지 않았다(후회한다는 뉘앙스)."라고 그녀는 말했다.

08
무작위 만남과 정보기관
대행 중개자들

CIA의 요원이 호텔 방을 부드럽게 노크를 했다.[1] 기조연설, 패널 토론, 만찬 후에 회의 참가자들은 잠자리에 들기 위해서 물러갔다. 그 방의 소리 및 카메라 감시체계는, 이슬람 혁명 수비대에서 온 경호원들은 자고 있지만 그 핵과학자는 아직 깨어있는 것을 보여주었다. 아니나 다를까, 그는 문을 열었고 혼자였다.

CIA는 이 만남을 수개월동안 준비해 왔었다. 업계를 통해서 CIA는 의심을 받지 않는 외국 과학 연구소가 회의를 개최토록 자금을 지원하고 조종하였다. CIA는 연설자들과 인사들을 초청하였고, 식당 종업원들과 호텔직원들 사이에 정보원들을 심었으며, 그래서 CIA는 그 핵전문가를 이란에서 빼낼 수 있었고 그의 경호원들로부터 몇 분간 분리시킨 후 그와 독대를 할 수 있었다. 마지막 작은 문제가 거의 그 계획을 틀어지게 만들 뻔 했다. CIA 목표대상인 그 핵전문가가 회의 개최측이 선호한 호텔이 75달러로 이란에 있는 그의 간부가 지불해 줄 비용보다 높아서 호텔을 교체하였기 때문이었다.

CIA 요원은 그의 진실성과 호의를 보여주기 위해서 그의 손을 가슴에 얹고 "Salam habibi, 나는 CIA에서 나왔습니다. 나는 당신이 나와함께 비행기를 타고 미국으로 가길 원합니다."라고 말했다.

그 요원은 핵전문가의 얼굴에 나타난 반응을 읽을 수 있었다. 놀람, 공포, 호기심이었다. 이전의 망명자들로부터 경험에 의해 그 요원은 천개의 질문들이 그 전문가의 마음에서 나왔을 것을 알았다. 나의 가족들은? 당신은 어떻게 나를 보호하나요? 나는 어디서 살아요? 뭘 하고 살아가요? 비자는 어떻게 얻어요? 짐을 꾸릴 시간은 있어요? 내가 안 간다고 하면요? 등 그 과학자는 질문 하나를 시작했지만, 그 요원은 그를 제지하고 "먼저, 이 얼음 통을 받으시오."라고 말했다.

　"왜요?"

　"당신 경호원 중 누구라도 깨어나면 당신이 얼음을 가지러 갔다고 말할 수 있잖아요."라고 그 요원은 말했다.

　　CIA가 매우 대담하고 정교하게 학계에 침입하는 행동을 하면서, CIA는 전 세계에 과학회의를 개최하는 데 비밀리에 수 백 만 달러를 썼다. CIA의 목적은 이란 핵과학자들이 모국에서 나오도록 한 후 CIA 요원들이 일대일 접근하여 그들이 망명토록 압박하는 세트장으로 들어가도록 유혹하는 것이었다. 다른 말로 해서 CIA는 학계의 국제주의를 활용하여 이란의 핵무기 개발을 지연시키려고 했고, 이것은 그 학술회의를 주관하는 기관과 그 회의에 참석하고 연설을 한 교수들을 크게 기만한 것이었다. 1998년 영화 트루먼 쇼(Truman Show)의 주인공처럼, 회의 참가자들은 가장된 현실로서 저 멀리 더 높게 있는 권력기관이 연출하는 드라마에서 역할을 하고 있다는 것을 전혀 몰랐다. 국가안보임무가 교수들을 조종하는 것을 정당화해 주었느냐는 토론이 될 수 있지만, 교수들 중 많은 사람들이 CIA의 계획에 기만당하는 것을 거부하였을 것은 의심의 여지가 없다.

　　다른 어떤 학계 장소보다도 학술회의는 그들에게 스파이 행동을 하게끔 해주었다. 세계화로 인해 대중화되었기에 이러한 사회적 그리고 지적 행사들은 도처에서 열렸다. 세계 골프 또는 테니스 순회대회가 열리는 곳처럼 이 학술회의들은 여건만 맞으면 어디서나 열렸고 비행기를 타고 오는 청중들을 모았다. 상금이 모자라는 것은 명망으로 보상을 한다. 연구가들은 항상 전자 상(上)으로 대화를 하지만, 가상 회의들은 동료들과 만남, 일을 위한 네트워킹, 최신 장비 점검, 회의 과정들을 대규모로 인쇄하는 데 포함되는 논문들을 전달하기 위한 것을 할 수는 없다. "순회 학술회의의 매력은 일(work)을 놀이(play)로 바꿔주고 전문성을 관광성으로 바꿔주며 그리고 경비는 남이 대는 것이다. 논문을 쓰고 세상을 구경하는 것이다."라고 영국 소설가 데이비드 롯지(David Rodge)가 1984년 학계 생활을 조롱하는 작은 세상(Small World)이라는 책에서 썼다.

학술회의의 중요성은 그 학술회의가 끌어 모은 노벨상 수상자 수 또는 옥스퍼드 교수들의 수에 의해 측정될 뿐만 아니라 스파이의 수에 의해 측정될 수도 있다. 미국과 외국 정보요원들은 변호사들이 구급차를 쫓아가고 군모집관들이 저소득 이웃들에게 집중하는 것과 같은 이유로 학술회의에 모인다. 회의에 모이는 이들이 가장 좋은 사냥터를 만들어 준다. 윌리 서튼(Willie Sutton)에게 왜 은행을 털었냐고 물으니 "돈이 거기에 있기 때문"이라고 유명한 말을 했다. 대학에서 정보활동에 대하여 관심이 있는 교수들이 한두 명 있을 수 있지만 상황에 맞는 학술회의—드론 기술이나 ISIS 관련한—는 수십 명의 교수들이 흥미를 갖는다. 스파이가 할 일이 없다면, 그는 가짜 명함을 그의 지갑에 넣고 가장 가까이 있는 학술회의에 갈 것이다.

"세계 모든 정보기관들은 학술회의를 작업하고, 후원하며, 사람들이 학술회의로 가게 하는 방법을 찾는다."라고 전직 CIA 정보원이 말한다. "포섭은 유혹의 오랜 과정이다. 첫 단계는 목표(인물)가 참석한 워크숍에 같이 있도록 하는 것이다. 당신이 시시한 말을 나눈다고 할지라도 그 다음은 '이스탄불에서 내가 당신을 본적이 있습니까?'"라고 마크 갈레오티(Mark Galeotti)가 덧붙인다.

또한 학술회의들은 아직 출간되지 않은 기술이나 정부정책에 대해 가치 있고 비밀이 아닌 정보를 제공한다. 그리고 잘못된 개념 혹은 애매한 것을 명확히 해주는 전문가 패널들이 있다. "대화를 하면서 진행하는 피드백은 빠르기 때문에,[2] 당신이 이해하지 못하는 것이 있다면, 당신은 그것에 대해 질문하고 명확히 할 수 있으며, 어떠한 정보 단서들을 발견하면 당신은 그것들을 추적할 수 있다."라고 "중국 스파이 지침"으로 알려진 국방 과학 및 기술 정보를 얻는 출처들과 방법들(1991)이란 책자에 나와 있다.

2011년 FBI는 다음과 같은 시나리오를 인용하면서 미국학계에 학술회의를 경계하라고 주의를 주었다.[3] "한 연구원이 국제회의에 논문을 제출해달라는 (본인이) 청하지도 않은 초청장을 받는다. 그녀는 논문을 제출하고 그것이 승낙을 받는다. 학술회의에서 주최자는 그녀의 발표 논문 복사본을 요청한다. 그 주최자는 그녀의 탑에다 엄지손가락 크기의 드라이브(USB)를 꽂아서 그녀가 알지 못하는 가운데 그녀의 컴퓨터에서 모든 파일과 데이터를 다운로드 받는다."

FBI와 CIA도 떼를 지어 학술회의에 간다. "미국에서 모였을 때 외국 정보요원들은 미국인들을 수집하려 하였고 우리는 그들을 수집하려 했다."고 전직 FBI 요원이 말했다. CIA는 적어도 4가지 방법으로 학술회의에 개입을 한다. 요원들을 보낸다. 본부에서 그리고 워싱턴 근교에 있는 위장 사무실을 통하여 그들에게 후원을 한다. 그리하여 정보공동체는 학계의 지혜를 받는다. 그리고 적대국의 잠재적인 포섭자와 망명자들에게 접근할 수 있는 가짜 학술회의를 개최한다.

"CIA는 전 세계적으로 열릴 예정인 학술회의를 모니터링을 하고 관심 있는 학술회의를 찾는다."라고 과학 및 국제 안보 연구소(Institute for Science and International Security)설립자이자 소장이고 핵 비확산 전문가인 데이비드 올브라이트(David Albright)가 말했다. 파키스탄에서 원심분리기 기술 관련 국제회의가 있다고 가정하자. CIA는 요원을 비밀리 보내거나 돌아와서 보고할 교수를 포섭할 것이다. 만일 CIA가 이란에서 핵과학자를 참석시킬 것이라는 것을 안다면 CIA는 다음해 회의에서 그를 포섭 가능성이 있는 사람으로 여기게 될 수도 있다.

학계 회의에서 나온 정보는 정책을 만들 수 있다. 그 정보는 조지 W. 부시 행정부가—나중에 잘못된 것으로 판명되었지만—사담 후세인이 이라크에서 대량살상무기를 아직도 개발하고 있다고 설득하는 데 도움이 되었다. "물론 우리 첩자들과 정보원들이 알아내고 있었던 것"은 화학, 생물학, 그리고 정도가 낮은 핵전력관련 전문가들인 이라크 과학자들이 국제 심포지엄에 계속 나타나고 있었다는 것이었다. 그들은 논문을 제출하고 다른 사람들의 발표를 듣고 방대한 노트를 가지고 요르단으로 가서 거기서 이라크로 전송하였다."고 CIA 대테러 요원 존 키리아쿠(John Kiriakou)가 그의 2009년 비망록에 썼다.

이 CIA첩자 중 일부는 화학, 생물학, 핵전력에 높은 학위가 없었기 때문에 잘못된 결론을 이끌어냈다. 전문지식 없이는, 공작원들은 주제를 잘못 이해하거나 기만극에 노출되었을 수 있다. "비엔나에 있는 IAEA가 주최한 동위원소 수소융합 에너지 등과 같은 주제의 학술회의에서는 아마도 실제 과학자들보다 더 많은 정보요원들이 복도를 배회한다."라고 1976년부터 2006년까지 CIA에서 근무한 진 코일(Gene Coyle)이 말한다. 만일 이러한 회의에 CIA 요원을 보내려고 한다면 그는 말을 번지르르하게 잘해야 한다. 역사전공자를 보내기는 어렵다. 상황이 이러하기 때문이다. "예, 나는 플라즈마 물리학에 박사입니다."라고 소개한다. 그리고 그것은 작은 세계이다. 누구든지 어떤 기구들이 있는지를 다 안다. 당신이 시카고에 있는 페르미 연구소에서 왔다고 말한다면 그들은 "당신은 밥, 프레드, 수지를 알겠군요."라고 말한다.

요원을 보내는 대신에 CIA는 많은 과학자들과 실무 관계를 갖고 있는 CIA내 국가

재원과를 통해서 적합한 교수를 모집한다고 코일은 말한다. "국가 재원과 사람들은 향후 6개월간 열릴 회의들을 보여주는 모든 컴퓨터 사이트를 본다. 그들이 비엔나에서 열리는 한 회의를 보았다면 그들은 '스미스 교수 당신이 참석하는 것이 자연스러워 보입니다'라고 말할 것이다. 스미스는 '내가 참석하겠소. 내가 누구하고 대화를 나누었는지 알려주겠소. 내가 이란 사람을 만난다면 나는 반대방향으로 가지 않겠소'라고 말한다. 만일 스미스가 '내가 참석하고 싶소마는 대학에서 제공하는 여행비가 너무 짭니다'라고 말한다면 나는 CIA나 FBI 요원이 '그래요, 알다시피, 우리가 이코노미석으로 당신 비행기 표를 준비해 주겠습니다'라고 말하는 것을 보게 될 것이다."라고 코일은 덧붙였다.

스파이의 교수와 교제는 외견상으로는 학계 회의에서 우연을 가장한 짧은 만남 – 정보 용어로는 BUMP(충돌) – 으로 종종 시작한다. 한 전직 CIA 해외공작원은 어떻게 그것이 작동하는지 나에게 설명해주었다. 그 공작원을 "R"로 부르겠다.

"나는 학술회의에서 많은 사람들을 포섭했다. 나는 그 일에 매우 유능했고 그다지 힘들지 않았다."라고 R은 나에게 말했다.

임무와 임무 사이에서 그는 앞으로 있을 학술회의의 목록을 정독하고 하나를 택하여 그 회의에 참석할 것을 보이고 그가 관심을 가지는 과학자를 확인한다. 과거 몇 년간 그 회의에서 적어도 두 번 이상 만나서 얘기를 하였기 때문이다. R은 CIA와 NSA에 있는 수습 요원들에게 목표 과학자의 프로파일을 상세히 해 줄 것을 요청한다. 어느 대학 출신인지, 강사가 누구였는지 등이다. 그리고 나서 본부에 전문을 보내어 여행경비를 요구한다. 이 기법의 핵심은 여행경비를 얻기에 충분할 정도로 전문(電文)을 설득력 있게 만들지만, 그 전문을 읽는 그리고 그 회의에 더 가까운 곳에서 근무하는 다른 요원들이 선점하게끔 주목을 끌지 않도록 만드는 것이다.

그 다음 그는, 전형적으로 하는 것인, 사업가로서 그의 가장신분을 발전시켰다. 그는 회사명을 만들고 GoDaddy.com을 사용하여 웹사이트를 만들고 명함을 인쇄했다. 그는 유령회사의 광고, 전화, 신용카드 기록을 만들었다. 그의 이름을 위하여 그는 그의 가명 7개중 하나를 선택했다.

R은 과학자가 아니었다. 그의 지인이 물리학자이면서 요원인 것과는 달리 그는 대화에 끼어들기 위해서 "당신은 그들이 리만 가설(Riemann hypothesis: 1과 그 수 자신으로만 나누어떨어지는 소수들이 일정한 패턴을 가지고 있다는 학설)을 푸는 것을 시도하고 있다

고 생각하고 있군요."라는 말을 할 수가 없다. 대신에 대부분의 과학자들은 사회적으로 어색한 내성적 사람이라고 생각하고, 학회의 파티 시간 마지막에 목표물에 옆으로 다가가서 "나처럼 당신도 사람 많은 것을 싫어하는군요."라고 말하고 가버린다.

"이 범프(Bump: 우연을 가장한 만남)는 매우 찰나적이다. 당신은 그들의 마음속에 당신의 얼굴을 등록한다."라고 R은 말한다.

아무도 이 범프를 인지하지 말아야 한다. 다른 사람들 앞에서 목표물에 접근하는 것은 초보자 실수이다. 그 사람들은 그 교수를 감시하는 교수 모국에서 온 경호원들일 수 있다. 그들은 목표물의 안전을 위태롭게 하고 향후 접촉을 꺼려하거나 즐길 수 없게 만드는 그 대화를 보고할 것이다.

회의 나머지 기간 중 R은 "미친 듯이 돌아다니며" 기회가 있을 때마다 그 과학자를 범핑(bumping)할 것이다. CIA용어로는 "time on target(TOT: 시간차 사격)"라고 부르고 그의 업무수행 측정 기준에서 기록되고 있는 (목표물과의) 접촉을 할 때마다 그는 교수의 애정 속에 그를 밀어 넣었다. 예를 들면 그의 출판물을 연구한 후 R은 이러 이러한주제에 대한 훌륭한 글을 읽었는데, 저자의 이름을 기억할 수가 없다고 그에게 말할 것이다. 그러면 그 과학자는 "전데요."라고 얼굴을 붉히며 말할 것이다.

수일 후에 R은 그 과학자를 오찬 또는 만찬에 초대할 것이고 임무 완수를 위해 피치를 올릴 것이다. 그의 회사는 그 과학자 영역의 연구와 자문에 대해 관심이 있으며 그의 일을 후원하고 싶다고 말할 것이다. "내가 만난 모든 학계인사들은 그의 연구를 계속하기 위한 보조금을 어떻게 얻는가를 알기 위해 끊임없이 노력하고 있다. 그것이 그들이 얘기하는 전부이다."라고 R은 말한다. R과 그 과학자는 특별한 프로젝트와 그 과학자의 국가에 따라 달라지는 가격에 대해 합의를 한다. "파키스탄 과학자에게는 1,000달러에서 5,000달러고 한국 과학자들은 더 받는다." CIA가 외국교수에게 돈을 지불하게 되면, 그 교수가 처음에 그 돈의 출처를 알지 못한다 할지라도, 그 관계가 드러나면 그의 경력을 위태롭게 하거나 그의 모국에서 그의 생명까지 위태롭게 할 수 있기 때문에 CIA는 그를 통제하게 된다.

학술회의가 끝났고 교수가 집으로 돌아가고 있을 때 R은 그에게 보안 조심 지시를 할 것이다. 사이버 카페로 가라, USB를 사용해라, 암호를 보호해라 등이다. 그 교수는 '왜 내가 30분간 인터넷 카페로 차를 몰고 가야 하나요?' 의심을 할 것이다. 가능한 대답은 R의 회사는 경쟁자들이 업무 비밀을 훔칠 것을 염려한다는 것이다.

"나는 이러한 회의에 너무나 많은 공개 정보들이 있다는 데 놀랐다. 많은 기관으로부터 온 사람이 너무 많다."고 독일 외무부 사이버 보안 정책 부서 부서장인 카르스텐 가이어(Karsten Geier)가 말했다.

가이어와 나는(저자) 2016년 4월 워싱턴 D.C.에 있는 조지타운대학에서 열린 제6차 Cyber Engagement(사이버 교전) 연례 국제회의[5]에서 대화를 하고 있었다. NSA와 FBI의 국장들이 21세기 떠오르는 도전 중의 하나인 사이버 공격과의 싸움에 대해 기조연설을 하고 있는 동안, 조지타운대의 개스턴 홀(Gaston Hall)에 있는 종교예술, 스테인드 그라스 창문, 고전적 인용구들이 NSA와 FBI의 국장들을 정교한 가장으로 둘러싸주고 있었다.

국가정보위원회의 전 의장, 이태리 안보국 부국장, 스웨덴 정보기관을 위한 비밀연구를 하는 센터의 소장이 연설을 했고 전 NSA의 암호해독 최고 전문가도 연설을 했다. 거의 7백 명의 참석자들의 이름표들은 그들이 미국정부, 외국대사관, 정보관련 계약자, 또는 사이버 관련 제품 판매자 또는 대학 강단에 서고 있는 사람들이라는 것을 보여주었다.

아마도 모든 정보가 공개되어 있는 것이 아니다. 공식적으로는 브라질부터 모리셔스, 세르비아 스리랑카 등 40개 국가가 참여했지만 러시아는 없었다. 그러나 발코니 뒤편에서 날씬한 젊은 남자가 서류가방을 들고 패널들에게 귀를 기울이고 있었다. 그의 양복상의 옷깃에는 이름표가 없었다. 나는 그에게 다가가서 나를 소개하고 그의 이름을 물었다.

"알렉산더(Alexander), (조금 뜸을 들인 후에) 벨로소프(Belousov)입니다."라고 말했다.

"이 회의 어떻습니까?"

더 이상의 질문을 막기 위해서 "아니오. 나는 러시아 대사관에서 나왔습니다. 나는 어떠한 의견도 없습니다. 나는 단지 이 회의를 알고 싶습니다. 그것이 전부입니다."라고 그는 대답했다. 나는 명함을 주고 그의 명함을 요구했지만 실패했다. "나는 이곳에 온지 한 달밖에 안되었습니다. 내 명함은 제작 중에 있습니다."라고 말했다.

나는 그의 대사관에서의 업무에 대해서 물으면서 계속했다. (그 후에 외교관 명부를 조사해보니 그는 2등서기관으로 나와 있었다) 그는 시계를 보면서 "미안합니다. 가봐야겠습니다."라고 말했다.

　　비밀이 아닌 이 회의는 아무런 비밀도 보여주지 않았다. 대신에 연설과 패널들의 토의는 정보용어로 "공개출처"로 알려져 있는 것으로서 엄청난 정보를 주었다. 공개출처는 직소(Jigsaw)퍼즐처럼 수 천 개의 조각들을 맞추면 정부의 정책이나 첨단 과학을 밝혀주는 공개적으로 입수 가능한 정보를 말한다. 이러한 출처들은 정보기관들에게 있어서 증가되고 있는 관심의 대상이다.

　　"나는 CIA를 위한 공개출처 시스템을 만들었다."라고 레이 밴 휴트(Ray Van Houtte)는 강당 밖에서 나에게 말했다. 레이는 버지니아 알링턴에 있는 국가보안 계약자 회사인 CACI사에서 일하는 시스템 설계자이다. 그의 시스템은 이란과 북한과의 협력 등과 같은 주제에 대한 가설을 실험하는 것을 도와준다. "중국은 공개출처 정보를 모으는 데 최고 전문가들이다. 그들은 수 만 명이 매일 그 일을 하고 있다."라고 그는 말한다.

　　또한 그 학술회의는 네트워킹을 위한 기회와 구실을 제공해 주었다. 수년전 외국 대사관에서 온 무관 한사람이 이 회의 조직자인 캐서린 로트리온테(Catherine Lotrionte)에게 이메일을 보내어 면담을 요청했다. 그녀는 조지타운대 교수이자 전 CIA 법률 자문관補(보)였다. 그 무관은 1차 회의에 갔지만 가장 최근에 개최된 회의는 놓쳐버려서 그것 내용을 알고 싶다고 설명했다.

　　그는 다음해에 그녀를 세 번이나 방문을 했다. 그는 그녀에게 초콜릿, 국가 휘장이 새겨진 금화 등의 선물을 가져왔고 미국내 사이버 보안 행사와 전문가들에 대해 물었다. 비밀 인가증을 가진 로트리온테는 조심하면서 단지 비밀이 아닌 정보를 건네주었다.

　　그 때 미국 정보기관은 그녀에게 그 무관을 조사하고 있다고 알려주었다. 그는 외교관이 아니며 사이버 매니어도 아니었다(사이버 매니어가 아니었기에 그의 질문들이 오히려 기초적인 것에 머무른 것이었다). 그는, 그의 정부 최고 군 지휘관으로부터, 사이버보안에 대한 정보를 특히 그녀로부터 수집하라는 임무를 부여받은 스파이였다.

　　미국 정보요원은 그 무관이 잘생겼는지 그녀에게 물음으로써 그녀를 혼란스럽게 했다. 그녀는 "당신이 그를 대상으로 삼고 있다, 그가 어떻게 생겼는지 모르는가?"라고 그 요원에게 말했다.

　　그녀는 만남을 끝내겠다고 했지만 그 정보요원은 "아니오."라고 말했다. 대신 그 무관에게 질문할 목록을 그녀에게 건넸다. 무관의 고국에 있는 사이버 – 지휘의 가능한 구조를 냅킨에 대충 그린 다음 그녀에게 그 나라의 사이버보안이 어떻게 조직되어 있는지를 물어달라고 하였다.

로트리온테는 도와주는 것을 거절했다. "그들은(CIA) 그들을 위해 내가 그들의 일을 해 줄 것을 원했다."라고 그는 말했다. 그녀는 결코 그 조사의 결과를 알지 못했다. 그러나 그 후 곧 그 무관은 그녀를 만나는 것을 그만두었다.

CIA가 존 부스(John Booth)의 의견을 원할 때는 그에게 전화를 하여 어떤 회의에 나가서 말할 수 있는지를 확인한다. 그러나 CIA의 이름은 그 회의 공식 초청이나 의제에서 찾을 수가 없다. 그 초청과 의제 속에는 스폰서로서 한 워싱턴 근교에 있는 계약자를 변함없이 올려놓는다.

CIA 역할을 감춤으로써 CIA는 부스와 다른 학자들이 그 회의에서 그들의 통찰력을 공유하는 것을 쉽게 만들어준다. 그들은 그들이 CIA를 위해 자문한다는 것을 밝히지 않으면서 그들의 이력서에는 그들의 발표에 대해 점수를 얻는다. 그리고 만일 CIA에 자문을 한다는 것이 밝혀지면 그들이 연구하는 국가들뿐만 아니라 다른 학계 학자들과 소원해질 수 있을 것이다.

북 텍사스 대학 정치학 명예교수인 부스는 라틴 아메리카 전문가이다. 라틴 아메리카의 역사는 이 곳 관리들이 CIA를 경계하도록 하고 있다. "당신이 라틴 아메리카로 돌아가려고 했다면 당신의 이력서가 이러한 발표들을 보여주지 않도록 하는 것이 매우 중요했다."라고 부스는 2016년 3월 나에게 말했다. "이러한 회의에 당신이 간다면, 그리고 거기에 정보 또는 국방 기관의 장들이 있다고 한다면, 그것은 당신의 이력서에서는 보이지 않게 된다. 이렇게 이력서에 안 내세움으로써 회의 참석자들에게 그 회의에 참석했다는 치부를 가리게끔 해준다."

"이것에 대해서 학계에는 아직도 약간의 편견이 있다. 나는 내가 CIA가 개최한 회의에 갔었다고 말하면서 라틴 아메리카 연구 회의들에 가지 않는다."라고 부스는 말한다.

CIA는 해외정책 문제에 대한 회의들을 마련하여, 종종 비밀로 분류된 세부정보에 갇혀 있는 분석관들이, 큰 그림을 이해하고 공개 출처에 익숙한, 학자들로부터 배울 수 있게 해준다. 회의 참석 교수들은 일반적으로 1,000달러의 사례금과 추가로 비용을 받는다. 학자적인 발표와 질의응답이 있어서, 회의의 세부회의는 여느 학계회의와 같다. 아마도 CIA 분석관들로 추정되는 많은 참석자들이 이름(first name)만 나와 있는 이름표를 달고 있는 것만 제외하면 똑 같다.

수년간 부스가 참석한 10개 정보기관 회의 중에 (가장 최근에는 중미 난민 아동들의 미국 입국 쇄도에 대한 2015년 회의) CIA와 국가정보장실이 직접 개최한 것은 단지 1－2개이다. 나머지는 센트라 기술(Centra Technology Inc.)사에 아웃소싱을 준 것이었다. 이 회사는 CIA를 위하여 회의들을 운영하는 워싱턴 근교에 있는 중개회사들 중 선두주자이며 이러한 중개회사들을 스파이 용어로 cutouts라고 한다.

"중개자가 있어야 한다."라고 갈레오티(Galeotti)가 나에게 말했다.

CIA는 센트라 사에게 자금을 제공하고 버지니아 알링턴에 있는 지하철 볼스턴 (Ballston)역 인근의 센트라 회의 센터에 올 초청자 명단을 제공한다. "이것은 우리 고객들의 학술회의, 회의, 게임, 협동 활동을 위한 이상적인 세팅"이라고 센트라 웹사이트에 나와 있다.

"당신이 어떤 것이라도 알고 있다면, 그리고 센트라 사를 보게 되면, 그것이 CIA 또는 국가정보장실과 동일하다는 것을 안다. 그들은 이러한 약간의 학계 위장은 유용하다고 느끼고 있다."라고 오랫동안 CIA 자문위원이었던 로버트 저비스(Robert Jervis)가 말했다.

1997년에 설립된 센트라는 CIA 행정관리지원을 위한 4,000만 달러 사업을 포함하여 정부계약을 2억 달러 이상 수령했다.[6] 그 중에는 상원 정보위원회가 5년간 CIA 고문(拷問) 프로그램 조사를 하는 데 필요한 비밀 전문 및 서류를 편집하고 작성하는 일도 있었다. 2015년 현재 그 회사의 중역들은 전직 정보요원들이었다. 설립자이자 대표인 해롤드 로젠바움(Herold Rosenbaum)은 CIA의 과학기술 자문관이었다. 선임 부사장 릭 보거스키(Rick Bogusky)는 국방정보국(DIA)의 한국과 과장이었다. 연구 분야 부사장인 제임스 해리스(James Harris)는 CIA에서 22년간 분석프로그램을 관리했었다. 글로벌 액세스(Global Access) 부장인 페기 라이언즈(Peggy Lyons)는 오랫동안 CIA 간부와 요원으로 근무하면서 수차례 동아시아를 다녀왔다. 센트라의 분석 이사인 데이비드 카닌 (David Kanin)은 31년간 CIA에서 분석관을 하였다.

부스(Booth) 교수처럼 인디애나 대학 정치학 교수 서미트 갱얼리(Sumit Ganguly)는 수차례 센트라 학술회의에서 연설을 했다. "센트라와 협력하는 어느 누구도 실제로는 그들이 미국 정부를 위해 일하고 있다는 것을 알고 있다. 만일 그것이 CIA라고 한다면 그것에 대해 화를 내는 사람들이 있다. 나는 나의 동료들에게 그것에 대해 개의치 않는다. 그들의 입맛에 맞으면 내가 알바가 아니다. 나는 미국시민이다. 나는 나의 정부에 가장 좋은 가능한 조언을 해야 한다고 생각한다."라고 그는 말했다.

센트라에서 4번 발표를 한 다른 정치학자는 그에게, 그 행사는 익명의 "고객들"을 대변해준다고, 그들이 말해 주었다고 했다. 그는 그가 이름만 있는 이름표를 단 청중들을 볼 때까지 그들이 미국 정보기관요원들이라는 것을 인식하지 못했다고 말했다. 그는 그 후 그 청중 중 한 두 명을 우연히 다른 학술회의에서 마주쳤다. 그들은 이름표는 달고 있었지만 프로그램에 등재는 안 되어 있었고 그 프로그램은 단지 연사들만 알려주고 있어서 그들이 정보기관 분석관이라는 것을 아는 청중들은 거의 없었다.

센트라는 CIA와의 연계를 감추려고 분투하고 있다. 2015년 그 회사는 웹사이트에 있던 중역들의 이력들을 제거했다. 웹사이트에 등재된 "주요 고객들"은 국토안보부, FBI, 육군, 그리고 연방 정부의 16개 기관들이지만 CIA는 없다. 내가 로젠바움에게 전화를 걸고 센트라가 CIA 학술회의를 개최하는 것에 대해 질문을 하자, 그는 "전화를 잘못 거셨습니다. 우리는 그것과 관계가 없습니다."라고 말했다. 그리고 전화를 끊었다.

그 다음 나는 보스턴시 북쪽 교외에 있는 벌링턴에 소재한 건물 5층에 있는 센트라사의 사무실을 들렀다. 방문 신청서는 방문객들에게 시민증과 방문형태(비밀을 요하는 또는 일반)를 요구하였다. 접수대 직원은 나를 다이앤 콜피츠(Dianne Colpitts) 인적 자원이사에게 데리고 갔다. 그녀는 나의 얘기를 들은 후 로젠바움에게 확인을 받고서 나에게 센트라는 코멘트를 하지 않겠다고 말했다.

"솔직히 말해서 우리 고객들은 우리가 미디어에게 말하는 것을 좋아하지 않는다." 라고 그녀는 말했다.

CIA를 숨기는 회의에 노련한 단체로서 랜드연구소(RAND Corporation)가 있다. 1948년 군용비행기 제조업체에서 분리되어 나와서 연방정부의 자금을 받는 국방 연구로 잘 알려진 랜드연구소는 수 십 년 동안 CIA의 대역을 해왔다. 한 예로 2015년 7월 14일 랜드연구소는 "민병대 그룹들의 동력과 이라크와 시리아에대한 함축성"이란 주제의 CIA 회의를 개최했다.

그 회의는 비밀이 아닌 일반 컨퍼런스였지만 그것은 워싱턴에서 일급비밀 중 하나였다. 이 회의는 언론에는 비밀이었고 랜드연구소 웹사이트에도 안 나왔다. 패널로 참석하는 교수들의 초청장에는 CIA가 언급되지 않았다. "미 정부와 협조하여 랜드연구소가 컨퍼런스를 조직합니다."라고 적혀 있었다. 캘리포니아 주립대 샌디에고 분교의 정치학 교수인 바바라 월터(Barbara Walter)는 그녀의 이력서의 "정책 브리핑과 토의"란에 그녀의 발표를 "2015년 7월 랜드 연구소, 워싱턴, 이라크와 시리아에 대한 교훈"이라고만 썼다.[7]

    랜드연구소는 종종 정보기관들과 비공개 계약을 통해 한 달에 두 번씩 이러한 회의를 주관한다. 랜드연구소의 내부 예산에서조차도 이런 회의들은 정보공동체의 자금을 받는 것이 아니라 "이름을 밝히지 않는, 별 특징이 없는 말로서 표기된다."라고 그 과정을 잘 알고 있는 사람이 나에게 말했다. 그래서 해커들이 랜드 시스템을 침입했더라도 그들은 그 돈을 CIA로까지 추적할 수가 없었다.

    랜드연구소처럼 또 다른 비영리 그리고 연방정부의 자금을 받는 국방연구소가 정보공동체의 대리인 노릇을 하고 있다. 해군이 독일 잠수함을 저지하기 위해서 일단의 MIT 연구원들을 모았을 당시인 2차 세계대전 중에 설립된 해군 분석 센터(The Center for Naval Analyses)는 비영리 기관인 CNA에 의해 운영되고 있으며 지금은 연방정부 기관들과 폭넓게 일하고 있다.

    이란을 전문적으로 연구하고 있는 보스턴 대학 교수인 후창 체하비(Houchang Chehabi)는 2012년 버지니아 알링턴에서 열린 "이란과 종교" 주제의 CNA회의에 참가했다고 나에게 말했다. 거기서 그는 미국 정보기관에서 일하고 있는 그의 옛 제자들 몇몇을 만났다. 그 센터는 CIA나 다른 정보기관이 참석자라는 것을 결코 언급하지 않았다고 그가 말했다. 만일 언급했더라면 그는 가지 않았을 것이다 왜냐하면 그의 명성을 망치고, 순수 학자가 아닌 가장 높은 응찰자에게 자기 지식을 팔고 다니는 전문가 부류로 여겨지는 것을 두려워했기 때문이다. 그들은 이러한 회의를 계약할 때 그들이 무엇을 하고 있는지 정확하게 알고 있다고 그는 덧붙였다. 센트라 사와 마찬가지로 CNA도 코멘트하기를 꺼려했다.

    같은 해, 체하비는 이스탄불에서 열린 이란 연구 국제학회(International Society for Iranian Studies)가 개최한 학술회의에 참가했다. 그는 이 학회의 의장이었고 터키에서 학회를 열어야 이란 교수들이 입국비자를 받을 수 있기 때문에 거기서 열기로 결정한 것이었다. 이 선택은, 이란의 강경론자들의 대변인 역할을 하는 한 언론[8]이 그 회의를 시온주의자들의 음모로 비난하자, 역풍을 맞았다. 이 회의가 이스라엘 참석자들을 포함하였고 이란—이스라엘 관계 주제의 소회의를 계획하고 있었지만, 이란 정보기관 역시 이란의 학자들이 서방 정보기관에 의해 포섭되어지거나 망명을 할까봐 두려워하고 있었을 것이다. 그 공격은 효과를 보았다. 60명의 이란인들이 신청을 하였지만 단지 5명만 참석하였고 두 명만이 토론에 참가를 했다.

    "그 회의가 열리는 호텔에 많은 방들에 이란 정보기관 사람들이 있었다고 나는 매우 확신한다. 이란 정보기관은 터키에 공작원들을 가지고 있고 그들을 호텔에 몰래 침투시키는 것은 쉬웠을 것이다."라고 그는 말했다.

학자들의 충성심에 대한 이란의 우려는 정당한 것이었을 수 있다. 회의기간 동안 한 이란인이 복도에서 체하비에게 접근해서 나는 이란 내부정보를 가지고 있다 서방으로 망명하고 싶다고 말했다. "나의 본능은 그를 믿는 것이었다. 그는 아내와 함께 있었다. 그들은 둘 다 불안하였다. 그는 모든 위험을 감수할 사람처럼 보였다."라고 체하비는 말하였다.

그러나 그것은 함정일 수도 있었다. 그리하여 체하비는 지나치게 조심하기로 결정했다. "우리는 그러한 일을 하지 않습니다. 이것은 학술회의입니다."라고 체하비는 그 반체제 인사에게 말했다.

이란 정보기관처럼 미국의 정보기관들도 학술회의들이 이란 학자들을 서방으로 도망치게 해주는 현대식 지하철도라고 이해하고 있다. CIA는 이러한 취약성을 완전하게 이용해 왔다. 조지 W. 부시 대통령 하에서 시작된 것으로서, 미국정부는 이란의 핵무기 개발을 지연시키기 위한 비밀 노력에 무한한 자금을 썼다고 데이비드 올브라이트 ISIS(Institute for Science and International Security: 과학 및 국제 안보 연구소)소장이 말했다. 그 중 한 계획이 CIA의 브레인 드레인 공작(Operation Brian Drain 두뇌 고갈 공작)으로서 최상위 이란 핵 과학자들을 망명시키는 데 박차를 가하는 것이었다. 로스앤젤레스 타임즈가 2007년 이 계획을 폭로[9]하였지만, 활용된 학술회의는 언급하지 않았다. 이 책에 기술된 것이 최초이다.

이란에 있는 과학자들에게 접근하는 것이 어려웠기 때문에 CIA는 그들이 우방국 또는 중립국에서 열리는 학술회의에 나오도록 유혹을 하였다고 그 공작을 잘 알고 있는 전직 정보요원이 나에게 말했다. 이스라엘과 협의하여 CIA는 예상후보를 선택했을 것이다. 그리고 나서 CIA는 중개자(cutout)를 통해서 명망 있는 과학 기관에서 학술회의를 개최토록 계획을 짰을 거다. 그 중개인은 일반적으로 사업가이며 그 심포지엄을 위해서 50만 달러에서 200만 달러를 CIA 예산으로 썼을 것이다. 그 사업가는 기술회사를 소유하고 있거나 CIA가 그를 위해서 껍데기 회사를 만들어 줄 것이고 그리하여 그의 지원은 개최기관 측에서 보면 CIA의 개입은 모른 채 합법적으로 보일 것이다. "학계가 멍청하면 멍청할수록 모든 이에게 더욱 안전한 것이 된다."라고 전직 정보요원이 말했다. 중개자 각자는 자기가 CIA를 돕는다는 것을 알았지만 그 이유를 모른다. 그리고 CIA는 그를 한 번만 이용하였을 것이다.

그 회의는 민간용으로 그리고 이란이 목표로 하는 연구 관심사항에 딱 맞는 핵물리학 분야에 초점을 맞추었을 것이다. 개최기관은 발표하고 참석할 많은 학계인사들을 초청할 것이었고 CIA는 계약을 통해서 그 과학자가 목록에 반드시 있게 한다.

일반적으로 이란의 핵과학자들 또한 대학과 약속을 잡는다. 여느 곳에 있는 교수들처럼 그들도 유람시찰을 즐겼다. 이란 정부는 최근의 연구를 습득하고 첨단 기술 공급자를 만나고 또한 선전을 위해서, 그들이 경호원과 함께 회의에 가도록 때때로 허용해주었다.

"이란의 관점에서 보면, 그들은 원자력을 평화적으로 사용하는 것에 대한 회의에 과학자들을 보내는 것에 관심을 갖고 있었을 것이다."라고 저명한 이스라엘 언론인인 로넨 버그먼(Ronen Bergman)이 나에게 말했다. 버그먼은 이란과의 비밀전쟁: 세계에서 가장 위험한 테러국가에 대한 비밀 투쟁이라는 책을 썼고 이스라엘 중앙정보국, 즉 모사드의 역사에 대해 작업을 하고 있다. "그들은 '좋아, 우리는 민간 목적을 위해 민간 기술을 사용하는 회의에 우리 과학자들 보낸다'라고 말한다."라고 버그먼은 덧붙였다.

이 공작에 임무를 부여받은 CIA 요원은 학생, 기술고문, 또는 부스(booth)를 가진 전시자로 가장할 것이다. 그의 첫 임무는 경호원들을 그 과학자로부터 분리시키는 것이다. 한 예를 들자면 CIA에 포섭된 식당 종업원이 경호원 식사에 독을 타서 대량의 토사곽란을 일으킨다. 그들이 아픈 증세의 원인을 기내식이나 친숙치 않은 음식 때문이라고 생각하길 기대한다.

운 좋게 그 정보요원은 수 분간 그 과학자를 독대할 것이고 그를 재촉할 것이다. 그 요원은 파일을 읽고, 자기와 가까운 "(그 과학자에) 접근 요원들"의 환심을 사서, 그 과학자에 대해 벼락치기 공부를 하였다. 그리하여 과학자가 그가 진짜로 CIA와 거래를 하고 있는지 의심을 표할 경우, 그 요원은 그에 대해 모든 것을 알고 있다고 대응하면서 그것을 증명할 수 있었을 것이다. "나는 당신이 고환암을 앓았다는 것을 압니다. 당신은 왼쪽 고환을 잃었습니다."라고 요원이 잠재적인 망명자에게 말했을 것이다.

그 과학자가 망명에 동의를 한 후에라도 그는 재고를 할 것이고 도망을 칠 수도 있다. "당신은 계속해서 그 과학자를 재포섭 한다." 그 과학자를 차를 태워 공항으로 안전하게 데려가게 되었을 때 CIA는 동맹 정보기관과 협조하여 필요한 비자와 항공서류를 만든다. CIA는 그의 아내와 아이들을－과거 다른 과학자가 요구한 적이 있는 정부(情

婦)는 안 됨－미국으로 데려오는 데 노력을 아끼지 않는다. CIA는 과학자와 가족들이 정착케 하고 아이들의 대학 및 대학원 학비 등을 포함하여 장기간의 혜택을 제공할 것이다. 망명자 대부분은 박사들이고 그들의 아이들도 미래에 박사가 될 것이라고 생각한다.

이란의 핵무기 프로그램을 방해하기 위해서 학계 회의와 다른 경로를 통해서 충분한 과학자들이 미국으로 망명해 왔다고 그 공작과 친숙한 전직 정보요원이 나에게 말했다. 이란의 핵 프로그램에 필요한 원심분리기를 조립하는 기술자는 한 가지 조건으로 망명하겠다고 했다. MIT에서 박사학위를 공부하는 것이었다. 불행이도 CIA는 졸업장과 성적 증명서 등과 같은 서류 없이 그를 이란에서 나오게끔 했다. 처음에 MIT는 그를 고려해달라는 CIA의 요청을 거부했다. CIA는 집요했다. 그리고 MIT는 통상적인 서류전형을 포기함으로써 CIA의 요구를 수용했다. MIT는 그를 혹독하게 테스트할 관련 학과 교수들을 모아서 시험을 봤다. 그는 구두시험에서 수석을 했고 입학 허가를 받았으며 박사학위를 획득했다.

MIT 행정처는 이 에피소드와 관련한 어떠한 것을 알고 있음을 부정했다. "나는 이것에 대해 전혀 아는 바 없다."라고 기계공학과 과장 강첸(Gang Chen)은 말했다. 그러나 그 이야기의 두 가지 핵심 요소를 두 명의 학계 인사가 말해 주었다. 남가주 대학 석유공학 교수이자 이란의 핵 및 정치 전개에 대해 연구를 하고 있는 무하마드 사히미(Muhammad Sahimi)는 이란의 핵 프로그램에서 망명해온 자가 MIT로부터 기계공학 박사학위를 받았다고 나에게 말했다.

MIT 기계공학 교수인 티모시 구토우스키(Timothy Gutowski)는 "나는 우리 연구실의 한 젊은이를 알고 있다. 그에 대해 나는 그가 이란에서 원심분리기에 대한 일을 했다는 것을 다소 알고 있다. 나는 생각하기 시작했다. 여기에 무슨 일이 있었을까?"라고 말했다. 구토우스키는 그 학생의 이름을 알지 못했고 그가 키 크고 잘 생겼으며 호감 가는 미소를 가졌다고 말했다.

또 다른 이란 핵과학자인 샤람 아미리(Shahram Amiri)는 2009년 사우디로 이슬람 순례길을 가는 도중에 사라졌다. 그는 2010년 이란으로 되돌아왔다. 그리고 CIA가 그를 납치했다고 말했다. 미국 관리들은 그는 그의 선택으로 망명을 하였으며 정보에 대한 대가로 500만 달러를 받았지만 가족을 그리워하여 고국으로 돌아갔다고 말했다. 2015년 공개된[10] 2010년 힐러리 국무장관이 그녀의 보좌진들에게 보낸 이메일들을 보면 미국 측이 말한 것이 옳은 것 같다. 미국에 핵심적인 정보를 제공한 죄로 이란은 2016년 8월 그를 교수형에 처했다.

　　과학자를 납치하는 것보다는 다른 방법을 CIA는 사용을 했다. 망명자들을 자극하는 것 중 하나는 그들이 거부했을 때 결과에 대한 두려움일 것이다. 전 정보요원에 따르면 CIA는 그들이 만일 이란에 머무른다면 암살당할 것이라고 경고하였다.

　　"당신은 죽은 사람이나 마찬가지다. 미국과 이스라엘은 당신이 이란의 핵개발 프로그램에 중요과학자라는 것을 알고 있다."라고 망명을 망설이는 과학자에게 말할 것이다.

　　앞의 정보요원은 한 과학자은 CIA가 그의 아이들을 보호해주리라고 믿지 않았기 때문에 CIA의 제의를 거절하였다. "나의 아이들은 그들이 테헤란에 머무르면 살아있을 가능성이 더 많을 것이다."라고 그 과학자는 그를 재촉하는 CIA 요원에게 말했다.

　　"우리는 당신을 죽일 것입니다."라고 CIA 요원은 말했다.

　　그러자 그 과학자는 "나만 죽을 뿐이다. 그렇지 않으면 이슬람 혁명 수비대(IRGC)가 우리 가족 모두를 죽일 것이다."라고 말했다.

　　그 과학자들은 CIA의 위협을 심각하게 받아들였어야 했다. 2010년에서 2012년 사이에 4명의 이란 핵 과학자들이 살해되었고[11] 한 명은 부상을 당했다. 살해에는 두 가지 목적이 있는 것 같다. 하나는 얼마 되지 않은 이란의 핵무기 전문가들을 고갈시키는 것이고 다른 하나는 이란 과학자들이 핵 프로그램에 합류하는 것을 제어하는 것이다. 이란은 그 암살에 미국과 이스라엘이 공모했다고 비난하였지만 미국은 부인했다. 이란은 그 암살자 중 한 명인 이스라엘 모사드 요원이라고 말한 자를 유죄판결을 하고 2012년에 처형을 했다.[12]

　　이 암살들은 저명한 우파 정치인들로부터 칭찬을 받았다. "때때로 이란의 핵 프로그램에 종사하는 과학자들은 죽는다.[13] 나는 이것이 훌륭한 일이라고 생각한다."라고 펜실베니아주 출신 전 상원의원이자 공화당 대통령 후보 지명을 모색하고 있던 릭 샌토럼이 2011년 말하였다.

　　어떤 상황 하에서는 미국정부는 외국인들을 암살하도록 허용한다. 처치 위원회가 CIA가 피델 카스트로 및 외국 지도자들을 제거하려고 했다는 것을 밝힌 후 행정명령으로 부과된 미국의 암살 금지는 긴박한 위험에 대한 자기방어를 위해 암살을 하는 것은 예외인 것으로 해석되어져 왔다. 그러나 이러한 개인들이나 단체들이 미국의 안보에 긴급한 위협을 주면서 "합법적인 목표물" 안에 있다면 평화 시에 이 목표물에 대해서 군사력을 사용하는 것은 "암살이 아니다."라고 1989년 미군과 미국 정보기관들의 변호사들이 결론을 내렸다.[14]

　그러나, CIA가 자체적으로 과학자들을 암살했던 것은 아닌 것으로 보인다. 미의회가 2001년 9·11 사태의 책임이 있는 자들에게 물리력 사용을 승인하였기 때문에 연방정부는 알카에다와 그 예하 테러리스트 조직들의 구성원들을 죽이는 것을 허가했다. 그러나 이란의 과학자들은 다른 얘기이다. 스턱스넷(Stuxnet) 컴퓨터 바이러스로 감염시키는 것을 포함하여 이란의 핵 프로그램을 파괴하려는 미국의 비밀공작에도 불구하고 미국과 이란은 전쟁 중이 아니었고 과학자들은 테러분자들이 아니었다. 내가 자문을 구한 국가안보 법률가들에 의하면 이란이 미국과 우방에 대하여 사용목적으로 무기를 건설하고 있다고 대통령이 결론을 내리면 이란의 핵시설들을 합법적으로 폭격할 수 있었으며 그 건물과 벙커 속에 있는 연구원들을 죽일 수 있었다. 그러나 한 과학자를 직접 목표로 하는 것은 그 규정을 너무 확대 하는 것일 수 있다고 했다.

　정보기관들은 때때로 협박의 수단으로 죽이겠다고 하지만 반드시 그렇게 하려는 의도는 아니다. 데이비드 올브라이트에 따르면 CIA와 동맹국 정보기관들은 파키스탄 물리학자 압둘 카디르 칸(Abdul Qadeer Khan)의 핵 확산 네트워크의 중요 인사인 독일 기술자 코트하르트 레치(Gotthard Lerch)의 스위스 자택에 두통의 편지를 남겼다. 첫 편지는 그가 이란에 원심분리기 설계를 판다면 "죽음이 있을 것"[15]이라고 경고를 하였고 두 번째 편지는 그의 시체가 강에서 발견될 것이라고 경고했다. 레치는 핵 기술을 계속 팔았고 피해를 당하지 않았다.

　버그먼(Bergman)은 "이스라엘이 미국으로부터 약간의 힌트를 받고서 이란 과학자들을 암살했을 것 같다고 말했다. 그는 미국이 이 과학자 또는 저 과학자를 포섭하려고 한다고 이스라엘에 통보를 하였을 것이며 그러면 이스라엘은 그를 죽이지 않을 것이다. 만약 포섭에 실패를 한다면 이스라엘은 통보를 받을 것이고 그를 죽일지 말지에 대해 전화를 할 것이다.

　미국 정보기관은 한 핵과학자를 죽으려는 의도로 학계 회의에 나오도록 유혹을 한 적이 있다. 그러나 그 공작은 전쟁에 기여한 민간인을 죽이는 것이 국제법상 자기방어로 정당화될 수 있을 수도 있는 전쟁 시기에 일어났다. 2차 세계대전 중에 CIA의 전신인 OSS는 유명한 스파이이자 메이저리그 캐처를 했던 모 버그(Moe Berg)를 나치 독일의 원자탄 프로그램의 총책인 베르너 하이젠베르그(Werner Heisenberg)가 중립국 스위스에서 행할 1944년도 강의에 가도록 했다.

"스위스는 독일 과학자들이 과학회의에 참석할 수 있는 유일한 외국이었고[16] 특히 독일에서는 더 이상 구하기 힘든 슈냅스(네덜란드 진), 치즈, 초콜릿이 취리히와 베른에는 풍부하였기 때문에 그들이 거기에 가는 것을 좋아했다."라고 니콜라스 도위도프(Nicholas Dawidoff)가 1994년에 쓴 버그(Berg) 자서전인 "*캐처는 스파이였다(The Catcher Was a Spy)*"에 나와 있다.

다중 국어 구사자인 버그는 스위스 물리학 학생으로 가장하고 권총을 소지했다. 그는 하이젠베르그가 독일이 원자탄을 만드는 것에 임박해있다는 증거를 보이면 그를 사살하라고 명령을 받았다. 하이젠베르그는 증거를 보이지 않았고 "권총은 버그의 주머니 속에 그대로 있었다."[17]

적어도 두 명의 이란 과학자들이 그들이 암살되기 1년도 안 되는 기간에 해외 학회에 참석을 하였다. 테헤란대 소립자물리학 교수인 마수드 알리 모하마디(Masoud Ali-Mohammadi)는 그의 차 옆에 세워둔 모터사이클에 부착되어있던 원거리 조종 폭탄에 의해 2010년 1월에 그의 집 밖에서 살해되었다. 10개월 후 사히드 베헤시티(Shahid Beheshti) 대학 교수 마지드 샤리아리(Majid Shahriari)가 기사 딸린 푸조 차를 타고 테헤란 불리바드를 가고 있을 때 모터사이클을 탄 암살자가 그의 차 옆으로 와서 폭탄을 부착하였고 그를 날려 보냈다.

알리 모하마디는 이란의 핵 프로그램에 연관된 프로젝트들에 참여하였고 그것에 대해 광범위한 정보를 가지고 있었다고 버그먼은 말했다. 샤리아리는 이란이 우라늄 농축의 수준을 올리는 데 중요한 역할을 했다고 사히미가 2015년 12월 이메일에서 나에게 말했다.

국제 제재를 해제해주는 것에 대한 대가로, 2015년 이란이 핵무기 개발을 제한하는 것에 동의한 후에, 미정보기관이 운용하는 프로그램에 의해 망명자들을 포섭하는 것은 그 긴급함을 약간 잃어버렸다. 그러나 2018년 5월 트럼프 대통령이 그 협정을 폐기함에 따라, 이란의 핵과학자들을 낚아채기 위해서 CIA가 조종하는 학술회의는 은밀하게 다시 돌아왔을 것이다.

09

아이비대학에 숨어서

하버드대학 존 F. 케네디 스쿨(공공정책 및 행정대학원)에 응모한 케니스 모스코우(Kenneth Moskow)는 그가 좋아하는 취미[1]가 외국에서 친구들과 등산하는 것이라고 적었다. 그리고 그것이 그가 죽은 이유로서, 수년 후에 옛 CIA 동료들을 포함하여 일단의 친구들과 킬리만자로 산 정상에서 2시간의 하이킹 후 분화구 주위에서 고산병으로 쓰러져 죽었다. 일행들은 번갈아 가면서 그를 소생시키려했으나[2] 실패를 하였고 의료 헬기는 공기가 희박하여 날아올라갈 수가 없었다.

하버드 대학 추도식에는 1천 명 이상의 조객[3]이 모였다. 대통령으로 선출되기 6주 전이었던 일리노이주 연방상원의원인 버락 오바마[4]는 모스코우의 미망인을 위로하기 위해서 잠시 선거운동을 쉬면서 그의 "인생을 위한 열정"과 "모험적이고 활력적인 정신"을 찬양하는 글을 썼다. 그의 애국심을 찬사하기 위해서 그가 죽은 날 미의사당에서 날리던 성조기가 주어졌다.[5]

그의 사망기사는 모스코우를 CIA 전설로 묘사했다. 그는 보스턴 교외에서 자랐다. 여행에 좀이 쑤셔서 스페인에서 공부를 했고 케루악(Kerouac: 미국 소설가)류의 히치하이킹으로 미국을 돌아다녔다. 하버드 대학에서 열린 복싱대회에서 골든 글러브를 수상[6]하기도 했던 그는 하버드에서의 학사 학위 후에 로스쿨에 갈 계획을 포기했고(세상에 충분한 변호사들이 있다[7]고 그는 말했다), CIA에 입사를 했다. 스페인으로 발령을 받은 후에 가발을 쓰고 변장하여[8] 빨간 색 머스탱 컨버터블을 몰고 다녔다.

그는 항상 바빴다. 그의 다음 임무지였던 키프러스에서 돌아와서 케네디 스쿨의 중간 경력 프로그램에 등록을 하였고 그 프로그램은 공공 행정분야의 1년 석사과정이었다. 30살이었지만 그는 그의 경력상 아직 초기였고 가장 어린 수강생 중 하나였다. 거기서 그는 미국과 외국의 정부, 사업체, 군사 분야 미래 지도자들과 어울렸다. 유창한 스페인어로 그는 전 과테말라 국방장관 헥토르 그라마조(Hector Gramajo), 얼마 후 코스타리카 대통령이 된 호세 마리아 피구에레스(Jose Maria Figueres) 등을 포함하여 라틴 아메리카 급우들과 친하게 지냈다. "그는 케네대 스쿨에서 너무나 많은 좋은 커넥션을 만들었다."라고 그의 미망인 셀라 라퍼티 모스코우(Shelagh Lafferty Moscow)가 말했다.

케네디 스쿨의 많은 옛 급우들에게 있어서 그가 48세로 2008년 9월에 사망한 것은 이중 충격이었다. 그들은 그의 이른 죽음에 슬퍼만 한 것이 아니라－그는 매우 인기 있는 사람이고 애정이 있고 단정하며 얼굴에 미소를 띠고, 좋은 악수태도를 갖고 있었다－그가 정보요원(spy)이라는 것을 알고 놀랐다. 그는 급우들과 교수들에게, 그가 해외에서 가장신분으로 사용했던, 국무부 외교관이라고 말했다. 케네디 스쿨 학급 사진에 그의 경력은 마드리드와 니코시아에 있는 미국대사관에서 정무담당 관리, 그리고 담당분야가 "정부 @비지니스"와 "국제문제 및 안보"인 국무부 외교관으로 소개했다.

"적어도 내가 아는 사람들 중에는 그가 CIA 요원이었다는 것을 아는 사람은 한 사람도 없었다는 것이다. 어느 누구도 '그런데 켄이 CIA에 있었다는 것을 알았느냐?'고 말하지 않았다." 고 샌프란시스코 지역에서 비영리단체를 위한 미디어 운동을 하고 있는 케네디 스쿨 급우 바바라 그로브(Barbara Grob)가 말했다.

어색했던 사회적 상황에서, 그는 한 케네디 스쿨 급우에게 신분을 고백했다. 실제 국무부 외교관이었던 클라이드 하워드(Clyde Howard)는 국무부 동료직원인 체 하는 이자가 누구인지 알고 싶어 했다. "켄이 외교관으로 여겨지고 있어서, 나는 내 자신을 소개하고 국무부에서 무엇을 하고 있는지를 물었다 우리가 공통적인 친구를 가지고 있는지를 알아보았다."라고 하워드는 한 이메일에서 회상을 했다. "그는 나에게 그는 CIA에 근무하였다고 말하면서 나에게 비밀로 해 달라고 했다. 나는 국무부직원으로 위장한 CIA 직원들과 해외근무를 하였다. 그래서 나는 그런 요구에 익숙해 있었다. 나는 나의 급우들과 그에 대해 이야기 하질 않았다."라고 부언했다.

정보기관들이 대학으로 침입해 오면서, 정보기관들은 학술회의나 연구소뿐만 아니라 학술적 노력, 즉 교실까지도 뚫고 들어갔다. 모스코우는 케네디스쿨에 비밀리에 등록한 많은 CIA 요원들 중 하나이며,[9] 보통 하버드는 그 사실을 알고 허가를 해주고, 모스코우는 전 세계의 장래가 유망한 사람들에게 접근을 하게 되었다. 1991－1992년 한 해에만 적어도 3명의 CIA 요원들이 케네디스쿨의 중간경력 프로그램에 다녔고 모두가 국무부 직원으로 가장하였다. 40년 동안 CIA와 하버드는 이런 관행을 숨겼고, 이러한 관행은, 학계의 분계선, 즉 교실 토론과 학생들 교우관계의 진실성에 대하여, 그리고 미국대학들이 정보기관을 수용할 책임이 있는지에 대하여, 더 큰 문제를 제기하고 있다.

　해외근무 정부기관들은 케네디 스쿨에 비밀 요원을 심어왔지만, 케네디스쿨이 그것을 모르게 했다. 미국 학계에서 가장 유명하고 명망이 있는 공공정책 대학원에서 당신은 옆에 앉아있는 사람이 누구인지 또는 어느 직장에서 일하고 있는지 결코 잘 모른다.

　케네디스쿨이 세계화의 전형이고 미국정부의 최상층 계급으로 가는 길이기 때문에 정보기관들은 여기로 몰려갔다. 졸업생들은 에콰도르, 리비아, 볼리비아, 부탄 등 적어도 12개 나라에서 대통령[10] 또는 국무총리가 되었다. 2014년 이래로 일본 내각에서 적어도 5명[11]이 일을 하였다. 더 정곡을 찌르자면 오바마 정부의 국방장관 애쉬톤 카터(Ashton Carter)는 자신의 케네디 스쿨의 교수직을 휴직을 하고 왔다.

　2015년 어느 날 아침 복도 게시판에 있는 안내문은 케네디스쿨의 방대하고 다방면에 걸쳐영향력이 있다는 것을 보여주었다. 케네디스쿨은 학생들을 사우디 왕자와의 미팅에 초대를 하였다. 그 외에도 학생들은 일본, 세르비아, 요르단 국가의 리더십, 조직화, 지지에 대한 小회의에 참석하며, 블라디미르 푸틴에 대한 마빈 칼브(Marvin Kalb) TV기자의 말을 들어보고, 뉴요커의 저자이자 하버드대 교수인 질 레포르(Jill Repore)의 언론과 선거도 듣기도하며, 사우스캐롤라이나 주지사 니키 헤일리(Nikki Haley) 사무실에서 위기상황 통신에 대해 배우기도 한다.

　"전 세계가 당신에게 다가온다."라고 한 경외심이 가득한 케네디스쿨 대학원생이 말한다.

　전 세계가 다가오는 것은 CIA를 포함한다. 데릭 복(Derek Bok: 전 하버드대 총장)과 스탠스필드 터너(Stansfield Turner: 전 CIA 국장)가 1970년대에 대립한 이후, 하버드와 CIA는 화해를 했다. 2017년 9월 케네디 스쿨은, 비밀 외교전문과 군사 보고서를 누설한 혐의로 형벌을 받은 전 美 육군 일병출신인 첼시 매닝(Chelsea Manning)을 방문연구원으로 초대하는 것을 철회하였다. 양측 문화 차이에 대한 미봉책으로 양측의 타협이 요구되었다. 그리하여 CIA는 좀 더 투명해졌고 하버드는 좀 덜 투명해졌다.

최근에 눈에 띄는 친숙함은 양측에 도움을 주고 있는 케네디스쿨에서 가장 명백히 보여진다. 전문대학원으로서 케네디스쿨의 임무는 학생들을 정부 일에 대해 준비를 해 주는 것이고 CIA는 케네디 스쿨에 전문성, 자금, 초청연사, 어떤 특징을 제공하는 곳일 뿐만 아니라 졸업생들의 중요한 고용주이다. IVY리그 출신들에 의해 오랫동안 지배를 받아온 CIA는 하버드를 직원 훈련장으로서 좋아한다. CIA는 케네디스쿨 졸업생 채용을 원하고 교수들에게 자문을 구하고 외국 학생들과 관계를 구축하길 원한다.

한때 현직이 아닌 정치인들의 피난처로 알려졌던 케네디스쿨이 이제는 전직 정보 요원들[12]로 붐빈다. 2015년 4월 케네디스쿨에서 연설을 하면서, 당시 CIA 국장이었던 존 브렌넌(John Brennan)는 청중석에 있는 "나의 전 부국장(My Former Deputy)"인 마이클 모렐(Michael Morell)에게 손을 흔들었다. 전 부국장 모렐은, 그가 첼시 매닝의 초대에 대해 항의하여 사임을 하기 전까지, 케네디스쿨의 과학 및 국제 문제 벨퍼 센터(Belfer Center)에서 비상주 선임 연구원으로 있었다. 거기에는, 벨퍼 센터 사무실에서 정기적으로 재미있는 이야기를 들려주어, 연구원들과 학생들이 그를 보기 위하여 줄을 서는, 전 CIA 국장 데이비드 페트라에우스(David Petraeus)도 함께 있다. 재직 당시 하버드대 총장 데릭 복과 불화가 있었던 전 CIA 국장 스탠스필드 터너제독은 벨퍼센터 계간지 국제 안보(International Security)의 편집위원회 위원이다. 그리고 대통령 해외정보 자문위원회 위원장이었던 브렌트 스코우크로프트(Brent Scowcroft) 대장도 편집위원으로 있다. 전설적인 CIA정보요원들인 롤프 모와트-라센(Rolf Mowatt-Larssen)과 찰스 코건(Charles Cogan) 또한 벨퍼 센터와 연계되어 있다. 1995년부터 2017년까지 센터 소장이었던 그래함 앨리슨(Graham Allison)은 CIA 국장 자문위원회[13]에 속해있다.

이러한 연계는 공개되어 있지만 다른 것들은 덜 눈에 보인다. CIA는 자기들의 정보 요원들이 복(Bok)총장이 확립한 비밀 포섭 금지를 위반하지 않는 한 위장하여 프로그램에 갈 수 있다고 케네디스쿨과 오랫동안 이해를 같이했다. 일반적으로 비밀요원들은 케네디스쿨 행정처에는 알려주지만 교수들과 급우들에게는 그들이 CIA에서 일하고 있다는 것을 알리지 않는다. 학교는 그것을 침묵 해준다.

현실적으로 말하자면 이것은 이치에 맞다. 케네디스쿨은 분석관들과 같은 CIA의 공개된 직원들은 받아들이고 있기 때문에 현장에서 CIA의 눈과 귀가 될 뿐만 아니라 심장과 정신인 공작관들을 입학에서 제외한다는 것은 부당하다. 외국에서 온 학생들로 둘러싸여 있기 때문에 공작관들은, 그들의 진짜 신분에 대해 리야드나 자카르타로 말이 들어가서 그들의 외교적 지위를 위험하게 만들 수 있어서, 그들의 진짜 직업을 인정할 수가 없었다. 그래서 그들은 자신들의 가장된 외교관 신분에 집착해야 한다.

그러나 진짜 속내를 드러내지 않고 다니는 학생들이 있다는 것은 케네디스쿨의 중요 교육목표중 하나를 약화시킨다. 미래지도자들을 위한 그 프로그램들은 다른 나라에서 온 상대방들과 개인적 업무적 경험을 솔직하게 토론함으로써 문화적 차이와 국가적 편견을 극복하기 위해서 만들어져 있다. 거짓신분을 보호할 필요로 인해 제약을 받는 학생들은 완전하게 솔직해질 수가 없다. 그런 점에서 CIA 비밀요원들은 교실 안팎에서 경험을 배우는 데 더 기여할 수 있는 여타 미 정부 직원들을 쫓아낸다.

"나는 어느 누구 비밀요원에 대해서도 불편하다."고 컬럼비아대 교수 로버트 저비스(Robert Jervis)는 말했는데, 그는 오랜 기간 CIA 자문관이자 국제안보(*International Security*) 편집위원회 위원을 지냈다.

비밀 포섭 사안은 특히 위험한 것이다. 하버드대학 교실에서의 CIA 요원 등록을 명확하게 언급을 하지 않았지만, 복(Bok)총장의 최고 자문위원들이 쓴 "하버드 공동체와 미국 정보기관들"이라는 1977년 보고서에서는 "교수 행정직원 또는 가능한 학생들"을 모집자로 활용하는 것을 통탄하였다. "학교 직원들을 정부를 대신하여 비밀리 행동을 하도록 하는 것은 적절치 않다.[14] … 하버드에서 다른 사람들의 관점을 조사하고 CIA가 활용 가능한 정보를 얻으려는 신원 미확인의 개인들이 학내에 있다는 것은 자유롭고 독립적인 대학이라는 생각과는 맞지 않는 것이다. 이러한 관행들은 자유로운 담론을 제한하고 학교 구성원들 사이에 존재하는 (순수한) 관계가 뒤틀리게 된 것이다."

CIA와 하버드대는 비밀 정보 요원들이 급우를 포섭하는 데 대해 주의하고 있다. "그것은 넘어서는 안 되는 선이다. 누구나 그것을 이해하고 있다. 우리는 그들이 그것을 존중하고 있다고 믿고 있다. 나는 학교를 대신하여 고위 CIA 훈련 담당자들을 만나서 토론을 했고 그들이 그 규칙들을 알고 있다는 것을 확인하였다."라고 하버드대 행정처장이 나에게 말했다.

그러나 비밀 정보요원이 외국 급우를 정식적으로는 모집하지 않는다 하더라도ㅡ아무도 규정준수를 감시하지 않는다ㅡ그 요원이 잠재적 정보자산을 다듬고 있는 것에 대해 막지 않는다. 그 요원이 하버드 광장에서 또는 학교의 다른 사교적 장소에서 맥주를 같이 먹으면서 접근하는 데도 말이다. 그들이 졸업 후에, 정보요원은 자신의 CIA 연계를 밝히지 않고 해외에서 또는 하버드 모임에서 그 친분을 재개할 수 있고 그들로부터 정보를 얻어낼 수 있을 것이다.

"학생이 CIA를 위해 일하고 있고 러시아 학생 옆에 앉아서 '맥주나 한잔 하러가자'고 말하면서 관계를 발전시켜나가고 그리고 나서 돈을 주는 사이가 된다고 가정하자. 나는 당신이 어떻게 그것을 아는지 모른다. 학장이 어떻게 그것을 발견할지 나는 모른다."라고 전 학장 조셉 나이(Joseph Nye) 교수는 말했다.

벨퍼센터 소장이었고 케네디스쿨의 초대학장이었던 앨리슨은 나와 얘기하는 것을 거절했다. 그러나 일본에서 이 책이 나온 이후, 일본 언론인 카즈모토 오노(Kazumoto Ohno)와의 2018년 3월 인터뷰에서 그는 "학생으로 케네디스쿨에 오는 사람들 중에서 그들이 일본, 중국, 미국 또는 다른 나라의 외교관 또는 어떤 신분을 말하지만, 아마도 그들이 위장된 정보요원일 수가 있다."고 인정했다.

그러자 오노기자는 "그렇다면 이 중간경력 프로그램에서 공부하는 일본의 관리나 사업가가 자기가 인식하지 못한 채 CIA에서 온 급우와 교류할 수도 있는 것인가요?"라고 질문하였다.

"완전히 가능한 것입니다."라고 앨리슨은 답변했다.

케네디스쿨의 외국인 학생들을 포섭하려는 열망 속에서, CIA는 때때로 도를 넘었다. 2001년 9·11 사태 이래 CIA는 케네디스쿨 행정처 직원에게 두 번 접근을 했다. 첫 만남에서 CIA는 파키스탄 정부와 경찰에서 떠오르는 스타인 학생들의 신원확인을 요청했다. 의심할 바 없이 그들을 정보 자산으로 발전시킬 수 있었기 때문이었으며, 그 직원은 거절을 했다. 두 번째는 중역 교육 과정을 수강하는 팔레스타인 민족 기구(PNA) 관리들 중 누가 그에게 깊은 인상을 주었는지를 알기 원했다. CIA는, 아마도 전위조직을 통하여, 팔레스타인 단체가 케네디스쿨에 오도록 주선하였을 것이다. 그 직원은 다른 행정처 직원에게 그 내용을 전해주었고 그것에 대해 다시 듣지 못했다.

한 외국인 학생이 한 번은 하버드와 관련이 없는 사람들이 그를 점심 자리에 데리고 가서 스파이로 포섭하려고 했다고 지금은 퇴직한 조셉 매카시(Joseph McCarthy) 케네디스쿨 선임 부학장에게 불평했다. "그들은 그 학생을 불편하게 만들었다."라고 매카시는 말한다.

매카시는 그들이 그 학생에게 준 전화번호로 전화를 하여 "누구십니까?"라고 물었다.

"우리는 연방정부 기관입니다. 우리는 그것 이상으로 말해드릴 수 없습니다."라고 말했다.

그가 다시 전화를 걸었을 때 그 번호는 연결이 안 되었다.

정보 경험이 있는 퇴직 육군중장인 케빈 라이언(Kevin Ryan)은 벨퍼 센터의 국방 정보 프로젝트를 관장하고 있다. 그 프로그램은 그 분야의 연구와 분석에 있어서 중심이다. 라이언은 CIA가 그를 만났고 그의 해외여행에 대해 디브리핑을 요청하였으며 여행 당시 외국의 초청연사에 대해 알려달라고 했다고 말하였다. 그는 거절했다.

"나는 관계를 원하지 않는다. 나는 어느 누구도 내가 하는 것이 미국정부와 연계되어 있다고 생각하길 원하지 않는다. 나의 (군)경력은 이미 벌써 나에게 있어서 타격을 주었다."

라이언의 반응 때문인지 아니면 다른 이유 때문인지, CIA는 그 프로젝트의 매주 세미나에 대표들을 보내지 않는다. 다른 미국 정부기관과 군사 요원들은 케네디스쿨의 학생들 및 연구원들과 함께 종종 참여를 한다. 대학원의 현금 공급원으로 생각되어지는 이러한 프로그램들은 일반적으로 2−4주간 프로그램으로 학위 대신에 참석 인증서를 수여한다. 연방정부 관리자들과 그들의 외국 상대방들을 위한 고위 중역 과정생 프로그램에서는, 표면적으로 미상무부의 무역 분야에서 일하는 것으로 되어있는 참가자들은 때때로 가명 하나와 본명 하나의 수료증명서를 각각 요청한다.[15]

"설사 우리가 그들의 신분을 모르더라도 미국정부의 봉급을 받고 후원을 받는 사람들을 우리는 받는다."고 그 프로그램을 잘 알고 있는 사람이 나에게 말했다.

전 미공군 소장이고 케네디스쿨의 국가 및 국제 안보 프로그램의 고위 중역 간부들을 감독하고 있는 태드 올스트롬(Tad Oelstrom)은 학생 그룹 속에 스파이들이 숨어있는 것은 교육적 경험을 높일 수 있다고 생각한다. 미국 및 외국 학생들이 절반씩인 약 70명의 학생들이 2주짜리 12,500 달러 과정[16]을 듣는다. 이 과정은 1년에 두 번 주어지고 국가안보국(NSA)과 국방정보국(DIA)의 수장들을 포함하여[17] 많은 전문가가 될 사람들을 훈련시키고 있다.

"이 학생그룹은 외국 정보요원들도 아마 포함할 수 있다. 우리는 그들이 누구인지 모른다. 그들 중 일부는 다른 임무를 품고 여기에 왔다고 의심할 수 있다."라고 올스트롬은 말한다.

미국 정보요원에 대해서 CIA가 그 수업료를 내고 있다는 것을 인지하고 있지만 "때로는 내가 알고 때로는 모른다. 우리는 그들의 신원배경을 캐지 않는다."고 그는 답한다. 일반적으로 그들은 사전에 올스트롬에게 언질을 준다. 그리고 올스트롬은 그들의 위장을 수용한다. "우리는 '사진 명단에 어떻게 해주길 원하는가?'라고 묻는다. 그들이 명단에서 빠지길 원하면 그렇게 해준다."라고 그는 말한다. 그는 그들이 급우들을 포섭하려고 할지에 대해 우려하지 않는다. "정보기관들은 오랫동안 그 프로그램의 한 부분이었다. 나는 포섭이 결코 일어나지 않는다고 말할 수 없다."라고 덧붙였다.

　　외국 또는 미국의 스파이들을 환영한다고 올스트롬은 말한다. 토론은 비밀이 아니고 수업들은 학생들이 실제의, 공개적이고 불확실한 세계에 대해 준비를 하는 데 도움을 주는 것이다. 실제 세계에서는 정보가 누설되고 스파이 행위가 삶의 진실이다. 주변상황을 안정화하는 데 익숙한 관리자들에게 있어서는 비밀 정보를 사용함이 없이 소통할 능력이 있어야 한다는 것을 인식하는 것은 리드(lead)하는 것을 배우는 것의 한 부분이다.

　　또한 이것은 농담거리이다. 학생들이 처음 모였을 때 그들은 자신들을 소개할 30초가 주어진다. "만일 누가, 나는 정보기관에서 왔다. 내 이름은 짐 스미스다. 농담이다. '나의 진짜 이름은 …' 이러면 모두가 안정이 된다."라고 그는 말했다.

　　1986년 로버트 게이츠(Robert M. Gates)는 전혀 예상치 못한 제의를 케네디스쿨에 했다. 당시 CIA 부국장이었던 게이츠는 CIA가 세상에서 격리되고 내향적이 되어가고 있다고 느꼈다. 또한 그는 CIA 분석관과 백악관 정책입안자들이 서로 정보실패를 지적하는 데 염증을 느끼고 있었다.

　　케네디스쿨과 토론 끝에 나온 그의 개념은 미국 정보분야 고위 관리자들을 위한 중역 교육 과정을 운영하는 데 CIA가 돈을 지불하는 것이었다. 수업들은 쿠바 미사일 위기부터 소련의 해체까지 정보 사안을 포함하여 정부의 의사결정에 관하여 케네디스쿨이 개발한 케이스 스터디를 논하는 것이었다.

　　하버드의 '정보와 정책' 프로그램은 복－터너 간의 대립 이후 CIA와 하버드 간의 화해를 의미하는 것이었다. 이 프로그램은 국가안보와 학문의 자유 간의 균형을 연구하고, 비밀위에 세워진 정보기관과 학내에서 비밀연구를 금하는 대학 간에 협동의 복잡성을 연구하는, 케이스 스터디가 되었다.

　　"하버드 대학이 정보기관과 계약을 체결하는 것만큼이나, CIA는 비밀이 아닌 계약을 쓰는 경험이 거의 없었다."[18]라고 그 프로그램의 주요 강의 교수 중 한사람이고 케이스 스터디를 감독했던 필립 젤리코우(Philip Zelikow)가 나중에 썼다.

하버드대 중동연구센터 소장이 주관한 학술회의에 밝혀지지 않은 CIA 자금 지원설로 인해 스캔들[19]을 겪었기 때문에, 하버드대 행정처 교원들은 게이츠의 제안에 대해 걱정을 하면서 또 다른 언론의 공격을 두려워했다. "우리는 우리가 호되게 당할 것이라고 생각했다."라고 당시 케네디스쿨 학술학장 앨버트 카네세일(Albert Carnesale)이 나에게 말했다.

하버드의 의심을 극복하기 위해서 CIA는 오랜 전통을 깨뜨렸다. CIA는 수개월 논쟁 끝에 그 프로그램을 비밀이 아닌 것으로 하는 데 합의를 하고 자료를 사전 검토할 것을 요구하였다. 또한 CIA는 서류들을 비밀 해제하고 관련된 사람들을 인터뷰하게 함으로써 케이스 스터디를 유용하게 해주었다. 하버드대가 안도하게끔, 그 프로그램 시작에 대한 1987년 12월 언론들의 보도는 우호적이었다. "CIA는 100만 달러 하버드 연구를 위해 비밀 규정을 포기했다."라고 보스턴 글로브는 헤드라인으로 보도했다.

이 케이스 스터디와 과정들은 1-3주간 지속되었는데, 하버드대와 CIA 모두가 만족하여 1990년대 말까지 계약을 갱신하였다. 그러나 그 협상은 항상 논쟁이 많았다. 어떤 해에는 하버드 회계연도가 끝나기 전날인 6월 29일까지 CIA가 계약서에 서명을 하지 않았다. 프로그램 행정처장인 낸시 헌팅턴(Nancy Huntington)은 하버드대 법률자문관에게 전화를 해서 그녀와 어네스트 메이(Ernest May) 교수는 그 프로그램을 자금 없이 처리하여 내일 감옥을 가야할 것 같다고 말했다. 대학은 CIA를 접촉하였고 CIA는 계약서를 지참한 배달부를 하버드로 보냈다.

1997년 CIA 국장이 된 조지 테넷(George Tenet)은 그의 전임자들보다는 하버드 프로그램에 덜 충실했다. 1999년 그 당시 케네디스쿨은 소련의 아프간 침공에 대한 미국의 반응에 관한 케이스스터디를 개발하였다. "비밀활동의 정치: 미국, 무자헤딘, 그리고 스팅어 미사일"로 제목이 된 이 케이스 스터디는 1986년 아프간 반군에게 스팅어를 보내는 것으로 레이건대통령이 결정한 것 뒤에는 당시 CIA의 반대에 대한 심한 언쟁이 있었던 것을 노출했다.

주목할 만하고 꼼꼼하게 연구가 된 그 케이스스터디는 파키스탄에 있던 3명의 전 CIA거점장의 신원을 드러냈다. 그 연구는 1978년부터 1988년 사망 시까지 파키스탄 대통령이었던 무하마드 지아울하크(Muhammad Zia-ul-Haq)와 1981년부터 1987년까지 CIA 국장이었던 윌리엄 케이시(William Casey)와의 친밀한 관계를 묘사했다. "케이시는 레이건 행정부에서 지아울하크 대통령과 가장 가까운 사람이 되었다."라고 그 연구는 보고하였다.

국방차관보와 미의회의 몇몇 사람들이(2007년 "찰리 월슨의 전쟁"이란 영화에서 명사로 대우받은 텍사스주 출신 하원의원을 포함) 어떻게 CIA를 압도하게 되었는지를 설명하는 부분이 CIA를 화나게 했다. "CIA는 그렇게 현저하게 지아울하크를 거명하는 것에 반대를 했다고 나는 들었다. 지아울하크가 CIA에 협력했다는 것은 비밀이라고 그들은 생각한 것이 분명하다."고 저자인 커스텐 룬드버그(Kirsten Lundberg)가 나에게 말했다.

"인터뷰들이 녹음되었다는 것에 CIA는 전반적으로 화가 난 것 같았다. 모든 인터뷰는 비밀로 분류되는 것이라는 게 그들의 생각이었다. 그들은 그 케이스 전체를 비밀로 분류해 주길 바랐다. 그것이 실패하자 그들은 모든 인터뷰 원고와 테이프를 넘겨주길 원했다. 그러나 우리는 거부했다."고 룬드버그는 말했다. 하버드 변호사들은 그 결정을 지지해주었다.

"그 싸움은 수개월간 계속 되었고 쓰라림을 낳았다. 그래서 CIA가 다른 행동을 하는 것을 쉽게 해주었다."라고 피터 짐머만(Peter Zimmerman)은 회상했다. 짐머만은 오랫동안 케네디스쿨 행정처장이었고 현재는 전략프로그램 개발 담당 선임 부학장이다. 투명성에 환멸을 느낀 CIA는 계약을 갱신하지 않았다.

CIA 분석부서에서 온 관리자들이 학생들의 대부분이었지만 일부는 비밀공작부서에서 와서 가명으로 등록을 하였다. 케네디스쿨은 그들의 이름을 공란으로 한 채[20] 과정 수료증을 그들에게 주었다.

한 과정이 끝난 후 CIA에서 온 한 학생은 괴로움에 헌팅턴에게 전화를 해서 그녀에게 그 프로그램이 "특정한 집단을 위한 은밀한 것"이 아니었냐고 물었다.

"무슨 뜻인가요?"라고 그녀는 물었다.

"나는 하버드 정치 대학에 있는 누구를 우연히 만났고 나의 위장이 탄로 났다."고 그는 말했다.

하버드대의 '정보와 정책' 프로그램 수업들은 미국 정보기관 직원들에게 한정되어 있기 때문에 가상 신분은 윤리적인 장애를 가져오지 않는다. 그러나 중간경력 프로그램(Mid-career Program)에서 위장을 사용하는 것은 더 중대한 문제들을 상정한다. 이 1년 과정 프로그램은 일반적으로 미국인보다 두 배나 많은 외국학생들을 가지고 있다. 2015-16년의 214명의 학생들 중 미국인은 79명이었고 그 중 31명이 연방정부와 미군에서 왔다. 135명의 외국인 학생들은 75개국에서 왔으며 36명은 아시아에서, 24명은 중동에서 왔다. 약 10개월간의 비용은 학생당 88,862달러이며 이중 수업료가 45,697달러, 중간경력 추가료 8,040달러, 기숙사료 23,380달러 등이 포함되어 있다.

미국인, 러시아인, 아랍인, 이스라엘인, 터키인, 그리고 아르메니아인들이 매주 목요일 학생주도의 세미나에 모인다. "나의 일은 이러한 모든 사람들이 한방에 모이고 매일 주먹다짐을 하지 않는 환경을 만드는 것이다. 가장 좋은 대담 중 일부는 긴장감이 조금 있을 뿐이다. 비결은 교실 안팎에서의 환경이 끓어오르지 않게 하는 것이다. 때로는 그것이 끓어 넘친다."

국제학생의 명단은 CIA 쇼핑 명단처럼 읽혀진다. "내가 그 프로그램에 있을 때 우리는 요르단 국왕의 고문이 된 요르단 외교관이 있었다. 독일 외교관, 브라질 외교관… 일상대화, 격식대화, 그리고 소개를 위한 풍부한 환경이 있다는 것은 의심할 바가 없다. 외국 관리들이 무엇을 하고 있는지를 아는 것은 항상 흥미로운 일이며 해외에서 근무하는 사람을 만나는 것은 도움이 된다."라고 전 CIA 분석관이 말한다.

중간 경력 과정 참가자들은 그 프로그램 밖에서도 가치 있는 접촉을 만들고 있다. 그들은 전(全) 하버드 대학에 있는 수업을 듣고 필요 8학점을 채울 수 있기 때문에, 그들은 다른 케네디스쿨학생과 하버드 학생들을 알게 된다. 학교 방학기간 중에 케냐부터 한국까지 학생들이 조직한 세계 여행을 간다. 그들은 거기서 정부 및 기업 책임자와의 만남을 주선해주는 영향력 있는 선배들의 환영을 종종 받는다.

약 25명의 이 과정 학생들이 2015년 10월 주말에 워싱턴 D.C.로 여행을 했다. 그들의 일정에는 국무부, 국가안전보장회의, 미국 평화연구소, 하원 군사위원회, 그리고 국방부가 포함되어 있었으며 국방부에서는 케네디스쿨 졸업생인 해군소장 피터 판타(Peter Fanta)를 만났다. 우연히 백악관 밖에서 그룹에서 벗어난 한 여학생이 줄서 있던 그녀의 옆 사람과 잡담을 시작했고 그는 FBI 특수요원임이 밝혀졌다. 그녀가 자신이 케네디스쿨 중간경력 프로그램에 있다고 말하자 그는 그녀가 FBI에서 일하는 것에 관심이 있는지를 물었다. 그리고 "우리는 지금 많이 모집을 하고 있다. CIA는 어떤가?"라고 그는 말했다.

전직 CIA 직원들을 포함하여 대부분의 중간경력과정 졸업자들은 그들이 많은 것을 배웠다고 말하고 있다. "교수진에 있는 과거 및 미래의 정부관리들은 수많은 그들 자신들만의 경험을 강의실로 가져왔다."라고 퇴직 CIA 요원 레지스 맷락(Regis Matlak)은 말했다. 그들은 하나의 사건을 연대순 맥락에다 놓고 역사적 근원을 추적하며 단순한 분석을 피하도록 함으로써 외국문제들을 좀 더 세련된 방식으로 생각할 것을 가르쳤다고 그는 부언했다.

나(저자)는 집단역학에 대해 말할 수 있다. 1998 – 99년에 나는 중간 경력 언론인을 위한 스탠포드대학 프로그램에 수강생이었다. 그 프로그램은 케네디스쿨의 중간경력 프로그램과 많은 점에서 닮아있다. 배우자와 아이들을 동반하여, 미국과 전 세계에서 온 경험 많은 전문가들이 팔로 알토(Palo Alto:스탠포드 대학이 있는 도시)에 모였다. 우리는 주례 세미나에서 세계문제를 심사숙고하였고, 동일한 강의와 교수들에게 모여들고, 포도농장과 몬트레이 베이 해변으로 소풍을 가서 연대를 강화하면서, 다른 수강생의 집으로 가서 대화와 동지애를 갖는 보편적인 저녁시간을 즐겼다. 나는 의견들을 자유롭게 아마도 너무 자유롭게 말했고 다른 수강생들도 그러했다. 그러고 나서 우리들은 다시 헤어졌다. 거의 20년이 지난 오늘 나는 아직도 그들과 연대감을 느끼고 있다. 나는 평생 친구라고 생각하는 몇몇과는 아직도 연락을 하고 있고 다시 재회하기를 열망하고 있다.

나의 급우들은 나의 실제 직업과 고용주를 알고 있었고 나의 태도와 경험들을 액면 그대로 받아들였고 그들 역시 그러했다. 하지만 우리들 중 한 명이 신분을 감춘 정보요원이었다면, 그 요원은 한 두 명의 정보원을 구하기 위해서 이런 신뢰관계를 이용하였을 것이다.

25명의 교수 및 행정직원들로 구성된 케네디스쿨 입학 허가 위원회는 중간 경력 지원자들을 검토하며 각 서류는 수차례 읽혀진다. 지원자들은 세 가지 기준에서 판단되어진다. 이들은 학과 수강 능력이 있는가? 그들 직업에서 유능한가? 더 높이 올라갈 잠재력을 가지고 있는가? 이다. CIA 비밀요원들은 전형적으로 해외근무 공무원으로 신분을 감추고 지원을 한다. CIA의 신분 위장을 보호해주는 것에 친숙한 대사관 동료들로부터 예를 들면 "향후 그는 훌륭한 대사가 될 것이다."라는 강력한 추천을 받아서 일반적으로 그들은 입학을 허가 받는다. 학교에 도착해서 그들은 케네디스쿨 핵심 행정직원들에게 그들의 비밀을 털어놓고 직원들은 그것을 보호해준다.

"우리는 당신의 신분을 보호해 준다. 우리는 정부를 위해 봉사하고 있다."라고 한 행정요원이 말했다.

그들의 교수들은 그것을 모른다. "기이한 일은 케네디스쿨이 교수진에게는 수업을 받는 학생들에 대해 제한된 정보만 주는 것이다. 그들은 중간 경력 학생들이라고 만 말해준다. 그들에 대해 더 많이 안다면 그들을 가르치는 데 도움을 줄 것이다."라고 한 교수가 말했다.

아이러니하게도 최근 들어서 국무부는 케네디스쿨 중간경력 과정의 주요 경쟁학교에 실제 외교관들을 보내는 것을 선호했다. 그 경쟁학교는 프린스턴대의 Woodrow Wilson School 이며, 남플로리다 대학 교수인 다진 펑(Dajin Peng)은 여기서 그의 박사학위를 받았다. 이것은 돈을 절약하는 조치이다. 프린스턴대학은 15명에서 20명의 학생들에게 전액 장학금을 주고 있다.[21] 국무부의 해외기구는 한 해에 2명의 경제 관리에 대해 중간 경력 훈련을 지원해주고 있고 그들은 때때로 케네디스쿨을 선택하기도 한다.

케네디스쿨과는 달리 윌슨 스쿨의 중간경력 프로그램은 CIA 스파이는 받아들이질 않는다. "우리는 공작원들을 결코 받지 않는다. 우리는 단지 분석관들만 받는다. 우리는 분석관들만이 우리 프로그램의 한 부분이 되어야 한다는 것을 기본적으로 느끼고 있다. 공작관들은 우리들 정책에 포함되지 않는다."라고 윌슨 스쿨 대학원생 입학허가 책임자인 존 템플턴(John Templeton)이 나에게 말했다. 윌슨 스쿨은 그 정책을 정보기관에 명확히 해 왔으며 그들은 그것을 준수하고 있다고 그는 말했다. 분석관들은 그들이 CIA 직원이라는 것을 인정하기 때문에 프린스턴 대학은 가짜 자격증을 수여하는 것을 피한다. 윌슨 프로그램에 친숙한 또 다른 사람은 "그 프로그램은 학생들이 그들의 전문 경험을 솔직하게 공유할 수 있는 학생들을 선호한다. 왜냐하면 이러한 대화는 교육과정에 있어서 필수적이다."라고 말했다.

신분을 숨긴 중간 경력의 CIA 요원을 받아주는 케네디스쿨의 정책은 현재까지 계속되고 있다고 나는 들었다. 예를 들면 2013년 라틴아메리카 출판물은 한 CIA 요원이 7−8년 전에 외교관신분으로 그 중간 경력 프로그램을 수강했다고 폭로했다. 그러나 최근에 비밀리 이 프로그램을 다닌 이들의 이름을 밝히는 것은 그들의 안전과 미국의 이익을 위험하게 할 수도 있을 것이다. 특히 그들이 아직도 스파이라면 말이다. 그래서 이 장에서 내가 신분을 밝힌 CIA 요원들은 이 프로그램에 간 것이 20년이 더 되었고 더 이상 비밀스런 일을 하지 않는다.

로버트 시몬즈(Robert Simmons)는 하버드에 두 번 다녔다. 두 번 모두 그의 CIA 신분을 감추고 갔다.

시몬즈와 나는 2015년 11월 어느 날 아침 코네티컷주 스토닝톤에 있는 그의 집에

서 만났다. 그의 집은 키드(Kidd) 선장이 해적질 한 보물들을 숨긴 곳으로 추정되는 조
그만 만이 보이는 바닷가를 굽어보고 있다. 그 집은 100년 이상 그들 가족의 집이었
다. 앞뜰 게양대에는 성조기가 펄럭였고 시보레(Chevrolet)사 푸른색 트레일블레이저가
GUNGHO('멸사봉공의'라는 뜻이며, 미국은 번호판에 숫자대신 알파벳도 사용가능)라는 번호
판을 달고 집 앞 도로에 서 있었다. 대만의 불교 절에서 가져온 섬세하게 조각되고 나무
판으로 된 1840년도 문이 현관을 장식하고 있다. 우리는 책들이 있는 지하 서재에서 대
화를 했는데, 책 선반에는 처치 위원회 보고서가 위쪽에 놓여 있었다.

해버포드 대학(Haverford College) 졸업생인 시몬즈는 베트남전에서 두 개의 동성
훈장을 미 육군에서 받았다. 그는 1969년 CIA에 입사를 했는데, 그 이유는 군대보다
CIA가 베트남 상황을 더 잘 알고 있었기 때문이었다. 그는 베트남에서 CIA 심문센터를
운영했고 그리고 나서 1년간 휴가를 얻어서 하버드대 아시아 연구소에서 특별학생으
로 다녔다. 그는 군인 신분으로 위장을 하였고 그 신분은 그가 중국 본토에서 온 중국어
교사를 사모하지 못하게 하였다. "나는 그녀가 나에게 중국어를 가르쳐주길 원하지 않
으며 그 이유는 내가 중국인들을 죽이는 데 그것을 사용할 것이라고 말한 것을 기억한
다."고 그는 말했다.

그의 다음 임지는 대만이었는데, 거기서 그는 대만의 핵프로그램에 대한 정보를 수
집하였다. 그의 상관인 대만 거점장과 싸움 속에서 3년간을 보낸 후에 그는 케네디스쿨
에서 석사학위 공부를 결정하였다. 그의 입학 지원서를 거점장이 깔아뭉개자 그는 대만
주재 미국대사에게 호소하여 대사가 그의 채널을 활용하여 그것을 하버드 대학에 보내
주었다. 그 지원서에는 그가 국무부 경제 담당 관리로 되어있었다.

케네디스쿨은 입학허가를 주었을 뿐 아니라 장학금까지 주었고 이것은 그를 불편
하게 했다. 1978년 하버드에 도착하여 그는 당시 학장인 그래함 앨리슨(Graham Allison),
중간 경력 프로그램 관리자인 짐머먼, 그리고 그의 담당교수 앨버트 카네세일을 찾아
갔다.

"내가 어디서 일하는지를 당신들이 모르고 있다면 나는 당신들이 주는 장학금을 받
지 않겠습니다."라고 말했다고 그는 회상했다.

그들은 알고 있다고 그에게 말했다. 주대만 미대사는 그 지원서에 대해 "일반적인
것이 아닌 것이 있다고 힌트를 주었다. 그들은 그의 비밀을 지키겠다고 약속을 했다.
(짐머먼은 그 일을 확인해주었고, 카네세일은 그는 기억을 못한다고 말했으며, 앨리슨은 코멘트

를 거부했다) 그 프로그램의 사진 명부에는 시몬즈의 이력을 단순히 "주 타이완 미대사관 1976년 – 현재"라고 표기되었다.

나는 케네디스쿨이 내가 하버드를 졸업한 바로 그 해인 1978년 벌써 CIA의 동반자가 되었다는 것을 알고서 놀랐다. 나의 마음은, 나와 나의 친구가 우리 주변에 어떤 스파이가 있었다는 것을 몰랐던 나의 대학시절로 되돌아갔다. 우리는 매우 열심히 공부를 하였고 밥 딜런 또는 제임스 테일러 레코드를 들으면서 던스터 기숙사(Dunster House) 지하에서 핀볼과 푸스볼을 하였다.

우리는 어쨌든 시몬즈와 만났던 적이 없다. 왜냐하면 그는 다른 학생들과 거의 교제하지 않았다. 그는 기혼이었고 대학 밖에서 살았으며 맥주 몇 잔으로 인해 말을 실수할까봐 우려를 했다. "내가 타이완을 떠나서 그렇게 빨리 신분을 노출시킨다면 그것은 내 후임자를 위험에 빠뜨릴 것이다."라고 시몬즈는 말했다.

시몬즈가 급우들에게 CIA 경력을 밝혔다면, 베트남에서 부상당한 포로들에게 적용한 심문 기술은 그 프로그램의 교육적 가치를 높일 것으로 보이는 활기 넘치는 토론을 촉발시켰을 것이다.

"포로들이 부상을 당했으면[22] 그들이 우리에게 협력할 가능성이 부상이 없을 때보다 50% 더 높다….".라고 그는 1997년 한 인터뷰에서 말했다. "나는 때때로 나를 도와준 약간의 미국인 의사들을 알고 있었다. 나는 약과 의료기 및 그밖에 모든 것이 들어있는 큰 의료가방과 함께 미국인 의사를 데리고 간다. 그 의사는 의료기구들을 착용하고 심장소리를 들으면서 상당히 세세한 진찰을 한다. 그 세세한 진찰은 농부인 포로에게는 매우 정교하게 보였을 것이다. 그리고 나서 그 의사는 부상당한 포로를 보면서 '상태가 안 좋군요. 감염이 되었을 수 있습니다. 잘라야할 지도 모르겠습니다'라고 말한다."

"그 포로는 '당신이 무엇을 할 수 있어요?'라고 물을 것이다."

"나는 보통 의사를 내보내고 그 포로에게 '우리는 당신을 돕고 싶다. 그러나 약을 얻기가 매우 힘들다. 당신이 치료에 대한 보답으로 우리를 도와주지 않으면 나는 당신을 도울 수 있는 어떤 것도 할 수가 없다' 이러면 잘 풀렸다."

제네바 협약[23]은 부상당한 혹은 아픈 전투병들은 의료지원이나 돌봄이 없이 의도적으로 방치되지 말아야 한다고 되어있다. 협조를 이끌어내기 위해서 전쟁포로들을 물리적으로 또는 정신적으로 강제하거나 고문을 해서는 안 되며 혹은 그들이 대답하기를 거부한다고 할지라도 위협을 받거나 해를 당하거나 또는 어떠한 종류의 불쾌하거나 불이익을 주는 대우를 당해서는 안 된다.”

시몬즈는 그들은 우리의 포로가 아니었기에 이러한 규정을 위반한 것이 아니라고 나에게 말했다. 그 포로들은 월남의 책임 하에 있었고 CIA 심문에 데리고 온 것이었다. 만약 그들이 협조를 한다면 그들은 CIA심문센터에서 먹고 자고 할 수가 있었으며 미국인 의사들이 그들을 치료하였다. 협조를 하지 않는다면 그들은 치료를 위해서 월남 측에 다시 넘겨졌다. 그들의 정보는 미국인들의 생명을 구했다고 그는 말했다.

중간 경력 프로그램을 마친 후 시몬즈는 CIA를 그만 두었다. CIA는 그가 미 의회에서 일자리를 찾을 때 그의 이력서에 CIA근무를 적는 것을 허용해주었다. 미의회에서 시몬즈는 상원 정보위원회 수석 전문위원으로 고속승진을 했다. 그 후 그는 예일대에서 ‘의회와 정보공동체에 대한 세미나’라는 강좌를 강의했다. 그의 학생들 속에는 오바마 정부에서 유엔대사를 한 사만사 파워(Samantha Power)도 포함되어 있다. CIA 전직 요원으로서 그는 그의 강의요강을 승인받기 위해서 CIA에 제출하였다.

시몬즈는 2000년 간신히 하원의원으로 선출되었으며 민주당 강세지역에서 공화당 의원으로 3선을 했다. 특히 2001년 9·11 사태이후 군인과 스파이로서의 그의 경력[24]은 선거구 주민들과 하원의 동료의원들에게 좋은 인상을 주었다. 하원에서 그는 군사위원회, 퇴역군인 위원회, 국가안보 위원회에서 일했으며 테러리즘에 대한 전문가로 여겨졌다. 2008년 하원의원 선거와 2010년 공화당 상원의원 후보 지명전에서 패배한 후에 그는 2015년 스토닝턴(Stonington)시의 수석 도시행정위원으로 선출되어 수수한 모습으로 정치계로 돌아왔다.

시몬즈는 중간 경력프로그램 참가자 중 케네디스쿨 벽에 걸려서 명예를 받고 있는 유일한 비밀스파이일 수도 있다. 의회에서 일하였던 다른 졸업생들처럼 그는 케네디스쿨의 토먼(Tauman) 빌딩 안에 명판이 있다.

CIA는 토마스 고든(Thomas Gordon)[25]을 암만, 바그다드, 베이루트, 베를린, 보스니아, 이집트, 쿠웨이트, 런던, 오만, 소말리아, 워싱턴 D.C. 그리고 하버드 광장으로 보냈다.

CIA 모집관들은 고든이 브리검 영(Brigham Young)대학에서 학사 대학생이었을 때 그를 처음으로 유혹했다. 휴스턴 경찰 및 해군장교의 경력을 거친 후, 그는 1987년 CIA에 입사를 했다. 그는 어학에 소질이 있었다. 인디언 피가 흐르는 그는 이미 나바호 및 활라파이(Hualapai)어에 유창했고 곧 독일어와 아랍어에 대해서도 실무적인 지식을 갖게 되었다. 그의 임무 중에는 '알카에다'로 불리는 도망 중인 테러조직을 추적하는 것이었다.

CIA 간부들이 그를 소환했을 때 그는 다음 임무를 위해 대기하고 있었다. 간부들은 그에게 1년간의 연수는 그가 진급하는 데 도움을 줄 것이라고 말하고 프린스턴대 전쟁 대학(National War College)과 케네디스쿨을 포함한 옵션들을 제시하였다. 그가 결정을 못하자 그들이 그에게 선택을 해주었다. "그들은 다음날 나에게 전화를 해서 '하버드에 1년간 보내려고 한다'고 말했다… 나는 그들이 거기에 보내려는 요원이 1년에 1명, 2명, 혹은 3명이라고 생각한다."고 고든이 말했다.

그는 국무부 해외업무 직원으로 중간 경력 프로그램 입학 허가를 받았지만 학교 측이 그의 진짜 직업을 알고 있다고 느꼈다. "나는 그들이 어떤 종류의 힌트를 가졌다고 생각한다. 케네디스쿨에 있는 몇몇 사람들은 내가 외교관이 아닌 것처럼 나에게 말했고, 내가 거기 온 것을 그들이 받아들일 수 있다는 느낌을 가졌다."고 고든이 말했다.

그의 비용을 대고 있는 CIA는 그에게 하버드에서 어느 누구도 포섭하지 말라고 주의를 주었다. 내가 떠나기 전에 우리는 우리가 거기에 있을 때 우리의 일상적인 업무를 하지 않을 것을 브리핑 받았다. 나는 "물론입니다."라고 대답했다.

"그러나 물론 업무선상에서 볼 때, 당신은 미래를 고려하여 당신의 라인을 열어 놓는다. 그것은 NFL 드래프트에 나가는 것과 같다. 당신은 나중에 당신의 경력에서 아는 사람들이 되는 사람을 거기서 만난다. 내가 거기서 만든 유대관계는 나중에 편리함을 나에게 주었다. 진부하지만 거기에는 동지애가 있다. 나는 전화를 들고 졸업생 명부에 있는 어느 누구에게도 전화를 걸어서 나는 1992년에 거기를 다녔습니다. 이 문제에 관해 당신의 견해를 나에게 줄 수 있습니까?"라고 묻는다.

하버드에 도착하자 그는 예의상 보스턴에 있는 CIA 사무실에 연락을 했으며 그 후에는 공부에 매진하였다. 대외정책에 관한 일반적인 강좌와는 별도로 그는 하버드 법대에서 연방 인디언법을 공부하였고 미국 인디언의 경제 발전에 대한 전문가인 케네디스쿨의 조세프 칼트(Joseph Kalt) 교수의 생각을 받아들였다.

그의 위장을 유지하는 것은 해외에서 하는 것보다 어렵지 않았다. 다만 한 급우가 의심스럽게 생각했다. "그의 경력에 대해 말하는 것이 더 이상 없었다. 나는 거기에 뭔가가 진행되고 있다는 애매한 느낌을 기억한다."라고 당시 뉴멕시코 주의 타오스(Taos) 신문 편집장인 브라이언 웰치(Bryan Welch)가 말했다.

또한 고든은 그 과정을 1년 먼저 다녔던 켄 모스코우 등과 같은 CIA 동료들을 때때로 만났다. "나는 지나가면서 그를 알았고 그리고 나서 다시 사무실로 돌아가서 알았다. 그가 캠브리지로 돌아왔을 때 몇 차례 그와 자리를 같이 했다. 그러고 나서 해외에서 두어 차례 만났다."

하버드 과정을 마친 후 고든은 알카에다 추적을 재개하였다. 그는 1996년 CIA를 떠났다. 그러나 독자적인 계약자로서 미국 정보 일을 계속했다. "나는 지난 10년간 이라크와 아프가니스탄에서 많은 시간을 보냈다."고 그는 말했다.

1998년 그는 민주당 구역에 공화당 단기명 후보(정식 후보자 명단에 없는 사람의 이름을 기입해서 투표하는 것)로 나서서 승산이 없는데도 애리조나 주하원의원에 선출되었다. "나는 여기에 나왔다. 아무도 신청하지 않을 것을 알았다. 나는 내 이름을 써 넣었다."고 그는 말했다. 그 다음 해에 그는 언론이 그의 CIA 경력을 폭로하게 만든 특이한 스캔들에 휘말리게 되었다.

그 당시 코소보 지역은 세르비아로부터 독립하기 위해 싸우고 있었다. 해군 예비역인 고든은 과거에 거기에 그가 배치되었다는 것을 근거로 애리조나출신 연방 하원의원을 설득하여, 그 하원의원이 그의 발칸반도 여행을 특별히 허가해 주도록 했다. 그 설명은 허위였다. 한 화가 난 장군이 그 의원을 만나서 고든이 문제를 일으키고 있다고 불만을 토하였고, 그 의원을 그것을 알았다. 고든은 자신의 대부분의 경력이 정보 또는 특별공작이었기 때문에 상세한 것을 토론할 수 없었다는 성명서를 발표했고 그로 인해 애리조나 리퍼블릭紙가 그가 CIA에서 일했다고 폭로하게 되었다.[26] 또한 그 신문은 CIA가 그를 해고했다고 보도하였고 고든은 그것을 부인했다. 그는 2001년 불법적인 목적으로 군사시설에 들어간 것을 유죄로 인정하고[27] 10달러의 벌금을 내었다.

고든은 그의 예비역 지휘관이 비공식적으로 그의 여행을 축복해 주었다고 나에게 말했다. 그는 1998년 케냐 및 탄자니아 소재 미대사관에 대한 알카에다의 폭탄공격으로 CIA훈련 중에 사망한 옛 친구에 대한 복수를 위해서 발칸지역으로 갔다. 오사마 빈 라덴이 그 무슬림 반도들을 지원하고 있었고 고든은 세르비아 측에 있었다. "나는 거기서 특수공작을 하고 있었다. 우리는 일부 이란인들과 알카에다 요원들을 도와서 그들의 거기를 떠나가도록 했다."불행히도 세르비아는 그것을 몰랐고 고든을 수감하였다. "그들은 내가 주위를 배회하는 미국인으로만 알았다."고 그는 말했다.

2010년 고든은 애리조나 주지사 경선을 위해 추파를 던졌으나 철회를 했다. 지금은 아메리카 인디언 보호구역에 대한 개발 단체의 장으로서 있으며 인디언 법과 경제개발에 관한 하버드에서의 교육을 선의로 사용하고 있다. "하버드에서의 나의 시간은 내가 여기서 부족들을 위해 좋은 일을 하도록 해주었다. 나는 어디선가 거점장을 할 것이고 무명으로 잊혀 갈 것이라고 생각을 하면서 케네디스쿨에 갔다. 그러나 나는 인디언 보호구역에 더 많은 관계를 가지게 되었다."고 그는 말했다.

고든의 8명의 자식 중 하나인 키오와 고든(Kiowa Gordon)은 Twilight Saga라는 드라마에서 인디언 늑대인간 역으로 잘 알려져 있는 배우이다. 그는 트위터에[28] 그의 혈통을 이렇게 묘사하고 있다: "독일 베를린에서 태어남, 스파이와 활라파이(Hualapai) 혈통임" 토마스 고든의 1991-92년 중간경력 프로그램 급우 2명은 그들의 신분가장을 매우 잘해서 고든조차 그들이 미국외교관이라고 믿었다. 실제로 에릭 폰 에카츠버그(Eric von Eckartsberg)와 게일 폰 에카츠버그(Gayle von Eckartberg)도 고든과 마찬가지로 스파이들이었다.

사진명단에 있는 그들의 신분은 동경에 있는 미대사관의 부부외교관으로 되어있었다. 에릭은 국제 환경 정책과 핵 비확산을 전공하였으며 "미-일 양국의 과학문제와 일본의 기술정책"을 연구하고 논문으로 썼다. 대사관 정무과에서 근무를 했던 게일은 대사관에서 "국제 정치 평가와 분석"을 하였고 "일본의 정치 상황을 연구하고 보고를 하였다."

에릭은 2016년 1월 이메일에서 나(저자)에게 "나의 신분위장을 나중에 내리고 1983-1994간 CIA에서 근무를 했다고 공개적으로 인정할 수 있었다."고 말했다. "하버드에서는 나는 전문성 개발 프로그램의 정규학생으로 참가를 하였고 아마도 나와 고든은 어떤 곳에서 맥주 1-2잔을 하였을 것이나 케네디 스쿨에 다니는 동안에는 우리 둘 중 어느 누구도 업무를 하고 있지 않았기 때문에 업무에 대해 논의한 적이 없었다."라고 에릭은 말했다.

"마찬가지로 게일도 케네디스쿨의 순수한 학생으로 다녔기 때문에 그녀의 공직(CIA) 근무경력과 관련된 어느 것도 말할 수 없다."고 에릭은 말했다. 그러나 게일의 교수들 중 한 명은 나중에 게일이 CIA 요원이라는 것을 알았다고 나에게 말했다.

고든은 그가 CIA로 돌아가고 난후에 에릭 부부에 대해서 알았다. "누가 그들의 이름을 흘려주었다."고 고든은 말했다.

에릭과 게일 부부는 그들 급우들에게 좋은 인상을 주었다. "그들은 매우 다정했고 아주 흥미로운 사람들이었다. 그들은 외국 근무에서 얻은 흥미로운 통찰력을 우리와 공유했다."라고 브라이언 웰치(Bryan Welch)가 말했다.

석사학위를 받는 시점에, 그 부부들은 게일이 UN으로 임지를 부여받게 되어 뉴욕으로 이사를 갔다. 일본을 잠깐 방문하였을 때 그들은 나중에 자위대 함대 사령관이 된 이이치 푸나다(Eiichi Funada)와 케네디스쿨 급우였던 사람들과 오찬을 가졌다.

그 오찬에 대한 에릭의 기억은 흐릿했지만 그것은 순수한 개인적인 만남이었지 포섭하려는 여행이 아니었다고 그는 말했다. "케네디스쿨을 졸업한 후 일본을 수많이 방문하였지만 그러한 일을 하려고 간 것이 아니었다."라고 부언했다.

부부는 얼마 안 되어서 CIA를 떠났다. 케네디스쿨에서 조셉 나이(Joseph Nye) 교수 강의를 받은 게일은, 나이교수가 1993년 국가정보위원회 위원장이 되고 이듬해 국방부 차관보가 되었을 때, 특별 보좌관으로 근무를 했다. 그 후 그녀는 CIA 투자회사인 인큐텔(In-Q-Tel)의 중역으로 일했다. 인큐텔은 정보수집과 분석을 도울 수 있는 상업적 기술들을 찾는 것이었다. 그녀는 지금은 미해병 태평양 사단의 계획, 정책, 작전 담당 책임자이다.

에릭은 정보 기술 회사의 선임 부사장이다. 그의 링크드인(LinkedIn: 전세계 5억명이 회원인 세계 최대 비즈니스 인맥관리 서비스 사이트) 페이지는 그를 "초기 및 중기 스타트업에 확실한 수입 성장을 주었던 기록이 있는 세일즈, 사업개발, 전략 중역 경험자"이고 "미국의 국가안보와 국방 시장에 깊은 지식 보유자"라고 홍보하고 있다.

졸업 10주년 동창회 보고서에서 게일은 그녀의 과거 동경근무 국무부 외교관 위장 신분을 중지하고 유엔을 그녀의 마지막 미국 외교관 실제 임무지로 기술하였다. 그녀는 동창들에게 "케네디스쿨은 나의 인생을 바꾸었다. 당신들도 알다시피 통찰력, 맥락, 접촉, 개편, 포커스, 새로운 기회 등이다. 케네디스쿨 경험으로 인한 장래성은 매우 현실적이었고 지금도 현실적이다. 이런 경험을 준 급우들과 교수들에게 감사하고 이 전통은 계속된다."라고 말했다.

도널드 히스필드(Donald Heathfield)는 무결점의 자격증들을 가지고 있었다. 그는 토론토에 있는 요크대학에서 경제학 학사를 마친 후에 파리에 있는 대학원에서 경영학 석사를 받았으며 그 대학원에서 개발 분야 국제 이사로 재직했다.

"케네디스쿨 중간경력 지원자로서 나는 시험, 지원동기서, 추천서를 포함하여 세세한 검증절차를 밟았다.[29] 그 당시 나는 이미 MBA 학위를 가졌고 사업들을 창업하고 관리하는 경험뿐만 아니라 세계경제에 대해 전문가였다. 그래서 나는 훈련 수준과 관련해서 다른 지원자들과 다르지 않았다."라고 히스필드는 말했다.

히스필드는 다른 면에서 여타 지원자들과 달랐다. 그의 이름과 국적은 가짜였다. 2010년 졸업 10년 후에 그는 대사관 직원들이 갖고 있는 외교관면책특권이 없이 불법적으로 미국사회에 들어온 러시아 스파이 중 한 명이라고 밝혔다. (다른 스파이 중에는 신시아 머피(Cynthia Murphy)라는 가명으로 컬럼비아 경영대학원 급우들과 교수들을 포섭했던 리디아 구리에바(Lydia Guryeva)가 있다) 히스필드의 본명은 안드레이 베즈루코프(Andrey Bezrukov)였고 히스필드는 사망한 캐나다인으로부터 차용한 것이었다. 체코공화국 국제학교를 다녔던 캐나다 외교관의 아들이라는 가짜 배경은[30] 그의 동구권 악센트를 설명하기 위해 만들어 낸 것이었다.

CIA만 케네디스쿨에 스파이들을 보내는 것이 아니다. 동맹국이든 적대국이든 외국 정보기관들도 미래의 지도자들에게 비밀리 접근한다. "특히 러시아는 푸틴 정권하에서 미국에서의 활동을 강화해 왔다. 러시아는 단기 중역 교육과정에 사람들을 보냈을 가능성이 있다. 수업료가 싸고 의심이 없기 때문이다. 모스크바의 알파뱅크(Alfa Bank)에서 온 사람은, '모스크바에 오겠지요?'라고 말하면서, 친구들을 사귀고 많은 명함을 뿌리며 그 후 관계를 지속한다."라고 케네디스쿨의 교무처장인 세르게이 코노플리오프(Sergei Konoplyov)가 말한다.

케네디스쿨은 보통은 가명으로 등록된 미국 정보요원들에 대해 통보를 받지만 외국 정보기관들은 그러하지 않는다. 그러나 루머가 나돈다. 좋아하는 취미는 "스파이 추측"일 것이다. 한 해에는 영국 정부에서 온 학생이 추측을 불러일으켰다. 중간경력과정의 전통은 학생들이 치어리더 무용이나 오페라 송을 서투르게 하는 등의 행동을 하면서, 익살스럽게 15초간 급우들에게 소개를 하는 것이다. 이 발표는 비디오테이프로 녹화되었고 비디오 녹화가 중단된 후에도 실행은 계속되었다. 영국에서 온 이 관리는 영국인들에 있어서 유명한 내성적인 면을 보이면서 소개에 참가하는 것을 거부하였다.

"그는 (스파이 일 것이라는 추측에 대해) 최고로 설득력이 있었다. 나는 그가 무너질 것이라고 생각했다. 수개월 뒤에 누가 나한테 들러서 '그가 MI6 요원이라고 확신한다'고 말했을 때 나는 놀라지 않았다."라고 한 前 교무담당자가 말했다.

이와는 반대로 "히스필드"는 나중에 멕시코 대통령까지 된 펠리페 칼데론(Felipe Calderon)을 포함하여 그의 급우들과 잘 어울렸다. 활력적인 인간관계 구축자인 그는

"Royal Canadian Scotch Stagger"라고 명명된 스카치 맛보기 야유회[31]로 카나다에서 온 학생들을 이끌었고 프랑스 와인동굴[32] 봄 여행을 조직하기도 했다. 그는 급우들에게 맛깔스런 대화에 능한 사람으로서 매우 우호적이고[33] 그러나 다소 신비스럽고 그의 직업적 야망에 대해 항상 매우 애매한 사람이었다.

그는 졸업 후에 케네디스쿨 재회모임에 나갔고[34] 전 세계에 있는 급우들을 방문하여 표면적으로 우정을 유지하였다. 좀 더 그럴듯하게 말하자면 그는 정보원들을 키우고 있었다. "싱가포르, 자카르타 등 그는 누가 무엇을 하고 있는지 알고 있었다. 만일 어느 누가 어디에 있는지 알고 싶다면 히스필드는 알 것이다."

그는 World Future Society 회의에서 교수들과 전문가들과도 교분을 쌓았고 정부들이 추세를 예견하는 데 도움을 주는 소프트웨어 설계 회사를 창업[35]하였다. 히스필드는 서방세계의 러시아 대외정책에 대한 평가[36]와 중앙아시아부터 테러분자들의 인터넷 사용까지를 포함한 이슈에 대해 미국의 정책이 무엇인지를 정보를 알아내는 임무를 부여 받았으며 그래서 알 고어부통령의 국가안보 보좌역을 했던 조지 워싱턴 대학 교수와도 말을 걸었다. 핵무기 개발에 대해 연방정부 계획자는 히스필드에게 미 의회가 최근에 승인한 벙커버스터 탄두에 대해 말해주었다.

캐나다 이름인 트레시 리 앤 폴리(Tracey Lee Ann Foley)라는 가명을 썼던 그의 아내 엘레나 바빌로바(Elena Vavilova)는 캠브리지 시 인근에 있는 솜머빌(Somerville)에 있는 부동산 회사에서 근무하였다. 러시아 정보기관은 보이지 않는 筆記, 디지털 사진 속에 메시지를 넣는 스테가노그라피(steganography) 등과 같은 스파이 기술을 그들에게 가르쳤다. 그들이 체포되기 전 2년 동안, 그의 장남 티모시(Timothy)는 조지 워싱턴 대학의 엘리엇(Elliot) 국제문제 대학원을 다녔다. 국무부 건너편에 자리를 잡고 있는 엘리엇 대학원은 학생들을 외교관, 정보요원으로 준비시키는 것이다. 월스트리트 저널은 그의 부모들이 체포되기 전에 티모시는 러시아를 위해 스파이를 하고[37] 러시아에서 스파이 훈련을 받는 것에 동의를 했다고 보도했다. 티모시와 부모들은 이것을 부인했다.

가족들은 하버드광장 인근에 있던 아파트에서 러시아어는 한마디도 안했다. 베즈루코프(히스필드의 본명)는 "승리하기 위해서는[38] 우리는 이해를 해야 한다. 이해하기 위해서는 우리는 사랑해야 한다. 그래서 자신이 일하는 곳의 국가를 사랑해야 한다. 나는 낙관주의, 지모가 풍부함, 필요한 변화를 만들어 내는 의지, 실수를 정직하고 재빨리 인식하여 수정하는 능력 등 미국인들의 많은 장점을 좋아한다."고 말했다.

티모시의 20살 생일날을 축하하는 동안 체포되었던 히스필드 부부는 외국정부의 등재되지 않은 정보요원으로 활동하는 것에 대하여 유죄를 인정하였다. 케네디스쿨은 그의 학위를 철회하였다.[39] 러시아가 히스필드의 신분을 감추기 위해서 취했던 예방조치는 케네디스쿨 학장 조셉 나이를 즐겁게 했다. 결과적으로, 베즈루코프는 중간경력 프로그램에 잠입하기 위해서 그의 이름과 조국을 허위로 만들 필요가 없었다. CIA 요원이 하는 것처럼 외교관으로 위장하는 것이면 충분했을 것이다.

"그는 러시아 학생으로 등록을 하고 똑같은 정보를 얻을 수 있었을 것이다. 나는 항상 많은 외국인 학생들과 친분을 갖고 있다. 그들 중 일부는 FSB(러시아 방첩기관)인가? 아마도. 그래도 나는 그와 악수를 했어야만 한다."라고 나이 교수는 나에게 말했다.

티모시와 동생 알렉산더는 토론토에서 태어났지만 캐나다 정부는 그들의 시민권을 박탈하였다. 알렉산더는 그 조치에 반발하였지만 캐나다 연방법정은 그의 부모가 러시아의 스파이로서 캐나다에 왔고 그들의 신분 배경을 속이기 위해서[40] 기만하여 시민권과 여권을 얻었기 때문에 그 조치는 타당하다고 2015년 8월 판결했다. 2017년 6월에 열린 항소법정에서는 알렉산더의 편을 들어줬고 그 형제들의 시민권을 회복시켜주었다. 그러자 캐나다 정부는 대법원에 상고를 하고 심판을 기다리고 있다.

스파이 교환조치로 모스크바로 돌아온 베즈루코프는 영웅으로 환대받았다. 그는 푸틴 대통령의 오른팔이고 국영 석유 대기업인 로스네프트(Rosneft) 사장인 전 정보요원 이고르 세친(Igor Sechin)의 자문관이 되었다. 부인인 바빌로바는 러시아 광산회사인 노릴스크 니켈(Noril나 Nickel)의 고문으로 그녀의 링키드인(LinkedIn) 페이지에 나와 있다.

그의 링키드인 페이지에는 "도날드 히스필드 일명 안드레이 베즈루코프"라 되어 있고 케네디스쿨의 학위도 취소된 사실은 없는 채로 게재되어 있다. 또한 러시아의 톰스크 주립대학의 역사학 학사(1983)도 나와 있다. 이 학사에 대해서는 케네디스쿨 응시원서에는 어느 곳에도 나와 있지 않다. 그랬더라면 그의 신분이 드러났을 것이다.

2011년 9월 CIA 국장이 된지 얼마 되지 않아서 데이비드 페트라에우스 국장은 희귀금속 투자자인 억만장자 토마스 S. 카플란(Kaplan)의 맨하탄 사무실을 방문했다. 그들은 회의실에서 오찬을 함께 했다. 그 회의실은 세계에서 가장 큰[41] 개인 소장중 하나인 카플란의 개인 소장에서 대여를 받은 전자 복제품 그림들로 장식되어 있었고 그 그림들은 배경에서 나오는 조명을 받고 있었다. 페트라에우스는 진품과 거의 구별이 어려운, 생기 있고 화려한 채색의 그림들에 매료되었다.

그들은 제일 먼저 중동에 대해 대화를 했다. 페트라에우스는 붕괴되고 있던 이라크를 안정화시키는 데 도움을 준 내란기도 진압활동(counterinsurgency strategy)의 설계자였고, 카플란은 이 지역에 첨예한 관심을 가지고 있었다. 그러고 나서 페트라에우스는 본론에 들어갔다. 그는 유망한 아이디어에 관해 카플란의 도움이 필요했다. 즉, 대학원에 스파이들을 보내는 것이었다.

프린스턴 대 우드로 윌슨 스쿨에서 석사와 박사학위를 받은 페트라에우스는 CIA와 대학들 간의 더 밀접한 관계에 호의를 보였다. 그는 대학 교수들을 랭글리에 있는 CIA 본부에 초청을 하여 중국과 다른 주제에 대해 분석관들에게 브리핑을 하도록 하고 국장 전용식당에서 만찬을 가졌다.

페트라에우스는 CIA 비밀요원들이 분석관들보다 더 적게 높은 학위를 가지고 있고 대학원 교육에 대한 기회도 더 적다고 생각하였다. 비밀요원들은 다음 업무를 배치 받는 사이에 어학에서부터 경제학에 이르기까지 그들의 개별적인 교육필요에 맞춰서 1년간 학계 교육의 혜택을 받을 수 있었다. 트레이닝을 위해 정보요원들을 자유롭게 해주는 것에 대하여 CIA내부에서 항상 저항이 있었기 때문에 ─ "CIA는 새로운 임무가 어떤 곳에 있게 되면 어학연수학교에서 교육받고 있는 요원들을 도중에 불러내는 것으로 유명하다."고 언급 ─ 페트라에우스는 자신이 그 프로그램을 밀어붙이기 위해서 그들을 "국장의 측근"들이라고 말했다. 그들은 가장 좋은 학교에 갔었다. 즉, 하버드, 예일, 프린스턴, 스탠포드, 그리고 존스홉킨스 대학의 고급 국제연구 대학원 등이다.

"이 생각은 그들에게 1년간 실무를 떠날 기회를 주고 진실로 그들의 미래 임무를 위한 지적인 자본을 만들 기회를 주는 것이었다. 그리고 그들이 지적인 요령으로만 일을 처리하는 것에서 벗어나게 하는 경험을 쌓게 만드는 것이다. 이러한 경험들은 항상 나에게 매우 중요하였다. 사람들이, 우리가 점령군의 책임을 갖고서 지도력이 붕괴된 국가를 재건하는 것을 근본적으로 시작하였을 때, 무엇이 사단장으로서 이라크에서의 첫해에 그런 독창적인 생각을 하게 만들었는가 하고 나에게 물었을 때 나는 종종 가장 큰 경험은 대학원이었다라고 말했다. 나에게 있어서 그리고 내가 아는 많은 다른 사람에게 있어서도 대학원은 이러한 형성발달에 대단히 중요한 것이었다. 대단히 똑똑하면서 세상을 다른 렌즈를 통해 보고 있었던 개인들과 가진 매우 유쾌한 경험이 나에게 도움이 되었다."라고 페트라에우스는 나에게 말했다.

그는 CIA 학생들이 다른 미국학생들 및 외국학생들과 어울리길 원했다. "우리는 그들이 그들 스스로 감추는 것을 원하지 않는다."라고 그는 말했다. 그는 어떠한 부적절한 포섭도 기대하지 않았다. "그들은 그 경계선을 알고 있다. 당신은 어떤 자를 포섭하거나 어떤 민감한 것을 노출시키지 않고 환상적인 지적 교환을 가질 수 있다."고 그는 부언했다.

문제는 페트라에우스가 CIA 요원들이 그 곳에서 공부할 자금을 가지고 있지 않은 것이었다. 그러자 그는 카플란이 "필요한 어떤 것이라도 있다면 나에게 알려주시오."라고 그에게 말한 것을 기억해 냈다. 그래서 그는 그 억만장자에게 그의 약속을 상기시켜 주었다. 카플란은 그 프로그램에 대해 돈을 지불할 것을 즉시 동의하였고 둘 다에게 친구인 케네디스쿨의 벨퍼 센터(Belfer Center) 소장인 그래함 앨리슨(Graham Allison)에게 연락을 했다.

벨퍼 센터를 150명 이상의 교수진, 연구원, 전문직종사자, 대학원생 등이 있는 센터로 확장했던 앨리슨은 기꺼이 CIA를 도왔다. 25년 전 정보와 정책 프로그램(Intelligence and Policy Program)관련 CIA와 협력하는 것에 대해 케네디스쿨 교무처 직원들이 제기한 두려움이 크게 사라졌다. 가짜 신분 사용과 비밀 포섭 잠재성 등 케네디 스쿨에 등록하는 스파이들의 윤리적인 문제들은 타당한 우려들이었지만, 이것들은 장학금 문제에 대한 초기의 대화에서는 나오지 않았다고 페트라에우스는 나에게 말했다.

그 프로그램의 첫해에 2명의 CIA 비밀요원이 벨퍼 센터에서 공부하였다. 그 중 한 명은 페트라에우스가 마음에 두고 있던 바로 그 후보자였다. 그는 중요한 중동거점장자리를 떠나왔고 그 지역의 다른 중요한 자리를 준비하고 있었다. 그 요원이 위장 신분을 사용하였는지를 묻자 페트라에우스는 "하버드에 있는 일부 사람들이 그가 누구인지를 알고 있었다고 나는 안다. 그는 아마도 밝히지 않았을 것이다. 나는 기억이 안 난다."라고 나에게 말했다.

자신과 혼외정사를 나누고 있던 자서전작가에게 비밀 정보를 제공하였다는 혐의의 스캔들로 인해,[42] 페트라에우스는 2012년 11월에 CIA 국장직을 사임했다. 페트라에우스는 그의 후임자인 존 브렌넌(John Brennan)국장과 인수인계를 하면서 그 프로그램에 대해 대화를 나누었지만, 그 프로그램에 관한 CIA의 흥미는 급격히 축소되었다. 마치 로버트 게이츠가 떠난 후에 하버드 정보와 정책 프로그램에 대한 CIA의 지원이 축소되었듯이.

"어느 누구를 1년 동안 자유롭게 놔두는 것이 매우 어렵다. 그것에 열성적인 고위 지도층이 있어야 한다. 당신의 욕망이 현실과 부딪힌다. 매우 현실적인 현재의 긴박함이 이러한 기회를 몰아내고 있다. 우리는 시리아와 이라크 및 우리가 생각할 수 있는 다른 지역에서 새로운 요구사항들을 가지고 있다(이런 상황하에 1년 동안 교육을 보내는 것이 어렵다는 뜻)"라고 페트라에우스는 나에게 말했다.

벨퍼 센터 웹사이트에 따르면, 지금은 레카나티 – 카플란[43] 재단 펠로우십 (Recanati – Kaplan Foundation Fellowships)으로 불리고 있는, 이 개편된 프로그램은 "국가 및 국제 정보에 있어서 다음세대의 사상 지도자를 교육[44]시킨다."라고 되어있다. 이 프로그램은 우선적으로 스파이들보다는 분석관들을 좋아한다. 2명은 CIA가 아닌 다른 미 정보기관에서 왔고 프랑스와 이스라엘에서 각각 1명이 왔다. 그들은 국가 안보와 관련하여 벨퍼 센터에서 1년간 연구를 했다. 예를 들면 2015 – 16년간 국방부 정보분석관[45]은 "미국과 동맹국의 경제 안정성과 안보에 충격을 주는 국가 간 조직된 범죄 네트워크"를 연구한 반면, 이스라엘 군 정보기관에서 온 장교는 "중동지역의 역동성과 대테러대책"을 검토하였다.

사실상 벨퍼 센터 밖에 있는 하버드 사람들은 레카나티 – 카플란 프로그램에 대해 아무도 들어보지 못한 것으로 보인다. 대체로 체계적이지 않아서 그 프로그램은 필수 강좌나 학점이 없고 단지 최근에 들어서야 수료증을 발급하고 있다. 그래함 앨리슨 자신이 "주요 연구자" 또는 프로그램 참가자들의 연구를 관장하는 지도교수이다.

"아무도 신분위장을 하거나 그들이 누군지에 대해 거짓말을 하지 않는다."고 케빈 라이언(Kevin Ryan)이 나에게 말했다. 라이언은 벨퍼 센터의 국방 및 정보 프로젝트의 관리자로서 그 프로그램을 감독한다. "그러나 우리는 그들이 정보공동체에서 왔다는 것을 밝히는 것을 벽에 걸지 않는다."라고 라이언은 덧붙였다.

케네디스쿨은 '정보와 정책 프로그램'의 사례연구에 대해 완전한 편집권을 주장하였지만, 레카나티 – 카플란 프로그램 학생들의 연구에 대한 권한은 기꺼이 양도를 하였다. 어떤 연구 사례들에 있어서는 학생들이 출판 검토를 위해서 그들의 연구서를 그들 기관에 제출하였다. 또 다른 예로는 학생들이 그들이 저자라는 것을 빼달라고 요구하였다. 벨퍼 센터는 익명의 논문을 출판할 수 없기 때문에 우리는 그것을 내부에 보관하였다고 라이언은 말했다.

페트라에우스는 적어도 1년에 한 번은 그 프로그램 학생들과 만났다. "그들과 관련

내용을 비교하는 것은 항상 큰 기쁨이었다."고 그는 말했다. 카플란도 마찬가지다. "한 수강 기간 중에 그 억만장자는 멸종 위기에 처한 호랑이, 사자, 재규어, 레오파드 및 서식지를 보호하기 위한 그의 자선단체 판세라[46](Panthera: 표범屬이라는 뜻)에 대해 장황하게 말하면서 사담 후세인이 1990년 쿠웨이트를 침공할 것을 예견하였다고 자랑을 했다."고 프로그램 참석 학생이 말했다.

프랑스 이스라엘과의 동반자관계는 두 나라와 그들 정부에 대한 카플란의 친밀감을 반영하는 것 같다. 미국에서 태어나 자랐고 옥스퍼드에서 역사학 박사를 받았지만 그는 프랑스를 좋아하는 무언가가 있다. 그는 스위스에서 학생신분으로 프랑스어를 배웠고[47] 그의 아이들 중 둘은 프랑스에서 태어났다.

2014년 3월 맨하탄 92번가에서 있었던 한 행사장에서 당시 주미 프랑스대사는 1802년 나폴레옹이 제정한 프랑스 최고상인 레지옹 도뇌르 훈장을 카플란에게 수여했다. 페트라에우스, 전 유엔주재 미대사인 마크 월라스(Mark Wallace) 및 다른 전문가들 앞에 서서 주 유엔 프랑스대사 프랑수아 델라트레(Francois Delattre)가 카플란에게 배지를 꽂아주었다. 카플란은 항상 조끼를 입은 정장에 양복 윗주머니에 포켓스퀘어(장식용으로 꽂는 손수건)를 넣고 다녔다.

연설에서 델라트레는 프랑스에 대한 카플란의 봉사에 찬사를 보냈다. 즉, 카플란이 대사관 문화관으로 쓰고 있는 5번가의 역사적 맨션을 프랑스 정부가 파는 것을 만류하고 거기에 서점을 설치하도록 돈을 지불하며 렘브란트 작품들을 루브르 박물관에 대여를 하고 케네디스쿨에 펠로우십(연구생)을 만들어준 것들이었다.

"그 프로그램은 프랑스를 미국 및 이스라엘과 화합하게 만들었으며[48] 나는 이것을 매우 감사하게 생각하고 이 세 나라는 정보 분석과 협력을 개선하기 위해서 힘을 합치게 된 것입니다."라고 델라트레는 말하였다.

이스라엘 수상인 벤저민 네탄야후(Benjamin Netanyahu)처럼 카플란은 오바마 정부의 이란과의 협상을 강하게 반대하였다. 이스라엘 투자자 레온 레카나티(Leon Recanati)의 사위인 카플란은 이란 핵 반대 연합(UANI: United Against Nuclear Iran)의 주요한 후원자[49]였으며 UANI의 자문위원회에 이스라엘, 독일, 영국의 전 정보수장들이 참여하고 있다.

UANI는 이란에 대한 제재 위반을 폭로함으로써 기업들이 이란과의 사업을 하는 것을 중지하도록 압력을 넣으려고 시도하였다. "UANI가 마음대로 쓸 수 있는 토마호크

미사일이나 항공모함을 가지고 있지 않지만, 우리는 이란을 굴복시키기 위해서 다른 어떤 민간분야 구상과 가장 대중적인 구상보다도 더 많은 일을 해왔다.”[50]라고 카플란은 2014년 말했다.

　　UANI에 대한 소송 절차는 미국 정보기관과의 비밀 관계를 암시했다. UANI의 목표가 된 해운회사 거물이 명예훼손으로 고소를 하자 오바마 정부가 개입하여[51] 그 단체의 파일을 공개하는 것은 국가안보를 해칠 수 있다고 말했다. 2015년 3월 미국 행정부가 제출한 비밀 선언을 검토한 후에 연방판사는 “소송 진행을 허용하는 것은[52] 불가피하게 국가 기밀을 폭로하는 위험이 있다.”고 판결하면서 소송을 기각했다.

　　케네디스쿨의 흑해 안보 프로그램 소장인 세르게이 코노플리오프(Sergei Konoplyov)의 3층 사무실은 구 소련권 국가들의 군대 및 첩보 기관으로부터 받은 선물과 상으로 장식되어 있다. 그것들은 우크라이나 아르메니아 정보기관으로부터 온 메달, 루마니아 대통령이 보낸 훈장, 라벨에 코노플리오프의 사진 있는 샴페인 빈병 등이다. 그 병에 쓰인 글은 “이 탄산 포도주는 세르게이 코노플리오프를 위하여 몰도바 공화국의 국방부 비밀 방에서 제조되어 병에 담은 것이다.”라고 되어있다.

　　구 소련군 장교였던 코노플리오프는 그 자신이 결코 스파이였던 적이 없다고 나에게 확실하게 말했다. 그러나 너무 수줍게 말해서 그것을 믿지 않는 것을 즐기는 것처럼 보였다. 그의 모교는 모스크바에 있는 군사 외국어학교인데 이 학교는 “스파이의 온상이었다. 그는 일반 러시아인들에게는 개방이 되지 않는 상점들에서 물건을 살 수 있게끔 스파이로 채용되는 것을 너무나 열망하였으나 소련의 정보기관은 그를 간과하였다.

　　그는 농담으로 “KGB에서 KSG(케네디 스쿨을 의미)까지”라는 제목으로 책을 쓰길 원한다고 한다. “내가 러시아 정부를 위해 일하고 있었더라면 나는 완벽한 자산(스파이)이 되었을 거다. 나는 국방장관 애쉬톤 카터(Ashton Carter)를 포함하여 모든 사람들을 알고 있다. 여기 케네디스쿨에는 많은 출처들이 있다.

　　소련이 붕괴한 이후 그는 우크라이나의 유라시아 재단(Eurasia Foundation) 일하였는데, 그 재단은 새로이 독립한 국가에 민간 기업과 민주주의를 발전시키고 있었다. 그는 1996－97년 중간경력 프로그램 학생이었고 그 후 케네디스쿨에서 계속 머무르면서 구소련권 국가들의 군인 및 정보요원들을 위한 중역 교육 프로그램을 운영하고 있다. 프로그램 일부는 보스턴 캠브리지에서 일어나고, 일부는 동유럽에서 일어난다. 예를 들면 2015년 하버드는 루마니아 정보기관과 함께 “흑해지역에서의 안보:[53] 공유된 도전,

지속가능한 미래"라는 주제로 수도 부쿠레슈티에서 5일짜리 프로그램을 공동 개최하였다. 코노플리오프는 개회식에서 연설을 했으며 태드 올스트롬(Tad Oelstrom)은 "흑해 지역의 국경 구성 전망: 인간의 안보 對 민족의 안보 對 국가 간의 안보"라는 주제의 패널 토론에 참석하였다. 70명의 참석자 중 절반이 루마니아 정보요원들이었다.

　코노플리오프의 프로그램들은 그 지역의 비상사태와 논쟁들을 해결하기 위한 중립적인 이면채널을 제공한다. 2005년 러시아 제독이 그가 그 전 해에 케네디스쿨에서 만났던 미국의 상대방에게 간절히 필요로 하는 전화를 걸어왔다.[54] 그 전화로 인해 미국과 영국은 태평양 심해에서 그물에 갇힌 러시아 잠수함을 구조하는 것을 촉발하였다.

　2009년 루마니아는 우크라이나 간첩조직을 폭로하고 우크라이나 무관을 추방하면서 양국 정보기관의 장들이 케네디스쿨에서 형성한 우정을 테스트하였다.

　"왜 나에게 먼저 말해주지 않았나요? 대통령이 나에게 전화를 해서 나는 몹시 기분이 나쁩니다."라고 우크라이나 정보부장이 루마니아 정보부장에게 물었다.

　그들은 말싸움을 하였고 루마니아 정보부장은 코노플리오프에게 "나는 우크라이나 인들과는 대화 안 할 것이다. 그들은 믿을 수 없다."라고 말했다.

　그래서 코노플리오프는 그 우크라이나 인과 다른 루마니아 인을 중역 교육 프로그램에 초청을 하였고 그들에게 서로 소통하라고 말하였다. "처음에 우크라이나 인은 거부를 했다 그러나 끝에 가서는 그들이 던킨 도너츠에 앉아서 대화를 나누고 있었다."라고 그는 말했다.

　케네디스쿨의 한 급우는 켄 모스코우(Ken Moskow)의 신분위장을 간파하였다. 베트남전 당시 해군 항공대에 근무를 했던 애리조나 부동산 개발업자이고 변호사인 리차드 쇼(Richard Shaw) 또한 해외 방첩 분야에서 일했다. 그들이 처음 만났을 때 모스코우는 쇼에게 자신은 해외근무 공무원이라고 말했다. "나는 내 자신이 약간의 배경이 있었기 때문에 나는 허튼 소리를 그만 둡시다. 우리 둘 다 당신이 어디에서 일하는지를 알고 있잖소! 그러자 그는 충격을 받은 모습이었다. 우리는 관계를 발전시켜 나갔고 좋은 친구와 사업 파트너가 되었다."고 쇼는 회상했다.

　모스코우는 케네디스쿨에서 그의 경력 계획을 재고하는 데 시간을 보냈다. 석사학위를 받은 다음 그는 CIA를 그만두고 쇼와 함께 멕시코에 부동산 사업을 하러 갔다. 그는 다른 급우들과 연락을 계속 유지했고 호세 피구에레스(Jose Figueres)의 1994년 대통령 취임식에 참석하였다. 1998년 피구에레스의 임기가 끝난 후에 그와 모스코우는 코스타리카 부동산 사업의 파트너가 되었다.

　　라틴 아메리카에서 온 급우들이 모스코우의 CIA 경력을 알았는지 몰랐는지 또는 언제 알았는지는 분명하지 않다. 미망인인 셀라 모스코우(Shelagh Moskow)는 모스코 우가 중간경력 프로그램 기간 동안에 그들에게 그것을 말하지 않았다고 말했다. 그녀 는 모스코우가 하버드 대에 있을 때 그를 몰랐다. 그들은 2000년 파리로 애정도피를 했 었다. 그러나 다음 대화에서 그녀는 그 같은 결론을 내렸다. 켄은 라틴아메리카인들이 CIA를 경계한다는 것을 알았으며 어쨌거나 그는 신분을 밝히려면 CIA의 허가가 필요 했다. 그는 이러한 규칙에 대해 신중하였으며 이것들을 지켰다고 그녀는 말했다. CIA는 (신분을) 말하지 않는 강한 문화가 있다.

　　그러나 한 라틴아메리카 급우는 모스코우가 CIA와 연계되어 있다는 것은 비밀이 아니었다고 말했다. "케네디스쿨의 많은 학생들처럼, 모두가 모스코우가 CIA의 부분 이라고 알고 있었다."[55]라고 에쿠아도르 사업가이자 보수주의자인 로케 세비야(Roque Sevilla)가 말했다. 쇼에 따르면 피구에레스(코멘트 요청에 응답하지 않았음)와 지금은 사망 한 과테말라 국방장관[56] 헥토르 그라마조(Hector Gramajo)는 (모스코우의 CIA 경력에 관한) 단서를 받았다는 것이었다.

　　모스코우의 신분은 항상 비밀스런 데가 있었지만 그의 CIA 경력은 그의 하버드 친 구들에게는 "상식"이었다고 쇼는 말했다. "모스코우가 그 몇 안 되는 친구그룹을 넘어 서 그의 CIA 경력 정보를 말한 적이 없다는 것은 확실하다. 예를 들면 그는 멕시코 또는 코스타리카에서 사업가들과 여기저기를 여행을 하지 않았다. 그리고 '그런데 저는 미 정부에서 일합니다'라고 말한다."라고 쇼는 부언했다.

　　모스코우는 케네디스쿨을 들렀고 그와 코노플리오프는 친한 친구가 되었다. 그들 은 마사스 빈야드(Martha's Vineyard)섬으로 서핑을 갔고 모스코우 조상들의 고향인 우크라이나로 여행을 갔다. 내가 1990년대에 CIA가 모스코우와 계속 연락을 했는지 를 코노플리오프에게 물었을 때 그는 블라디미르 푸틴의 격언 "전직 KGB 요원이라 는 것은 없다.(한 번 KGB 요원이 되면 끝까지 KGB와 관계를 갖는다는 의미)"를 나에게 상 기시켜 주었다.

　　"CIA가 모스코우에게 쉽게 다가가서 말한다, '학술회의가 있는데, 거기에 가서 이 런 사람들과 대화를 할 수 있나요?' 그러면 모스코우는 '물론입니다'라고 말한다. 당신이 CIA, FBI, Stasi라며 그리고 누구와 친밀한 관계를 가지고 있다면 어떤 유급 직원은 필요가 없다."고 코노플리오프는 말했다.

모스코우는 다시 CIA 요원이 되었다. 2001년 *9·11* 공격으로 그는 다시 입사를 했다. 파리 거점장으로서 모스코우는 대량살상무기가 테러분자들 손에 들어가는 것을 방지하기 위해서 유럽과 구 소련권을 활발하게 돌아다녔다. 그러나 가족들과 더 많은 시간을 갖기 위해서 2006년 다시 CIA를 퇴직하였다.

2008년 그의 하버드 학부 급우생들에게 한 졸업 25주년 기념 보고에서 그는 그들에게, 최초로, 졸업 후 얼마 안 되어서 CIA에 채용되었고 비밀 공작요원으로 근무했다고 인정했다. 마치 그의 시간이 점점 줄어드는 것을 느끼고 있는 것처럼 다음과 같이 말했다, "대학 친구들의 부모님들이 최근에 돌아가시고 나와 친구들의 아이들이 자라는 것을 보니, 매일 그리고 그 날들이 주는 기회들을 이용하는 것이 중요하다는 것을 인식하도록 해 준다."

그들 한가운데에 CIA 요원이 있었다는 것을 그의 사후에 알고 놀랐지만, 모스코우의 케네디스쿨 급우들은 그렇게 속인 이유를 이해한다고 나에게 말했다. 만약에 그 당시 그것을 알았더라면, 그들은 덜 용서를 했을 것이지만 그 후 상황이 변했다.

"9·11을 고려해 볼 때 나는 정보기관들과 그들의 임무에 대해 다른 감정을 가지고 있다. 9·11 이전에는 나는 신속하게 비판을 잘하였다. 철저한 자유주의자로서, 나는 그러한 태도에서 변화하였다. 나는 우리가 사람들에 대해 알아야 한다고 강하게 느끼고 있지 않다."고 미 서해안 미디어관계 전문가인 바바라 그롭(Barbara Grob)이 말했다.

10

"내가 당신을 감옥에서
꺼내 놓고 있는 거야"

이것은 에드가 후버(Edgar Hoover)의 FBI가 아니다. 조직폭력배와 타락한 정치인들을 추적하는 전직 경찰이라는 전형적인 언터처블스(Untouchables)類는 더 이상 적합하지 않다. 1972년 후버가 사망한 후, FBI는 후버가 거의 50년 전에 국장이 된 이래 최초로 여성 요원들을 고용[1]하기 시작했다. 2012년까지 인력의 20%가 여성[2]이었다. 요원들은 각계각층에서 왔으며[3] 전직 컴퓨터과학자, 인력자원관리 전문가, 비행기조종사, 심지어 언론인 출신까지 있다.

오늘날 FBI는 혼합물이다. 전통적인 법 집행기관에다 정보기능이 접목되어 있다. FBI는 법무장관뿐만 아니라 국가정보장(DNI: Director of National Intelligence)에게도 보고[4]를 한다. 점점 FBI는 전 세계로 업무를 넓히고 있다. 쿠알라룸푸르부터 카라카스까지 78개의 사무소와 분소[5]를 두고 있으며 주재국에서 CIA 및 안보기관과 협력하고 있다.

9·11 공격 이후 FBI는 업무우선 순위[6]를 조직폭력배, 마약거래상, 화이트칼라 범죄자를 잡는 것에서 테러리즘, 외국간첩, 사이버 공격으로 바꾸었다. 이러한 변화는 FBI가 학계에도 시선을 두게 만들었다. FBI의 목표는 미국의 비밀을 외국정부에 넘기는 전통적인 간첩뿐만 아니라[7] 미국의 대학과 사업체로부터 가치 있는 전문적인 비밀들을

277

훔치는 학생, 과학자, 기타 사람들을 포함하고 있다.

다이앤 머큐리오(Dianne Mercurio)가 이런 변화를 전형적으로 보여준다. 그녀의 경력은 현대 FBI의 전형인 동시에 신속한 상승을 선명하게 보여주고 있다. 그녀가 포섭한 교수 다진 펑처럼 그녀는 그녀의 경력에서 성공만을 알았고, 어떠한 상황도 다룰 수 있는 그녀의 능력에 대해 자신감에 차 있었다. 아마도 너무 자신감에 차 있었겠지만.

또한 펑교수처럼 그녀는 성인이 된 후에 플로리다로 왔다. 그녀의 뿌리는 여러 군데에 있다. 데일과 마릴린 패링턴(Dale and Marilyn Farrington)부부의 둘째 아이로 태어난 다이앤 (레이) 패링턴은 1968년 버몬트주 벌링턴(Burlington)에서 태어났으며[8] 아버지는 거기서 제너럴 일렉트릭사의 무기 부문 입안자로서 일했다. 이 회사는 베트남 전당시 미군을 위한 자동 무기들을 제조하였고 데일(다이앤 아버지)은 기관총 능력을 향상시킨 두 가지 고안(윤활장치와 총부리의 제동토크 지원 장치)에 대해 특허권을 공유하고 있었다.

다이앤이 4살이 되었을 때 데일은 사우스캐롤라이나 주(州)의 그린빌(Greenville)에 있는 GE 지사로 발령이 났다.[9] 패링턴 부부는 몰딘(Mauldin)시 인근의 캔들우드 코트(Candle-wood Court)에 있는 집을 샀다. 몰딘은 농촌에서 중산층의 베드타운 교외로 변하고 있었다. 그 도시의 2012년 인구는 2000년보다 52.1%가 증가[10]한 23,808명이었다. 몰딘시는 미국 평균보다 높은 수입과 낮은 빈곤율을 가지고 있는[11] 백인, 공화당원, 프로테스탄트가 많은 시이며 보수적인 재정운영과 경찰의 과속에 대한 함정단속이 유명하다. "몰딘시는 AAA(American Automobile Association:일명 트리플 A) 여행지도에 큰 붉은 점으로 표시되어있었다."고 몰딘시의 계획 및 경제발전 국장이었던 존 가드너(John Gardner)가 말했다.

몰딘 고등학교는 1973년에 설립되었다. 그 해에 패링턴 부부가 이사를 왔다. 학교가 보수(補修)되었던 2002년에 데일은 GE에서 퇴직을 하였다.[12] 졸업율이 91.9%[13]이고 SAT의 심층독해 점수 503점, 수학점수 506점인 몰딘고교는 사우스캐롤라이나에서 가장 좋은 공립학교 중 하나로 여겨지고 있다. 미래에 명예전당에 들어갈 케빈 가네트(Kevin Garnett)는 가장 유명한 이 학교 학생일 것이다. 가네트는 학교 복도에서 발생한 인종 간 싸움으로 체포[14]된 이후 봄 학기를 위해서 시카고의 패러거트 커리어 학교(Farragut Career Academy)로 전학을 갔다.

몰딘고교에서 다이앤 패링턴은 믿음직한 학생이었고 특출한 운동선수[15]였다. 농구,

파우더퍼프 풋볼, 육상, 그리고 크로스컨트리 종목 여자선수 중 한 명이었다. 그녀는
400미터와 800미터 학교 기록을 갖고 있었으며 800미터는 사우스캐롤라이나 州 대회
에서 우승하였다.

"그녀는 운동하는 곳에서는 매우 즐거워했고 또한 사교적이었다. 그녀와 나는 앞서
거니 뒤서거니 하면서 경쟁을 했다."고 블러프턴(Bluffton)고교에서 육상 및 크로스컨트
리 코치인 다나 퍼서 하우스(Dana Purser House)가 회상했다. 하우스는 몰딘고교로 2학
년 때 전학을 왔는데, 일부 팀 동료들은 그녀를 침입자 취급을 하였지만 다이앤은 아니
었다. "다이앤은 항상 매우 친절하였으며 우리는 서로를 존중했다."라고 하우스는 덧붙
였다.

다이앤의 고교 코치였던 델머 하웰(Delmer Howell)은 다이앤이 FBI 요원이 되었다
는 것에 놀라지 않았다. 그는 "그녀는 팀에서 리더였으며 FBI가 요구하는 지성과 인내
력을 가지고 있다."라고 말했다.

그녀의 대학 선택은 그녀의 독립심과 자기 확신을 보여주었다. 몰딘고교 졸업생들
이 일반적으로 州안에 있는 클렘슨대 또는 사우스캐롤라이나 주립대(UNC)로 가는 반
면에 다이앤은 채플 힐에 있는 노스캐롤라이나 주립대에 진학했다. "우리학교는 UNC
로 진학하는 학생들이 매우 적다. 타 주 학생들이 그 대학에 진학하기는 쉽지 않았다."
고 그녀의 진학 지도관이었던 마사 오크힐(Martha Oakhill)이 말했다. 놀랍게도 다이앤
은 클럽 스포츠로 아이스하키를 하였지만, 대학에서 육상을 하지 않았다. 그녀는 심리
학을 전공[16]하였다.

1990년 졸업 후 그녀는 탬파로 이사를 했다가 다시 노스캐롤라이나로 돌아왔다.
1994년 그녀는 채플힐(Chapel Hill) 市가 있는 오렌지 카운티에서 사회복지사 일을 하였
다.[17] 군청 소재지인 힐스보로(Hillsborough)에 기반을 두면서, 그녀는 위탁 아동과 빈곤
가정 아동들을 돌보는, 정부지원아동센터에서 일을 했다. 그녀는 상관과 동료들에게 유
능하고 흔들림이 없는 직원이라는 인상을 주었다.

만약 다른 사회복지사가 한 가정의 아동이 그 프로그램에 적합한지를 결정할 마지
막 순간에서 걱정을 하고 있다면 다이앤은 "걱정 마세요, 제가 해드리겠습니다. 데이케
어가 지불할 겁니다."라고 말하는 사람이었다고 패티 클라크라는 사회복지사가 말했
다. "그녀는 훌륭한 팀플레이어였다. 만일 그녀가 그 일을 해주지 않는다면 아동 돌봄에
대해 돈이 지불되지 않을 것이고 아이들은 쫓겨날 것이었다. 그러나 그것은 결코 일어

나지 않았다."고 부언했다.

다이앤과 사무실을 같이 썼던 로버트 브리젠딘(Robert Brizendine)은 그녀는 더 큰 일을 할 운명이라는 것을 알았다. "그녀는 무엇인가를 해야 하였기에 그 일을 하고 있던 매우 지적인 젊은 여인이었다. 사회복지 업무에는 큰 미래가 없었다. 특히 그녀가 일하는 위치에서는. 그녀는 더 의미 있는 그리고 더 돈을 벌 수 있는 일을 할 능력을 가지고 있었다. 그녀는 너무 능력에 걸맞지 않는 일을 했다."고 브리젠딘은 말했다.

그녀는 브리젠딘과 다른 사람들에게 그녀가 더 도전적인 경력 – 사회복지가들이 거의 생각을 못하는 – 을 마음속에 가지고 있다고 털어놓았다. 그녀는 FBI에 지원을 하였고 그들은 배경 조사를 위해서 접촉하였을 수도 있었다. 그녀는 달리고 운동하면서 최상의 신체조건을 유지하면서 FBI의 엄격한 양생훈련에 대해 대비했다.

"나는 처음부터 FBI에 흥미가 있었다는 것을 알았다. 그녀는 그것을 말했다. 그녀는 다른 경력을 원했다. FBI에 가는 것은 매우 특이했다. 나는 내 근무기간 동안 사회 복지 업무하다가 FBI에 취업한 사람을 전혀 알지 못한다."라고 다이앤의 사회복지 업무 상관이었던 디나 쇼프너(Deanna Shoffner)가 말했다.

FBI 지원자는 미국시민이고 나이는 23세 – 36세1/2이며[18] 학사학위 소지자, 3년간 근로경험을 갖고 있어야 한다. 중죄를 저지르거나 학자금 체납자, 세금 미납자, 법원의 자녀 양육비 지불 명령 불이행자는 자격이 없다. FBI 취업은 매우 어렵다. 2011 회계년도에 543명, 취업에 22,692명이 지원[19]했다.

다이앤은 그 기준에 적합했고 불리했던 입사관문을 뚫었다. 1997년 취업을 하여 버지니아 콴티코(Quantico)에 있는 FBI학교에서 임용교육을 완수하였고 탬파 사무소로 발령을 받았다. 그녀는 다양한 범죄를 수사하였고 묵묵하게 노력을 계속하면서 아동 포르노그라피에 대한 FBI의 "Innocent Images International Task Force"에 참여하였다. 그녀는 플로리다의 목사인 로렌스 킬번(Lawrence Kilbourn)을 조사하는 것을 지원했다. 이 사건은 그 목사의 딸이 그가 6 – 12살의 소녀들을 성추행하는 것을 보여주는 비디오 테잎을 발견했기 때문에 발단이 되었다. 법원의 서류에 따르면[20] 킬번은 다이앤 (머큐리오)에게 그가 어린 소녀들과 성행위를 비디오테이프로 찍은 혐의에 관해 진술을 했다. 킬번은 주 법 및 연방 법에 따른 유죄를 인정하였고 17년 감옥형을 판결 받았다.

채플힐을 다시 방문하였을 때 다이앤은 옛 친구들을 만났으며 브리젠딘에게는 FBI의 업무가 그녀에게 만족감과 즐거움을 주고 있다고 말했다. 그녀의 개인적인 생활도

잘되고 있었다. 그녀는 뉴욕 주립대(SUNY)를 졸업한 의료기기 유통업자인[21] 매튜 머큐리오(Matthew Mercurio)와 결혼을 하였다. 그들은 탬파에 있는 사립학교에 다니는 두 딸이 있으며 딸들은 엄마를 닮아서 운동선수이다. 다이앤은 40세가 막 지난 2008년 샌프란시스코에서 열린 나이키 여성마라톤 대회[22]에 나갔었다.

부동산 붐 당시 많은 플로리다 주민들처럼 그들 부부는 부동산에 투자를 하였다. 2004년에서 2006년 사이에 그들은 클맆스 앳 글라시(The Cliffs at Glassy)[23]에 있는 부지 3개를 구입하고 되팔아서 이익을 남겼다.그 부지들은 다이앤 부모들이 살고 있는 몰딘에서 차로 45분 거리에 있는 개발지로서 타이거 우즈가 설계한 골프장이 있으며 블루릿지(Blue Ridge) 산맥이 숨 막힐 정도로 아름답게 보이는 곳이다. 그들이 2007년에 구입한 4번째 부지는 아직도 갖고 있지만 클맆스(Cliffs)가 2012년 Chapter 11에 의한 파산[24]을 하자 가격이 하락하였다.[25]

킬번 사건 후 얼마 되지 않아서 다이앤은 방첩 팀으로 옮기는 것에 대해 관심을 표명하였다. 팀장인 J. A. 쾨너(Koerner)는 수 명의 다른 지원자들 가운데 그녀를 그 탐나는 자리에 데려왔다. "그녀는 사람을 다루는 데 익숙했다. 그녀는 사람들과 대화를 할 수 있으며 그들이 그녀에게 말을 하게끔 할 수 있었다. 1−10까지 점수를 매기자면 그녀는 8−9점이었다. 또한 그녀는 사격 솜씨가 좋았고 다른 요원들의 사격을 가르쳤다." 고 쾨너는 말한다.

테러분자의 2001년 *9·11* 공격은 FBI에 충격을 주었으며 특히 탬파 사무소에도 충격을 주었다. 3명의 비행기납치범들은 탬파 사무소 관할지역인 플로리다주 베니스에 있는 비행학교를 다녔다. FBI는 가용 가능한 모든 요원들을 쾨너가 관장하는 대테러 및 방첩 팀으로 이동시켰다. "2001년 9월 10일 나는 17명의 부하들을 데리고 있었는데, 12일에는 117명으로 대폭 증가되었다."고 쾨너는 말했다.

가장 큰 목표는 사미 알아리안(Sami Al−Arian)으로 USF 대학 컴퓨터학과 교수로서 팔레스타인 테러리스트들에게 재정지원을 하고 있다는 혐의였다(우리가 앞에서 보았듯이 이 사건은 펜실베니아 주립대학 총장 그래함 스패니어가 FBI와 CIA 접근하도록 만들었다). 2003년 그들을 체포한 날 다이앤은 알아리안과 공모혐의자 중 한 명을 조사[26]하였지만, 그녀는 디킨스의 소설(황폐한 집)에 나오는 잔다이스 대 잔다이스 소송과 같은 수렁에 빠지는 것을 피하려고 해서 FBI내에서 약간의 파장을 불러왔다.

"10년간의 테이프, 인터뷰, 번역, 서류를 보아야 하고 언론의 관심들 때문에 많은 사람들이 그 일을 하길 원하지 않았다. 그 일은 그것들을 꼼꼼하게 보는 것이었다. 다이앤은 그 일에 임무를 부여받았다 그녀는 안 하겠다고 했다. 내가 상관이었으면 안하겠다는 말이 안 나왔을 것이다."라고 한 FBI 내부자가 말했다.

쾨너는 방첩요원인 그녀를 대테러 조사에 넣는 것을 자신이 원하지 않았다고 말한다. 그는 그녀를 위해 다른 것을 마음에 두고 있었다. 그것은 중국의 간첩활동이었다. 탬파에 있는 연구소에 침투하려는 중국의 노력은 수년간 쾨너를 걱정하게 만들었다. 1990년대 휴스턴 주재 중국영사관은 USF 재학 중국학생에게 스파이 활동에 대한 인센티브를 제의하였다. 그 학생이 탬파에 있는 국방관련 계약자들을 위해 일하고 있는 그의 친구들에 대한 정보를 제공한다면,[27] 중국에서 아픈 그의 부모들을 병원 가까이로 이주하는 것을 허용하겠다고 했다. 그 학생은 중국정보요원을 만나서 간단하게 협력을 한 후에, FBI를 접촉하여 이 곤란한 상황을 빠져나와야 할지를 물었다. FBI의 충고는 중국정보요원에게 "FBI가 내가 당신과 대화하는 것을 보았다."라고 말하는 것이었고 그것은 성공적인 효과를 가져왔다.

2004년 FBI에서 퇴직하기 전, 쾨너는 중국관련 사건들을 다이앤에게 주기 시작했고 그녀는 중국에 대한 강의를 들었다. 그녀는 관할 구역에 있는 남플로리다 대학에 때때로 갔다. 예를 들면 2011년 3월 그녀와 다른 FBI 요원은 하오 젱(Hao Zheng)을 심문하였다. 젱은, 컴퓨터과학 부교수인 그에게 그의 수업을 받는 중국인 대학원생에 대해 FBI가 물었다고 나(저자)와 전화 인터뷰에서 말했다.

"나는 조금 불안했습니다."[28]라고 젱은 말했다.

다이앤이 어떻게 다진 펑 교수의 이름을 처음 알게 되었는지는 분명하지 않지만, 그녀는 FBI본부가 공자연구소에 대해 관심을 갖고 있다는 것을 인식하고 있었던 것으로 보인다. 그래서 USF 대학에서 막 솟아나고 있는 공자연구소와 소장에 대해 도청을 시작하고 있었다. 아마도 다이앤은 탬파시 중국공동체 안에다 정보출처들을 개발하였을 것이다. 펑은 공자연구소를 대표하여 중국인 공동체에서 활발히 활동하였다.

다이앤은 펑에 관한 FBI 파일을 보았던 것이 틀림이 없다. 왜냐하면 그녀는 프린스턴대에서 펑과의 관계를 구축했던 FBI 요원 닉 아베이드(Nick Abaid)에게 전화를 했기 때문이다. 그녀는 아베이드에게 "중국관련 분야를 손으로 더듬어 나가고 있는 꽤 신참요원"이라는 인상을 주었다.

초기 대학의 감사에서 펑교수를 비용계정과 비자 위반 혐의를 제기한 후 한 달 뒤인 2009년 12월 펑은 그가 지금까지 해 온 대로 휴가를 이용하여 강의하러 중국으로 갔다. 그가 돌아왔을 때 국토안보부는 그의 컴퓨터를 조사하여 "FBI와 나"라는 문서를 발견하였다. 그 문서에서 펑은 아베이드및 다이앤과 그의 관계를 간단하게 설명하고 있었다.

"다이앤은 내 사건에 대해서 매우 잘 알고 있다. 그리고 USF의 공자연구소에 대해 세세한 정보를 가지고 있다. 그녀는 공자연구소가 스파이 임무를 수행하고 있다고 의심을 하였다. 나는 공자연구소는 순수한 학문 및 문화기구이고 스파이 짓을 하지 않는다고 그녀에게 설명해야 했다. 그러자 그녀는 펑이 중국에서 중간경력 중역들에게 가르치고 있는 대학원 경영학 과정 수강 학생들의 이름 등과 같은 정보를 달라고 요청하였다. 나는 감사조사가 진행됨에 따라 그 조사관들이 알고 있는 모든 정보들을 FBI도 알고 있다는 것을 알았다."고 펑은 썼다.

펑은 그가 고용한 형법 변호사인 검사 출신 스테픈 로미니(Stephen Romine)의 요청에 따라 그것을 썼다. 로미니는 FBI가 이 사건에서 한 역할을 하고 있다고 인식하였고 그래서 다이앤이 펑에게 해가되는 정보를 이끌어내기 위해서 펑에 대한 접근성을 활용하고 있다고 우려했다. 그러나 국토안보부 요원은 펑이 중국정부에 스파이 보고하는 것을 자기가 잡았다고 생각했다. "그 요원은 다이앤에게 주의를 환기시켰고 다이앤은 로미니가 그 혼란을 없애주기 전까지 정말로 신경을 썼다."고 펑은 말했다.

다이앤은 대학의 펑에 대한 감사를 지속 살피고 있었다. USF 대학 경찰은 2009년 12월 17일 그녀의 사무실로 두 번 전화를 했다. 한 전화는 15분간 지속되었다. 마지막 감사 및 규정준수 보고서가 2010년 1월 28일 나왔을 때, 그 보고서는 사실상 앞선 초안과 같았다. 그날 다이앤은 대학 경찰과 12분간 휴대폰 통화를 했다. "다이앤이 당신의 상황을 평가할 수 있기 전까지 대학경찰에게 그 사건에 대해 아무것도 하지마라고 요청하고 있다는 것이 나의 생각이다."라고 로미니는 다이앤과 만난 후, 2월 17일 펑에게 이메일을 보냈다.

"다이앤이 당신의 상황을 평가할 수 있기 전까지"는 전술적인 화법이고 실제는 "당신이 (다이앤을 위해) 스파이 활동을 한다고 결정할 때까지"이다.

"그녀는 당신의 협력에 대해, 그리고 당신에 대한 혐의를 중단시키는 것에 대해, 아무런 약속도 하지 않았다. 그들은 모든 것을 이 점에서 평가를 할 것이다. 그녀는 USF가 연루된 혐의에 대해 당신에게 조사를 하지 않겠다고 동의했다."고 로미니는 계속 말했다.

3월 9일 오후에[29] 다이앤은 펑과 로미니를 로미니 사무실에서 만났다. 그들은 펑이 FBI와 협조를 하고 다이앤은 펑을 대학 감사에서 옹호를 해준다는 것에 합의를 했다. FBI는 USF가 펑을 풀어주는 것에 관심이 있었는데, 그 이유는 그가 그녀에게 빚을 지고 있기 때문뿐만 아니라 그가 중국의 지식인, 정부관리, 사업체 중역들과 접근할 수 있게 해주는 교수직을 잃게 된다면 그가 정보원으로서 활용성이 떨어지기 때문이었다.

다이앤이 로미니의 사무실을 떠나자, 펑은 로미니에게 얼마나 오랫동안 FBI를 도와야 하는지를 물었다. 몇 년 동안 잘 하고 난 후에 그만 두겠다고 요청할 수 있다고 로미니는 말했다.

이 대답은 펑을 실망시켰다. 그가 열정을 보일 것으로 가장하였지만, 내면적으로는 FBI를 위해 스파이 짓을 하는 것을 원하지 않았다. 그의 어린 시절은 정보기관을 피하라는 것을 가르쳤고 또한 그의 안전에 대해 염려를 했다. "나는 중국 감옥보다 차라리 미국 감옥에 있고 싶다."라고 그의 멘토인 하비 넬센(Harvey Nelsen) 교수에게 펑은 말했다. 그러나 그는 양국 어디서도 감옥에 가는 것을 피하길 바랐다. 그러나 지금은 미국 감옥이 더 임박한 위협이 되었다. 그는 오랫동안 이 상황을 다루어야 했다.

그래서 그들은 같은 배를 탔다. 다이앤은 때로는 다른 요원을 대동하고 펑을 그의 교외 아파트에서 갈색 세단으로 픽업을 하여 브루스 B. 돈스(Bruce B. Downs Boulevard) 거리에 있는 올리브 가든(Olive Garden)으로 가서 점심을 먹었다. 올리브 가든은 펑이 인지되지 않게끔 USF 캠퍼스와는 충분히 떨어져 있었고 FBI 요원들은 이 식당의 이탈리아식의 음식을 좋아했다.

그들이 식당에 차를 세웠을 때 그들은 자주 주차장에 차를 세운 후 차안에서 대화를 나누었다. 펑은 다이앤에게 변제를 위해서 그의 가장 최근 중국 여행 경비 영수증을 건네주었다. 다이앤은 USF나 중국대학들이 펑의 여행 경비를 지불하는 것을 몰랐거나 알면서도 상관하지 않았을 수 있다.

그들의 귀퉁이 부분 자리에 가서[30] 다이앤은 닭고기 시저 샐러드를 주문하고 펑은 더 비싼 서프 엔 터프(Surf 'n' Turf: 해산물과 스테이크 요리)를 시켰다. 우정과 유쾌함의 뒤에는 말다툼이 시작되었다. 노동 협상이나 외교 정상회담에서처럼 양측은 가능한 한 자신의 사안에 대해 많은 것을 얻으려고 했다. 펑은 다이앤이 그를 감옥에 가지 않게 해주고 과거 공자연구소의 소장으로 영광을 재현해 주길 바랐다. 그녀는 펑이 중국, 공자연구소, 탬파 중국인 공동체에 대해 스파이 활동을 해주길 원했다.

처음에는 다이앤은 부드러운 질문을 했다. 일반적인 중국인들이 중국정부에 대해 어떻게 생각하는가? 대만과 티베트에 대한 중국정책에 대한 당신의 분석은 무엇인가? 등이었다. 펑은 그의 USF 학생을 강의하듯이 장황하게 거들먹거리며 말했다. 다이앤은 흥미와 감사를 표하면서 들었다. 그의 자부심을 어루만져주며 그녀는 그의 통찰력이 대통령에게 직접 간다고 그에게 확신시켜주었다.

그 다음 그녀는 더 구체적으로 들어갔다. 그의 다음 중국 방문 시에는 중국관리 누구를 만날 것인가? FBI가 중국계 미국인인 교수, 사업가, 관리들이 협조하도록 하려면 어떻게 설득해야 하나?—그 사람들이 돈, 승진, 영주권 어디에 취약한가? 홍콩이나 마카오에서 일하고 있는 펑의 중국인 친구들의 직업과 이름은? 남플로리다 지역에 있는 그의 동료나 학생들 중에 의심스러운 행동을 하는 자들은? 등이었다. 그를 부추기면서 다이앤은 USF에 근무하는 다른 중국태생의 교수들이 FBI를 위한 역할을 제대로 하고 있지 않다고 불평했다.

펑은 소량의 정보를 제공했지만 곧 그는 조심을 하고 목소리는 피하는 것이 되었다. 한 번은 다이앤이 펑에게, 학교 밖에서, FBI가 설립하고 자금을 지원하는 유령회사를 경영하는 벤처사업을 고려해보도록 제안을 했다. 펑은 USF와 공자연구소와 제휴하는 위장이 필요로 했고 그렇지 않으면 FBI가 원하는 것을 할 수가 없었기 때문에 그것은 실현되지 않았다고 말했다.

"협조하길 원한다. 그러나 먼저 대학이 그에 대한 중상모략 행위를 중지해야 한다."고 펑은 그녀에게 말했다. 결국은 신뢰성이 없어서 펑은 FBI에 쓸모가 없었다. 양측 모두를 위하여 그를 구하는 것은 그녀에게 달려있었다.

펑의 변호사들도 같은 결론에 도달하였다. 다이앤과 거래를 만들어 낸 후 로미니와 펑의 민사변호사인 스티븐 웬젤(Steven Wenzel)는 특이한 방어전략을 개발하였다. 그것은 FBI에 맡기자는 것이다. "변호사들은 '시간을 벌기위해서', '유연한 접근법'을 사용하여 이 사건의 다른 면에서 전개함으로써… USF와 현재 싸우고 있는 당신을 많이 도울 것이다."라고 웬젤은 펑에게 3월 19일 이메일을 보냈다.

교수에 대한 징계가 학계 규율을 흔드는 외부 요원들에게 결정을 의지하게 되어 대학의 행정담당자와 교수들의 특권은 이미 버려진 희망처럼 보일 수 있었지만, 이것이 바로 기민한 정치였다. 펑에게 불리한 증거는 설득력이 있었고, 펑의 변호사들은 USF의 총장인 주디 겐샤프트의 마음을 변화시키는 데 매우 심한 압박을 받았다. FBI는 더 영향력을 가지고 있었을 수 있었다. FBI가 알−아리안을 기소하는 것에 대해 USF측에다 언질을 했는지 안했는지 간에, 겐샤프트총장은 FBI가 그 사건을 다루는 데 대해 감사하는 것 같았고 오레일리(O'Reilly)의 보도이후 대학에 대한 공적인 항의에 시달리는 것 같았다.

　　FBI에 맞서는 것은 겐샤프트 총장이 USF의 손상된 이미지를 수선하고 군 분야에 종사하고 있는 지역민들을 달래주는 방법이 아니었다. 또한 그것은 그녀의 성향이 아니었다. 겐샤프트 총장과 자유주의자 교수들과의 관계는 다소 긴장관계에 있었다. 왜냐하면 미 대학 교수 협회(The American Association of University Professors)는, USF가 알−아리안이 그에 대한 혐의에 대응할 기회를 주지 않고 그의 재판이전에 그를 해고한 것은, USF가 알−아리안의 정당한 법 절차(due process) 권리를 위반한 것이라고 비난했기 때문이었다.[31] 또한 그녀는 불안하여, 이메일이 공개될 두려움으로 인해 거의 이메일을 보내지 않았다. 겐샤프트 총장이 16년간 근무했던 오하이오 주립대의 총장이었던 고든 지(Gorden Gee)는 그녀를 "겁쟁이(nervous Nellie)"라고 부른다. 카운슬링과 학교 심리학(그녀와 다이앤은 사회복지 업무를 한 경력을 갖고 있음)을 교육받은 겐샤프트는 데릭 복(Derek Bok)과 같은 법대 학장보다는 학문의 독립성을 위해 소란을 피우는 것을 덜 하는 경향이 있었다. 2008년 USF의 교무처장이 되었던 영국인 로버트 윌콕스(Robert Wilcox)도 FBI의 개입에 맞설 것 같지 않았다. 그는 체육교육 및 스포츠 분야 전문가[32]였다.

　　곧 웬젤 변호사는 펑에게 좋은 소식들을 보내기 시작했다. "당신을 위한 일들이 잘 풀리는 것 같으며 나는 우리가 들었던 것과 일치하는 어떠한 것도 대학으로부터 듣지 못해서 기쁩니다. 모든 생각은 당신의 협조 결과로 일어났을 것입니다."라고 웬젤은 4월 30일 펑에게 이메일을 보냈다. 일주일 후에 "나는 그 엉망인 상황이 역전되었다는 것을 보니 가장 기쁩니다. 아무도 나에게 그것을 인정하지 않았지만 나는 그것이 일어나고 있다는 것을 확신하였습니다."라고 웬젤은 선언하였다.

　　"지금 USF에서 현실적인 문제는 전혀 없습니다. 나의 사건은 실제적으로 중단되었습니다. 사실상 그들은 나를 공자연구소 소장으로 복귀시키려고 열심히 노력하고 있습니다."라고 펑은 답장을 했다.

　　승리 선언은 너무 일렀다. 왜냐하면 USF가 펑의 사건을 심리하기 위해서 5인 교수 위원회를 소집하였고 징계를 건의했기 때문이다. "우리 둘 다 그 일이 끝났다고 생각하고 있지만 다이애나(다이앤을 펑이 잘못 기록한 것으로 보임)는 대학이 그 위원회가 자기의 길을 가도록 해주어야 한다고 나에게 말했다."고 펑은 웬젤에게 5월 12일 이메일을 보냈다.

변호사로서 주의력이 있는 웬젤은 FBI와 (다이앤) 머큐리오를 그의 이메일에서 직접 언급하는 것을 피했다. 그들은 "우리 친구들"로 표기되었고 교수진 심리는 "이 일"로 표기하였다. "우리 친구들과 나는 이 일을 중단시키기 위해서 협력하고 있다. 그러나 기대했던 것보다 시간이 더 걸리고 있다."고 웬젤은 5월 25일 펑에게 썼고 28일에는 "우리 친구들이 나와 일하고 있으며 그들이 성공할 것으로 나는 낙관하고 있다."라고 썼다.

또 다시 웬젤의 낙관은 단기간에 끝났다. 7월 1일 웬젤이 보낸 이메일은 펑에게 만약에 교수위원회가 당신을 해고하라 또는 종신직 교수를 취소하라고 권고를 한다면 언론들은 그것을 보도할 것이며 그것은 FBI가 바라지 않는 것이다라고 경고성 언급을 했다.

"우리 친구들과 대화에서 나는, 언론에서 당신에 대한 부정적인 보도를 한다면, 그들(FBI)에게 전혀 가치가 없다는 것을 분명히 해 주었다. 이 친구들이 당신에게 어떠한 손실을 의미하고 있는지에 대한 탐구를 당신과 로미니에게 남겨둡니다."라고 웬젤은 썼다.

"대안은 대학과 타협을 하는 것이나 조건은 나쁘다. 우리 친구들은 '당신이 종신직을 포기하지 않으면 대학은 당신의 문제에 대해 타협하지 않을 것이다'라고 나에게 말했다."라고 웬젤은 썼다. 펑은 자기 직업의 안정성을 몰수당해야 했고 언제든지 해고될 위험이 있었다.

6일 뒤, USF 직원들과 대화를 한 후, 웬젤은 대학은 펑이 종신직을 포기하기를 주장하고 있다는 것을 반복해서 말했다. "USF는 우리 친구들에게 그것을 말했고 다른 어떤 것은 결코 말하지 않고 있다. 기껏해야 USF는 약간의 겸임교수직을 생각할 수 있을 것이다."라고 말했다.

펑은 경악했다. 교수 심리동안에 펑은 처음으로 샤오농 장(Xiaonong Zhang)과 슈후아 류 크리셀(Shuhua Liu Kriesel)이 제기한 성희롱이 그 감사를 촉발했다는 것을 알았다. 그 폭로와 FBI가 그에게 교수직을 포기하라고 압박하고 있다는 웬젤의 언급이 결합되어 펑의 걱정을 더욱 휘몰아쳤다. 펑은 FBI가 그를 고발한 자들과 USF와 함께 음모를 꾸미고 있다고 확신하게 되었다.

연방 이민국 조사는 또 다른 짜증나는 것이었다. 그해 여름 펑이 중국에서 시카고 오헤어 국제공항으로 귀국을 했을 때 국토안보부 요원들이 그의 3개 노트북 컴퓨터와 외부 하드 드라이브에 있는 사진들을 복사[33]했고 비자 사기에 대한 형사기소를 뒷받침하는 증거를 뒤졌다. 그들은 입학 허가 과정을 속이는 데 사용되어질 수 있는 자료들을 발견하지 못했다.[34] 국토안보부는 "펑이 법, 규정 및 학계의 윤리적 기준을 무시하였고 이것은 USF 대학의 감사에서 잘 기록되어 있다. 비자 취득관련 그의 의심나는 진술은 거짓이라는 것이 증명되지 않았다. 그리고 음모적인 행동이 발견되지 않았다."라고 결론을 내리고 11월에 펑에 대한 조사를 종결하였다.

펑은 그의 좌절감을 그의 변호사에게 터뜨렸다. "제발 나에게 으르렁 대지 마십시오. 당신이 우리 친구들과 협조를 시작한 이후에야 비로소 우리는 USF에 우리의 반응을 주는 것을 고려할 수 있었다. 그것 이전에는 당신의 자유에 대해 커다란 우려가 있었고(감옥에 갈 우려가 있었다는 말) 그것이 당신의 직업보다 더 중요했다는 것을 당신은 기억해야 한다. 당신과 나 그리고 로미니 모두는 그것을 서로에게 반복적으로 말했다."라고 7월 18일 웬젤은 응답했다.

"당신이 이해하지 못하고 있다고 내가 생각하는 것은 USF 최고위 행정직은 이미 결정을 했다는 것이다. 총장이 생각하고 있는 것, 그녀의 변호사가 생각하고 있는 것 또는 교무처장이 생각하고 있는 것을 바꾸기 위해서 당신이 말할 수 있는 것이 아무것도 없다…. 대학이 우리에게 1년치 봉급과 사직서를 제출하라고 제의했다는 것을 당신은 기억할 것이다. 그것은 총장이 자신의 의도에 대한 확실한 암시였다…. 우리 친구들(FBI)의 조언에 관해서 말하자면, 그들은 당신이 듣기를 원하는 것 무엇이든지 당신에게 말할 것이고 그래서 당신이 그들에게 계속 도움이 되게 할 것이라는 것을 당신은 이해해야 한다."라고 웬젤은 말했다.

펑은 "알겠다. 나는 싸우는 수밖에 없다."라고 답했다.

펑은 다이앤에게도 FBI가 웬젤의 변호료를 지불하도록 졸랐다. "FBI가 제공하는 어떠한 보상도 당신의 협조에 대한 직접적인 결과로서 될 것이다. 내가 당신을 감옥에서 꺼내 놓고 있는 것도 기억하고 자유에 대해 가격을 매기는 것이 힘든 것임을 기억하기 바란다(감옥에 안가고 자유를 누리고 있는 것에 대해 감지덕지하라는 얘기)"라고 다이앤이 7월 31일 말했다.

이 기간 동안 펑과 다이앤 그리고 또 다른 FBI 요원은 펑의 아파트밖에 주차된 차안에서 대화를 했다. 그들이 질문하는 톤이 마음에 들지 않은 펑은 "나는 당신들이 내가 중국의 스파이라고 의심하고 있는 것을 안다."라고 불쑥 내뱉었다.

그들은 부정하지 않았고 서로를 쳐다보았다. 두 요원 중 한 명이 "오! 스파이"라고 말했다. 소년이 임금님은 발가벗었다고 감히 말한 것처럼 펑은 그가 금기사항을 깨뜨린 것을 느꼈다.

8월 11일 아침 3:27분 잠을 잘 수 없었던 펑은 이메일에서 다이앤을 다음과 같이 맹비난하였다. "나는 나의 특별한 능력과 자산을 이용하여 미국을 위해 기꺼이 일하고 싶다. 그러나 나는 명예롭고 공정하게 취급되어야 한다…. 당신과 USF가 나의 팔을 비틀어 나를 더욱 불공정한 거래를 하도록 한다고 할지라도 그것은 결국은 우리의 정상적인 과정을 해치게 될 것이다…. 나는 USF에 큰 기여를 했고 미국에 헌신하기 위해서 큰 위험을 감수하고 있다." 그리고 "실질적인 사회복지가로서(저자 주: 펑이 잘못 쓴 표현으로 보임) 당신은 우리 삼자 모두가 지금 신뢰하는 사람이기 때문에 당신은 여기서 중요한 역할을 할 수가 있다."라고 펑은 애원을 했다.

다이앤은 진저리가 났다. "당신은 내가 인정하지 않는 나의 사무실에 대해 잘못된 혐의를 제기하고 있다. 나의 사무실은 당신에게 법적 문제를 확대하도록 촉발하지 않았다. 오히려 우리는 가능한 한 당신을 보호하려고 했다. 현재 우리 사무실에 대한 당신의 협력은 실질적이지 않고 단지 최소한 수준이다. 그러므로 내가 지금까지 위험을 무릅써 왔다는 것을 이해하고 실질적인 지원은 아마도 결코 일어나지 않을 것이라는 것 알기를 바란다. 요구사항 대신에 나에게 감사하다고 하는 것이 변화를 위해서 더 좋은 것이다.

감사하다고 표현하는 것은 다이앤이 상황을 진척시키고 있었기 때문에 그럴만했다. "우리는 다음 학년도 시작 전에 당신을 해고한다는 USF 대학의 요구로부터 많은 진전을 보았다. 당신은 당신이 (공자연구소 소장직 등을) 양보하는 데 대한 보상으로 모든 종신교수 권리와 함께 평생고용을 받아냈다."고 웬젤은 펑에게 8월 17일 말했다.

그 다음날까지 다이앤은 USF와 펑 사이에 마지막 조건을 중개하고 있었다. "내가 (펑) 월요일 당신(웬젤)에게 보낸 이메일에 있는 조건들을 내가(펑) 수락하라고 FBI가 설득하는 데 2시간 이상이 걸렸다."고 펑은 웬젤에게 말했다. "그러나 USF는 아직도 더 많은 것을 요구하고 있다…. 나는 USF와 나와의 사이에 싸움을 원하지 않는다. 특히 나를 지금까지 많이 도와준 다이앤이 관여가 될 것이기 때문이다…. 다이앤은 나에게 전화

를 했다…. 그녀가 USF 입장이 최종이 아니며 협상 테이블로 돌아갈 것이라고 나에게
말해주어 나는 기쁘다. 그녀는 몇몇 USF 관계자들에게 전화를 했고 당신의 보이스 메
일에 메시지를 남겨놓았다. 나는 내가 월요일 FBI에 동의한 조건을 절대 고수할 것이라
고 그녀에게 말했다.”

　“다이앤은 USF가 의견을 바꾸게 할 수 있는 유일한 사람이다. 우리는 그녀에게 의
존하고 있다.”라고 웬젤은 응답했다.

　8월 19일 웬젤은 펑에게 “다이앤이 당신과 대화를 하고 총장과 길게 대화를 한 후
에 나에게 전화를 했다.”고 말했다. 8월 18일에서 26일간 다이앤은 USF 법률 자문관 스
티븐 프리복스(Steven Prevaux)와 서로에게 7번씩 전화를 했고 15분 이상 두 번 통화를
했다. 프리복스는 FBI사무실에 있는 그녀의 전화로 2010년 7월에서 12월간 6번을 전
화를 했고 한 번은 45분간 통화를 했다. 2010년 8월 24일 펑이 휴직 명령을 받은 지 6개
월 후에 펑과 USF는 다이앤이 관여한 중재안에 도달했다.[35] USF는 그에게 10,000달러
의 벌금을 부과하고 2010년 12월부터 2011년 12월까지 월급 지급을 중단했다. 그 협약
은 펑이 공자연구소에 대하여 관리 책임을 갖는 것을 영구히 금지하였지만, 그에 대한
무보수가 끝나는 이후에는 펑이 중국에 있는 적절하고 새로운 파트너를 구해서 세인트
피터스버그에 있는 USF 분교에다 공자연구소와 연계를 가지는 기구를 설치하는 것을
약속해 주었다.

　다이앤은 펑이 감옥에 안가도록 해 주었고, 그의 종신교수직을 보장해주었으며,
(펑을 정보원으로 가짐으로써) 중국 정책 입안자들과 공자연구소 내부자들에게 FBI가 접
근할 수 있게 여건을 조성했다. 대학 감사결과에도 불구하고, USF 대학 경찰은 펑을 기
소하지 않았다. FBI는 그 타협에 깊숙이 개입을 하였으며 그들이 교무처장인 것처럼 행
동하였다고 넬슨 교수는 말했다. 그의 법률적인 판단을 볼 때 FBI 영향력이 펑의 교수
직을 구하는 데 가장 큰 요인이었는지를 묻자, 웬젤은 “얼추 맞추었다.”고 말했다.

　관대한 징계는 펑에 대한 혐의를 잘 알고 있는 교수들을 놀라게 하였으나 FBI의 개
입을 알고 있는 교수들은 놀라지 않았다. “모든 사람들로부터 내가 들은 감정은 도대체
왜 그가 파면되지 않았지?”였다고 에릭 세퍼드(Eric Shepard)는 말했다. USF 대학은 FBI
의 옹호는 효과가 없었다고 주장하고 있다. “그 징계는 과거의 징계관행과 상통하며 그
중대한 비리에 대해 적절한 것이었다. 겐샤프트 총장은 FBI가 개입하려는 것에 대해 극
도로 불쾌했다.”고 USF 대변인인 라라 웨이드 마르티네즈(Lara Wade – Martinez)가 말했

다. 겐샤프트와 윌콕스는 내(저자)가 보낸 서면질의서에 답장을 하지 않았다.

그녀의 승리로 대담해진 다이앤은 펑에 대한 그녀의 옹호를 강화하였다. 다이앤은 CIA 요원을 데리고 USF의선임부총장 카렌 홀브루크(Karen Holbrook) 사무실에 나타났다. 홀브루크는, 타협이 이루어진 날,[36] 펑이 세인트 피터스버그에 공자연구소 지부를 개설하는 데 대해 감독을 하는 임무를 부여받았다.

방문자들은 홀브루크에게 펑은 프린스턴대학에서 FBI의 정보원이었다고 말하면서 펑의 능력과 (미국에 대한) 애국심을 보증하였다. 본질적으로 그들은 펑은 그들의 보호를 받고 있음을 펑의 새로운 상관인 홀브루크에게 전달하였다. "그들은 펑에 대해 그들이 알고 있는 것을 나에게 말해주려고 왔다. 그것은 펑에게 호의적이었다."고 홀브루크가 2014년 나와 나눈 대화에서 말했다. 당시 나는 사라소타 만(灣)에 있는 홀브루크와 그녀의 남편인 해양학자 짐이 소유하고 있는 해안가 맨션에서 만났다.

CIA 요원은 CIA가 해외 첩보활동의 주도권을 갖고 있고, 펑을 중국내 정보자산으로 운영하길 바랐기 때문에 다이앤과 같이 왔던 것 같다. 막강한 정보기관 두 곳이 함께 온 것은 대학 행정 직원들에게 위협이 되었을 것이다. 그러나 홀브루크는 아니었다. USF에 새로 왔기에 알아리안 소동에 영향을 받지 않은 홀브루크는 겐샤프트나 윌콕스보다 더 막강한 학문적인 경력을 가지고 있었다. 세포생물학자인 그녀는 1998년에서 2002년까지 조지아 주립대학의 교무처장이었고 2002년에서 2007년까지는 오하이오 주립대(Ohio State University) 총장을 역임하였다. 또한 그녀는 국가안보와 학계 자유간의 긴장을 인식하고 있었다. 1990년대 플로리다 주립대(University of Florida) 대학원장으로 재직시 그녀는 학생들의 파일 열람에 대한 FBI의 요청을 거부했지만 기각이 되었다. 그녀는 FBI의 요구에 대해 쉽게 물러서지 않았다.

정보기관 요원들처럼 펑은 홀브루크를 저평가했을 수도 있었다. 세인트 피터스버그로 쫓겨나는 것을 탐탁지 않게 여겼던 펑은 그를 위한 더 큰 자리를 생각했다. 그는 한반(Hanban)의 지도자들이 그에게 말한 적이 있는 미국에 설치하고 자금을 지원하려는 계획을 가진 4개의 공자연구소 중 하나를 USF의 본교에서 운영하는 것이었다. 그는 2010년 10월 12일 그의 생각을 홀브루크 사무실에서 그녀에게 말했다.[37]

처음에는 홀브루크가 매력을 느꼈다. "나는 처음에는 그와 얘기하는 것을 진실로 매우 즐겼다."라고 그녀는 말했다. 펑에 대한 관리를 그녀(홀브루크)에게 맡긴 USF의 행정처 직원들은 펑에 대한 혐의를 그녀(홀브루크)에게 말하지 않았다. 그러자 펑의 전 상관이었던 마리아 크러멧(Maria Crummett)이 그녀에게 실상을 알려주었다. 홀브루크는 감사보고서를 읽었다. "그것에는 내가 개입하길 원하지 않는 어떤 것이 있다고 나는 결정을 내렸다. 그것이 내가 그와 소통하는 것을 중단한 이유였다."라고 그녀는 말했다. 더욱이 USF의 공자 연구소에 대한 한반의 자금지원은 실현되지 않았다.

홀브루크는 CIA 요원으로부터 다시는 연락을 받지 못했지만 다이앤은 2010년 10월 15일에서 12월 1일까지 8번 전화를 했었다. 그리고 다이앤은 아마도 두 번째로 방문을 했을 것이다.[38] 다이앤은 법률자문관인 프리복스(Prevaux)를 두 번 방문했다.

11월 17일 펑의 월급 지불 중지가 시작되기 5주전에 다이앤은 홀브루크에 이메일을 보내서 중국 고위인사들의 USF 방문 축하행사에 펑을 포함시켜줄 것을 촉구하였다. 다이앤은 1달 후 탬파에 도착하는,[39] 공자연구소의 중국 파트너인 난카이 대학에서 오는 대표단을 언급하는 것 같았다. "우리가 마지막 회의에서 논의했듯이 펑의 신뢰성이 중요하게 걸려있다. 펑은 그의 해외(중국) 접촉 인사들에 대해서 그의 결심을 보여주는 약속을 지키려는 일을 지난 1년 동안 해 왔었다. 그리고 가까운 장래에 USF가 (펑을) 지원한다는 것을 보여주지 못한다면 그는 완전히 무능하게 비춰질 것입니다."라고 다이앤은 말했다.

"펑이 그 손님을 환영하는 자리에 없다면 그는 매우 무례하고 존경을 받지 못하는 인물이 될 것입니다. 그가 그 자리에 없다면 큰 의심을 받을 것이고 그의 체면이 손상될 것입니다."라고 다이앤은 썼다. 홀브루크가 펑의 공식석상 행사에 참석이 곤란하다고 느낀다면 적어도 그녀는 간단한 개인적인 만남을 주선할 수 있었다.

펑이 효과적인 스파이인지 아닌지에 대해 홀브루크가 다이앤만큼 관심을 가지고 있지 않다는 것을 다이앤은 모르는 것 같았다. 홀브루크는 펑이 능력 있는 선생이나 학자인지에 대해서 많은 관심을 가지고 있었다. "펑에 대한 (중국측의) 신뢰성은 펑과 USF와의 거래에 영향을 주는 것이 아니라 국가 안보에 큰 영향을 주는 것이다."라고 다이앤은 썼다.

홀브루크는 대응하지 않았다. 대신, 그녀는 윌콕스 교무처장에게 그 이메일을 전달했다. 윌콕스는 "나는 그것이 많은 차원에서 대단히 많은 문제를 일으키고 있다는 것을 알고 있다."라고 다이앤에게 대답하였다. USF는 펑이 그 중국의 주요 인사를 만나는 것을 금했다.

그 달에 펑은 다이앤에게 좋은 생각이 있다고 말했다. 스파이 활동의 기지로서 USF

가 중국에 분교를 설립하는 것이었다. 어쨌든 미국대학들은 해외에 분교를 설치하고 있었고 존스 홉킨스 대학을 포함한 몇몇 대학은 중국에다 분교를 설치했다. USF가 못할 것이 있나?

사실, 펑의 제안은 지연술책이자 지금까지 그의 최고의 아이디어였고 FBI의 손아귀에서 벗어내려는 방법에 대해 수 시간 동안 머리를 짜낸 결과였다. 분교는 수많은 승인을 요구할 것이고 중국의 복잡한 행정절차에 화가 날 것이라는 것을 그는 알고 있었다. 그는 수 년 동안 스파이 활동을 연기할 수가 있었다.

다이앤은 그 미끼를 물었다. 12월 1일 그녀는 다시 홀브루크에게 이메일을 보냈다. 그전에 다이앤의 요청에 대해 침묵을 했던 것을 아는 다이앤은 펑의 제안을 꺼냈다. "펑은 최근에 중국에다 USF 분교를 설치하는 가능성을 언급하였는데, 이것은 미국 대학들에게 매우 어려운 일입니다. 물론 분교 설치하는 일은 USF가 이번 여름에 여러 곳에서 약속을 한 현재의 지원 상황에 달려 있을 것입니다."라고 다이앤은 이메일에 썼다.

USF 행정직원들은 격노했다. 그들의 눈에는 그들이 FBI에 협조하기 위해 노력해 왔지만 미국 스파이를 위한 도움닫기용으로 분교를 설치하는 것은 학문적 가치를 크게 파괴하는 것이었다. 발각이 된다면 학교의 명성을 더럽히고 다른 미국대학들을 중국에서 쫓아낼 것이었다.

12월 5일 홀브루크는 "내가 펑과 다시 대화를 시작하기 전에 그리고 당신과 내가 상의를 시작하기 전에 나는 대학의 지위에 대해서 확실히 할 필요가 있다."라고 다이앤을 무시했다. 크리스마스가 지난 후 홀브루크는 다이앤의 중국분교 설치 관련 메시지를 월콕스에게도 보냈다. "이것이 내가 다이앤 머큐리오로부터 받은 이메일인데 주디 겐샤프트 총장을 화나게 했다.(나도 마찬가지로 화가 났다). 이것은 매우 불행한 상황으로 보이며 우리가 더 이상 개입하는 것을 나는 원하지 않는다."라고 홀브루크는 교무처장 월콕스에게 썼다.

월콕스: "그리고 중국에 USF분교를 설치한다니, 역시! 나는 개인적 그리고 학교 입장에서의 진실성에서 볼 때 우리는 참여하지 않아야 한다고 생각합니다. 토의해 봅시다."

홀브루크: "그래요, 매우 문제가 많습니다, 분교와 관련하여 그 약속이 무엇이라고 생각합니까? 이것은 논의의 최우선이 되어야 합니다."

펑이 밀어부치자 다이앤은 너무 많이 나가버렸다. 남플로리다에서 FBI의 영향력이 축소되고 있었고 펑에 심취된 것도 줄어들고 있었다. 공항호텔에서 만났을 때 FBI 요원들은 펑에게 거짓말 테스트기로 검증 받기를 요구했다. 아직도 FBI가 펑이 중국의 스파이라고 의심하는 것이 분명했다. 펑은 그가 중국 스파이가 아니라는 것을 증명하기 위해서 거짓말 탐지기 검증을 받는 것을 기쁘게 생각한다고 대답하였다. 그러나 그들이 질문은 매우 포괄적이라고 얘기하자 펑은 개인프라이버시 침해라고 말하면서 거부했다.

그 요청에 속상한 펑은 2011년 6월 4일 세인트 피터스버그 타임즈 신문에 FBI가 그에 대한 대학의 조사를 지휘하고 있다고 비난을 했다. 6일 후 응징인지 우연의 일치인지 모르겠지만 연방 이민국 관리들은 펑에 대한 조사를 재개하였다. 그의 조사 상황은 "이전의 사건으로 종료된 사건"이었지만 그의 사건 파일 속에 새로이 추가된 것은 중국에서의 접촉, 비용지출, 재정거래에 대한 광범위한 조사였다. 컴퓨터, 전화 그리고 전자수단 등 모든 가능한 것을 조사하였다.

중국 정보기관이 글렌 슈라이버(Glenn Shriver)에 대해 시간과 돈을 소비한 만큼 FBI도 펑을 잘못 판단했다. FBI의 업무가 진화되고 있음에도 불구하고 FBI는 대학교수들보다는 폭력배들을 더 잘 이해하고 있었을 것이다. 다이앤은 펑에게 최후의 통첩을 보냈다. 그가 아직도 FBI와 일하는 것에 관심이 있다면 탬파 사무실로 와서 녹음하는 대화를 해야 한다고 보냈다. 펑은 결코 나타나지 않았다.

이것이 남플로리다대에서의 펑의 고통을 끝내는 것이 되었어야 했는데, 그렇지 못했다. 펑은 그의 정직 징계를 완료하고 교직으로 조용히 돌아갈 수 있었을 것인데 그러지 못했다. 펑을 비난했던 "작은 바다코끼리"에 대한 보복을 하고 싶은 것 이외는 문제없이 돌아갈 수 있었을 것이다. 그러나 다이앤도 더 이상 그를 구하러 오질 않았다.

그를 폭발하게 만든 것은 공자연구소의 파트너인 난카이 대학이 펑의 중간경력 비즈니스 프로그램의 강의를 중지하는 결정을 내린 것이었다. 난카이 대학은 USF가 그를 해고 하지 않은 것에 대한 세인트 피터스버그 타임즈의 기사를 인용하였다. 펑은 그를 곤란으로 몰아넣은 샤오농 장(Xiaonong Zhang)과 그녀의 남편이 그 기사를 중국 관계당국에 제출하였을 것이라고 추론하였다.

2011년 10월과 11월에 난카이 대학 지도자들은 해외 중국인들로부터, 20, 36, 40통, 마지막으로는 46통의, 많은 수의 화난 편지들이 날아온 것을 발견했다. 그 편지들은 펑을 남플로리다대, FBI 그리고 난카이대의 박해로 인한 피해자라고 묘사하면서, 익명의 편지 송부인들은 난카이대학이 그를 복귀시키고 사랑이 깨진데 대한 복수로 펑에게 거 짓불만을 제기한 샤오농 장을 정직시킬 것을 요구하였다. 그렇지 않으면 그 편지들을 중국정부의 모든 관계기관의 최고 책임자들, 중국의 20대 대학 총장들, 난카이대학 학 장, 교수, 학생 및 중국 국내외 언론에게 보낼 것이라고 위협을 했다.[40]

"실제 중죄인은 계속 가르치는 것이 허용된 반면에, 모국을 위해 큰 희생을 하였고 난카이 대학에 커다란 기여를 한 그 교수는 난카이대학의 나쁜 사람들에 의해 누명을 뒤집어썼고 미국 당국에 의해 박해를 받았으며 이유 없이 가르치는 일을 금지 당했다." 고 "난카이 대학의 공자연구소에 큰 기여를 한 미국 탬파베이 지역에 살고 있는 36명의 중국 동포들"이 썼다.

난카이 대학 관리들은 그 편지의 실제 저자가 펑이라는 것에 대해 거의 의심을 하 지 않았다.

"펑이 그 자신의 이메일 주소를 사용하지 않았지만[41] 사용한 언어를 볼 때 펑 자신 이 그 편지를 썼다."고 난카이 대학 국제문제 부총장인 내이지아 관(Naijia Guan)이 USF 의 공자연구소 소장이 된 컨 시(Kun Shi)에게 이메일을 보냈다. 펑은 그 편지 글이 그 자 신의 글과 유사하다고 인정하지만 그의 지지자들이 썼다고 말한다. 이러한 압박은 난카 이 대학이 몇 달 후에 펑에게 내려진 강의 중단을 해제하게 만들었다고 펑은 말한다.

관은 그 편지들의 맹공으로 인하여 난카이대학의 공자연구소 파트너십을 취소하 는 것으로 USF의 펑에 대한 조치에 대응을 했다. "펑은 난카이대학과 USF 대학 간의 우 호관계에 엄청난 영향을 주었다.[42] 그래서 우리는 이런 끔찍한 행동을 참을 수가 없습니 다."라고 그녀는 2011년 11월 8일 홀브루크에게 썼다. 홀브루크는 그녀에게 항변을 했 지만 헛수고였다.

USF 대학의 행정관리들은 펑에 대해 분노했다. 다시 한 번 그들은 펑이 끝나길 원했다. "USF는 조만간 어떤 결정을 내릴 것이고 그 결정은 당신의 USF에 계속 근무 하는 데 있어서 매우 불리한 영향을 줄 것입니다."라고 로버트 맥키(Robert McKee)가 10월 23일 펑에게 주의를 주었다. 로버트 맥키는 알–아리안을 대변했고 지금은 펑 의 변호사였다.

USF는 펑에게 해고 대신 사임하는 기회와 함께 buyout(모든 권리를 사는 것)을 제의 하였다. 펑은 거절을 했다. "펑이 매우 관대한 합의 제의를 거절했다는 것을 알고서 실 망했고 다소 놀랐다. 결과적으로 대학은 직접적인 행동을 추구해야만 한다."라고 USF

법률 자문관 프리복스(Prevaux)가 맥키에게 11월 28일 써 보냈다.

USF는 명분을 위해서 펑을 해고하는 것을 생각했지만 사건을 종결하려면 소재지를 파악하는 데 어려움이 있는 중국내 증인들의 증언, 통역, 많은 서류의 번역 등이 요구되는 것이 명확했다고[43] 대학 대변인 웨이드－마르티네즈가 말했다. 대신에 학교 행정당국과 교수진들의 검토 후에 펑에게 지난 10년 동안 USF 종신교수가 받은 가장 혹독한 징계를 내렸다.

USF 대학은 USF와 난카이 및 한반(Hanban)과의 관계를 손상시킨 데 대해서 2013년 6월부터 2015년 8월까지 급여 없이 펑을 직무정지 시켰다.[44] 또한 USF는 펑이 한반과의 계약을 중재하려고 한 혐의를 내세웠는데, 이것은 펑이 직무정지 기간 동안 USF 직원임을 내세우고 USF 대학을 대신하여 계약을 협상하는 것을 금하는 2010년 합의 내용을 위반하는 것이었다. 이에 대해 펑은 이러한 논의를 USF 행정관리들에게 알렸고 한반 측에는 그가 직무정지 처분을 받았다는 것을 말했다고 변론을 했다.

펑의 두 번째 직무정지 근거는 첫 직무정지의 배경인 비용 회계 혐의와 비자 사기 등과 같은 범죄는 포함되어 있지 않았으며, 그가 합법적인 언론 자유의 권리를 행하고 있었다는 논란이 일어날 수가 있었다. 그럼에도 불구하고 FBI가 그의 편에 없었기 때문에 펑의 처벌은 2배나 가혹한 것이었다.

2013년 6월 펑은 자신이 중국에 대해 스파이 활동을 하는 것을 거절한 것에 대해 대학이 보복을 하고 있다고 교수협의회를 통해서 불만을 제기하였다. "그것은 이제까지 우리가 들었던 가장 별난 사건이었다."고 상법 교수이자 교수협의회 중재자인 로버트 웰커(Robert Welker)가 말했다.

그해 11월 대학은 펑의 직무정지를 1년으로 단축하는 것을 제의했다.[45] 제안된 합의안에 따르면 펑은 공자연구소 또는 어떠한 국제 교류 프로그램에 대해 책임을 갖지 않는 것이었다. 또한 그는, 대외 기관들과 자신과 대학이, 부적절하거나 불법적이거나 또는 비윤리적인 관계를 갖지 않는 것에 합의를 하는 것이었다. 그 항목은 USF가 삽입한 것이라고 웰커는 말했는데, 펑이 USF와 FBI의 관계를 비판하는 것을 막는 것이었다.

펑은 그 계약을 거절했다. 그는 FBI의 역할을 숨기는 것과 국제 프로그램에 참여하는 희망을 단념하는 것보다는 그의 직무정지 징계를 끝까지 받는 것을 선호했다. USF가 그의 불만 제기와 간청을 거부한 이후, 플로리다 주 교수협의회는 USF가 그 사건을 더 진행하는 것에 반대하는 결정을 내렸다.

2013년 새로운 교수진에 대한 오리엔테이션 시간에 USF의 선임 교무부처장인 드웨인 스미스(Dwayne Smith)는 협의회 사무실에 들러서, 펑의 불만제기에 대해 웰커 그리고 교육학 교수이고 협의회 의장인 폴 테리와 논의하기 시작했다. 그 불만제기에 대해 대학 측을 대표하는 스미스는 그들에게 정부가 그를 20년간 감옥에 보낼 충분한 증거를 가지고 있기 때문에 펑은 조심해야 한다고 말했다.

교수 협의회는 펑의 직무정지에 대해 싸우고 있었지만, 테리는 펑이 가벼운 처벌을 받았다는 것에 동의를 했다. 테리는 대학이 펑을 해고하지 않은 것에 대해 놀랐다. 그는 펑이 해고가 된다면 USF가 다이앤에게 굴복하였던 것과 FBI가 공개되는 것을 USF가 두려워했을 것이라고 추측하였다. 그는 "펑이 대학에 대해 무엇인가를 가지고 있다."고 말하고 있었다.

2015년 8월 펑교수의 두 번째 직무정지가 종료되었다. 그는 홀로 살고 있었다. 그의 아버지는 2014년 12월, 89세로 USF 인근지역에서 차에 치여 사망하였다. 추도사에서 펑은 그의 아버지가 그에게 세상일에 대한 열정과 압박에 견디는 능력을 스며들게 했다고 말했다.

나는 펑이 교단으로 돌아오는 것을 보기 위해서 탬파로 비행기를 타고 갔다. 배낭, 탑 컴퓨터, 심지어 스케이트보드까지 들고 온 약 40여 명의 학생들이 "오늘의 중국"이라는 그의 강의 첫 수업에 몰려들었다. 하지만 펑은 없었다. 그의 무급 직무정지를 보전하기 위해서 그는 직무정지가 끝나는 마지막 순간까지 중국에서 강의하는 것을 예약하였다. 천둥번개로 인해 중국 베이징에서 출발이 늦어져 그는 시카고에서 환승 비행기를 놓쳤다.

펑교수 대신에 꽃무늬가 있는 셔츠를 입은 대머리 노인이 칠판에다 "가장 오래된 계속되는 문명화" 등과 같은 토의 주제를 쓰고 있었다. 그는 펑의 멘토인 하비 넬슨(Harvey Nelsen) 명예교수였다. 넬슨은 펑교수를 대신하여 왔다고 학생들에게 설명을 했고 펑은 여기에 올 수 없는 일이 발생했다고 말했다. 넬슨은, 학생들이 펑에 대해 의심하는 것처럼 보여, 펑이 마음과 육체가 완전히 건강한 사람이라고 부언했다.

"여러분들은 펑교수를 즐길 것입니다. 그는 정말 쾌감이 있는 사람입니다. 그에 대한 모든 학생들의 평가는 최고였으며 이 학과에서 가장 높았습니다. 그는 여러분들이 익숙해질 것으로 보이는 중국 액센트를 가지고 있습니다."라고 넬슨은 말하면서, 펑은 특별하고 감옥에서 박사학위를 받은 내가 알고 있는 유일한 교수라고 그에게 말한 한 학생에 대해 그 잘못된 일화를 소개했다.

"감옥이 아닙니다. 프린스턴대학입니다."라고 넬슨은 말했다. 넬슨은 그 잘못된 일화는 다이앤이 "내가 당신을 감옥에서 벗어나게 해주고 있다."라고 이메일을 보낸 내용에서 그 학생이 크게 벗어난 것이 아니었다고 생각했다.

펑은 그가 그 학기동안 가르치고 있던 "일본 소개" 과목의 첫 부분을 위해 학교에 갔다. 펑은 직무 정지로 인해 출입이 금지되었던 그의 USF 내 사무실에 미리 들어가는 시간을 가졌다. 그 좁고 창문이 없는 3층 사무실은중국어와 영어로 된 책들로 가득 차 있었다. 벽 한 면은 중국이 중앙에 있고 미국은 오른쪽 위에 있는 중국판 세계지도가 걸려있었다. 그것은 나에게 그 유명한 뉴요커 잡지 표지였던 "9번가에서 바라본 세계"를 생각나게 했다. 지구가 둥글기 때문에 어느 나라든지 자신을 지도의 중앙에 놓을 수 있다고 펑은 설명을 했다.

연결 비행기를 타는 데 실패했음에도 불구하고 펑은 내가 일찍이 본 그 어느 때보다도 더 차분했고 더 평온했다. 펑과 나는 48명의 학생들이 모여 있는 강의실로 갔다. 대략 오후 5시가 되었다. 그는 짐짓 심각하게 그들에게 물었다. "준비되었나요? 영어, 일본어, 중국어 어느 말로 가르칠까요?"

그는 학생들 중 얼마나 많은 이가 일본을 가보았는지 알고 싶어 했고 약 12명 정도가 손을 들었다. 그는 손을 들지 않은 야구 모자를 쓴 흑인학생 쪽으로 보면서 "일본에 가보았나요?"라고 물었다.

"아뇨."

"다음에 내가 갈 때, 내가 데려갈게요."라고 펑은 진지하게 말했다.

한 여학생이 그녀가 얼마 전에 중국을 방문했다고 말했다. 펑은 못 믿는 체 하면서 "내가 거기 있었는데, 당신을 못 봤어요!"라고 말했다.

펑은 아마도 유능하지 못한 그리고 비윤리적인 행정처리자이었고 스파이로서는 잘못 선택된 것일 수 있었지만, 교사로서는 마음에 드는 사람이었다. 열기가 뜨거운 강의실에서 소매를 걷어 올린 흰 셔츠차림으로 서서히 왔다 갔다 하면서 그는 학생들의 관심을 세 시간 동안 사로잡았다. 그는 일본과 미국은 문화적으로 정 반대라는 그의 주제에 흥미를 더했다. 일본은 단일민족에다 집단주의인 반면 미국은 다인종이고 개인주의적인 것을 유머와 재담을 반복해가며 설명하면서 학문적인 따분함을 제거해 주었다. 펑은 학생들과 그 자신의 말로 농담을 하였으며, 광대 짓을 하고, 개인적인 경험을 나누면서, 올바른 대답에 대해서는 특이한 상을 주는 등 전반적으로 토크쇼 진행자와 보쉬트 벨트 류(類)의 코미디언처럼 행동하였다.(보쉬트 벨트는 유태인 코메디)

펑은 학생들에게 일본은 1억 2,700만 명의 인구를 갖고 있고 4개의 주요 섬으로 이루어져 있다고 설명했다. 그는 한 학생에게 "캘리포니아와 일본 중 어디가 더 큰 영토를 가지고 있나?"라고 물었다.

"캘리포니아"라고 올바르게 대답한 그 학생의 이름은 마이클이었다.

"내가 그에게 상을 주어야 할까요?"라고 펑은 큰소리로 물었다. "돈을 원합니까?"라고 그는 마이클에게 물었다. 과장된 몸짓으로 그는 호주머니에서 마오쩌둥의 사진이 있는 지폐 하나를 꺼냈다. 불행히도 마이클은 그 돈을 몰수당했다. 그가 마오가 누구인지를 몰랐기 때문이었다. 펑은 그 돈을 중국지도자를 알아본 다른 학생에게 넘겨주었다.

아시아 돈 대신에, 펑의 질문에 대합하지 못한 학생들은 "괜찮아요. 당신들이 모든 것을 알고 있다면 내가 일자리를 잃어버립니다."라는 그의 말에 만족을 해야만 했다.

펑이 쓰나미, 지진, 태풍 등 일본의 자연 재해에 대한 취약성을 말하자, 한 학생이 미소를 짓는 것을 보았다. "당신은 왜 태풍에 대해 그렇게 행복해 하나요?"라고 그녀에게 물었다. 조금 있다 펑은 다른 학생과 정감어린 농담을 하면서 그녀를 가리켰다. "당신은 이 강의실에서 누가 가장 행복한 사람인지 아나요? 바로 그녀입니다."

때때로 그는 그의 친숙한 허풍을 떨었다. "와세다 대학에 가본 적이 있습니까?"라는 질문은 그가 사회과학 연구소 장학생으로 공부했던 와세다 대학이, 그 어느 대학보다 많은 일본 수상, 억만장자, 문학상 수상자를 배출한, 일본에서 가장 좋은 2개 사립대 중 하나라는 것을 자랑하는 것으로 넘어가는 중간단계였다. 그는 그 장학금을 받고 연구소에서 연구를 했던 단 한 명의 선택된 사람이었으며 그것은 가장 명망 있는 사회과학 상이며 그에게 있어서는 큰 명예였다.

경험 많은 코미디언처럼 펑은 반복되는 개그의 가치를 알고 있었다. 펑은 "홍콩에 가본 적이 있나요?"라고 한 학생에게 물었다.

"아니오. 가고 싶습니다."라고 그 여학생은 말했다.

"다음에 내가 갈 때 데리고 가겠습니다."라고 또 다시 여러 번째 말했다. 그러고 나서 그는 완벽한 타이밍으로 농담을 했다. "내가 좋은 트렁크를 가지고 있거든요."라고. 그의 학생들이 킥킥거리자 나는 펑이 FBI와 거래를 한 다른 많은 사람들과는 달리 펑은 최후에 웃는 것을 누렸다는 것을 알았다.

11
스파이 제로지대

FBI가 다진 펑(Dajin Peng)과의 관계를 끊고 난 후, FBI는 그 일 전체 관련 어떠한 흔적도 지우려고 하였다. FBI는 대학 교수를 중국에 대한 스파이 활동을 하도록 포섭한 실수를 일반인들이 아는 것을 원하지 않았다는 것은 이해할 만하다.

다이앤 머큐리오가 2010년 당시 USF의 선임 부총장이었던 카렌 홀브루크에게 보낸 강압적인 이메일이 그러한 포섭을 의미했다. "큰 의미에서 국가안보 영향 문제"라고 언급하면서, 다이앤은 USF 대학에 중국 대표단이 대학을 방문하기 전에 대학이 펑을 지원하는 것을 보여주길 촉구했고 중국에 분교를 개설하는 것을 검토하라고 했다. 그 분교는 미국 정보기관의 근거지 이었을 것이지만 말이다.

USF와 같은 주정부 기관에다 보낸 이메일은 플로리다 주법에 따르면 공식 서류로 간주된다. 그러나 2012년 4월에 대학 변호사에게 보낸 편지에서 FBI는 그 이메일들이 자기들 것이라고 주장하면서 USF가 권리 등을 포기하고 넘겨주기를 요구했다.

당시 FBI 탬파 사무소를 책임지고 있던 스티븐 이비슨(Steven Ibison)은 FBI의 변호사와 함께 서명한[1] 편지에서 "이러한 서신교류는 '비밀이며' '민감한 사안이고' '대외비'로 명백히 여겨져야 한다."고 썼다. "이러한 교류의 모든 복사본들은 가능한 빨리 FBI로 돌려주어야 합니다. 이 법집행기관의 민감한 정보는 미국정부의 재산이며 비밀이라는 조건으로 당신의 고객에게 제공되었던 것입니다." 엄한 톤을 강조하고 소송의 위협을 암시하면서 FBI는 자신들의 입장을 지지하는 것으로 해석되는 두 가지 법적 사례들의 복사본을 동봉해 넣었다.

　　USF는 그 압력에 저항하였다. 플로리다 법에 따라서 대학은 그 이메일들을 보호를 했고 나중에 나의 공개적인 기록물 요청에 대해 FBI의 반대에도 불구[2]하고 나에게 그것들을 제공하였다.

　　나는 FBI가 회수를 요구한 그 편지에 대해 알기 전에 먼저 이비슨에게 펑에 대해 물었다. 나는 많을 것을 얻지 못했다. "솔직히 말해서 그 사건의 어떠한 구체적인 것들을 기억하지 못합니다. 나는 오랫동안 업무에서 벗어나 있었다. 나는 당신의 질문에 피하려고 하는 것이 아니다."라고 그는 2014년 나에게 말했다. 2014년 그는 FBI를 퇴직하고 휴스턴에 있는 노벨 에너지 社 보안 책임자로 근무하고 있었다. 그는 머큐리오 요원을, 즉 다이앤을 능력이 있는 요원으로 기억을 했고 그(이비슨)가 대학들을 대상으로 FBI의 공작을 승인했다는 것을 인정했다.

　　그 후 얼마 되지 않아 USF가 나에게 그의 편지를 제공했을 때 나는 이비슨에게 전화를 해서 불과 2년 전에 당신이 대학에다 편지를 보냈다고 지적을 했다. 그는 선별적인 기억상실을 계속 주장하였다. 그는 "당신은 탬파 지역에 200명의 요원들을 포함하여 5백 명의 FBI 직원이 있다는 것을 알아야 한다. 나는 연막을 피우려고 하는 것이 아니다. 정말 솔직히 말해서 그 편지나 그 사건을 기억하지 못한다."라고 말했다.

　　첫 번째 그와 대화에서 그는 정보기관과 학계의 관계를 일반적인 말로 설명했다. "거기에는 긴장이 있다. FBI는 항상 아슬아슬한 일을 한다. 우리는 교육자들을 조금 다르게 다루려고 한다. 미국에는 매우 많은 외국인 교육자, 학생들이 있으며, 이들은 우리가 얻을 수 있는 정보와 첩보들을 가지고 미국으로 오고 있는 것은 명백하다. 미국에서 우리에 대한 정보를 수집하려는 이러한 사람(교수, 학생)들이 있다는 것은 당연한 것이다. FBI는 대학에 들어갈 때 그곳은 일종의 신성한 장소라는 것을 이해하고 있다. FBI 요원이 대학에서 활동하는 것에 앞서는 더 높은 권위가 있다. 즉, 일반적인 것과 다른 수준의 승인이 있어야 한다. 교육 분야는 나를 포함한 사람들이 받들어 모시는 곳 중 하나이다.

　　이비슨과 같은 미국 정보기관 관리들은 대학의 특수지위에 대해 경의를 표하지만, 그들의 행동은 그 말이 거짓임을 보여준다. 대학들이 간첩행위에서 벗어난 신성한 곳이 결코 아니며 학교는 잘 밟고 다니는 시민 공원과 같다. 한 때는 깨끗했지만 지금은 과자 종이, 깨진 유리, 개똥 등으로 어질러진 곳이다.

전 정부관리가 나의 프로젝트(스파이 학교들) 초기에 나에게 말했던 것이, 즉 "양 측 모두가 대학을 이용하고 있다."라는 것이 사실로 증명되었다. 외국과 미국 첩보기관 둘 다 기만과 협박을 통해 학생들과 교수들을 먹이로 하고 있다. 중국은 글렌 더피 슈라이버(Glenn Duffie Shriver)에게 에세이를 쓰게 하고 돈을 지불함으로써 그를 옭아 넣었다. 미국 정보요원들이 학술회의에서 과학자들에게 사용했던 수법과 같은 것이었다. 중국이 남플로리다 대학에 있는 중국학생의 부모 의료치료가 그의 협조여부에 달려있다고 경고를 했듯이 미국 정보기관은 펑과 카를로스 알바레즈(Carlos Alvarez)가 스파이 활동을 하도록 압박을 했고 이란 핵과학자들을 망명하도록 압박했다. 쿠바가 마르타 리타 벨라즈쿠에즈(Marta Rita Velazquez)와 애나 벨렌 몬테스(Ana Belen Montes)에게 했듯이 모든 정보기관들은 학생들의 이념적인 열정을 활용하였다.

40년 전 처치 위원회가 CIA와 대학 간의 관계를 공개한 후 CIA는 하버드 대학이 주도하는, 학계를 이용하여 정보를 수집하는 행위와 외국학생을 포섭하는 행위를 금하는 조치를 이겨냈다. 그 이후로 미국의 정보기관을 위해 일하는 것에 대한 대학가의 오명은 점차 엷어져갔다. 이 오명은 CIA가 교수들과의 관계를 숨기는 주요한 이유였던 것이었다. 9·11 사태이후 그래함 스패니어와 여타 대학의 행정처 직원들은 미국 정보기관들을 환영하였지만 모하메드 파하트(Mohamed Farhat) 같은 리비아 학생을 FBI가 심문할 때처럼 정보기관은 학교를 속이고 있다. 초청을 받았던 안 받았던 간에, 공개적이든 아니든 간에, 오늘날 미국 정보기관은 학계 생활의 모든 면에 사실상 접촉을 하고 있다. 정보기관의 학계 영향력은 이전의 최고점이었던 1950년대와 동등하거나 넘어서고 있는 것으로 보인다. 1950년대에는 일류대학에 집중하였고 미국에 있는 외국인 학생들은 지금보다 훨씬 적었을 때였다.

국가안보와 학계 문화에 있어서 이러한 변화의 충격을 측정해보자고 한다면 대학에서의 공개적인 행위와 비밀적인 정보공작을 구분하는 것이 최상이다. 학계연구를 지원하는 것에서 사무직원 위치에 있는 미국인들을 포섭하는 것까지 공개적인 활동의 대부분은 모든 점을 고려할 때 유익한 것이다.이런 활동의 공개성은 학계 가치관에도 맞고 미국을 더 안전하게 만들 수 있다. 예를 들면, 어떻게 단체들이 소셜미디어 상에서 추종자들을 얻는지를 분석하는 것과 시끄러운 온라인 카페에서 또는 애매한 말로 대화를 하는 것에서 핵심구절을 찾아내는 것[3]과 같은, '정보 선진화 연구 프로젝트 활동'의 자금 지원을 받는, 학계의 연구는 프라이버시를 손상시킬 수 있지만 테러분자들의 공격을 예측할 수가 있다.

정보기관 거물들의 공개석상 출현은 학생들의 공공정책에 대한 인식과 논의를 발전시키고 있다. 시위자들이 "드론이 아이들을 죽이고 있다."[4] 그리고 "미국은 중동에서 나와라."고 외치는 것이 2016년 4월 펜실베니아 주립대에서 행할 그의 연설을 좌절시키기도 했지만, 존 브렌넌(John Brennen)은 CIA 국장 자격으로 종종 대학에서 연설을 하였다.

요원 모집 행사는 (브렌넌의 대학 연설과 같은) 유사한 반대시위를 촉발시키곤 했는데, 이 행사가 CIA의 신규직원들을 보충시켜주고 있다. 모집행사는 미국 전역의 대학에서 열리고 학생과 대학 언론에 광고가 되고 있다. 그리고 매년 25개에서 35개 대학에서[5] 외교문제 위기 상황을 시뮬레이션 하는 것으로 잠재적인 지원자들의 분석 기술을 테스트하고 있다. 2015년 4월 하버드대학에서 개최된 3시간짜리 시뮬레이션에서, 130명이 참여의사를 밝힌 가운데 선택된 30명의 학생들이 5명의 CIA 분석관들에게, 러시아와 미국이 서로 영토주장을 하고 있는 북극해 지역에서 유전과 가스전 폭발이 일어났다는 가정에 대하여, 대응책을 말하였다.

CIA는 25명으로 제한할 것을 원하였지만 우리의 관심이 너무 커서 30명으로 늘렸다고 그 시뮬레이션 조직자 하버드대 2학년생인 엘리자 드커벨리스(Eliza J. DeCubellis)가 나에게 말했다. "당신이 CIA, 비밀공작과 관련 있는 어떤 것이던 언급하자마자 학생들은 강한 호기심을 갖는다. 수년간의 불신 끝에 사람들은 CIA가 실제로 무엇을 하는지에 진실로 관심을 갖고 있다."고 그녀는 덧붙였다.

2015년 9월 나는 좀 더 전통적인 직원모집 행사에 참석했다. 하버드 대학의 성인 교육 개방대학에서 온 50여 명의 학생들과 최근 졸업생들이, CIA에서 온 2명의 여성 요원과 한 명의 보우타이 남자직원이 말하는 것을 듣기 위해서, 경력 서비스 사무실 독서실을 가득 채워 참석하였다.

이 3명은 CIA가 교육에 우호적이라는 것을 강조하면서 학생 인턴제, 근무 중에 수강하는 과정에 대해 학비 보상, 임무 수행에 중요한 언어 구사에 대한 보너스, 실제 세계에 영향을 주는 학계 스타일의 연구를 할 기회를 제의하였다. "나는 싱크탱크에서 일하길 원하지 않습니다. CIA에서는 대통령이 그것(CIA 보고)을 읽고 있다는 것을 나는 즉각 알고 있습니다."라고 분석관인 여자 요원이 말했다.

다른 여자 요원은 그녀가 MIT에서 항공 우주공학을 전공하였고 CIA가 면접을 보러

오라고 요청하였을 때 그녀는 산업 쪽으로 직업을 알아보고 있었다고 말하였다. "나는 그것이 거짓말이라고 생각했었는데, 나중에 나의 교수중 한분이 그들에게 전화를 했었다는 것을 알았다."라고 부언했다.

그들은 CIA 기구조직도를 슬라이드로 보여주면서 비밀 공작부서를 소개하기 시작했다. CIA의 매력적인 면인 그리고 영화들이 만들어지는 부서로 그 분석관은 공작부서를 설명을 했다. "이 부서의 일은 자국 정부에 대해 스파이 활동을 하는 사람들을 포섭하는 것이다."라고 덧붙였지만 이 사람들 중 일부는 외국의 학생들과 교수들이라는 것은 언급하지 않았다.

질의 답변 시간에 학생들은 CIA 직업이 사회 및 가정생활에 미치는 영향에 대해 관심을 표명했다. "당신은 당신의 성공이나 실패에 대해서 말하지 않는 것에 평안함을 느껴야 한다. 나는 CIA 직원들이 아닌 사람들과 함께 파티에 간다. 나는 업무에 대해서는 말하지 않는다. 나는 그런 방식에 더 흥미를 느끼고 있다. 직원들은 그들이 CIA에 근무하고 있다는 것을 배우자에게 말할 수 있지만 아이들에게는 하지 않는다. 왜냐하면 아이들은 말을 해버리기 때문이다. 나의 남편은 FBI에 근무하고 있다 CIA근무하는 사람들의 친구들은 대부분이 FBI나 CIA에서 일하고 있다. 그들은 (서로를) 이해하고 있다."라고 그녀는 말했다.

또 다른 여성 요원은 그녀가 CIA에서 일하는 것을 수 년 동안 계획하였지만 민간기업에 들어갔다고 말했다. 그녀는 "나는 CIA에 빠져있었다."라고 말했다.

분석관 요원이 "마치 헤로인 마약처럼"이라고 대꾸했다.

이러한 직원모집 행사에서 취업을 거부당한 사람들도 미국 정보기관에 가치가 있는 것으로 증명이 되기도 한다. 직원의 위치에는 적합하지 않지만 그들은 종종 해외 스파이활동에 좋은, 즉 외국어 능통 등과 같은 기량을 가지고 있다. "CIA 등에 흥미가 있는 사람들의 85%는 그 취업 자리에 결코 적합하지 않은 사람들이라고 전 연방 법집행기관요원이 나에게 말했다. CIA와 FBI는 정말로, 정말로 재능이 있고 정말로, 정말로, 열정적인 사람들 이름의 주소록을 가지고 있다. 그 사람들은 취업 전형에 통과하지 못하지만 그들은 매우 도움이 될 수가 있다. 그들은 결코 직원이 되지 못하지만 그들은 그 기관들의 인적 자산이 될 수 있다.

어떤 의미에서 이 공개된 존재는 이 책에서 주요하게 우려하고 있는 학계에 대한 미국의 비밀공작을 위한 길을 닦아주거나 합법적으로 해줄 수 있다. 그들은 숨어있기 때문에 그들의 효과를 판단하는 것은 어렵다. 하지만 그들은 국가안보에 거의 이점이 되지 않는 것으로 보이며 학계 문화에 손상을 주는 것으로 보인다.

　전문적인 제임스 본드와 같은 요원들 또는 실제의 인디애나 존스들이 있을 수 있지만 나는 보지 못했다. 내가 말할 수 있었던 것은 교수들을 스파이로 활용하는 것은 역풍을 몰고 온다. 교수들은 기껏해야 칵테일파티에서 모욕을 당하는 정도의 위험이 낮은 종신 교수직에 익숙해 있기 때문에, 그들은 스파이 활동이라는 위험도가 높은 세계에 잘 맞지 않는다. 펑처럼 교수들은 종종 스파이 활동을 내켜하지 않는다. 그렇지 않으면 그들은 FBI가 러시아에 대한 이중간첩으로 활용하였던 교수처럼 그저 어느 정도 효과가 있는 자산들이다. 만일 그들이 외국정부나 테러단체에 스파이행위로 체포가 된다면, 그들이 위험에 처할 뿐만 아니라 그들의 친구들, 협력자, 출처들도 위험에 처할 것이다. 이 결과로 다른 연구원들의 비자발급이 거부되어 미국 국민들과 정책 입안자들에게서 중요한 정보와 지식을 빼앗는 것이 된다.

　일반적으로 교수들은 여행에서 돌아오면 미국 정보기관에 브리핑을 하거나, CIA 전위회사들이 개최하는 학술회의에서 연설하는 것에 (스파이 행위보다) 더 편안함을 느낀다. 이러한 반쯤 은폐된 공모 — CIA에 대한 언급이 없이 학술회의 토론이 일반적으로 이력서에 등재되는 것 — 가 스파이 행위를 하는 것보다는 덜 위험하고 학문적인 윤리에 더 양립하는 것이다. 그러나 이것도 해외에서의 학술연구나 신뢰도를 방해할 수 있다.

　윤리적으로 꼬인 문제를 인식한 시어도어 포스털(Theodore Postol)은 조국에 대한, 학문에 대한, 그리고 학생에 대한 균형이 유지되도록 조심스럽게 선을 그었다. 포스털은 2014년 MIT 교수직을 퇴임을 했는데, 그는 미국 정보기관을 도와주었지만 스파이행동을 하는 것은 꺼렸다.

　나(저자)는 테드(포스털)를 1992년 보스턴 글로브 매거진에 프로필을 소개한 이후 근 1/4세기 동안 그와 친하게 지냈다. 항상 좋은 기사거리로서, 미사일 방어분야 전문가인 그는 1차 걸프전이후 특히 뉴스 가치가 있었던 교수였다. 수백만 명의 미국인들이 이스라엘로 향하는 이라크의 스커드 미사일들을 파괴하는 미국의 패트리어트 미사일을 TV로 보면서 흥분을 느낀 후에 포스털은 그 축하분위기를 망쳤다.[6] 그는 실제로는 모든 패트리어트 미사일이 스커드 미사일을 놓쳤다고 주장했다. 그 장면은 텔레비전 카메라가 따라가지 못하는 속도 때문에 일어난 시각적 환상이라고 했다. 국방부와 패트리어트 미사일을 생산한 국방부 계약회사인 레이시온(Raytheon)은 그의 말에 반박을 하였지만 나중에 그의 주장이 사실로 판명 났다.

나는 테드가 의심이 많고, 날카로운 공격력을 가진, 전형적인 내부고발자인 것을 알고 있다. 그는 그의 이웃들, 대학, 국가안보기구들과 싸웠다. 예를 들면, 패트리어트 논쟁에 뒤이어 연방 정부 요원들은 그의 사무실을 방문하여, 그가 학계 잡지에 쓴 패트리어트 미사일 실패 기사내용이, 비록 공개출처에 바탕을 두고 분석을 하였지만, 비밀정보를 포함하고 있다고 불만을 제기하였다. 귀찮은 상황에 싫증이 난 테드는 그의 비밀 취급 인가를 갱신하지 않았다.

이 책을 위해서 그와 대담을 할 때 미국 정보기관들이 수 년 동안 막후에서 그의 전문지식을 이용해왔다는 것을 알고 나는 다소 놀랐다. 9·11 사태이후 그의 총명성은 그의 공격적인 성향보다 미국정보공동체에 더 중요하였다. FBI의 보스턴 사무실에서 한 요원이 그를 접촉했다. FBI가 테러분자들의 위협에 대처하는 것을 업무 우선순위로 놓았기 때문에, 그 요원은 업무를 조직범죄에서 대테러분야로 전환하였으며 대학은 그의 순찰 근무지였다. 포스틸은 10년 이상 일 년에 서너 번 그를 만났다. 간혹 그 요원은 사전에 전화를 하여 친구를 데려가도 되는지를 물었다. 그것은 CIA 요원을 합류시키는 것이었다.

포스틸은 대량살상무기에 대해 그들을 교육시켰고 그와 학생들이 실행했던 러시아 인공위성 시스템과 미국 미사일 방어의 결점들을 보여주는 연구결과를 전달해 주었다. 그가 러시아나 중국에서 돌아와 그가 느낀 일반적인 인상을 제공해 주었다. 그는 그 FBI 요원과 죽이 잘 맞았다. 그 요원은 대량 살상무기의 기술과 정치에 대한 포스틸의 강의에 정기적인 초대강사가 되었다. 이 강의실에는 외국인 학생들과 ROTC교육을 받고 있는 미래의 미군장교들도 있었다. "FBI 요원의 강의 내용은 훌륭했고 공중(公衆)에 대한 잠재적인 공격을 모니터링하고 반응하는 FBI의 기술에 관한 일반적인 정보를 제공하고 있으며 매우 세심하게 구성되어 있었다."라고 포스틸은 나에게 말했다.

그러나 포스틸은 FBI와 CIA에다 사람들의 이름과 특징, 특히 그의 학생들의 이름과 특징을 제공하는 것을 피했다. "나는 이러한 사람들에게 도움이 되려고 하고 있다. 동시에 나는 그들을 위한 공작원이 아니다. 그들은 때때로 경계선상에 있는 질문들을 나에게 묻곤 했다. 나는 "그것을 말하는 것은 좋은 생각이 아니다."라고 말했다. 모든 것을 공명정대하게 위해서 나는 러시아와 중국 상대방들에게 CIA에 우리들의 직접적인 토론을 밝히지는 않고 개괄적으로 말해주고 있다고 말했다."라고 포스틸은 말했다.

미국 시민이 아닌 사람은 CIA와 FBI 정식직원으로 일하는 것이 허용되지 않기 때문에 공개적인 직원 모집 행사에 일반적으로 외국인 학생, 연구원들을 배제한다. 미국 정보기관들은 그들을 비밀리에 추구하지만 말이다. 그들은 그들 조국 사회에 섞일 수 있고 거기서 접촉할 수 있기 때문에 그들은 언어적 재능이 있는 미국인들보다 잠재적으로 더 도움이 된다. 불리한 점은 정보기관에 협력하는 이들의 비율이 심각하게 줄어들고 있다는 것이다.

"미국 학교에 다니고 있는 많은 사람들이 고국으로 돌아갔을 때 우리가 잠재적으로 관심을 가지고 있는 사람들이다. 그들이 핵과학자들이거나 이슬람 극단주의자 문제가 있는 국가에서 왔던지 아니던지 간에 우리의 목표가 된다. 원칙적으로는 이들이 고국으로 돌아가서 CIA에 협력하도록 하는 것은 대단한 기술이 아니다. 이들에게 돈을 먼저 준다. 왜냐하면 모든 학생들은 돈이 궁하다. 그것은 모두 자발적이라고 내가 말을 할지라도 그 외국인의 마음 한 구석에는 정보기관과의 대화가 자발적이라고 결코 생각하지 않을 것이다. 모든 것이 당신에게 호의적으로 움직인다. 물론 나는 당신에게 말할 것이다. 이것은 하나도 힘들지 않다. 나는 어떠한 위험도 없다. 나는 그 정부 안에 접촉선을 가지고 있다고 느낀다."라고 전직 CIA 요원이 말했다.

"아마 그 학생은 동의한다. 그러고 나서 결코 고국으로 돌아가지 않는다. 그는 사랑에 빠지면서 직장을 구하고 결코 미국을 떠나지 않는다. 또는 CIA가 그가 고국으로 돌아가길 원하는 날이 온다. 이것은 더 이상 즐거운 것이 아니고 게임도 아니다. 현실이다. 당신은 그가 해외로 간다면 그가 어떤 것을 할 것인가라는 문제에 봉착한다.

학계 학술회의에서 외국 과학자와 관계를 구축하는 것이 대학에서 하는 것보다 더 생산적일 수가 있다. 하지만 너무 많은 정보요원들이 이러한 행사에 돌아다녀서 그들은 관계구축을 서로 상쇄시키기도 한다. 하버드대 케네디스쿨에서 하는 것과 같은 중간경력 및 중역 교육 프로그램에 들어온 외국기업가들과 관리들 옆에 비밀 CIA 요원들을 등록시키는 것은 외국에 유용한 정보 출처를 가지고 있다는 이익을 가져다주는 것이 가능하다. 하지만 또한 그것은 교육에 있어서 필수적인 순수성과 신의를 해치는 것이다.

CIA에 대해 혹평하는 비망록[7]을 쓴 이스마엘 존스(Ishmael Jones)라는 가명을 사용하는 전직 정보요원은 CIA가 너무 많은 시간과 인력을 미국대학에 쏟아 붓고 있다고 나에게 말했다. "나는 미국의 국가 안보기관들이 외국에 있는 외국 목표에 대해 집중하는 것이 필요하다고 믿고 있다. 하지만 미국 대학과 일하는 것은 이런 기관들이 유약하고,

저 위험의, 비 위협적인 일을 하게 만든다. 이러한 일들은 모든 사람들이 바쁘게 보이게 하지만 이루는 것이 많지 않다. 한 공작관이 가장 가까이 있는 대학으로 놀러가듯이 차를 몰고 가서 교수들이나 학생들과 잡담을 한 후에 본부에다 공작이 일어나고 있다는 느낌을 줄 수 있다. 이것은 적대국 정보기관이 어느 순간에도 날려버릴 수 있는 저급한 호텔에서 공작원을 만나기 위해서 땀을 흘리면서 외국을 여행하는 것보다 훨씬 좋은 것이다."라고 존스는 나에게 2014년 10월 이메일을 보내왔다.

학계에 대해 미국의 만연하는 스파이 활동을 가장 강력하게 정당화시켜 주는 것은 적대국들도 그것을 하고 있다는 것이다. 중국과 이란 학생들의 유입과, 전 KGB 수장 지도하에 학계 스파이 활동을 하는 러시아의 열정과 함께, 대학에 대한 외국의 스파이 활동은 물밀 듯이 밀려오고 있으며, 일부의 경우에는 미국의 국가 및 경제 안보를 위협하고 있다. 듀크대 대학원생인 루오펑 류(Ruopeng Liu)는 미국방부가 자금을 지원한 연구를 중국에 넘겼다. 쿠바는 가장 능력이 뛰어난 공작원 아나 벨렌 몬테스(Ana Belen Montes)를 존스 홉킨스 급우를 통해 포섭하였다. 러시아는, 희망했던 것보다 적은 이득을 보았을 가능성이 있지만, 안드레이 베즈루코프(Andrey Bezrukov), 리디아 구례바(Lydia Guryeva) 그리고 다른 불법자들을 저명한 대학들에 서서히 밀어 넣었다. 글렌 더피 슈라이버(Glenn Duffie Shriver)는 대학의 해외 연수 프로그램으로 미시간(Michigan)에서 상하이로 갔었고 미국 정부에 침투하는 대가로 7만 달러를 중국 정보기관으로부터 받은 것으로 인생이 끝나버렸다. 우리는 몬테스, 베즈루코프, 슈라이버에 대해, 그리고 학계 네크워크를 외국 정보기관이 해킹을 한 것에 대해, 미국의 조사관들이 발표를 하였기 때문에 알고 있다. 오늘도 일부 외국 스파이들이 미국의 학생기구들 또는 교수진에 숨어있을 가능성이 있다.

미국의 안보를 위험하게 하지 않는 외국 정보기관의 공작원들조차도 미국대학의 신뢰도를 손상시킬 수 있다. 카를로스 알바레즈(플로리다 국제대학 조교수)가 쿠바 정보기관을 위해 일했다는 것은 하버드 워크샵이나 그가 이끌었던 다른 프로그램들을 의심받게 하였다.

미국과 외국 공작원들이 대학에 모여들게 되자 대학의 행정당국자들은 그들의 눈길을 피하고 불평을 하지 않고 사전 경계도 하지 않는다. 그들은 미국 정보기관에 대항함으로써 비애국적으로 보이는 것을 원하지 않고 연구기금이 떨어지는 것을 원하지 않는다. FBI나 CIA가 사전에 대학 당국에 알림이 없이 외국인 학생들과 교수들을 괴롭혀도 대학당국이 소리를 내는 것을 못 듣는다. 남플로리다 대학(USF)은 펑을 스파이로 만들려는 FBI의 계획을 수용하여 펑에 대한 징계를 완화 했다. 졸업생들을 고용하고 최고의 연사들과 객원학자들을 보내주는 연방정부와의 친밀함이 그 프로그램의 많은 특징인 하버드대 케네디스쿨은 비밀 CIA 요원들을 중간경력 프로그램에 등록시켜주었고 그들에 대해 다른 교수들이나 학생들에게 알려주지 않았다.

이 책이 정식으로 발간된 이후, 케네디 스쿨은 케네디 스쿨은 고의로 잘못된 정보를 제공하지 않으며, 정보기관에서 온, 그리고 학교에 적을 두고 있는, 어떠한 사람도 고의로 보호해주려고 하지 않는다고 신중한 어휘로 말을 하였다. 이것은 기술적으로 사실이다. 왜냐하면 CIA는 잘못된 정보를 제공하고 있고 위장을 하고 있으며, 정보획득을 위한 기만을 용이하게 하는 데 있어서 학교의 개입 역할을 살짝 피해가고 있기 때문이다.

미국 정보기관을 위한 공범자처럼 대학들이 행동을 할지라도 대학들은 외국 스파이 활동에 대해 수동적인 방관자들이다. 미국의 고등 교육에 활력을 불어넣고 많은 외국학생들을 사로잡고 있는 것이 대학의 다양성과 국제주의 가치인데 이런 것이 또한 손상을 당할 수 있다. 공동 작업에 헌신하고 있었던 듀크대 교수 데이비드 스미스(David Smith)는 나중에 그의 연구실에 있는 대학원생인 루오펑 류(Ruopeng Liu)가 그를 이용하고 미국방부 자금지원을 받는 연구물을 중국에 넘기고 있다는 것을 알았다. 스미스가 류를 의심하기 시작한 이후에도 듀크대학은 류에게 박사학위를 수여했다. 매사추세츠 대학교 보스턴분교(UMASS Boston)는 학계 컨퍼런스를 염탐했던, 중국의 스파이 대학과 연계가 되어있던, 객원 학자들에 대해 전혀 주의를 하지 않았다.

대학들은 이공계 대학원생들에게 지적 재산권 법을 배우는 것을 요구함으로써, 또는 각자의 아이디어를 안전하게 보장하는 외국인 협력자들과 합의를 서명하게 함으로써, 그들의 연구를 보호하려는 노력을 하지 않는다. 대학들은 중국과 러시아에 해외 연구 프로그램을 들이밀고 있고, 수혜자들에게 국가 안보 자리에서 1년간 근무를 요구함으로써 러시아와 다른 나라들로부터 의심을 받고 있는 보렌(Boren)장학금(특수어학 특기자에게 수여하는 장학금으로 해외 유학에 24,000달러까지 지급)을 받으려고 경쟁을 하고 있다. 그러나 그들은 오리엔테이션 기간에 학생들에게 외국 정보기관들을 조심하라고 경고를 하지 않는다. 단지 극소수 대학들이 FBI가 공들여 만든, 긴급 주의를 촉구하는 Game of Pawns(중국에 포섭된 Glenn Duffie Shriver 사례)를 보여준다.

외국의 스파이 행위를 무시하는 대학들의 모티브는 전적으로 이타주의적인 것이 아니다. 대학들은 수업료, 연구원, 분교들을 의존하고 있는 국가들을 공격하고 싶지 않다. 그들은 저 비용으로 중국어와 문화를 가르칠 수 있는 공자 연구소를 환영한다. 왜냐하면 공자연구소는 중국 정부 산하기관에서 자금을 대고 인원을 보내주며 중국의 역사와 정책을 정제해 주며 때때로 정보를 수집하기 위해 도청도 되기 때문이다. 더 나아가 전액 지불되는 국제학생들이 되기를 열망했던 마리에타 대학(Marietta College)은 중국의 안전부가 운영하는 대학과 동반자관계를 시작했다.

그들의 대학들처럼 개개의 교수들도 지적 재산보다는 세계적인 명망을 먼저 놓는다. 테네시 주립대의 전기공학 명예교수인 존 리스 로스(John Reece Roth)는 2008년 미 공군 연구에 중국과 이란의 대학원생을 활용하였고 금지된 파일들이 들어있는 탑을 중국에 가지고 간 혐의로 유죄판결을 받았다. 로스는 중국의 스파이가 아니었다. 그는 단순히 거기서 그의 명성을 자랑하였다. 그는, 중국의 2개 대학이 그를 명예교수로 지명하였고, 그의 강의에 많은 청중들이 모였으며, 그의 책 산업용 플라스마 엔지니어링 (Industrial Plasma Engineering) 1, 2권이 번역되어 중국 시중에 나와 있는 이 나라(중국) 가 불성실한 의도를 가지고 있을 수 있다는 것을 그는 믿기 어려웠다. 2012년 내가 켄터키주 애쉬랜드에 있는 연방 감옥소에서 그를 만났을 때[8] 그는 그의 감방 마루에 떼를 지어 캔디 바 부스러기를 먹고 있는 붉은 개미를 잡기위해서 임시변통의 뫼비우스 띠를 고안하고 있었다. "나는 아직도 무언가를 발명할 능력이 있소."라고 그가 나에게 말했다.

학계는 위험을 각오하고 스파이행위를 무시하고 있다. 미국 대학들이, 중요한 치명적인 연구를 하고, 졸업생들과 교수들을 정부와 사업계의 고위직에 들어가게 하며, 그리고 아마도 가장 중요한 점인 무서운 제재 세계에서 국제 문화에 접근하는 요새로 남아있는 한, 정보기관의 관심을 끌 것이다. 궁극적으로는, 학계가 좀 더 경계심을 갖지 않는다면 스파이 스캔들은 대학의 가치를 훼손하고 명성을 더럽히며 그들의 운영방식, 입학허가, 고용에 대해서 더 많은 조사를 하도록 박차를 가할 수도 있다.

대신에 대학은 이러한 위험을 인식할 수 있었고 외국과 국내의 스파이 행위에 재갈을 물릴 수 있는 의지를 부를 수 있었다. 그들은 학생 및 교수들의 스파이 활동 또는 CIA를 위해 비밀 포섭활동을 하는 것을 1977년 하버드 대학이 금지한 조치를 채용할 수 있었으며, 그 조치를 전 세계에 있는 정보기관들에 대해 확대를 하고, 위반자에 대해서는 해고, 추방, 학위 회수 등의 처벌을 할 수가 있었다. 대학들은 기만적인 포섭과 연구물 도둑질에 대해 대학의 인식을 높일 수 있었으며 (정보기관의 활동에 대한) 불만을 조사하는 것에 우선순위를 둘 수 있었다. 대학들은 대학을 모든 국가에서 온 학생들과 교수들이 기만적인 말과 도둑질 된 연구의 어두운 면이 없이 배우는 데만 전념할 수 있는 스파이가 없는 구역으로 선언할 수 있었다. 이러한 금지조치는 실행하기가 어려울 수 있다. 하지만 대학들이 완전히 스파이가 없는 지대가 될 수는 없다고 할지라도, 대학들은 적어도 정보기관들이 대학에 침투하기 전에 재고하도록 만들 수 있었다.

이 책이 발간되고 나자, 학교에서의 외국 스파이 행동이 더 많은 관심을 끌고 있다. 플로리다 주 연방상원의원 마코 루비오(Marco Rubio)가 2018년 2월 "중국학생들로부터, 특히 과학과 수학분야에 있어서 고급 학업과정에 있는 중국학생들로부터, 미국 국가 안보에 대한 간첩 행위 위험성을 질문하자, FBI 국장 크리스토퍼 레이(Christopher Wray)는 다음과 같이 증언하였다. 우리는, 미국 전역에 있는 거의 모든 FBI 현장 사무소들에서, 그것이 교수들이든 과학자들이든 학생들이든 간에 특히 학교 내에서, 전통적인 첩보 수집원들과는 다른 수집원들을 사용하는 것을 보고 있다. 그것은 큰 도시 뿐만 아니라 작은 도시에서도 마찬가지다. 그것은 기본적으로 모든 분야에 걸쳐있다. 그리고 나는 이것에 대한 학계의 천진난만한 수준이 이러한 문제를 만들고 있다고 생각한다. 그들은, 우리가 가지고 있고 우리 모두가 숭배하는, 바로 그 공개된 연구와 개발환경을 활용하고 있는 것이다." 2018년 4월 과학, 우주, 기술 하원위원회는 "귀중한 가치를 가지고 있는 과학 및 기술 연구와 개발에 접근하고 침투하기 위해서 외국들이 미국의 학계 기관을 활용"하는 것에 대한 청문회를 열었다.

이러한 조사검토는 오래전에 행해졌어야 하는 것이다. 왜냐하면 FBI 국장인 레이가 토론하기를 싫어하는 현재 상황인, 즉 FBI와 CIA가 학교에서 스파이 행위를 하고 있기 때문이다. 대학들은 외국학생에 대한 입학허가, 외국 학생 및 교수 교환, 해외 연구 프로그램, 외국과 연구협력에 대한 정보기관의 파급력에 대해 좀 더 영리하고 좀 더 세련될 필요가 있다. 그러나 사법당국과 정부 관리들 사이에서 나오는 외국인들의 스파이 행위에 대한 경고는, 이러한 경고가 도널드 트럼프를 대통령으로 만든 국수주의 열정과 결합하여, 외국인들의 등록에 대한 전면적인 제한을 포함한 과도한 반응을 촉진 하였을 것이다.

그것은 치욕일 수가 있었다. 왜냐하면 고등교육은 미국이 아직도 세계를 선도하는 몇 안 되는 산업중 하나이기 때문이다. 외국인 학생들은 학계의 재원을 채워줄 뿐만 아니라 학계 연구에 싼 인력을 제공하고 있다. 미국의 대학원 프로그램들은 이들 없이는 생존할 수가 없다. 과학과 공학에서 박사학위를 받은 후 이들의 2/3가 적어도 5년간 미국에 머물면서,[9] 해외에 있는 경쟁자들보다는 미국의 회사에다 새로운 에너지와 아이디어들을 준다. 1978년 중국이 미국에 학생들을 보낼 때 등 샤오핑은 90%가 돌아올 것으로 기대를 했다. 하지만 천안문 사태이후 미국 박사학위를 받은 대부분의 중국학생들은 미국에 머물렀다. 이러한 관점에서 볼 때 중국과 다른 나라들은 미국 대학들을 상대로 스파이 활동을 하는 수밖에 없었다. 이들 나라들은 많은 인재들을 잃은 것에 대한 보상책이 필요했다.

나는 2016년 4월 어느 아침에 이러한 두뇌유출을 직접 관찰하였다. 학계의 공개성에 편승한 스파이처럼 나는 듀크대 과학 건물의 로비에 있는 잠그지 않은 문을 통해 몰래 들어갔다. 그 로비는 전기 및 컴퓨터 엔지니어링 석사학위 과정에 있는 학생들이 시험관들에게 그들의 마지막 프로젝트를 보여주고 있었다.

이제 막 싹을 내고 있는 기술자들의 대부분은 중국인들이었다. 2개 층 위에 있는 데이비드 스미스 교수의 연구실은 루오펑 류(Ruopeng Liu)가 그의 동료 아이디어를 도용하였던 곳이었다. 그러나 류는 6년 전에 중국으로 돌아갔었고, 그날 본 대학원생들은 정직하고 열정적으로 보였다 특히 완컨 주(Wankun Zhu)는 더욱 그러했다. 경제학 교수의 딸인 그녀는 사람들이 본 영화에 대한 의견을 토대로 사람들에게 영화를 추천하는 웹사이트를 만들었다. "사용자들은 그들 자신들이 직접 새로운 영화를 찾을 필요가 없다.[10] 우리가 그들의 입맛에 고도로 들어맞는 영화를 추천해줄 수 있다."고 그녀는 말했다. 그녀는 나에게 그녀의 사이트가 아직 피드백을 갖지 못했기 때문에 그녀는 진짜와 가짜 데이터를 혼합하여 사용하였다고 유쾌하게 말하였다.

주(Zhu)는 6월에 구글에서 일을 시작하길 기대하고 있다. 실리콘 밸리에서 받는 초임이 중국보다 높아서 집 마련이 중국보다 쉬워서 그녀는 미국에 머무는 것을 선택하였다고 나에게 말했다. "공기의 질과 근무환경도 미국이 더 좋다."고 부언했다.

중국에서 온 또 다른 학생인 웬 보(Wen Bo)는 피파의 세계 랭킹, 유효 숫, 점유율, 수퍼스타 유무 등 다양한 자료들을 사용하면서, 월드컵 시합의 승자를 예측하는 사이트를 만들었다.

주는 글렌 슈라이버가 길을 잃고 말았던(중국에 스파이 활동을 한 것을 비유) 곳인 스

톤 숲(석림)의 고향인 윈난 성(Yunnan)에서 자랐다. 보는 시스코 시스템(Cisco System)
사에서 일할 계획을 세웠다. 시스코 시스템사는 마르타 리타 벨라스케스(Marta Rita
Velazquez)가 가르치고 있는 스톡홀름에 있는 쏘릴즈플랜즈 짐내시움(Thorildsplans
Gymnasium)에 커리큘럼을 제공하고 있다. 학계라는 세계 촌에서는 여섯 단계만 거치면
(분리의 여섯단계 이론: 적어도 한 나라 안에서 모든 사람들은 여섯 단계를 거치면 서로 아는 사
이라는 이론) 스파이를 발견하기에 충분하다.

주

도입: 대학을 방문한 FBI

1_평따진과 다이앤 머큐리오 사이의 첫 만남에 대한 재구성은 2009년 12월 펑이 그의 변호사를 위해 쓴 이야기, "FBI and 나"처럼 기본적으로 펑과 그의 이웃과 인터뷰한 것을 기본으로 한다. 머큐리오는 이 책에서 인터뷰를 거부했지만, 그녀가 펑과 남플로리다대학교(USF)의 행정처장에게 보낸 이메일은 그녀의 역할에 대한 중요한 정보를 제공한다.

2_2009년 4월 7일 마리아 크루메트가 펑에게 보낸 편지.

3_아미 카터 사건의 설명은 1987년 4월 16일 뉴욕타임스에서 매튜 왈드의 "아미 카터가 시위에 대해 무혐의로 풀려나다."와 같은 보도 자료에 근거한다.

4_다니엘 골든은 2002년 10월 4일 월스트리트 저널에 "추운 나라에서 돌아온 CIA: 9·11이후, 캠퍼스의 신흥권력이 되다."를 기고했다.

5_다니엘 골든은 2012년 4월 9일 블룸버그 통신에 "FBI, 외국스파이에 감염된 미국 대학을 탐지하다."를 기고했다.

6_뉴저지공과대학, 기록물관리인 클라라 윌리엄스의 2015년 4월 28일 이메일.

7_뉴저지공과대학(NJIT)을 대표하는 게리 포터 변호사가 2015년 12월 17일 미국 지방법원 레다던 웨트러 판사에게 보낸 서신: "2일 이상, 약 8명은 NJIT가 심사숙고하여 생산한 문서들을 검토했다.

8_그레고리 밀로노비치는 캘리포니아대학 데이비스 부총장, 칼 엥겔바흐 사무처장, 그리고 부총장의 보좌관인 로리 허바드에게 2015년 5월 20일 이메일을 보냈다.

9_정보에 대한 합참의 총체적인 정의는 "관찰, 조사, 분석 또는 이해를 통해 획득된 적대세력에 관한 정보와 지식"이다. 다른 정의는 http://www.au.af.mil/au/awc/awcgate/cia/defineintel.htm. 를 참고할 것.

10_불만 사항, FBI 요원 마리아 L. 리치, 미국 v. 리차드 머피, 신시아 머피 등, 미국 맨해튼 지방법원, 2010년 6월 25일, p. 36.

11_미국인의 해외유학과 미국에 있는 외국유학생에 관한 자료는 국제교육원(IIE)의 '문호 개방' 보고서에 나온다.

12_해외에 있는 미국 스타일 캠퍼스에 관한 자료는 컬럼비아대학교 박사과정생인 카일 롱(Kyle Long)이 제공했다.

13_미국 대학에서 연구하는 외국 태생 및 중국 태생 과학자 및 엔지니어에 관한 데이터: 국립과학재단, 국립과학기술통계센터, 과학자 및 엔지니어 통계데이터시스템, 2003 및 2013, 특별 도표 (2015), Lan and Hale.

14_2011년 4월 FBI 백서, "고등교육과 국가안보: 고등교육 캠퍼스의 민감하고, 독점적이며, 비밀로 분류된 정보의 표적"

15_2012년 3월 22일 유학생들과 함께 일하는 직원의 설문조사는 국제교육자협회(NAFSA) 기간 중 진행되었다: 국제교육자 온라인세미나 협회, "연방 수사관들이 전화를 걸면 캠퍼스 이해 관계자를 교육 할 때."

16_2014 년 5월 19일 밀로노비치가 국가안보고등교육자문위원회 위원들에게 보낸 이메일 메시지

17_이 일화의 출처는 남캘리포니아대학교의 석유공학 교수이자 이란 핵 및 정치발전 전문가인 무

하마드 사이미(Muhammad Sahimi)이다.

18_조니 드와이어(Jonny Dwyer)은 2018년 2월 5일자 온라인 잡지 인터셉트에 "나는 비밀스런 스파이활동을 거부했다," 릭 글래드스톤(Rick Gladstone)은 2018년 3월 9일 뉴욕타임스에 "그는 정보원이 되지 않겠다. 이제 그는 감옥에 간다." 게재되었다.

19_이스마엘 존스(Ishmael Jones, 전직 CIA 요원 가명), 「인적요소: CIA 내부의 고장 난 정보문화」 (뉴욕: Encounter Books, 2008), pp. 51-52.

20_이스마엘 존스가 20104년 10월 11일 저자에게 보낸 이메일 메시지.

21_존스, 「인적요소」, p. 278.

22_Ibid., p. 272.

23_Ibid., pp. 286-287.

24_러시아 정보기관을 돕기로 가장한 그 교수는 익명을 요구했다.

1. 투명 망토

1_이 장을 쓰는 데 도움을 준 선전의 프리랜서 기자인 마이클 스탠다이트(Michael Standaert)와 그의 조사원인 수둥샤(Su Dongxia)에게 감사드린다. 마이클은 다른 도움 중에서 류뤄펑과 인터뷰를 하고, 선전에 있는 광치의 시설들을 방문했으며, 기념일 파티와 선전의 공작 프로그램에 관한 정보를 수집했다.

2_기념일 파티 비디오는 아래 사이트를 참고할 것. http://mp.weixin.qq.com/s?__biz=MzA4MjIxMTExNQ==&mid=417787100&idx=1&sn=0733b433d9f6e289a419e52b24e13f31&scene=4#wechat_redirect, http://mp.weixin.qq.com/s?biz=MzA4MjIxMTExNQ==&mid=417936634&idx=1&sn=43b2255cf6ed0253c1dc44dbc87469fa&scene=4#wechat redirect.

3_장커안(Zhang Kean)의 번역.

4_Wu Nan, "'중국의 엘론 머스크'의 목표는 세계에 상업용 제트 팩을 내놓는 것-그러나 그것이 정말 환상의 비행기 일까?" South China Morning Post, 2015. 4. 7.

5_특허 데이터는 광치 전시관의 비디오 소개로 전시되었다.

6_국가안보고등교육자문위원회(NSHEAB) 의제는 2012년 10월 23-24일, FBI 본부에 2012년 8월 31일, 브렌다 플리트(Brenda Fleet)의 이메일 메시지를 NSHEAB 위원들에게 첨부했다. 애리조나(Arizona)주립대학교는 공개기록요청에 응하여 저자에게 이메일과 첨부 파일을 제공했다.

7_FBI 비디오는 국가지적재산권보호정상회의(National Intellectual Property Protection Summit)는 https://summit.fbi.gov/agenda.html.를 참고할 것.

8_John Villasenor, "대학의 지적재산권에 대한 인식: 왜 무지가 행복하지 않은가?," 포브스, 2012. 11. 27.

9_국방보안국(DSS), "2015년 미국기술목표: 정리된 산업보고의 추세분석," p. 21, 그림 9.

10_외국학생들이 취득한 박사학위에 대한 데이터는 2015년 퓨 리서치(Pew Research) 센터의 연구에서 나온 것이다. http://www.pewresearch.org/fact-tank/2015/06/18/growth-from-asia-drives-surge-in-u-s-foreign-students/.

11_David Szady, "리프만(Lipman) 보고서," 2014. 7. 15.

12_2016년 국립과학재단, 국립과학 및 공학통계센터, 연구개발을 위한 연방기금: 회계연도 2014-2016. 상세통계표. 알링턴, 버지니아. https://ncsesdata.nsf.gov/fedfunds/2014/.

13_데이비드 스미스(David Smith)가 2006년 5월 19일 저자에게 보낸 메시지.

14_ Kelly v. First Astri Corporation 사건은 캘리포니아 항소법원에서 소송이 진행된 후 결정되었다. http://caselaw.findlaw.com/ca-court-of-appeal/1224276.html.를 참고할 것.

15_데이비드 스미스가 2016년 4월 15일 저자에게 보낸 이메일 메시지.

16_펜드리(Pendry)가 샌 안토니오 회의를 떠올리는 장면은 유튜브에서 볼 수 있는 2015년 "메타물질 15주년 기념행사" 비디오에 있다.

17_데이비드 스미스가 2016년 4월 14일 저자에게 보낸 이메일 메시지.

18_ Philip Ball, 「투명물질: 눈에 보이지 않는 위험한 매력」, 시카고대학교: 시카고출판사, 2015, pp. 2-6, 247-253.

19_J. Pendry, D. Schurig, D. Smith, "전자기장 제어," Science, 2006. 6. 23. pp. 1780-82.

20_D. Schurig, J. Mock, B. Justice, S. Cummer, J. Pendry, A. Starr 및 D. Smith, "초고주파대역의 메타물질 전자기 망토," Science Express, 2006. 10. 19.

21_ David R. Smith & Nathan Landy, "일반 시야에서 은익," 뉴욕타임스, 2012. 11. 17.

22_데이비드 스미스가 2016년 4월 15일 저자에게 보낸 이메일 메시지.

23_ Ibid.

24_http://blog.sciencenet.cn/blog-49489-278391.html.

25_추이티에쿼(Cui Tie Jun)이 2016년 6월 20일 저자에게 보낸 이메일 메시지.

26_데이비드 스미스가 2016년 4월 14일 저자에게 보낸 이메일 메시지.

27_데이비드 스미스가 2016년 4월 25일 저자에게 보낸 이메일 메시지.

28_데이비드 스미스가 2016년 5월 19일 저자에게 보낸 이메일 메시지.

29_추이티에쿼이 2016년 6월 21일 저자에게 보낸 이메일 메시지.

30_추이티에쿼이 2016년 6월 20일 저자에게 보낸 이메일 메시지.

31_박사후연구생이 2016년 4월 25일 저자에게 보낸 이메일 메시지.

32_데이비드 스미스가 2016년 4월 25일 저자에게 보낸 이메일 메시지.

33_데이비드 스미스가 2016년 5월 19일 저자에게 보낸 이메일 메시지.

34_데이비드 스미스가 2017년 2월 11일 저자에게 보낸 이메일 메시기.

35_데이비드 스미스가 2016년 4월 14일 저자에게 보낸 이메일 메시지.

36_"111계획을 통해 두뇌획득을 하는 중국" http://www.china.org.cn/english/China/181075.htm.

37_매트 아프조(Matt Apuzzo)는 "미국은 그 교수가 중국과 기술을 공유했다는 혐의를 기각하다.", 뉴욕타임스, 2015. 9. 11.

38_놀란(Nolan)의 연구논문, "영업비밀 기소의 경향"은 2012년 7월 3일 중국 칭다오에서 개최된 중국 생물의약협회의 회의에서 처음 발표되었고, 2015년 10월 22일 전국형사변호사협회 유죄 판결 율을 포함한 업데이트 된 데이터는 http://jeremy-wu.info/fedcases/latest-statistics-on-fedcases/에서 찾을 수 있다.

39_미국지적재산침해방지위원회http://www.ipcommission.org/report/IPCommission Report052213.pdf, pp. 2-3.

40_방첩전략 파트너십 정보메모인 '중국 재능 프로그램'은 자오 및 류 사건을 설명한다.

41_http://english.cas.cn/aboutus/introduction/201501/t20150114_135284.shtml.를 참고할 것.

42_ Denis Fred Simon & Cong Cao, "중국의 신흥 기술적 우위: 고급 인력의 역할 평가," New York: Cambridge University Press, 2009, p. 219.

43_Ibid., p. 218.

44_1,000인 프로그램과 특전에 대한 설명은 데이비드 즈웨이그와 왕후야요의 논문, "중국이 최고를 되찾을 수 있을까? 중국 공산당은 중국의 재능인 발굴을 조직한다."에 근거하고 있다. 중국다국적관계연구소(CCRTR), 2012년 3월호, pp. 18-20.

45_Ibid., p. 4.

46_Yu Wei & Zhaojun Sen, "중국: 혁신재능프로그램 시스템 구축 및 지식경제에서 글로벌 경쟁에 직면," Brain Circulation, 2012.

47_표 3-29, 과학 및 공학지표, 2014, www.nsf.gov/statistics/seind14/index.cfm/char.

48_Wang Zhuoqiong, "China Fishing in Pool of Global Talent," China Daily, 2009. 8. 16.

49_2015년 11월 2일 장이탕의 전화 인터뷰, 장은 자신의 협의가 독특하고 인재 프로그램의 일부가 아니라고 말했다.

50_Simon and Cao, "중국의 신흥 기술적 우위," p. 245.

51_데이비드 스미스가 2016년 5월 22일 저자에게 보낸 이메일 메시지.

52_데이비드 스미스가 2016년 4월 14일 저자에게 보낸 이메일 메시지.

53_Ibid.

54_데이비드 스미스가 2016년 5월 19일 저자에게 보낸 이메일 메시지.

55_Richard Merritt, "차세대 망토장치 시연," Duke Engineering News, 2009년 2월, http://den.pratt.duke.edu/february-2009/cloaking-device.를 참고할 것.

56_스미스가 2016년 4월 15일 저자에게 보낸 이메일 메시지.

57_존 펜드리가 2016년 1월 12일 저자에게 보낸 이메일 메시지.

58_Ibid.

59_Tie Jun Cui, David Smith, and Ruopeng Liu, Metamaterials: Theory, Design, and Applications, New York and London: Springer, 2010.

60_데이비드 스미스는 2016년 4월 14일 저자에게 보낸 이메일 메시지.

61_https://gradschool.duke.edu/academics/academic-policies-and-forms/standards-conduct/prohibited-behaviors.를 참고할 것.

62_데이비드 스미스가 2016년 4월 18일 저자에게 보낸 이메일 메시지.

63_Lindsey Rupp, "듀크 이사회, 획기적인 중국 진출 고려," Chronicle, 2009. 12. 4.

64_Wu Guangqiang, "공작새 프로그램의 대성공," 선전일보, 2016. 5. 16. http://www.szdaily.com/content /2016-05/16/content13358994.htm.

65_중국의 공공기록법에 따라 요청한 자료에 의하면, 선전시 과학기술국(STB)은 1,370만 달러를 제공했다.

66_http://v.ifeng.com/news/society/201603/010d8df7-eae2-414d-bacb-32b663f5ea1f.shtml.

67_"류 대표는 '863' 프로그램의 주제 전문가 (SME)fh 임명되다.", http://www.kuang-chi.com/en/index. php?ac=article&at=read&did=989.

68_www.kuang-chi.com/htmlen/details/139.html.

69_Sally Rose, "Hong Kong Investor to Lift Jetpack," http://www.stuff.co.nz/business/65173346/hong-kong-investor-to-lift-jetpack.

70_다른 지원자는 린환(Lin Luan)과 카오펑코(Chaofeng Kou)이다. 심사관 패트릭 홀세크(Patrick

Holecek)는 2015년 4월 14일 '최종 거부'를 발표했다. http://portal.uspto.gov/pair/view/
BrowsePdfServlet? objectId=I8HDVH8HPXXIFW4&lang=DINO.를 참조할 것. 미국 특허 제
9219314호는 2015년 12월 22일에 발급되었다.

71_데이비드 스미스가 2016년 4월 14일 저자에게 보낸 이메일 메시지.

72_ Ibid.

73_데이비드 스미스의 회신을 기다리는 있을 때, 마이클 쇤펠드(Michael Schoenfeld)가 2016년 2월
5일 저자에게 보낸 이메일 메시지.

74_ Ibid.

75_ Michael J. de la Merced, "키메타, 빌 게이츠가 주도한 투자그룹으로부터 6,200만 달러의 자금
을 조달하다.", 뉴욕 타임스, 2016. 1. 11.

76_데이비드 스미스의 회신을 기다리는 있을 때, 마이클 쇤펠드(Michael Schoenfeld)가 2016년 2월
5일 저자에게 보낸 이메일 메시지.

77_데이비드 스미스가 2016년 4월 14일 저자에게 보낸 이메일 메시지.

2. 중국인들이 오고 있다

1_카터 전 미 대통령은 애틀랜타에서 열린 미국-중국 관계 포럼의 2013년 연설에서 프랭크 프레
스의 전화 통화에 대해 이야기했다. https://www.cartercenter.org/news/editorialsspeeches/jc-
what-us-china-can-do-together.html.를 참고할 것.

2_앳킨슨 진술의 출처는 Richard C. Atkinson이 2006년 발표한 "미국과 중국 간의 학생, 학자 및 과
학자들 간의 첫 교류로 이끈 사건에 대한 회상"이다. http://rca.ucsd.edu/speeches/ Recollection
sChinastudentexchange.pdf.를 참고할 것.

3_Michael Sulick, 미국스파이들: 냉전에서 현재까지 미국을 배반한 간첩, Washington, DC:
Georgetown University Press, 2013, p. 159.

4_Daniel Golden, "FBI가 탐지한 외국스파이에 감염된 미국 대학들," 블룸버그통신, 2012. 4. 8.

5_차이원통의 진술은 뉴멕시코주 미국지방법원의 형사사건 문서에서 발췌했다. 차이보의 인용문
은 2014년 7월 23일에 제출된 그의 탄원서에서 나온 것이다. 탄원서는 또한 차이원통의 "마침내
우리는 지원을 얻었다."는 이메일을 인용했다. 각도측정센서(ARS)의 설명은 응용기술회사의 웹
사이트에 근거한다. www.aptec.com/ars-14mhdangularratesensor.html.를 참고할 것.

6_이것(나와 사촌 보)과 원통의 진술서에 "나는 매우 불행하다고 느낍니다."는 표현은 2015년 4월
23일자 법원에 보낸 서신에 나와 있다. 그는 2013년 8월 10일에 아이오와주에서 '연구 우수상'을
수상했으며 2013년 8월 20일에 결혼했다.

7_간첩관련 범죄에서 미국 대학에 다니던 중국인 피고인에 관한 자료는 데비비드 글로빈(David
Glovin)의 도움을 받아 쑨리리(Lili Sun)가 연구에서 유래한다. 쑨은 연구를 위해, 블룸버그法(온
라인 법률연구를 위한 가입기반 서비스), FBI.gov, Justice.gov, 그리고 news reports처럼, 방첩과
보안연구 센터의 온라인 사이트인 cicentre.comdp에 있는 보관된 사례에 의존했다. 어떤 경우에
는 피고측 변호인들이 자신의 고객들 교육적 배경을 제공했다.

8_자바리에 대한 CIA의 접근은 프란시스 피츠제럴드가 "CIA 캠퍼스 기록들"에서 보도했다. 뉴타임
스, 1976. 1. 23.

9_처치 위원회의 "정보활동에 대한 정부운영 연구에 대한 상원특별위원회 최종보고서," 1976, p.
164.

10_Christopher Andrew & Vasili Mitrokhin, The Sword and the Shield: The Mitrokhin Archive and the Secret History of the KGB, New York: Basic Books, 1999. p. 57.

11_Ibid., p. 58.

12_Ibid., p. 129.

13_폭넓게 인용되는 문구. http://spymuseum.com/major-events/spy-rings/the-atomic-spy-ring/

14_Andrew & Mitrokhin, The Sword and the Shield, p. 217.

15_Ibid., p. 107.

16_소련 과학자들의 스파이활동에 대한 자료는 1999년 CIA 역사적 검토 프로그램에 의해 발표된 1985년 9월, "군사적으로 중요한 서구기술의 소련 획득: 최신판"에서 유래한다.

17_Ibid., p. 22.

18_Yale Richmond, Cultural Exchange and the Cold War: Raising the Iron Curtain, University Park: Pennsylvania State University Press, 2003, p. 36.

19_Christopher Lynch, The CI Desk: FBI and CIA Counterintelligence as Seen from My Cubicle, Indianapolis: Dog Ear, 2009, p. 41.

20_I.C. 스미스가 2015년 7월 20일 저자에게 보낸 이메일 메시지.

21_Ibid.

22_우타이 친에 관한 출처는 스미스, 친의 재판관련 뉴스보도, 설릭의 American Spies (pp. 159-64)를 포함한다. 친 스토리의 허구화된 버전에 대해서는 Ha Jin의 A Map of Betrayal(New York: Vintage International, 2015)을 참조할 것.

23_I.C. 스미스가 2015년 2월 23일 저자에게 보낸 이메일 메시지.

24_I.C. 스미스가 2015년 8월 8일 저자에게 보낸 이메일 메시지.

25_I.C. 스미스가 2015년 2월 23일 저자에게 보낸 이메일 메시지.

26_Ibid.

27_I.C. 스미스가 2015년 2월 24일 저자에게 보낸 이메일 메시지.

28_I.C. 스미스가 2015년 8월 8일 저자에게 보낸 이메일 메시지.

29_Ibid.

30_I.C. 스미스가 2015년 8월 7일 저자에게 보낸 이메일 메시지.

31_Jones, The Human Factor, pp. 53-54.

32_I.C. 스미스가 2015년 2월 24일 저자에게 보낸 이메일 메시지.

33_프로그램 제안은 텍사스 A&M 대학에서 공개기록요청에 따라 제공한 FBI 통신에 포함되었다.

34_William M. Arkin & Alexa O'Brien, "The Most Militarized Universities in America," VICE News, 2015. 11. 5.; 2013년 대학교, 대학 및 비영리기관에 대한 연방 과학 및 공학지원 실태.

3. 조국 없는 스파이

1_토릴드스플란스 고등학교 및 스팽가 지역 방문, 모르간 맘과 전화인터뷰를 포함하여 이 장에 쓰는 데 필요한 자료를 보고해준 스톡홀름의 The Local 수석편집자 Paul O'Mahony에게 감사드린다.

2_http://thorildsplansgymnasium.stockholm.se/te13d-och-te13e-aker-till-san-francisco.를 참

조할 것.

3_"전 미국 연방직원 쿠바를 위한 간첩활동 음모로 기소" 미국 법무부 보도자료, 2013. 4. 25.

4_2012년 5월 17일 미첼 클리브가 하원 서반구 외교 소위원회 청문회에서 "쿠바의 테러, 정보 및 전쟁에 대한 글로벌 네트워크" 진술한 내용.

5_FBI 민간 자문단, "쿠바 정보기관 학계를 타깃으로 삼다," 2014. 9. 2.

6_존스홉킨스를 제외한 모든 대학은 호세 코엔의 2002년 "El Servicio de Inteligencia Castrista YLa Comunidad Academica Norteamericana,"(http://www6.miami.edu/iccas/Cohen.pdf.)에서 인용되었다. 나는 워싱턴과의 접근성과 마이어스·벨라스케스·몬테스의 연계성 때문에 존스홉킨스를 덧붙였다. 쿠바 정보기관의 망명자 코언처럼, 오를란도 페스타나(Orlando Brito Pestana)는 주요 아카데미 타깃을 프린스턴, 하버드, 예일, 컬럼비아, 스탠포드, 듀크, 조지타운 및 조지메이슨이라고 확인한다. 페스타나는 "La Penetracion Del Servicio De Inteligencia De Cuba En El Sector Academico De Estados Unidos," Cuba in Transition, 2015년 제25차 연례회의의 논문 및 회의록, 25권.

7_FBI 민간 자문단, "쿠바 정보기관 학계를 타깃으로 삼다," 2014. 9. 2.

8_돈 미구엘의 삶과 가족에 대한 묘사는 그의 사망기사와 마찬가지로 동료 교수들과 가족 친구들로부터 나왔다: Daniel Rivera Vargas, "Fallece ex juez Miguel Velazquez Rivera," El Nuevo Dia, 2006. 12. 14.

9_http://www.chkd.org/Our-Doctors/Our-Pediatricians/PDC-Pediatrics/Nivea-Velazquez,-MD/.

10_https://en.wikipedia.org/wiki/PuertoRicopoliticalstatus_plebiscites.

11_아투로 로페즈-레비(Arturo Lopez-Levy)와 2016년 6월 29일 저자가 전화 인터뷰한 내용.

12_롤라 로드리게스 티오(Lola Rodriguez de Tio, 1843~1924)의 시.

13_루이스 도밍게스는 내 질문 목록을 페스타나(Pestana)에게 전달하고, 2016년 3월 3일 이메일 메시지로 응답했다. 그리고 도밍게스는 영어로 번역한 내용을 전화로 얘기했다.

14_닐사 산티아고(Nilsa Santiago)와 저자가 전화로 인터뷰한 내용.

15_Daily Princetonian, 1973. 4. 14., p. 3.

16_"라틴 축제일정," Daily Princetonian, 1977. 3. 29., p. 6.

17_Daily Princetonian, 1976. 12. 13, p. 3.

18_벨라스케스(Marta Rita Velázquez)의 졸업논문, "쿠바의 인종 관계: 과거와 현재의 발전," 1979. 5. 2., p. 80. 프린스턴대학교 도서관의 원고담당 머드(Seeley G. Mudd)가 제공.

19_Ibid., p. 70.

20_Ibid., p. 74.

21_Ibid., pp. 78-79.

22_Ibid., p. 4.

23_https://en.wikipedia.org/wiki/PaulH.NitzeSchoolof_AdvancedInternationalStudies#Notable alumni.

24_Scott W. Carmichael, True Believer: Inside the Investigation and Capture of Ana Montes, Cuba's Master Spy, Annapolis, MD: Naval Institute Press, 2007, p. 51.

25_스톡홀름 교육구에서 제공한 벨라스케스(Marta Rita Velázquez)의 이력서. 오마오니(Paul O'Mahony)가 번역했다.

26_벨라스케스(Marta Rita Velázquez) 대배심 기소, 컬럼비아 특별구, 2004. 2. 5., p. 2.

27_ SAIS 통신책임자 왈드롭(Lindsey Waldrop)이 2016년 2월 10일 저자에게 보낸 이메일 메시지.

28_ 국방부 감찰실, "몬테스(Ana Belen Montes)의 간첩활동을 저지, 탐지 및 조사하기 위해 취한 조치 검토," 2005. 6. 16., p. 17. http://www.dodig.mil/pubs/documents/05-INTEL-18.pdf.

29_ 왈드롭(Waldrop)이 2016년 2월 10일 저자에게 보낸 이메일 메시지.

30_ 마이어스 부부(켄달과 그웬돌린)에 대한 내 진술은 2009년 6월 4일 기소와 FBI 특별수사관 크라마시크(Brett Kramarsic)의 진술서를 포함하여, 미 지방법원 사건의 문서에 근거한다. 또한 Toby Harnden의 "피델을 위한 간첩: 켄달과 그웬돌린 마이어스의 내부 이야기," Washingtonian, 2009. 10. 5., Carol Rosenberg & Lesley Clark의 "쿠바 스파이 켄달 마이어스의 호기심 많은 사건," Miami Herald, 2009. 6. 14.를 참고했다.

31_ 크라마시크(Kramarsic)의 진술서, p. 9.

32_ 감사관 보고서, "몬테스의 간첩활동을 저지, 탐지 및 조사하기 위해 취한 조치 검토," p. 9.

33_ 벨라스케스 기소장, p. 10.

34_ Ibid.

35_ 감사관 보고서, p. 9.

36_ Jim Popkin, "아나 몬테스는 쿠바를 위한 스파이활동으로 크나큰 해악을 자행했다. 아마도 당신은 그녀에 대한 이야기를 듣지 못했을 것이다." Washington Post Magazine, 2013. 4. 18.

37_ 카르마이클, 광신자(True Believer), p. 55.

38_ 존스홉킨스대학의 미디어관계 담당 집행이사 데니스 오셔(Dennis O'Shea)는 2016년 2월 2일 저자에게 보낸 이메일 메시지. 설릭(Sulick)의 "미국 스파이들," 1988년 p. 269.를 참조할 것.

39_ Popkin, "Ana Montes Did Much Harm Spying for Cuba."를 참조할 것.

40_ 저자가 크리스 시몬스(Chris Simmons)와 2015년 12월 5일 전화로 인터뷰한 내용.

41_ 1997년 11월 18일 국방정보국의 "국가안보에 대한 쿠바 위협,"(https://fas.org/irp/dia/product/980507-dia-cubarpt.htm.) 몬테스의 역할과 평가에 대한 비판: Daniel Fisk와의 인터뷰를 참고할 것.

42_ 카르마이클, 광신자(True Believer), p. 56.

43_ Ibid., p. 145.

44_ Popkin, "Ana Montes Did Much Harm Spying for Cuba."를 참조할 것.

45_ 2012년 5월 17일 클리브가 하원 서반구 외교 소위원회 청문회에서 "쿠바의 테러, 정보 및 전쟁에 대한 글로벌 네트워크" 진술한 내용.

46_ 카르마이클, 광신자(True Believer), pp. 138-40.

47_ 알바레스의 배경과 경력에 대한 요약은 그의 이력서와 "Memorandum in Aid of Sentencing and Request for Downward Departure."을 포함하여 마이애미 지방법원 사건번호 05-20943의 사건서류에 근거한다.

48_ 호르게 두아니(Jorge Duany)가 2015년 12월 16일 저자에게 보낸 이메일 메시지.

49_ "Memorandum in Aid of Sentencing," p. 6, 그녀를 아르세(Mercedes Arce)로 식별한 알바레즈의 FBI 심문: http://www.latinamericanstudies.org/espionage/Alvarez-spy-1.pdf.

50_ Juan O. Tamayo, "쿠바 알라르콘(Ricardo Alarcon)의 보좌관은 스파이 혐의로 30년형을 선고받다." Cuba Confidential, 2014.2.8. https://cubaconfidential.wordpress.com/2014/02/09/aide-to-cubas-ricardo-alarcon-entent-to-30-years-for-spying/.

51_ "United States' Sentencing Memorandum and Response to Carlos Alvarez's Request for

Downward Departure," 2007. 2. 26. p. 2.

52_Ibid., p. 3.

53_알바레스(Carlos Alvarez)가 미국 심리학협회 윤리위원회로 보낸 편지(Herbert Kelman이 제공).

54_Ibid.

55_"부록 B: 카를로스 알바레즈를 심문하는 도중에 나온 화법," 법원기록, 2007. 2. 21.

56_허버트 켈만(Herbert Kelman)이 마이클 무어(K. Michael Moore) 판사에게 보낸 편지, 2007. 2. 6.

57_미국 심리학협회(APA) 윤리위원회의 딕슨(Patricia Dixon)이 알바레즈에게 보낸 편지, 2010. 7. 8.

58_몬테스는 다니엘 피스크(Daniel Fisk)와 함께 차모로를 인터뷰했다.

59_벨라스케스 이력서.

60_"팔메(Palme) 총리 쿠바 방문," 국무부 전보, 1975. 7. 5. https://wikileaks.org/plusd/cables/ 1975STOCKH03203b.html.

61_푸에르토리코의 인구동태통계국장인 낸시 라모스(Nancy Vega Ramos)가 2016년 8월 3일 저자에게 보낸 이메일 메시지.

62_니겔 웨스트(Nigel West)가 2015년 2월 19일 저자에게 보낸 메시지.

63_세멘코(Semenko)의 링크드 페이지(https://www.linkedin.com/in/mikhailsemenko)를 참조할 것.

64_리디아 구리예바의 학위: Nicole Bode, "뉴욕대학 컬럼비아 대학원에서 학위를 취득한 러시아 스파이로 의심되는 학자," https://www.dnainfo.com/new-york/20100630/manhattan/ suspected-russian-spyearned-degrees-at-columbia-nyu.

65_FBI 수사관 Maria L. Ricci, 고소장(Complaint), USA v. Richard Murphy, Cynthia Murphy et al., 2010. 6. 25., p. 36.

66_Ibid., p. 36.

67_Ibid., p. 34.

68_Jason Horowitz, "클린턴 신봉자는 스파이 타깃이 될 수 있을 것으로 믿는다," Washington Post, 2010. 6. 29.

69_Ricci, 고소장(Complaint), 2010. 6. 25., p. 5.

70_James Barron, "러시아 정보요원 혐의자의 호기심 출현," New York Times, 2010. 6. 29.

71_블룸버그통신 모스크바지사 기자인 크라브첸코(Stepan Kravchenko)가 저자 대신 구리예바를 접촉했다.

72_FBI 수사관 Gregory Monaghan, 고소장(Complaint), USA v. Buryakov, Sporyshev, and Pobodnyy, 뉴욕지방법원, 2015. 1. 23., 고소장에는 대학 이름은 거명하지 않았지만, 타임 잡지는 뉴욕대학(NYU)으로 확인했다: Massimo Calabresi, "영성한 러시아 '스파이마스터' 뉴욕에서 비밀공작원의 정체를 폭로하다.", 2015. 1. 26. http://time.com/3683373/russian-spy-arrest-new-york/.

73_카르마이클, 광신자(True Believer), pp. 68-82.

74_국방부 감찰실, "몬테스(Ana Belen Montes)의 간첩활동을 저지, 탐지 및 조사하기 위해 취한 조치 검토," 2005. 6. 16., p. 63.

75_시몬스(Chris Simmons)가 2016년 5월 30일 저자에게 보낸 이메일 메시지.

76_http://www.latinamericanstudies.org/espionage/montes-statement.htm.

77_하든(Harnden)의 "피델(카스트로)을 위한 스파이활동."

78_크라마시크(Kramarsic) 진술서, p. 20.

79_하든(Harnden)의 "피델(카스트로)을 위한 스파이활동."

80_슐릭, 미국 스파이들, p. 280.

81_http://www.government.se/government-of-sweden/ministry-of-justice/international-judicial-co-operation/extradition-for-criminal-offences/.

82_정부의 봉합명령(Sealing Order)을 수정하는 움직임, 2011. 10. 5., p. 2.

83_Ibid.

84_https://www.iaea.org/About/Policy/GC/GC48/GC48InfDocuments/English/gc48inf-16-rev1en.pdf.

85_http://www.docsrush.net/2820487/north-south-centre-of-the-council-of-europe.html.

86_http://www.mcnabbassociates.com/Austria%20International%20Extradition%20Treaty%20with%20 the%20United%20States.pdf; http://www.mcnabbassociates.com/Portugal%20International%20 Extradition%20Treaty%20with%20the%20United%20States.pdf.

87_비엔나와 포르투갈에서 벨라스케스의 교사 직위는 그녀의 이력서에 실려있다.

88_https://www.linkedin.com/in/jorge-velazquez-83434946.

89_J. P. Carroll, "쿠바에 있는 투팍의 경찰살인자 마침내 미국 정의에 직면하다," Daily Caller, 2016. 6. 6. http://dailycaller.com/2016/06/06/tupacs-cop-killer-aunt-chilling-in-cuba-may-finally-face-justice-in-u-s/.

90_Devin Nunes, "이 반역자는 쿠바에서 자유가 아닌, 감옥에서 복역 중이다," Wall Street Journal, 2016. 7. 14.

91_Carmelo Mesa-Lago, "미래 쿠바에서 플로리다국제대학교(FIU)의 잠재적 역할," 2013. 7. 17.

92_Lindsay Gellman, "최초로, 국제대학입학시험 쿠바에 도착하다," Wall Street Journal, 2015. 6. 17.

93_http://www.scb.se/en/finding-statistics/statistics-by-subject-area/population/population-composition/population-statistics/aktuell-pong/25795/yearly-statistics-the-whole-country/26040/.

94_Mitt I Vasterort (신문), 2013. 9. 10. http://arkiv.mitti.se:4711/2013/37/vasterort/MIVT-20130910-A-029-A.pdf.

95_바르달(Robert Waardahl)이 2016년 6월 15일 저자에게 보낸 이메일 메시지.

96_크빌(Ingmar Kviele)은 쿵스홀멘(Kungsholmen)고등학교를 졸업했다. 그는 아마도 아버지를 따라 외교업무를 염원하면서, 영어로 수업을 진행하는 국제과에 다녔다.

97_http://onedayseyoum.com/en.jointhefight.php.http://namninsamling.se/index.php?nid=9102&fnvisa=namn.

98_ https://www.amnesty.org/en/countries/americas/cuba/

4. 해외 교류

1_나무헌정식과 "미국-러시아-중국 관계의 미래" 세션은 둘 다 '맥도노우 리더십 회의'의 일부였다. 나는 2016년 4월 1일부터 2일까지 마리에타대학의 '리더십 회의'에 참석했다.

2_베이징주재 미국 대사관의 조나단 알로이시(Jonathan Aloisi) 정치참사관이 워싱턴 D.C. 국무장

관에게 2002년 11월 연락한 내용.

3_마리에타 대변인 페리(Tom Perry)가 2016년 5월 9일 저자에게 보낸 이메일 메시지.

4_마크 쉐퍼(Mark Schaefer)와 저자가 인터뷰한 내용.

5_국제관계대학(UIR) 교환학생 펑요란다(Feng Yolanda)와 저자가 인터뷰한 내용.

6_페리(Tom Perry)가 2016년 7월 11일 저자에게 보낸 이메일 메시지.

7_예를 들면, 2013년 6월과 2015년 6월 베이징에서 개최된 마리에타-UIR 여름궁전 포럼. http://news2.marietta.edu/node/10109.

8_Luding Tong & Helen Xu, 현대 중국의 감정호소와 광고전략, 베이징: 국제관계대학출판사, 2013.

9_페리(Tom Perry)가 2016년 5월 6일 저자에게 보낸 이메일 메시지.

10_나는 UIR의 모습을 시각적으로 묘사를 하는 데 스탠다이트(Michael Standaert)에게 신세를 졌다.

11_UIR의 전공 및 연구소에 대한 설명은 웹사이트 en.uir.cn에 근거한다.

12_http://en.uir.cn/uniqueness.html.

13_www.prcstudy.com/uniuniversityofinternationalrelations.shtml.

14_ Gerald Chan, "중국의 국제연구: 주석 있는 문헌목록," Commack, NY: Nova Science, 1998, p. 17.

15_스트랫포, 2010. 5. 24., https://www.stratfor.com/analysis/special-series-espionage-chinese-characteristics.

16_ Ibid.

17_"중국, 억류된 미국 교수를 풀어주다," 연합통신사, 2004. 8. 10. http://www.nbcnews.com/id/5665726/ns/worldnews/t/china-releases-detained-us-professor/.

18_ David Shambaugh, "중국의 국제관계 싱크탱크: 진화 구조와 과정," China Quarterly, 171권, 2002. 9.

19_공개정보센터, "MSS와 연계된 중국 외교정책의 싱크탱크인 중국현대국제관계학원(CICIR)의 개요," 2011. 8. 25.

20_en.uir.cn/international-politics.html.

21_http://www.uir.cn/data/upload/ufq8yrnYz7XRp9S6MjAxNMTqsc8=_R3DtKb.pdf. Kean Zhang의 중국어 번역본을 참고할 것.

22_https://www.linkedin.com/edu/alumni?companyCount=3&id=11401&functionCount=3&unadopted =false&trk=edu-cp-com-CC-titl..

23_그녀는 그녀의 링크드 사이트에 UIR의 석사과정을, 에모리대학과 차르하르연구소의 직위를 기재했다: https://www.linkedin.com/in/tingting-xie-2a37a640.

24_데이비드 샴보, "중국의 연성권력 독려: 존경심 탐색," Foreign Affairs, 2015년 7월/8월.

25_http://charhar.china.org.cn/2015-09/28/content36700161.htm.

26_저자가 류야웨이(Liu Yawei)와 2016년 10월 27일 전화로 인터뷰한 내용.

27_팅팅은 "2011년 남수단의 자기결정에 관한 국민투표 참관"에 실려 있다. 카터센터 최종 보고서, p. 55.

28_중국과 수단의 관계는 Larry Hanauer와 Lyle J. Morris의 "중국의 아프리카 참여: 미국 정책의 추진력, 반응 및 함의," 2014년 RAND 보고서를 참고할 것.

29_저자가 캐롤(David Carroll)과 2016년 4월 4일 전화로 인터뷰한 내용.

30_http://w3.marietta.edu/About/mission.html.를 참고할 것.

31_마리에타와 데니슨 기부금은 2015년 전미대학및대학교경영자협회(NACUBO)의 기부금연구를 참고할 것. http://www.nacubo.org/Documents/EndowmentFiles/2015NCSEEndowment_MarketValues.pdf.

32_"풀타임 학부 유학생을 위한 가을학기 등록자 수," 페리가 2016년 2월 19일 보낸 이메일 메시지.

33_왕제레미(Wang Jeremy), 패스터(Robert Pastoor), 그리고 패터슨(Ron Patterson)과 인터뷰한 내용.

34_Sherry Beck Paprocki, "Marietta College의 변화하는 얼굴," 마리에타, 2006년 가을.

35_저자가 테일러(Michael Taylor)와 전화로 인터뷰한 내용.

36_이리롱(Yi Lirong)의 경력 및 투옥에 대한 설명은 이샤오시옹(Yi Xiaoxiong)의 웹사이트에 게시된 중국어 기사에 근거한다. https://xiaoxiongyi.wordpress.com/category/my-father/. 나는 그것을 번역하는 데 장킨(Zhang Kean)에게 신세를 졌다.

37_이샤오시옹(Yi Xiaoxiong)의 어린 시절, 망명 및 교육에 대한 설명은 국무부 전문에 근거하고 있다. "시진핑 부주석의 초상: 문화혁명의 '야심찬 생존자'," 2009년 11월 16일, 이것은 2011년 WikiLeaks가 공개했다. 내적 증거는 이샤오시옹을 전문에 인용된 이름 없는 교수로 규명했다. 시진핑이 "중국의 지배 엘리트가 되는 훈련을 받았다."와 이샤오시옹이 "낭만적 관계, 술, 영화 및 서구 문학을 연구하는 데 서서히 빠져들었다."는 인용 내용은 모두 국무부 전문에서 나왔다.

38_페리(Perry)가 2016년 5월 2일 저자에게 보낸 이메일 메시지.

39_알로이시(Aloisi), 2002년 11월 주중 미국대사관에서 미국 국무부로 보낸 통신문.

40_리스밀러(Rees-Miller)가 2016년 5월 4일 저자에게 보낸 이메일 메시지.

41_파프로키(Paprocki), "마리에타대학의 변화하는 모습."

42_여름 프로그램의 설명은 공공기록 요청으로 매사추세츠보스턴대학(UMaB)에서 얻은 두 가지 UIR 문서: "2014 UIR 여름학교 방문교수 협약" 및 "UIR 2014 여름학교 강좌들 설명"에 근거한다.

43_http://xiajixueqi.uir.cn/view.php?cid=24&tid=106. 데보라 맥너트는 논평을 거절했다.

44_저자가 리싱과 2014년 4월 7일 전화로 인터뷰한 내용. 그의 UIR 명예 교수직은 이력서에 기재되어 있다. http://pds.aau.dk/pds/file/2892185 를 참고할 것.

45_http://www.en.aau.dk/education/master/development-international-relations/specialisations/china-international-relations.를 참조할 것. 학술지는 '중국 및 국제관계 저널'로 불린다.

46_http://www.worldsrichestcountries.com/top_denmarkexports.html.를 참고할 것.

47_리싱이 2016년 4월 8일 저자에게 보낸 이메일 메시지.

48_매사추세츠보스턴대학(UMaB)은 황리한과 휘완의 이력서를 저자에게 보냈다. 간단한 전기는 http://archive.constantcontact.com/fs154/1102184412683/archive/1115578661485.html 를 참고할 것.

49_매사추세츠대학 보스턴캠퍼스(UMaB)는 UIR과의 양해각서 사본을 제공했다.

50_시에팅팅(Xie Tingting)과 황리한(Huang Rihan)의 "국제 이주 거버넌스의 관점에서 본 유럽 난민 위기," https://journals.aau.dk/index.php/jcir/article/view/1310/1065.를 참고할 것.

51_저자는 베이징 주재 미국인 기자 마이어스(Jessica Meyers)에게 감사드린다. 그녀는 이 책을 쓰는 데 도움을 주기 위해 마리에타 중국사무소를 방문했다.

52_마리에타에서 중국어 등록 감소는 "가을학기 등록 학생" 표와 2016년 2월 18일 전체 재학생 수를 페리가 저자에게 보낸 이메일 메시지에 근거한다. 전체 숫자는 풀타임 당일 수업 학생을 기

준으로 한다.

53_추가 내용은 https://wikileaks.org/plusd/cables/09BEIJING3128a.html.를 참고할 것.

54_http://junqing.club.sohu.com/shilin/thread/vpcl68bqpc.를 참조할 것. 장(Kean Zhang)은 저자를 위해 번역을 했다.

55_"마리에타가 UIR과 협력협약을 맺다," Olio, http://news2.marietta.edu/node/1417.

5. 포섭

1_www.gvsu.edu/gvnow/2001/giving-spirit-2904.00000.htm#sthash.xsp0Da2x.dput 2001년 12월 20일 게시되었다.

2_저자가 웨이츠(Michael Weits)와 전화로 인터뷰한 내용.

3_저자가 샹(Geling Shang)과 전화로 인터뷰한 내용.

4_저자가 니(Peimin Ni)와 전화로 인터뷰한 내용.

5_http://steinhardt.nyu.edu/faculty_positions/art/visualartsAPtenuretrack.를 참고할 것.

6_http://www.nyu.edu/global/global-academic-centers.html.를 참고할 것.

7_http://shanghai.nyu.edu/academics/study-away/out.를 참고할 것.

8_https://www.washingtonpost.com/local/education/in-qatars-education-city-us-colleges-are-building - an-academic-oasis/2015/12/06/6b538702-8e01-11e5-ae1f-af46b7df8483story.html.를 참고할 것.

9_http://www.cmu.edu/global/presence/. 시카고대학 Booth경영대학원과 듀크대학을 포함한 해외 캠퍼스의 전체 목록은 http://www.globalhighered.org/?pageid=34에 있다.

10_http://centerbeijing.yale.edu/event/2014/10/opening-ceremony-yale-center-beijing.

11_"국제교육원(IIE), 2015자료 접근 허용," http://www.iie.org/Who-We-Are/News-and-Events/Press-Center/Press-Releases/2015/2015-11-16-Open-Doors-Data.

12_http://www.goucher.edu/study-abroad.를 참고할 것.

13_http://www.iie.org/Research-and-Publications/Open-Doors/Data/US-Study-Abroad/Leading - Destination.

14_http://uschinastrong.org/initiatives/100k-strong/.

15_www.alliance-exchange.org/policy-monitor/04/07/2015/state-department-announces-launch - study-abroad-branch.

16_www.iie.org/Who-We-Are/News-and-Events/Press-Center/Press-Releases/2015/2015-10-01-IIE-Announces-Impact-Of-Generation-Study-Abroad#.V4Yv1PkrLIU.

17_Vivian Salama, "아부 다비, NYU가 소르본대학에 합류한 것처럼 학생들에게 재정을 지원하다," 블룸버그통신, 2010. 9. 15., http://www.bloomberg.com/news/articles/2010-09-14/abu-dhabi-bankrolls-students-as-nyu-joins-sorbonne-in-uber-swanky-gulf.

18_Daniel Golden, "미국대학들, FBI가 탐지한 외국스파이들에 감염되다," 블룸버그통신, 2012. 4. 8., http://www.bloomberg.com/news/articles/2012-04-08/american-universities-infected-by-foreign-spies-detected-by-fbi.

19_간행물 이름은 레온 슬라웨키(Leon Slawecki)가 중국어로 번역하였다. 이 기사는 1984년 11월 19일 발표되었다.

20_Leon Slawecki, "존스홉킨스대학 센터, 중국 난징에서 개시," 하와이 호놀룰루 ASPAC'89에서 발표된 논문,1989. 6. 30, p. 12.

21_래리 엥겔만과 쉬메이홍은 "중국의 딸: 사랑과 배반의 진정한 이야기(New York: Wiley, 1999)"에서 그들의 일화를 말했다. 책에 몇 개의 오류가 있다. 예를 들면, Slawecki를 "Sloane"으로 인식했다. 가울톤(Gaulton)은 주요 사건들을 확인했다.

22_Glenn Shriver의 부모에 관한 대부분의 설명은 미시건주 켄트 카운티 순회법원이 제공한 기록에 근거한다. 그것은 Jon Michael Shriver의 신체 묘사, 고용주, Karen Sue Shriver와 별거 및 이혼, 양육비 미지급 등 자세한 내용을 포함한다. 나는 그의 첫 결혼과 이혼을 ancestry.com에서 발견했다.

23_버지니아통신사(VDC) 책임자인 키니(Lisa Kinney)가 2016년 2월 3일 저자에게 보낸 이메일 미시지.

24_Michael Neal은 Glenn Duffie Shriver 사건 담당 판사에게 보낸 편지에서,"Glenn의 아버지 Jon과 나는 그가 1970년대 말 나의 대학영어 강좌의 학생이었기 때문에 친구가 되었다."고 썼다. 존은 당시 감옥에 있었다.

25_David Wise, "훈련 중인 스파이: 어떻게 중국은 CIA에 침투하는가," Washingtonian, 2012. 6. 7.

26_Ibid.

27_선고공판, 버지니아주 알렉산드리아 지방법원, 2011년 1월 21일.

28_혼인허가, 미시간주 켄트 카운티, 1997년 3월 11일; 이혼관결, 미시간주 오타와 카운티, 2003년 9월 22일.

29_https://www.gvsu.edu/ia/history-of-enrollment-degrees-awarded-7.htm.

30_Shandra Martinez, "억만장자 Rich DeVos는 GVSU에 3,600만 달러를 낸 최대 기부자," http://www.mlive.com/business/west-michigan/index.ssf/2016/01/how_billionaire_rich_devos_acc.html. 2016. 1. 4.

31_그랜드밸리 유학국장 레베카 햄블턴(Rebecca Hambleton)과 전화로 인터뷰한 내용. https://www.gvsu.edu/studyabroad/partnershipnon-gvsu-academic-policies-667.htm.

32_David Boren은 2010년 10월 12일 "21세기 글로벌 교육: 국가적 책무" 연설에서 장학금의 기원을 설명했다. http://www.borenawards.org/multimedia.을 참고할 것.

33_http://www.iie.org/programs/Boren-Awards-for-International-Study.를 참고할 것.

34_Jessica S. Wolfanger, Sara M. Russell, and Zachary T. Miller, "보렌 장학금과 연구원 조사," 2014년 10월, https://www.cna.org/CNAfiles/PDF/DRM-2014-U-007929-Final.pdf.

35_"데이비드 보렌: 언어장벽 깨기" 비디오는 http://www.borenawards.org/multimedia.를 참고할 것.

36_1992년 2월 보렌 상원의원에게 보낸 편지, David J. Comp의 "국가안보교육프로그램(NSEP) 및 서비스요구: 국가안보 교육프로그램 수혜자가 정부의 어떤 분야에서, 얼마나 근무했는가에 대한 탐색적 연구"(Ph.D diss., Loyola University, 2013)에서 인용되었다.

37_Ibid.

38_장학금(scholarships)은 https://www.borenawards.org/document/download/borenscholarship summarystats41.pdf.를, 연구장학금(fellowships)은 https://www.borenawards.org/document/download/borenfellowship_summarystats42.pdf.을 참조할 것.

39_http://www.american.edu/careercenter/news/CC2014AwardsRoundup.cfm.

40_Wolfanger, Russell, Miller, "보렌 장학금 및 연구장학금 조사," p. 35.

41_Ibid., p. 85.

42_FBI의 전략적 파트너십 부서의 Dean Chappell이 국가안보고등교육자문위원회(NSHEAB) 위원들에게 보낸 서신.

43_"보렌 특별연구원 안내서," 2015년, p. 17. https://www.borenawards.org/document/download/currentyearfellowshiphandbook_182.pdf.

44_중국 정보기관이 Glenn Shriver를 포섭한 나의 이야기는 주로 다음과 같은 출처에 의존한다.; "버지니아주 알렉산드리아 연방법원에서 U.S.A. v. Glenn Duffie Shriver 의 "사실 진술"; Wise의 "훈련 중인 스파이"; 은퇴한 CIA 방첩관리 Philip Boycan이 2016년 11월 21일 저자에게 보낸 이메일; 익명을 요구한 사건에 익숙한 다른 사람들과의 인터뷰; 그리고 FBI가 영화로 제작한 "졸병들의 전쟁: Glenn Duffie Shriver 이야기." https://www.youtube.com/watch?v=R8xlUNK4JHQ. 를 참조할 것.

45_Philip Boycan이 2016년 11월 21일 저자에게 보낸 이메일 메시지. 보이칸의 모든 인용문은 동일한 이메일에 있다.

46_"사실 진술".

47_Ibid.

48_"훈련 중인 스파이".

49_Ibid.

50_2013년 1월 10일 플리트(Brenda M. Fleet)가 "방첩전략파트너"에게 보내는 이메일 초대장, 2013년 1월 30일 미국 해군 기념관 및 해군 헤리티지센터에서 "졸병들의 전쟁" 시연회에 참석 바랍니다. http://wfocitizensacademy.org/film-screening-game-of-pawns/.를 참고할 것.

51_Sullins와 Maurer사이의 이메일 서신은 공개기록요청에 따라 2014년 4월 28일 남플로리다대학이 제공했다.

52_Jean-Friedman-Rudovsky와 Brian Ross, "특종: 평화봉사단, 풀브라이트 장학생이 쿠바인, 베네수엘라인에게 '스파이활동'을 요청하다." ABC News, 2008년 2월 8일, http://abcnews.go.com/Blotter/story?id=4262036.를 참고할 것.

53_차베스(Karen Chavez)가 데일(Allen Dale)에게 2015년 9월 15일 보낸 이메일 메시지.

54_세인트 피터스버그 타임즈 지 보도: 2011년 6월 4일자 세인트 피터스버그 타임즈 신문에 게재된 Kim Wilmath의 "USF Professor is Impugned, but Employed," 제하의 기사; "2011년 6월 9일 동 신문에 게재된 "Tenure Shouldn't Shield Unethical Acts at USF" 제하의 사설. 이 신문은 현재는 Tampa Bay Times로 알려져 있음.

6. 불완전한 스파이

1_나의 사무실을 사용할 수가 없다: 2014년 7월 22일 다진 펑이 저자에게 보낸 이메일. 펑은 아마도 도청(tape)이라고 해야 하는데, tap라고 잘못 쓴 것 같음.

2_나의 사무실을 사용할 수가 없다: 2014년 7월 22일 다진 펑이 저자에게 보낸 이메일. 펑은 아마도 도청(tape)이라고 해야 하는데, tap라고 잘못 쓴 것 같음.

3_우한: 우한에 대한 서술은 2012년 9월 7일자 China Daily의 "Wow! Wuhan's back" 제하의 기사에서 인용, http://usa.chinadaily.com.cn/weekly/2012-09/07/content_15741178.htm.

4_상위 15위 이내에 든다: 남플로리다 대학교의 결정 지원, 계획 및 분석실에서 나온 "Points of Pride"에서 인용- http://www.usf.edu/about-usf/points-of-pride.aspx.

5_탑 10 중 9개가: 탬파 지역에 있는 국방 계약업체들에 대해서는 탬파 힐스보로 경제개발 사의 "Defense and Security"를 참고, http://tampaedc.com/defense-security/.

6_오레일리 팩터(O'Reilly Factor): 부분적인 원고, http://www.foxnews.com/story/2003/02/20/transcript-oreilly-interviews-al-arian-in-september-2001.html. 이 원고는 오레일 리가 언급한 민병대의 온상이라는 말은 포함되어 있지 않으며 이 말은 http://web.usf.edu/uff/AlArian/Fall.html.에서 인용함.

7_닐 겐샤프트: 연방 선거위원회(fec.gov)로부터 선거 기부금 자료.

8_리차드 비어드: 세인트 피터스버그 타임즈 지는 그 타협에 대해 비어드가 반대를 했다고 보도하였으며, 2007년 2월 8일 메그 롤린(Meg Laughlin)의 알아리안(Al-Arian)과의 라디오 인터뷰에서 "USF Considered $1M payoff to Al-Arian" 보도.

9_중장으로 퇴역: 스틸(Steele)장군 및 군사 파트너십과 양해 각서에 대해서는 http://usf.edu/world/centers/military-partnerships.aspx; http://www.usf.edu/world/documents/world-index/centcomagreement.pdf; 및 http://www.research.usf.edu/absolute-news/templates/usfri-template.aspx?articleid=561&zoneid=1.를 참조.

10_교수를 평가하는 웹사이트: www.ratemyprofessors.com.

11_2005년 이혼조건에 따라: 펭의 이혼은 힐스보로 카운티 법정 가정법원과에 기록.

12_승인을 확보했다: USF에 공자연구소 설치, 기금 및 윌콕스(Wilcox)와 크럼멧(Crummett) 간의 교신에 대한 것은 펭의 "My Open Response to the Second Investigation of Me by the USF Provost's Office"에 나와 있음.

13_적어도 10억 달러: 공자연구소 관련 통계는 http://english.hanban.org/node_7586.htm. 2013년 중국이 지출한 내역은 2013년도 공자연구소 연례 발전보고서에 나와 있음http://hanban.edu.cn/report/pdf/2013.pdf.

14_하나의 경고를 덧붙였다: 2011년 11월 2일자 블룸버그 뉴스에 나온 Daniel Golden의 "China Says No Talking Tibet as Confucius Funds U.S. Universities" 제하의 기사.

15_미국 대학교수 협회는: "On Partnership with Foreign Governments: The Case of Confucius Institutes"에서 밝힘 http://www.aaup.org/report/confucius-institutes.

16_거대한 시스템으로 위장된 곳: Fabrice de Pierrebourg와 Michel Juneau-Katsuya 공저 "Nest of Spies: The Startling Truth About Foreign Agents at Work Within Canada's Borders(Toronto: HarperColloins, 2009)" 책자 p.160.

17_상하이사범대학과 파트너: 다음 사이트 참조. http://einside.kent.edu/Management%20Update%20Archive/news/announcements/success/DollarsSense.html.

18_1만 달러 이상 기부하도록: Peng의 "My Open Response" 참조.

19_이혼을 고려중: 샤오농 장(Xiaonong Zhang)이 2014년 9월 28일 저자에게 보낸 편지.

20_많은 여성으로부터 존경을 받고 있었다: Peng의 "My Open Response" 참조.

21_바다 코끼리: 샤오농 장이 다진 펭 교수에게 보낸 사랑 편지, 2012년 3월 22일에 한 예가 나옴, USF 선임 교무부처장 Dwayne Smith가 교무처장 Ralph Wilcox에게 보낸 메모 "Review of Dr. Dajin Peng's Actions While on Suspension"에도 언급.

22_나쁜 성격: 샤오농 장이 2014년 9월 28일 저자에게 보낸 이메일.

23_불성실하고 교활하며: 위의 이메일에 나온 내용.

24_만나기로 약속했다: 장과 크리셸의 고발은 2건의 USF사건 보고서에 나옴. 이 2건은 마리아 크러멧(Maria Crummett)과 에릭 세퍼드(Eric Shepherd)가 제기함.

25_ 산동성에서 태어났고: 아래 사이트 참조.
http://tampabaychineseschool.com/admin/teacher/TeacherClassDescList.aspx.

26_ 오하이오 주립대학교에서 중국어를 공부했다: 아래 사이트 참조, http://languages.usf.edu/faculty/data/eshepherd2013_cv.pdf.

27_ 전통적 스토리텔링 기법: "USF's Chinese Storyteller"에 언급, 다음 사이트 참조, http://news.usf.edu/artcle/templates/?a=2818.

28_ 세퍼드의 수업조교로 근무: 세퍼드와 인터뷰, 2015년 1월 5일 Lara Wade-Martinez가 저자에게 보낸 이메일에서 크리셀이 2010년 3월 16일 수업조교로 고용된 것을 확인.

29_ 참석률 제고를 위해: 펑 교수가 제공한 크리셀의 이력서에 있는 내용.

30_ 적극적으로 활동했다: 크리셀의 탬파만 중미 우호협회 참여에 대해서는 http://lists.cas.usf.edu/pipermail/taiwan/2010-September.txt 와 https://www.corporationwiki.com/Florida/Lutz/chinese-american-association-of-tampa-bay-incorporated-5866431.aspx. 참조.

31_ 쉬린 마담에게 수여: 아래 사이트 참조 http://dspace.nelson.usf.edu/xmlui/bitstream/handle/10806/14079/USFSP_CommencementAwardees.pdf?sequence=1.

32_ 대학의 전화통화 기록: USF(남플로리다 대학교)는 대학과 머큐리오 휴대폰 간의 2014년 9월 11일 통화 및 대학과 그녀 사무실 간 2014년 12월 9일 통화 사실을 제공.

33_ 장과 동행해서 교무부처장을 만나러 갔다: 세퍼드의 사건 보고서에 나온 내용.

34_ 크루메트와 윌콕스 교무처장에게 전했다: 2009년 6월 7일 세퍼드는 윌콕스와 크루메트에게 이 내용을 이메일로 보냄.

35_ 큰 은닉처: 펑이 남플로리다 대학의 다양성과 평등 기회관련 사무실(Office of Diversity and Equal Opportunity)에다 제기한 고발에 대해, 선임 부교무처장인 드웨인 스미스가 보인 교무처의 대응.

36_ 펑을 해고했다: 2009년 8월 25일자 윌콕스가 펑에게 보낸 편지 내용.

37_ 감사관들은 펑의 지출을 파헤쳤다: 감사관들의 조사결과는 대학 감사 보고서 09-968, "공자 연구소의 기금 부정사용"에 있음.

38_ 누가 수영을 할 수 없다고 말했는가?: 펑교수의 "My Response"에 나온 내용.

39_ 어느 정도 맞는 말이다: 펑교수의 "Head 여사의 조사 보고서에 대한 나의 반박(Response to Ms. Head's Investigation Report)".

40_ 케이트 헤드(Kate Head): 국토 안보부는 USF교원들과 이민청간의 2009년 7월 31일자 회의를 알리는 이메일 교신에서 이름들을 지웠음. 그러나 케이트 헤드의 팩스 번호와 잠재적인 회의장소였던 남플로리다 대학 감사실에 있는 "훌륭한 교원"에 대한 언급 등을 포함하고 있는 이메일들의 내부 증거는 그녀가 참여하였다는 것을 보여줌.

41_ 다소 호의를 베풀었던 것으로 보인다: 2010년 11월 15일자 국토안보부 조사보고서 내용.

42_ 대학원 과정에서 배제했다: 2009년 12월 13일자 모센 밀라니(Mohsen Milani)가 드웨인 스미스에게 보낸 편지 내용.

43_ 감옥에 보내기를 원했다: 웬젤이 2010년 7월 18일 펑에게 보낸 이메일 내용.

44_ 특히 초청장 문제를 제기했다: 펑이 쓴 "FBI와 나"에 나와 있음.

45_ 당신의 호의에 감사드린다: 2009년 11월 18일자 펑이 머큐리오에게 보낸 이메일 내용.

46_ 우리는 연락을 유지할 수 있고: 2009년 11월 19일자 머큐리오가 펑에게 보낸 이메일.

7. CIA가 좋아하는 대학 총장

1_워렌 메달: 스패니어가 웨렌 메달을 받았다는 것은 그와의 인터뷰 그리고 그 메달의 사진을 그가 보여준 것에 근거함.

2_외국어교육에 관한 미국협의회 연례모임: 이 협의회 전무이사 Marty Abbott가 2015년 9월2일과 8일에 저자에게 보낸 이메일에 언급.

3_현대언어협회: 현대언어협회 전무이사 Rosemary Feal이 2015년 9월 16일 저자에게 보낸 이메일에 언급.

4_고위험 고효과 연구: www.iarpa.gov 참조.

5_175개 이상의 학술기관: IARPA(정보고등연구기획국)국장 Jason Matheny와 인터뷰.

6_국방부를 위한 언어연구: https://www.casl.umd.edu/who-we-serve/governmentprofessional/.

7_"비밀로 된 연구는 일어난다.": Crystal Brown이 저자에게 2016년 8월 16일 이메일에 언급. 또한 Crystal은 Snowden의 고용을 확인해 줌.

8_캠퍼스에서 비밀연구: 2015년 11월 6일 VICE News에서 William M. Arkin과 Alexa O'Brian의 기사 "The Most Militarized Universities in America", https://news.vice.com/article/the-most-militarized-universities-in-america-a-vice-news-investigation.

9_높은 수준에 따라: Mick Kulikowski의 "노스캐롤라이나 주립대 국가 언보국과 빅데이터 연구에 파트너"라는 노스캐롤라이나 스테이트 뉴스의 2013년 8월 15일 보도.

10_비밀 매우 높은 등급의 비밀 작업 수행: 연구위원회의 2011년 8월 28일 위원회 회의록, https://www.bov.vt.edu/minutes/11-08-29minutes/attach_p_08-28-11.pdf.

11_민감한 연구를 하는: http://hume.vt.edu/about/facilities.

12_한가운데에 있는: Alyssa Bruns와 Cory Weinberg가 2012년 10월 29일 GW Hatchet지에 쓴 "GW Looks to Capitalize on Covert Research" 기사. 연구소 부소장 Leo Chalupa가 이렇게 언급함.

13_정책을 수정하는 것을 탐구하는: "비전 2021: A Strategic Plan for the Third Century of George Washington University"에 언급. https://provost.gwu.edu/files/downloads/Strategic%20Plan.pdf.

14_이 분야에 많은 자금: Tricia Bishop의 2013년 9월 13일 볼티모어 선지 "Universities Balance Secrecy and Academic Freedom in Classified Work" 기사 내용.

15_비밀계약을 승낙하도록 대학 시스템을 바꾸었다: Warren Cornwall의 2015년 1월 8일 "Shh! Wisconsin Seeking to Get In on Secret Cybersecurity Research" 기사 www.sciencemag.org.

16_등록제한 폐지: 2015년 10월 9일 "Regents Approve Lifting Cap on Out-of-State Students at UW-Madison" 기사 내용, www.wisconsin.edu/news/archive/regents.

17_가프니의 모교 방문: 2016년 11월 30일 CIA 대변인이 저자에게 이메일 보낸 내용.

18_돈 폐폐 별실에서: 2011년 2월 21일 한 FBI 요원이 우려를 표명하고 그들은 별실을 요구, "우리는 공개장소에서 심도있게 사안을 논의할 수 없다…. 우리가 돈 폐폐 음식을 좋아하지만…."이라고 이메일 메시지.

19_첨부하였으며: James Geller는 2014년 6월 12일 FBI 요원에게 이메일 보낸 내용.

20_반은 경찰 겸 강도이고: Robin Winks의 저서 Cloak and Gown: Scholars in America's Secret War(London: Collins Harvill, 1987) p.115 OSS에 참여한 예일대 교수와 학생들의 숫자와 이스탄불에서 활동한 예일대 조교수와 조정코치 Skip Walz에 관한 일화도 이 저서에서 인용됨.

21_전통적인 CIA 이력서: Tim Warner의 저서 Legacy of Ashes: The History of the CIA(New York:

Anchor Books, 2008) p.107.

22_대학졸업자의 26%: Winks의 저서 Cloak and Gown p.446.

23_주요 자금 출처: https://web.mit.edu/cis/pdf/Panel_ORIGINS.pdf.

24_미국 학생 협회: 이 조직에 대한 CIA의 침투는 Karen M. Paget의 Patriotic Betrayal: The Inside Story of the CIA's Secret Campaign to Enroll American Students in the Crusade Against Communism(New Haven, CT: Yale University Press, 2015)에 나온 내용.

25_ Gloria Steinem: 앞에 언급한 책의 pp. 214-227, 뉴스위크지에서 1967년 2월 27일 인용한 것이 이 책의 p380에 있음.

26_수 천 명의 외국학생들의 정치적 성향: 동 책자의 pp. 399-400.

27_미시건 주립대학 프로그램: Warren Hinkle, Sol Stern, Robert Scheer가 쓴 "The University on the Make" 제하의 Ramparts 기사.

28_존슨 행정부의 대응: Loch K. Johnson의 저서 America's Secret Power: The CIA in a Democratic Society(New York: Oxford University Press, 1989), p. 158.

29_11명 CIA 요원들: Weiner의 저서 Legacy of Ashes, pp. 329-30.

30_77건: Ralph E. Cook의 저서 "The CIA and Academe" Studies in Intelligence, Winter 1983 p. 35: 2014년 7월 29일 공개 허용됨.

31_브루클린대학: Johnson의 저서 America's Secret Power, p. 167.

32_사실이 아니다: Winks의 저서 Cloak and Gown, p. 441.

33_수 백 명의 대학교수들을 활용: "정보활동과 연관된 정부공작 연구 특별위원회 보고서" 1권, p. 452.

34_위원회는 믿고 있다: 동보고서 책자, p. 191.

35_168개 부분을 삭제하도록 명령: Jane Mayer의 1980sus 10월 4일 Washington Star지 "CIA Gag Order on Halperin Modified" 기사.

36_CIA가 느끼고 있다고 결론을 내렸다: Daniel Steiner가 Cord Meyer 주니어에게 1977년 10월 11일 보낸 서신.

37_1977년 가이드라인: 하버드 대학과 미국 정보기관들간의 관계 조사 위원회가 공표한 하버드 대학교의 가이드라인은 "1978년 국가 정보기관 재조직과 개혁 법", 미국 상원 정보 특별위원회 청문회 pp. 643-48,

38_어리석은 행동: Stansfield Turner의 저서 Secrecy and Democracy: The CIA in Transition (Boston: Houghton Mifflin, 1985), p. 108.

39_선택의 문제: 1978년 5월 15일 Turner가 Bok에게 보낸 편지; 정보 특별위원회 청문회 기록, p. 659.

40_주장을 널리 알렸다: CIA 규정의 내용은 정보위원회 청문회 기록, p. 660.

41_터너국장이 로비를 한 후: Ernest Volkman의 1979년 10월 Penthouse 기고문 "Spies on Campus"

42_코멘트를 하지 않거나 하거나: John Hollister Hedley의 "20년간 근무," https://www.cia.gov/library/center-for-the-study-of-intelligence/csi-publications/csi-studies/vol49no4/Officers_in_Residence_3.htm.

43_다른 인상을 말하고 있다: John Kiriakou와 Michael Ruby 공저, the Reluctant Spy: My Secret Life in the CIA's War on Terror(New York: Skyhorse, 2009), pp. 14-15, 24.

44_그녀의 통탄에: Anita Kumar의 2004년 7월 11일자 St. Petersberg Times 기사 "Al-Arian Issue

Looms for Castor," https://www.sptimes.com/2004/07/11/State/al_Arian_issue_looms_shtml.

45_우리는 너무 놀랐다: Gustav Niebuhr의 "Professor Talked of Understanding But Now Reveals Ties to Terrorist" 제하의 1995년 11월 13일 New York Times 기고문. 놀란 교무처장은 대학 국제연구소 소장인 Mark T. Orr.

46_회의 주제: FBI 전략 파트너십 팀 Dean W. Chappell III이 2013년 9월 29일 NSHEAB 회원들에게 보낸 이메일, 저자가 공개기록 요청에 대응하여 오스틴 텍사스 주립대가 제공.

47_위원들과 만찬: Chappell이 2013년 10월 21일 NSHEAB 회원들에게 보낸 이메일 내용.

48_인터넷 글을 보고: https://archives.fbi.gov/archives/pittsburg/press-releases/2013/pennsylvania-man-sentenced-for-terrorism-solicitation-and-firearms-offense.

49_미네르바 계획: https://minerva.dtic.mil/overview.html.

50_루이스 프리: https://documentcloud.org/documents/396512-report-final-071212.html. 보고서.

51_소송을 제기: http://www.pennlive.com/news/2016/02/spanier_files_breach_of_contra.html.

8. 무작위 만남과 정보기관 대행 중개자들

1_노크를 했다: 그 사건을 직접 알고 있는 전직 정보요원과의 인터뷰에 기초하여 만든 설정 장면임.

2_피드백은 빠르기 때문에: William C. Hannas, James Mulvenon, Anna B. Puglisi 공저 Chinese Industrial Espionage: Technology Acquisition and Military Modernization(New York: Routledge, 2013)에서 인용.

3_주의를 주었다: 2011년 4월 출간된 FBI 백서 "Higher Education and National Security: The Targeting of Sensitive, Proprietary, and Classified Information on Campuses of Higher Education".

4_우리의 첩자들과 정보원들이 알아내고 있었던 것: Kiriakou 저서 The Reluctant Spy, p. 154.

5_제 6차 연례 국제회의: https://msfs.georgetown.edu/CyberConference2016.

6_정부계약을 2억 달러 이상 수령: Jason Leopold의 2015년 7월 27일 VICE News 기사 내용(The CIA Paid This Contractor $40 Million to Review Torture Documents).

7_Barbara Walter는 썼다: https://gps.ucsd.edu/_files/faculty/walter/walter_cv.pdf. 랜드연구소 컨퍼런스는 p. 10에 나와 있음.

8_이란의 강경론자들의 대변인 역할을 하는 한 언론: https://www.iranhrdc.org/english/news/press-statements/1000000165-restrictions-on-academic-freedom-underscore-events-at-conrerence-for-iranian-studies.html.

9_로스앤젤레스 타임즈가 폭로: 2007년 12월 9일자 로스앤젤레스 타임즈에 나온 Greg Miller의 "CIA Has Recruited Iranians to Defect" 제하의 기사.

10_2015년 공개된 이메일: 2015년 9월 2일 CNN에서 Courtney Fennell이 보도한 "Cryptic Clinton Emails May Refer to Iranian Scientist," https://www.cnn.com/2015/09/02/politics/clinton-email-shahram-amiri/.

11_4명의 이란 핵 과학자들이 살해되었고: 이 내용은 광범위하게 보도되었음. 한 예로 Tom Burgis는 "Timeline: Assassinated Iranian Scientists"라고 보도함. https://blogs.ft.com/the-world/2012/01/timeline-assasinated-iranian-scientists/.

12_유죄판결을 하고: 로이터 통신 2012년 5월 15일 "이란 모사드 요원 과학자 암살죄로 처형"이라고 보도.

13_때때로 과학자들은 죽는다: 2012년 1월 1일 Michael Ono가 ABC 방송에서 보도한 "Santorum Says He Would Bomb Iran's Nuclear Plants"에서 인용. https://abcnews.go.com./blogs/politics/2012/01/santorum-says-he-would-bomb-irans-nuclear-plants/.

14_1989년 결론을 내렸다: 미 육군 법무감실의 국제부의 국제법과장인 Hays Parks가 준비한 암살에 대한 1989년도 법적 의견 임. 국방부와 국무부, CIA, 국가 안전보장회의의 법률가들도 이 의견에 동의함.

15_죽음이 있을 것: David Albright의 저서 Peddling Peril: How the Secret Nuclear Trade Arms America's Enemies(New York: Free Press, 2010), p. 209.

16_유일한 외국이었고: Nicholas Dawidoff의 저서 The Catcher Was a Spy(New York: Vintage Books, 1995), p. 164.

17_권총은 그대로 있었다: 동 책자, p. 205.

9. 아이비대학들에 숨어서

1_그가 좋아하는 취미: 2016년 1월 15일 Phone은 Shelagh Lafferty Moskow를 인터뷰.

2_그를 소생시키려했으나: 2016년 2월 9일 Kevin Ryan은 저자에게 보낸 이메일 내용.

3_1천 명 이상의 조객: SYA 웹사이트, https://alumni.sya.org/s/833/global.aspx?sid=833&gid=473.

4_버락 오바마: 위 웹사이트.

5_성조기가 주어졌다: 위 웹사이트.

6_수상: 1983년 1월 13일 Harvard Crimson의 "Scoreboard"에 나온 내용.

7_충분한 변호사들이 있다: 2008년 10월 6일 워싱턴 포스트 지에 나온 Joe Holly의 "Ex-CIA Agent Ken Moskow; Died Atop Mount Kilimanjaro" 기사 내용.

8_가발을 쓰고 변장하여: Shelagh Lafferty Moskow가 언급.

9_많은 CIA 요원들 중 하나이며: 비밀 CIA 요원이었을 것 같은 학생들을 찾으면서 중간경력 프로그램의 연례 사진 전시물을 조사했다. 예를 들면 이란어나 아랍어를 하고 미대사관에서 정무업무를 보았다고 소개한 사람들이다. 그리고 나서 인터넷 상에서 이들의 이름을 크로스체크하였고 졸업생들이나 다른 출처를 통해서 그들이 CIA를 위해 일했는지를 체크했다.

10_대통령: //en.wikipedia.org/wiki/John_F._Kennedy_School_of_Government#Notable_alumni.

11_적어도 5명: 일본 내각에 근무한 졸업생은 Yasuhisa Shiozaki, Yoko Kamikawa, Yoshimasa Hayashi, Yoichi Miyazawa, 그리고 Toshimitsu Motegi.

12_전직 정보요원들: 벨퍼센터에 있는 전문가들과 연구원들의 명단은 웹사이트에 나와있다. https://belfercenter.ksg.harvard.edu/experts/index.htm?filter=T&groupby=1&type=.

13_국장 자문위원회: https://belfercenter.ksg.harvard.edu/experts/index/199/graham_allison.html.

14_적절치 않다: "1978년 국가 정보기관 재조직과 개혁 법," 미국 상원 정보 특별위원회 청문회 보고서, p.645. https://www.intelligence.senate.gov/sites/default/files/hearings/952525.pdf.

15_두 개의 수료증을 요청한다: 케네디 스쿨 행정처장교의 인터뷰에 근거.

16_2주짜리 12,500달러 과정: https://exed.hks.harvard.edu/Programs/nis/overview.aspx.

17_NSA 수장을 포함하여: Ted Oelstrom과 인터뷰 내용.

18_경험이 거의 없었다: Ernest R. May와 Philip D. Zelikow 공저, Dealing with Dictators: Dilemmas of U.S. Diplomacy and Intelligence Analysis, 1945-1990(Cambridge, MA: MIT Press 2006) p.xi.

19_자금 지원설로 인해 스캔들: Michelle M. Hu와 Radhika Jain의 2011년 5월 25일 Harvard Crimson에 게재된 "Controversy Erupts Over Professors' Ties to the CIA" 내용. https://www.thecrimeson.com/article/2011/5/25/research-cia-harvard-betts/.

20_이름을 공란으로 한 채: May와 Zelikow 공저 Dealing with Dictators, p. ix.

21_전액 장학금을 주고 있다: https://www.princeton.edu/admissions/mpp/financial-aid.

22_로들이 부상을 당했으면: Mark Moyar 저, Phoenix and the Birds of Prey: Counterinsurgency and Counterterrorism in Vietnam(Lincoln: University of Nebraska Press, 2007), pp. 104-5.

23_제네바 협약: https://www.icrc.org/customary-ihl/eng/docs/v2_rul_rule110.과 https://www.un.org/en/preventgenocide/rwanda/text-images/Geneva_POW.pdf. 참고.

24_군인과 스파이로서의 그의 경력: 2001년 11월 12일자 Hartford Courant 지의 David Lightman의 "Simmons' Resume Suddenly an Asset" 기사.

25_Thomas Gordon: Gordon의 이력서는 https://thisainthell.us/blog/?p=57518.에서 볼 수 있으며 휴스턴 경찰청은 그의 근무경력을 확인해 줌.

26_애리조나 리퍼블릭지가 폭로하게 되었다: 1999년 7월 24일자 애리조나 리퍼블릭지의 p. 1에 나온 Chris Moeser 기자의 "Gordon in CIA, Fired, Sources Say" 기사.

27_유죄로 인정하고: 애리조나 지방법원의 사건번호 CR 01-00164-001-PHX-VAM.

28_트위터에: Kiowa Gordon의 트위터 페이지, https://twitter.com/circakigordon.

29_세세한 검증절차를 밟았다: 주간지 Russian Reporter(2012), Stephan Kravchenko가 영어로 번역.

30_캐나다 외교관의 아들이라는 가짜 배경은: 2010년 6월 30일자 뉴욕 타임즈지 Abby Goodnough 기자의 "Suspect in Spy Case Cultivated Friends Made at Harvard" 기사.

31_스카치 맛보기 야유회: 동 기사 내용. "맛깔스런", "매우 애매한", "싱가포르"의 내용도 여기서 인용.

32_와인 동굴: 2010년 6월 30일자 보스턴 글로브지, Jonathan Saltzman, Shelley Murphey, John Ellement 기자의 "Alleged Spies Always Strived for Connections" 제하의 기사.

33_매우 우호적이고: 동 기사.

34_케네디 스쿨 재회모임에 나갔고: 2011년 FBI 보고서 "Higher Education and National Security"

35_소프트웨어 설계회사를 창업: 2010년 7월 2일 월스트리트 저널지, Evan Perez 기자의 "Alleged Russian Agent Claimed Official Was His Firm's Advisor" 제하의 기사.

36_서방세계의 러시아 대외정책에 대한 평가: 원고대 Heathfield, Foley 사건, FBI 요원 Maria Ricci, 뉴욕 남부 지역 법원, https://cryptome.org/svr/usa-v-svr.htm 6/25/10.

37_러시아를 위해 스파이를 하고: 2012년 7월 31일자 월스트리트지, Devlin Barrett 기자의 "Russian spy Ring Aimed to Make Children Agents" 제하의 기사.

38_승리하기 위해서는: Russian Reporter.

39_그의 학위를 철회했다: 2010년 7월 16일 Harvard Crimson지, Naveen N. Srivatsa 기자의 "Harvard Kennedy School Revokes Degree Awarded to Russian Spy" 제하의 기사.

40_신분 배경을 속이기 위해서: Vavilov 대 캐나다 이민부 사건. https://caselaw.canada.globe24h.

com/0/0/federal/federal-court-of-canada/2015/08/2015fc960.shtml.

41_세계에서 가장 큰: 2014년 3월 5일 주미 프랑스 대사 Francois Delattre의 연설. https://www.ambafrance-us.org/spip.php?article5421.

42_혐의의 스캔들로 인해: 2012년 11월 9일자 뉴욕 타임즈지, Michael D. Shear 기자의 "Petraeus Quits; Evidence of Affair Was Found by FBI" 제하의 기사.

43_레카나티-카플란: 이 펠로우십에 대한 것은 페트라에우스와의 인터뷰에 근거하며 카플란과 앨리슨은 언급하길 거부.

44_사상 지도자를 교육: https://belfercenter.ksg.harvard.edu/fellowships/recantikaplan.html.

45_한 국방정보분석관: Kim Benderoth이며 이스라엘 장교는 Gilad Raik 였음 이들의 연구주제는 더 이상 벨퍼 센터 웹사이트에 등재되어 있지 않음.

46_판세라: https://www.panthera.org/. 참조.

47_스위스에서 프랑스어를 배웠고: Delattre가 언급.

48_프랑스를 화합하게 만들었으며: Delattre 연설 영상, https://frenchculture.org/archive/speeches/france-honors-tom-kaplan-legion-honor.

49_주요 후원자: Eli Clifton의 "Document Reveals Billionaire Backers Behind United Against Nuclear Iran," 참고 https://lobelog.com.

50_더 많은 일을 해왔다: 프랑스 레지옹도뇌르 훈장을 받을시 Tom Kaplan 연설 영상, 이 연설은 미인쇄됨. https://frenchculture.org/archive/speeches/france-honors-tom-kaplan-legion-honor.

51_오바마 정부가 개입하여: 2014년 7월 27일자 뉴욕 타임즈지, Matt Apuzzo의 "Justice Department Moves to Shield Anti-Iran Group's Files" 제하 기사.

52_소송 진행을 허용하는 것은: Victor Restis and Enterprises Shipping and Trading S.A. 회사 對 UANI 간 소송에 대한 미 지방법원 Edgardo Ramos 판사의 판결.

53_흑해지역에서의 안보: 이 안건은 www.harvard-bssp.org/files/agenda%202015.doc. 에 나와있음.

54_간절히 필요로 하는 전화를 걸어왔다: 2005년 10월 20일 Harvard University Gazette지에 나온 Alvin Powell의 "Russian, U.S. Admirals Talk to Save Sub" 기사.

55_알고 있었다: 2016년 1월 25일 Adriana Rivas가 저자에게 보낸 이메일 내용.

56_지금은 사망한 과테말라 국방장관: Gramajo의 중간 경력 프로그램 수강은 논란이 많았는데, 그 이유는 그가 과테말라 반체제 인사들의 살인과 고문을 감독하였다는 혐의였음. 1991년 케네디 스쿨 졸업식에서 미국 법정에 8명의 과테말라인이 제기한 인권 유린 소송장을 그는 받았음. 4년 후 그는 민사상 책임을 지며 미국 입국이 거부되었음. 2004년 그의 목장에서 벌떼에 쏘여 사망.

10. "내가 당신을 감옥에서 꺼내 놓고 있는 거야"

1_최초로 여성요원들 고용: Suzanne Stratford의 "FBI Celebrates 40th Anniversary of First Female Agent", fox8.com/2012/08/13/fbi-celebrates-40th-anniversary-of-first-female-agent/.

2_인력의 20%가 여성: Today's FBI:Facts & Figures(2013-14 p. 51)에 의하면, 13,907요원 중 19.5%에 해당하는 2,707명이 여성.

3_각계각층에서 왔으며: 상기 책자, p. 47.

4_국가정보장에게도 보고: 상기 책자, p. 5.

5_78개의 사무소와 분소: 상기 책자, p. 8.

6_업무 우선순위: 2002년 6월 미 상원 법사위에서 진술에서 FBI 국장 Robert S. Mueller Ⅲ, https://global.nytimes.com/2002/06/06/politics/06APMTEX.html?pagewanted=all&position=top.

7_전통적 간첩뿐만 아니라: https://www.fbi.gov/investigate/countr-intelligence.

8_1968년 벌링턴에서 태어났으며: Ancestry.com에 나와 있는 출생, 결혼, 사망의 가족사를 추적함.

9_GE지사로 발령: George Dewey Brooks와 전화 인터뷰 내용.

10_52.1%가 증가: 2000년부터 2012년간 사우스캐롤라이나 25개 대도시의 인구추이(John Gardner 제공).

11_낮은 빈곤율을 가지고 있는: 경제 상태 지수: Greenville County와 도시들(John Gardner 제공, 2008-2012 그리고 2010 미국 센서스에 근거).

12_퇴직하였다: 2016년 1월 9일 GE사 대변인의 이메일 내용.

13_졸업율이 91.9%: 2015년 사우스캐롤라이나 州 성적보고, 몰딘 고등학교. https://ed.sc.gov/assets/reportCards/2015/high/c/h2301014.pdf.

14_싸움으로 체포: "After Getting Arrested in a Race Riot, Kevin Garnett Drove Himself to Escape Rural S.C. and Become Highest-Paid Player in NBA History" 제하의 내용, 2015년 2월 24일. https://atlantablackstar.com/2015/02/24/kevin-garnetts-took-inspiring-road-rural-s-c-highest-paid-paid-player-nba-history/.

15_특출한 운동선수: 몰딘 고등학교 연감; Delmer Howell 코치와 인터뷰, 1984-85 Palmetto's Finest Record Book, p. 104에 근거.

16_심리학을 전공: 노스캐롤라이나 졸업생 기록부.

17_사회복지사로 일하였다: 2015년 10월 20일 오렌지 카운티 인력 분석가 Donna Davenport가 저자에게 보낸 이메일.

18_미국시민이고 나이제한: "Today's FBI:Facts & Figures" 제하의 책, p. 48.

19_22,692명이 지원: 동 책자, p. 47.

20_법원의 서류에 따르면: 2000년 3월 10일, 사건번호99-3807 플로리다 對 Lawrence Kilbourn 에 대한 W. Bryan Park Ⅱ의 "Affidavit Seeking Oral Testimony and Production of Documents From Task Force Agent Robert Sheehan and F.B.I. Special Agent Dianne Farrington"에 근거.

21_의료기기 유통업자인: www.linkedin.com/in/matt-mercurio-4048875.

22_나이키 여성 마라톤 대회: https://www.marathonguide.com/results/browse.cfm?MIDD=2224081019&Gen=B&Begin=1939&End=2038&Max=4881.

23_Cliffs at Glassy: 머큐리오 부동산 조사, viewer.greenvillecountry.org/countryweb/discainer.do.

24_Chapter 11에 의한 파산: 사우스캐롤라이나 미 파산법원 사건번호 12-01220, https://www.scb.uscourts.gov/pdf/court_postings/Cliffs_order.pdf.

25_가격이 하락하였다: 기록을 보면 2007년에 232,000달러에 구입을 하였으나 2015년에 138,080달러로 하락.

26_공모혐의자 중 한 명을 조사: 알-아리안 사건 수사를 지휘한 Kerry Myers와 인터뷰. 정부는 다이앤을 증인으로 등재하였으나 그녀는 증언하지 않았음.

27_그의 친구들에 대한 정보를 제공한다면: Koerner 와의 인터뷰.

28_조금 불안했습니다: 2014년 9월 14일 Zheng이 나에게 보낸 이메일.

29_3월 9일 오후에: Romine가 Peng에게 2010년 3월 5일에 보낸 이메일에서 확인, "화요일 오후 우리는 그것을 할 수 있다. 그녀가 도착하기 30분 전에 당신을 만날 수 있다."

30_귀퉁이 부분 자리에 가서: 이 장면은 평과의 인터뷰를 근거로 재구성하였으며 그들의 이메일 교신 내용과 일치.

31_비난했기 때문이었다: 2003년 학문의 자유와 종신 재직권, 남플로리다 대학, https://www.aaup.org/report/academic-freedom-and-tenure-university-south-florida.

32_체육교육 전문가: https://www.usf.edu/provost/documents/leadership-cv/wilcox-2012withoutreffcv.pdf.

33_사진들을 복사: 2010년 11월 15일 국토안보부 이민 세관국 조사 보고서(공개 기록 요청에 의거),

34_자료들을 발견하지 못했다: 동 보고서.

35_평과 USF는 중재안에 도달했다: 2010년 8월 24일 Dajin Peng 박사와 남플로리다 대학 이사회 간 합의 및 일반 면책 계약.

36_타협이 이루어진 날: 2010년 8월 24일 법률 자문관 Steven Prevaux가 Wenzel에게 보낸 팩스 내용.

37_그의 생각을 홀브루크 사무실에서 그녀에게 말했다: 미팅 시간과 장소는 홀브루크 비서 Beth Beall이 Peng에게 보낸 2010년 10월 8일자 이메일에서 확인.

38_두 번째로 방문을 했을 것이다: 홀브루크는 그렇게 생각했지만 확신은 없었다.

39_1달 후 탬파에 도착하는: 2010년 11월 28일자 USF World News의 "Nankai University Delegation Visits USF" 기사, https://global.usf.edu/wordpress/?p=672.

40_보낼 것이라고 위협을 했다: 탬파베이 지역에 있는 36명의 중국인들, Ralph Wilcox 박사가 Dwayne Smith 박사에게 보낸 메모, 2012년 3월 22일자 징계기간 중 Dajin Peng 박사의 행동에 관한 조사.

41_자신의 이메일 주소를 사용하지 않았지만: 2011년 11월 11일 Naijia Guan이 Shi Kun에게 보낸 이메일, 증거물 8번, Ralph Wilcox에게 보낸 메모.

42_엄청난 영향을 주었다: 2011년 11월 8일 Guan이 Karen Holbrook에게 보낸 편지, 증거물 3번, Ralph Wilcox 박사에게 보낸 메모.

43_명확했다고: 2014년 10월 17일자 Lara Wade-Martinez의 "USF Response to Dan Golden" 기사.

44_평을 직무정지 시켰다: 2013년 5월 23일자 교무처에서 Peng에게 보낸 "직무정지 통지서".

45_단축하는 것을 제의했다: 2013년 11월 8일 만료된 제안합의문인 "Dajin Peng 박사와 남플로리다 대학 이사회 간 합의 및 일반 면책 계약"

11. 스파이 제로지대

1_FBI의 변호사와 함께 서명한: Ibison과 James P. Greene가 2012년 4월 4일 USF 변호사 Greg W. Kehoe에게 보낸 편지.

2_FBI의 반대에도 불구: Lara Wade-Martinez가 2015년 2월 2일 저자에게 보낸 이메일.

3_핵심구절을 찾아내는 것: IARPA 지원의 Babel 프로젝트 참조. https://www.iarpa.gov/index.php/research-programs/babel.

4_드론이 아이들을 죽이고 있다: 2016년 4월 1일자 Daily Pennsylvanian지에 게재된 Ally Johnson의 "Protests Shut Down CIA Director's Talk at Penn" 기사.

5_매년 25개에서 35개 대학에서: 2015년 4월 2일자 Harvard Crimson지에 게재된 Lara C. Tang의 "CIA Hosts Recruitment Event on Campus" 기사.

6_포스틸은 그 축하분위기를 망쳤다: 1992년 7월 19일자 Boston Glove Magazine에 게재된 Daniel Golden의 "Missile-Blower" 기사.

7_혹평하는 비망록: Jones의 The Human Factor.

8_2012년 그를 만났을 때: 2012년 11월 1일자 Bloomberg Businessweek지에 게재된 Daniel Golden의 "Why Professor Went to Prison" 기사.

9_2/3가 적어도 미국에 머물면서: 과학 기술 지표 2014년 표 3-29, "미국 박사학위 수여자가 임시 비자로 5년간 체류하는 비율, 국가/지역/경제" https://www.nsg.gov/statistics/seind14/index.cfm/chapter-3/c3s6.htm#s3.

10_찾을 필요가 없다: 2016년 6월 20일 Wankun Zhu가 저자에게 보낸 이메일.

참고 문헌

Harlan Abrahams와 Arturo Lopez－Levy의 공저, 라울 카스트로와 새로운 쿠바(*Raul Castro and the New Cuba*), Jefferson, NC: McFarland, 2011년.

David Albright 저, 팔리고 있는 위험: 비밀 핵 거래가 미국의 적들을 어떻게 무장시키고 있는가(*Peddling Peril: How the Secret Nuclear Trade Arms America's Enemies*), New York: Free Press, 2010년.

Christopher Andrew와 Mitrokhin Vasili 공저, 검과 방패: 미트로킨의 자료실과 KGB의 비밀 역사(*The Sword and the Shield: The Mitrokhin Archive and the Secret History of the KGB*), New York: Basic Books, 1999년.

Philip Ball 저, 보이지 않는 것: 보이지 않는 것의 위험한 매력(*Invisible: The Dangerous Allure of the Unseen*), Chicago: University of Chicago Press, 2015년.

Ronen Bergman 저, 對이란 비밀전쟁: 세계에서 가장 위험한 테러리스트들에 대한 30년동안의 비밀 투쟁(*The Secret War with Iran: The 30－Year Clandestine Struggle Against the World's Most Dangerous Terrorist Power*), New York: Free Press, 2008년.

William Blum 저, CIA: 잊어버린 역사(*The CIA: A Forgotten History*), London and Atlantic Highlands, NJ: Zed Books, 1986년.

Scott W. Carmichael 저, 진실한 신자: 쿠바의 거물 간첩 애나 몬테스의 수사 및 체포의 내면(*True Believer: Inside the Investigation and Capture of Ana Montes, Cuba's Master Spy*), Annapolis, MD: Naval Institute Press, 2007년.

Gerald Chan 저, 중국에서의 국제연구: 주석을 달은 참고문헌(*International Studies in China: An Annotated Bibliography*), Commack, NY: Nova Science, 1998년.

Henry A. Crumpton 저, 정보의 기술: CIA의 비밀 임무 인생에서 얻은 교훈(*The Art of Intelligence: Lessons from a Life in the CIA's Clandestine Service*), New York: Penguin Group, 2012년.

Nicholas Dawidoff 저, 그 캐처는 스파이였다(*The Catcher Was a Spy*), New York: Vintage Books, 1995년.

Fabrice De Pierrebourg와 Michel Juneau－Katsuya 공저, 스파이들의 둥지: 캐나다 국경 안에서 활동하고 있는 외국 공작원들에 대한 놀라운 진실(*Nest of Spies: The*

Startling Truth About Foreign Agents at Work Within Canada's Borders), Toronto: HarperCollins, 2009년.

Nicholas Eftimiades 저, 중국 정보기관의 공작들(*Chinese Intelligence Operations*), Reed Business Information, 1994년.

Charles S. Faddis 저, 수선을 넘어서: CIA의 쇠락과 몰락(*Beyond Repair: The Decline and Fall of the CIA*), Guilford, CT: Lyons Press, 2010년.

John J. Fialka 저, 다른 수단에 의한 전쟁: 미국내 경제 스파이 활동(*War by Other Means: Economic Espionage in America*), New York: Norton, 1997년.

William C. Hannas, James Mulvenon 및 Anna B. Puglisi 공저, 중국의 산업스파이: 기술 획득과 군사 현대화(*Chinese Industrial Espionage: Technology Acquisition and Military Modernization*), New York: Routledge, 2013년.

Loch K. Johnson 저, 미국의 비밀 파워: 민주사회 안에 있는 CIA(*America's Secret Power: The CIA in a Democratic Society*), New York: Oxford University Press, 1989년.

Ishmael Jones 저, 인간 요인: CIA의 제대로 기능을 하지 않는 정보 문화(*The Human Factor: Inside the CIA's Dysfunctional Intelligence Culture*), New York: Encounter Books, 2008년.

John Kiriakou와 Michael Ruby 공저, 주저하는 스파이: CIA의 테러와의 전쟁에 있어서 나의 비밀 인생(*The Reluctant Spy: My Secret Life in the CIA's War on Terror*), New York: Skyhorse, 2009년.

Brian Latell 저, 카스트로의 비밀들: 쿠바 정보부, CIA, 그리고 존 에프 케네디의 암살(*Castro's Secrets: Cuban Intelligence, the CIA, and the Assassination of John F. Kennedy*), New York: Palgrave Macmillan, 2012년.

Ernest R. May와 Philip D. Zelikow 공저, 독재자들과 거래하는 것: 1945 – 1990년간 미국 외교와 정보 분석의 딜레마(*Dealing with Dictators: Dilemmas of U.S. Diplomacy and Intelligence Analysis, 1945-1990*), Cambridge, MA: MIT Press, 2006년.

Ami Chen Mills 저, 대학에서 물러나 있는 CIA: 요원 모집과 연구에 반대하는 운동 전개(*C.I.A. Off Campus: Building the Movement Against Agency Recruitment and Research*), Boston: South End Press, 1991년.

Mark Moyar 저, 불사조와 맹금류: 베트남에서의 對 반란계획 과 대 테러 작전(*Phoenix and the Birds of Prey: Counterinsurgency and Counterterrorism in Vietnam*),

Lincoln: University of Nebraska Press, 2007년.

Karen M. Paget 저, 애국적인 배신: 공산주의에 대한 전쟁에 미국 대학생들을 모집하였던 CIA 비밀공작의 비화(*Patriotic Betrayal: The Inside Story of the CIA's Secret Campaign to Enroll American Students in the Crusade Against Communism*), New Haven, CT: Yale University Press, 2015년.

Yale Richmond 저, 문화교류와 냉전: 철의 장막을 들어올리는 것(*Cultural Exchange and the Cold War: Raising the Iron Curtain*), University Park: Pennsylvania State University Press, 2003년.

John Rizzo 저, 회사편인 회사원: CIA에서 논란과 위기의 30년(*Company Man: Thirty Years of Controversy and Crisis in the CIA*), New York: Scribner, 2014년.

Edward M. Roche 저, 스네이크 피시: 치 막의 스파이망(Snake Fish: The Chi Mak Spy Ring), New York: Barraclough, 2008년.

Tim Shorrock 저, 고용된 스파이들: 정보 아웃소싱의 비밀세계(*Spies for Hire: The Secret World of Intelligence Outsourcing*), New York: Simon & Schuster, 2008년.

Denis Fred Simon과 Cong Cao 공저, 중국의 드러나고 있는 기술적 우위: 고급 재능의 역할 평가(*China's Emerging Technological Edge: Assessing the Role of High−End Talent*), New York: Cambridge University Press, 2009년.

Michael Sulick 저, 미국인 스파이들: 냉전시기부터 지금까지 미국에 대한 간첩행위(*American Spies: Espionage Against the United States from the Cold War to the Present*), Washington, DC: Georgetown University Press, 2013년.

Stansfield Turner 저, 비밀과 민주주의: 과도기의 CIA(*Secrecy and Democracy: The CIA in Transition*), Boston: Houghton Mifflin, 1985년.

Tim Weiner 저, 잿더미 유산: CIA의 역사(*Legacy of Ashes: The History of the CIA*), New York: Anchor Books, 2008년.

Robin Winks 저, 망토와 가운(망토는 정보요원을 뜻하고 가운을 학자들의 가운, 즉 교수들을 뜻함: 역자 주): 미국의 비밀전쟁에 있어서 학자들(*Cloak and Gown: Scholars in America's Secret War*), London: Collins Harvill, 1987년.

Meihong Xu와 Larry Engelmann 공저, 중국의 딸: 사랑과 배신의 진실 이야기(*Daughter of China: A True Story of Love and Betrayal*), New York: Wiley, 1999년.

저자 소개

다니엘 골든(Daniel Golden)은 조사 폭로 보도를 전문 비영리 뉴스매체인 프로퍼블리카(ProPublica)의 선임편집인으로 일하고 있다. 그는 주요 대학들에서 일어나고 있는 입학 허가 편향성에 대해 월스트리트 저널 신문에 기사들을 게재함으로써 2004년도에 퓰리처상을 수상하였는 데 이 기사들은 그의 베스트셀러 책인 "입학 허가의 가격(The Price of Admission)"의 토대가 되었다. 미국 회사들이 본사를 해외로 이전하여 조세를 어떻게 피하고 있는 방식에 대해 그가 편집한 연재기사들은 2015년 블룸버그 뉴스에 최초로 보도되었고 퓰리처상을 받게 하였다. 2011년, 대학들이 제대군인들, 저소득 학생, 홈리스들로부터 어떻게 이익을 추구하고 있는가에 대해 연재 기사를 썼으며 그해에 공공분야 퓰리처상 최종 후보에까지 올랐다. 그는 조지 폴크(George Polk)상을 세 번씩이나 수상한 바 있다.

역자 소개

석재왕 (sjwang3670@hanmail.net)
연세대학교 정치외교학과 졸업
연세대학교 행정학 석사
성균관대학교 정치학 박사
현 건국대학교 안보재난관리학과 교수
        건국대학교 안보재안전융합연구소 소장
        한국안전정책학회 회장/국제정치학회 이사
국가정보대학원 교수
조지타운대학교 방문연구원, 성균관대학교 겸임교수 역임

주요 논저
『국가정보학』(박영사, 공저)
『현대한미관계론』(명인문화사, 공저)
미국과 영국의 정보연구 동향 비교(국가전략)
이스라엘의 정체성과 정보활동(경호경비학회)
한국전쟁발발과 미국의 정보실패(국가안보전략) 외 다수

송경석 (kssong7858@naver.com)
전남대학교 외국어교육학과 졸업
성균관대학교 정치학 석사
건국대학교 정책학 박사
현 건국대학교 초빙교수
        방첩전략문제연구소 소장
        국가공무원 근무(30년)

주요 논저
정보기관의 방첩정책과 정보실패에 대한 연구(건국대)

스파이스쿨

초판발행	2018년 12월 19일
지은이	Daniel Golden
옮긴이	석재왕 · 송경석
펴낸이	안종만
편 집	김상윤
기획/마케팅	정연환
표지디자인	권효진
제 작	우인도 · 고철민
펴낸곳	(주) **박영사**
	서울특별시 종로구 새문안로3길 36, 1601
	등록 1959. 3. 11. 제300-1959-1호
전 화	02)733-6771
f a x	02)736-4818
e-mail	pys@pybook.co.kr
homepage	www.pybook.co.kr
ISBN	979-11-303-0723-7 03390

copyright©석재왕·송경석, 2018, Printed in Korea

* 잘못된 책은 바꿔드립니다. 본서의 무단복제행위를 금합니다.
* 저자와 협의하여 인지첩부를 생략합니다.

정 가   24,000원